教育部人文社会科学重点研究基地山东师范大学齐鲁文化研究中心基地基金重点项目“秦汉时期齐人的海洋开发”（项目编号：QL08I01）最终成果

国家社科基金重点项目“秦汉时期的海洋探索与早期海洋学研究”（项目批准号：13AZS005）阶段性成果

东方海王

秦汉时期齐人的海洋开发

王子今◎著

中国社会科学出版社

图书在版编目（CIP）数据

东方海王：秦汉时期齐人的海洋开发／王子今著．—北京：中国社会科学出版社，2015.9

ISBN 978－7－5161－6746－5

Ⅰ．①东…　Ⅱ．①王…　Ⅲ．①海洋开发—历史—研究—山东省—秦汉时代　Ⅳ．①P74－092

中国版本图书馆 CIP 数据核字（2015）第 182405 号

出 版 人　赵剑英
责任编辑　史慕鸿
责任校对　石春梅
责任印制　戴　宽

出　　版　中国社会科学出版社
社　　址　北京鼓楼西大街甲 158 号
邮　　编　100720
网　　址　http://www.csspw.cn
发 行 部　010－84083685
门 市 部　010－84029450
经　　销　新华书店及其他书店

印刷装订　三河市君旺印务有限公司
版　　次　2015 年 9 月第 1 版
印　　次　2015 年 9 月第 1 次印刷

开　　本　710×1000　1/16
印　　张　25
插　　页　2
字　　数　423 千字
定　　价　86.00 元

凡购买中国社会科学出版社图书，如有质量问题请与本社营销中心联系调换
电话：010－84083683

目　录

序　编

上 编

中 编

下 编

附　论

序

除了为本人编撰的书作过自序，我未曾为他人的著作作序。从这个意义上说，这次遵子今之嘱提交的算是我的“处女序”了。

上世纪 80 年代，我在北京中国社会科学院历史研究所工作，住在建内 5 号老学部院内 3 号楼侧。子今于 1985 年来北京，在中央党校任教，有时来历史所找他在西北大学历史系的同学、我的同事彭卫串门。我们在院子、楼道里见过几面。但真正认识，应该是在 1986 年（第三届，芜湖）、1988 年（第四届，徐州）的秦汉研究会年会上。因为我本来学的是古文字古文献专业，在历史所一开始也是分在古文字古文献研究室工作。后来所里作学科调整，古文字古文献研究室被撤销，因为我的硕士论文研究课题本是汉碑，林甘泉先生安排我到战国秦汉史研究室，所以到第三届年会才有机会与秦汉史学界结缘，同属青年后学的子今和我，算是真正的认识了。

1989 年我去了北美，1995 年应聘至香港科技大学任教。次年我到广州参加第七届秦汉史年会，算是回归组织，与秦汉史学界再续前缘。这时候的子今，已是成果丰硕、崭露头角，在同辈中脱颖而出了。此后的每届秦汉史年会，乃至一些小范围的论坛、专题研讨会，常有机会与子今相聚深谈，遂成莫逆。

从上世纪 90 年代至本世纪 10 年代，子今渐渐成为秦汉史学界甚至中国古代史学界的一个传奇，奇在其酒量和学术高产。老实说，子今的酒量，如果与人单挑，未必能打遍学界无敌手。但他胜在连续作战，即午餐喝尽兴，晚餐尽兴喝，有时喝到走路摇摇晃晃了，一两小时后的宵夜仍能再贾余勇。如此一连数日，谁敢不服？2011 年春季学期，子今应邀到香港科技大学客座一个学期，而我因轮到休学术假及香港科大的工作安排，须在北京大学常驻一年半，不能亲尽地主之谊。知道子今嗜高度白酒，在香港难觅知音，愧疚遗憾之余，拜托同样来自内地的陈建华、陈致、张宏生诸友及与子今同时到科大客座的徐兴无代我不时陪酒。不久他们却“闻王色变”，纷纷挂起免战牌了。科大有一家百佳超市，为住校的师生们供应日常生活用品，因市场需求少，高度白酒存货不多，不久就被子今扫空，补货一时不及，子今只好拿低度的竹叶青充数。一笑！

奇妙的是，子今好酒，却对他的学术高产毫无负面影响。在秦汉史学界乃至中国古代史学界，如子今般著作等身而不带水分（即无自我复制、无以编代著，不断开拓新领域新视野）者，虽非绝无仅有，却也罕见。究其实，他的超人饭量应该是原因之一。子今的饭量与其酒量当作等量齐观，尤嗜西北面食，大碗酒、大碗面，具六郡良家子遗风。如此体魄强壮，能量充沛，是从事学术研究的天赐优势，当然尚非其唯一优势。子今挟其体力、精力优势，研究写作极其勤奋，即使酒酣耳热，随时可以打开手提电脑，心无旁骛地敲打键盘。他的许多论文，就是在会议期间、旅途中见缝插针完成的。

子今在史学上的创见和成就，于勤奋之外，更得益于他的完整学术训练、文学素养和开阔视野。子今在本科期间学考古，研究生则修读古代史。在“地不爱其宝”的今天，考古（包括古文字）与史学的有机结合已是从事历史研究的最佳学术准备。子今不但接受过考古学的科班训练，而且与考古学界持续保持紧密合作，密切关注考古发现的最新成果，多次亲身参与实地考察，这无疑是他历史研究成就的亮点之一。他最擅长的交通史以及之后开发的生态史、区域史、历史地理研究，无不得益于历史学与考古学研究方法和史料的结合。填补史学研究空白的“王教授”《中国盗墓史》，无心插柳地刺激了本世纪初盗墓系列玄幻小说创作的流行，其学术底蕴就来自考古学与考古实践。

不同于大多数历史学者和考古学者，子今颇具文学天赋。他写旧体诗、写小说，曾同王利器、王慎之等合编竹枝词。所以他写作效率高，历史撰述可读性强，在学术专论和通俗史学之间转换自如，游刃有余。

子今在学术上的开阔视野，源自他的广泛阅读兴趣、强烈的求知欲和开放的思维方式。子今极爱书，几乎是不论什么类型的书，见到就想读、想买、想索要。他的藏书博而杂。因为阅读面广，生性好奇，他对新的研究方法、视野极其敏感，对前沿课题乐于尝试。所以在他的论著中，除了交通史、生态史、区域史、历史地理，我们还可以看到有关社会史、生活史、民间信仰、女性的研究和对文化人类学、神话学研究方法的借用。他的新著《东方海王：秦汉时期齐人的海洋开发》，可以说体现了上述种种特色：史学与考古的结合、流畅的表述和开阔的视野和研究方法的多元。

子今在本书后记中说："我生在东北，长在西北，很晚才第一次见到海。作为个人，我们在海面前实在是太渺小了。"几十年来，子今其实去过世界上的许多地方，其中不少地方是能见到大海的。但他在香港科技大学客座半年，所住的宿舍就坐落在清水湾畔，他天天去锻炼的泳池俯临大海，这应该是他一生中与大海为邻最久也印象最深刻的经历了。或许为了这个原因，他将这篇序交给了我。以我的学力，不足以对本书作全面评介，就谈几点读后感吧。

上古华夏文明覆盖的地域十分广袤，各地区地形复杂，生态、气候和生产生活方式迥异，难以简单化地用所谓海洋文明、大河文明或蓝色文明、黄色文明来概括。从辽宁的长山群岛沿中国海岸南下直至环珠江一带岛屿与海南岛等中国沿海地带，考古学者都已发现了新石器时代的海洋文化遗迹。中国自古就拥有漫长的海岸线，西汉皇朝的海岸线比今天的中国还长。当然，正如葛剑雄所评论，古代中国优越的地理条件，催生了内聚型的文化心态和经济形态，结果在历史上，海洋对中国所起的作用不大。拥有1800多千米蜿蜒曲折海岸线的胶东半岛北临渤海，与辽东半岛相对，东隔黄海与朝鲜半岛、日本列岛遥遥相望，海洋文明的发展空间广阔，历史悠久。不过对战国秦汉时代生活在燕齐地区的人们来说，沿渤海、黄海蜿蜒曲折的海岸线就是他们生存、发展的生命线。齐人靠海吃海，视齐国为"海王之国"，管仲建议齐桓公以"官山海"、"正盐筴"（《管子·海王》）为富国、王霸之本。传说"齐景公游于海上而乐之，六月不归"（《说范·正谏篇》），则齐国的造船和航海技术也相当高。邻近的鲁人孔丘也许感染到齐人的海洋情怀，发愿说如果"大道不行，乘桴浮于海"（《论语·公冶长》），以海外的世界为其最后的栖息地。到了秦汉时期，正如子今所论，辛劳的"海人"，多智的方士，勤政的帝王，他们在海上的活动，称得上是中国海洋探索史和海洋开发史上真正的"大人"和"钜公"。《东方海王：秦汉时期齐人的海洋开发》正是从这一视角，将先秦、秦汉齐人对海洋资源（如鱼、盐）的开发，"将面对海洋的齐人的光荣，秦汉的光荣告知大家"（《东方海王·后记》）。

先秦、秦汉时代的齐人，不仅是当时海洋探索和海洋开发的力行者，也是色彩鲜明的海洋文化创造者。中国古代思想文化的形成和发展具有明显的区域特征。任继愈先生认为先秦时期（尤其是春秋战国阶段）主要可以区分为四种地区性的文化类型，即邹鲁文化、燕齐文化、三晋文化和荆楚文化（参见任继愈《中国古代哲学发展的地区性》，《中华学术论文集》，中华书局，1981 年）。先秦秦汉中国文化区域（任继愈《中国哲学发展史》）这一分类当然可以作进一步细化或讨论，但齐地确实“具有许多内陆国家所不能有的海洋文化的特点”，即子今所谓“齐文化的海洋因子”。“海上自然景观较内陆有更奇瑰的色彩，有更多样的变幻，因而自然能够引发更丰富、更活跃、更浪漫的想象。浮海航行，会使得人们经历陆上生活难以体验的神奇，思绪可以伸展至极广阔的空间。于是海上神仙传说久已表现出神奇的魅力，而沿海士风，也容易表现较为自由的特色。”（《东方海王・齐文化的海洋因子》）这种特色，充分反映在燕齐的神仙方术和邹衍天下观和海洋观的形成。燕齐神仙方术对战国中后期至汉武帝时期的宫廷和上层社会影响极大，之后成为道教信仰的源头之一。邹衍的大九州、阴阳主运、五德终始学说在当时已惊世骇俗，后来成为建构谶纬意识形态的重要理论资源。道教和谶纬影响中国社会、政治和文化达两千年以上，而其中的“海洋因子”至今尚未见到充分论述。《东方海王》在这方面的讨论，是富有意义的尝试。

秦始皇“续六世之余烈，振长策而御宇内，吞二周而亡诸侯，履至尊而制六合，执棰拊以鞭笞天下，威振四海”（《过秦论》）成就“海内为一，功齐三代”（《史记・平津侯主父列传》）的伟业。但“为了”追求长生不死，“误信”燕齐方士徐市、卢生等，劳民伤财，颇受后人耻笑。《东方海王》却从秦皇巡东海、祀八神、向往三神山、“梦与海神战”、在咸阳秦宫和帝陵地宫复制海洋等史实，揭示出秦始皇“服膺齐人海洋事业的成功，感叹齐地海洋文化的辉煌”的海洋意识和海洋情结。对历史人物的行为和心态作这样细腻的钩沉索隐，较之简单化地讥嘲责难他们的迷信、荒谬、好大喜功，显然能为读者勾勒出一幅更立体、更多视角、更多层次的历史图景（《东方海王》关于齐地神秘主义文化影响汉武帝时代信仰和政治的讨论，与此异曲同工，此不赘）。

交通史研究是子今的学术强项。《东方海王》下编讨论的“南洋通道与齐文化”和“齐海港丛说”无疑颇多出彩之处。而令我印象深刻的是他在考证“东海黄公”、“青徐滨海妖巫”和东海“白虎”的过程中，挥洒自如地透过人类学、神话学、文学史的研究视角，得出种种深具启发性的论点和假设。

子今近年来对社会史、生活史、文化史和生态环境史的关注展现出他开阔的史学视野和敏锐的学术触觉。《东方海王》中对青州“海贼”的精彩考证和在灾难史视野下对齐地“海溢”历史记忆的系统整理，即属于他对社会史、生态环境史系列研究的组成部分。从田横“海岛传声”联想到海洋是战国秦汉政治流亡者“逃离权力控制的特殊的空间条件”，为新政治史的研究提供了一个崭新的视角。

徐市奉秦始皇命出海求仙不复返的故事，古往今来吸引了无数关注，其中不乏严肃的历史学、神话学、人类学探讨。但对徐市为什么要携带童男女出海远航，至今停留在一些较浅层的解释。子今前几年承担“秦汉时期未成年人生活研究”课题，对秦汉民间娱乐生活中的“歌童”“歌儿”和神祀体系中的“童男女”有深刻的认识。他指出，秦汉民间意识中“童男女”的神性或复杂的文化象征意义，是值得探讨的学术命题。他自己在《航海家徐市·“童男女”的神秘意义》一节中，对此已作出深具启发性的论述。

视野开阔，在研究方法上兼收并蓄，是子今的学术优势。但国内历史学者经常借鉴的社会史、性别研究、文化人类学、神话学等学科的许多范式、框架和方法，多源自欧美，各自有其形成和发展的理论背景和学科脉络，各自有其面对的特定问题、语境、处理策略、理论优势及局限性。虽然“借它山之石可以攻玉”，但当借用其他学科的某些学术成果或假说来诠释中国历史尤其是古代史上的一些问题、现象时，如果能完整阅读所借鉴学科、理论的经典原著，我们对相关问题、现象的诠释可能会更准确、更完整。子今对此有清醒的认识，多次表达过未能完整阅读外语文献的遗憾。我的建议是，扬长避短，子今今后更多地发挥他在史学、文献学和考古学方面的深厚功底，才是王道。

历史文献记载的巨型海洋生物（大鱼、巨鱼、鲸鱼）在渤海、黄海一带海域不时出没乃至集体搁浅，无疑是秦汉海洋生态史上极有趣极值得关注的现象。从秦始皇“梦与海神战”，到秦宫兰池刻石为纪，秦陵地宫设模拟海洋、以“人鱼膏”（鲸油、龙膏）为烛，以及两《汉书》、《淮南子》、《论衡》对大鱼、鲸鱼陆续有记载，可见这种海洋生物及生态现象对当时人们生理刺激与心理震撼的程度。

《东方海王》上编《秦始皇“东有东海”》、《向往与追念:秦地海洋复制》、《航海家徐市》,下编《“北海出大鱼”:海洋史的珍贵记录》诸节,以及附论《汉代“海人”称谓》,都有精彩的考辨和论述。相关史事年代有先后,各节论述也各有侧重,但讨论对象既然相同,某些史料的援引和有些论点的阐述,难免重叠。或许今后在章节安排上可以作适当调整?意见仅供参考。

吕宗力

甲午孟冬于维港北岸

序　　编

“鱼盐所出”：先秦齐人的海洋资源开发

自远古时代起，山东沿海地方的早期文化受到海洋条件的限制，也享用着海洋条件的渥惠。当地居民在以海为邻的环境中创造文明，推进历史，生产形式和生活形式均表现出对海洋资源开发和利用的重视。

据《史记》卷三二《齐太公世家》记载，齐的建国者吕尚原本就是海滨居民：“太公望吕尚者，东海上人。”① “或曰，吕尚处士，隐海滨。”太公封于齐，即在“海滨”立国。“于是武王已平商而王天下，封师尚父于齐营丘。东就国，道宿行迟。逆旅之人曰：‘吾闻时难得而易失。客寝甚安，殆非就国者也。’太公闻之，夜衣而行，犁明至国。莱侯来伐，与之争营丘。营丘边莱。莱人，夷也，会纣之乱而周初定，未能集远方，是以与太公争国。”建国之初，有与莱人的生存空间争夺。经过艰苦创业，国家初步形成了强固的基础。“太公至国，脩政，因其俗，简其礼，通商工之业，便鱼盐之利，而人民多归齐，齐为大国。及周成王少时，管蔡作乱，淮夷畔周，乃使召康公命太公曰：‘东至海，西至河，南至穆陵，北至无棣，五侯九伯，实得征之。’齐由此得征伐，为大国。都营丘。”齐为“大国”，控制区域“东至海”。而使得国家稳定的重要经济政策之一，是“便鱼盐之利”。

海洋，是齐地重要的自然地理条件，也构成“齐为大国”人文地理条件的基本要素。

---

① 裴骃《集解》：“《吕氏春秋》曰：‘东夷之士。’”《吕氏春秋·首时》：“太公望，东夷之士也。”高诱注：“太公望，河内人也。于周丰镐为东，故曰‘东夷之士’。”许维遹撰，梁运华整理：《吕氏春秋集释》，中华书局2009年版，第322页。高诱似是未注意到《史记》“东海上人”及下文“或曰，吕尚处士，隐海滨”。

一 “贝丘”遗存

贝丘，是齐地古地名。春秋时已见于文献记载。《左传·庄公八年》：“冬十二月，齐侯游于姑棼，遂田于贝丘。”杜预注：“姑棼、贝丘，皆齐地。田，猎也。乐安博昌县南有地名贝丘。”西汉清河郡有贝丘县。《汉书》卷二八上《地理志上》“清河郡”条：“贝丘，都尉治。”颜师古注引应劭曰：“《左氏传》‘齐襄公田于贝丘’是。”据说治所在今山东临清南十五里大辛庄南。三国魏属清河郡，西晋属清河国，北魏属清河郡，移治今临清东南。北齐省入清河县。[①] 据《续汉书·郡国志四》，乐安国博昌“有贝中聚”，李贤注：“《左传》‘齐侯田于贝丘’，杜预曰：‘县南有地名贝丘。’”可知贝丘也称作“贝中聚”。[②]

“贝丘”和“贝中聚”地名，保留了体现人类与海洋关系的重要信息。齐地这样的地名遗存，可以看作标志齐人早期海洋开发进程的值得重视的文化信号。

“贝丘”在现代考古学语境中，又是指代古代人类居住遗址的专门称谓。贝丘遗址以包含大量古代人类作为食余垃圾抛弃的贝壳为特征。其年代大都属于新石器时代，有的延续到青铜时代或稍晚。日本称为贝冢。贝丘遗址多位于海、湖泊和河流的沿岸，在世界各地分布广泛。中国沿海发现贝丘遗址最多的，是辽东半岛、长山群岛、山东半岛及庙岛群岛等地。大致可以说，齐人的先祖，是山东半岛及庙岛群岛等地贝丘的主人。考古学者指出，“根据贝丘的地理位置和贝壳类的变化，可以了解古代海岸线和海水温差的变迁，对于复原当时自然条件和生活环境也有很大帮助”。[③] 考古学者对山东半岛贝丘遗址的研究，通过调查和发掘，复原了新石器时代齐地沿海自然环境的形势，对于气候变迁、海岸线迁移、海平面变化，以及植被演变等，都有所说明。通过对贝丘遗址的考古工作，发现了诸多反映新石器时代人类和自然界相互关系的重

① 史为乐主编：《中国历史地名大辞典》，中国社会科学出版社2005年版，第401页。

② 《齐乘》卷五《台馆下》“贝邱”条：“博兴南五里。《左传》：‘齐侯田于贝邱，见彘，射之，彘人立而啼，乃公子彭生也。’即此地，亦曰‘贝中聚’。”文渊阁《四库全书》本。

③ 安志敏：《贝丘》，《中国大百科全书·考古学》，中国大百科全书出版社1986年版，第47页。

要信息。[①] 进一步的调查和发掘，又极大地丰富了原来的认识，"据不完全统计，胶东半岛已经发现的新石器时代贝丘遗址已达百余个，年代基本上在距今7000—4600年间"。[②] 研究者指出，"在同一时期，辽东半岛也出现了较多的贝丘遗址。从考古学文化的特征来看，这些贝丘遗址的陶器群和石器群表现出很多共性，表明在当时可能存在一个横跨渤海湾的文化互动圈。位于渤海湾内的绝大部分岛屿都有遗址发现，也说明当时人已经有了较强的海洋适应能力"。[③]

有学者以北阡遗址发现为标本研究胶东半岛海洋聚落生业经济，指出胶东半岛在邱家庄一期至紫荆山一期阶段（北辛晚期至大汶口早期），出现过一个文化繁荣期。当时，"以贝丘遗址为代表的海洋聚落在半岛沿海地域涌现，半岛各个地区均发现了较多的这个时期的遗址"。"胶东半岛从北辛文化晚期发展而来的以贝丘遗址为典型特色的海洋性经济为主的生业模式，一直活跃到大汶口文化早期阶段。典型的贝丘遗址如福山邱家庄遗址、乳山翁家埠遗址、牟平蛤堆后遗址等等，遗址地表上散落着大量的贝壳，甚至某些地层完全都是由贝壳堆积而成的。从直观上看，这时期的遗址主要是以海洋贝类为主要食物进行消费的。"考古发掘收获告知我们，"北阡遗址发现的软体动物根据其栖息地可以分为淡水类和咸水类（主要栖息于潮间带的品种）两类：淡水类软体动物数量较少"，"咸水类软体动物中，以缢蛏和牡蛎的数量为最多，其中可以进行统计的缢蛏总量达到了惊人的210164件，而牡蛎的数量也达到了63599件"。[④] 此外，还发现有脉红螺844件，文蛤117件，昌螺60件，乌贼51件，毛蚶42件，青蛤15件，贝壳11件，滩栖螺9件，海螺5件，蟹守螺2件，芋螺2件，蛤仔1件，托氏琩螺1件。[⑤] 研究者指出，"大汶口早期阶段距今约

① 参看中国社会科学院考古研究所编著《胶东半岛贝丘遗址环境考古》，社会科学文献出版社2007年版。

② 原注："王富强：《周代以前胶东地区经济形态的考古学观察》，《海岱地区早期农业和人类学研究》，科学出版社，2008年。"

③ 焦天龙：《史前中国海洋聚落考古的若干问题》，吴春明主编：《海洋遗产与考古》，科学出版社2012年版，第16页。

④ 聂政：《胶东半岛海洋聚落生业经济初步研究——北阡遗址的个案分析》，"第二届海洋文化遗产调查研究新进展学术研讨会"论文，厦门，2014年5月。

⑤ 宋艳波：《北阡遗址2007年出土动物遗存分析》，《考古》2011年第11期；宋艳波：《北阡遗址2009、2011年出土动物遗存初步分析》，《东方考古》第10辑。

6100—5500年，北阡遗址所处的大汶口早期阶段的持续时间如果按照300年计算，陆生动物的数量根本无法支撑遗址日常的肉食消费……而此时，先民日常所需要的肉食资源和蛋白质主要来自于海洋贝类”。许多例证可以说明，“在特定的环境或者在特殊的时期，相对陆生资源开发来说，贝类资源的开发可能是最佳的觅食策略”。[①]

从山东古代文化遗存的分布形势看，旧石器时代遗存，后李文化、北辛文化、白石文化遗存，大汶口文化遗存，龙山文化遗存，岳石文化遗存，商时期遗存，在沿海地方都有相对集中的分布。[②] 海洋，是这一地区居民早期生活和生产之自然背景的最重要的环境条件。

《禹贡》：“莱夷作牧。”宋人毛晃《禹贡指南》卷一：“《春秋》：夹谷之会，莱人以兵劫鲁定公。孔子曰：两君合好，而夷裔之俘以兵乱之。是知古者东莱之有夷也。”《史记》卷二《夏本纪》：“莱夷为牧。”裴骃《集解》：“孔安国曰：莱夷，地名，可以牧放。”司马贞《索隐》：“按《左传》云：莱人劫孔子，孔子称夷不乱华。又云：齐侯伐莱。服虔以为东莱黄县是。今按《地理志》黄县有莱山，恐即此地之夷。”《汉书》卷二八上《地理志上》：“莱夷作牧。”颜师古注：“莱山之夷，地宜畜牧。”莱夷，可能是齐地远古居民部族或者部族联盟的代号。他们的生存和发展，是以海洋为基本条件的。

宋罗泌《路史》卷二七《国名纪四》“莱”条写道：

> 莱。子爵，来也。登之黄县东南二十五，故黄城是。乐史云：即莱子国。古之莱夷，今文登东北八十不夜城也。《元和志》。齐人迁之郳，曰东莱。汉故东莱郡，昔晏弱城东。阳川逼莱，乃齐境上青之临朐。随立莱州，亦作郲。《宣七》又《襄七》齐人以郲寄卫侯。

莱人，即中原正统文化的坚持者称作“莱夷”的远古即活跃于这一地方的族群，是齐地早期海洋开发的先驱。

傅斯年曾经指出，山东半岛早期文化“便于小部落固守”，然而“难成

---

① 国外学者20世纪在阿拉斯加东南的斯塔卡镇以及在下加利福尼亚的圣昆廷地区进行的实验考古项目证明了这一点。转见聂政《胶东半岛海洋聚落生业经济初步研究——北阡遗址的个案分析》。

② 谢治秀主编：《中国文物地图集·山东分册》，中国地图出版社2007年版，第48—59页。

为历史的重心"。[1] 有的考古学者注意到，"胶东地区的沿海地带和部分岛屿"曾经发现的文化遗存"地方特色鲜明"，这种"长期保持着一些地方传统"的考古学文化，或许可以说明傅斯年的推断"也许是有道理的"。[2]

二　渤海湾南岸殷商盐业基础

据地质学者分析，山东渤海南岸，包括殷周之际古"莱夷"活动的地区，地下蕴藏着丰富的、易开采的制盐原料——浅层地下卤水。[3] 有盐业考古学者亦指出，这一地区滨海平原面积广阔，地势平坦，淤泥粉砂土结构细密，渗透率小，是开滩建场的理想场所，气候条件也利于卤水的蒸发。而当地植被也可以提供充足的煮盐燃料。[4]

有研究者指出，殷墟时期，渤海南岸地区属于商王朝的盐业生产中心。"殷墟时期至西周早期是渤海南岸地区第一个盐业生产高峰期。"考古学者"已发现了10余处规模巨大的殷墟时期盐业遗址群，总计300多处盐业遗址"。通过对寿光双王城三处盐业遗址的"大规模清理"，"对商代盐业遗址的分布情况、生产规模、生产性质以及制盐工艺流程等有了初步了解"。

研究者分析，"与大规模盐业遗址群出现同时，渤海南岸内陆地区殷商文化、经济突然繁荣起来，聚落与人口数量也急剧增加，并形成了不同功能区的聚落群分布格局，因而可认定该地区属于殷墟时期的商王朝盐业生产中心"。[5]

看来，《史记》卷三二《齐太公世家》所谓"武王已平商而王天下，封师尚父于齐营丘"，是有慎重考虑的。而"太公至国"后，"通商工之业，便鱼盐之利"，致使"齐为大国"，在一定意义上体现了对殷商盐业经济的成功继承。

---

① 傅斯年：《夷夏东西说》，《庆祝蔡元培先生六十五岁论文集》（《国立中央研究院历史语言研究所集刊》外编第一种），中央研究院历史语言研究所，1933年，第1132页。

② 王迅：《东夷文化与淮夷文化研究》，北京大学出版社1994年版，第28—29页。

③ 韩友松等：《中国北方沿海第四纪地下卤水》，科学出版社1994年版，第13—20页；孔庆友等编：《山东矿床》，山东科学技术出版社2006年版，第522—536页。

④ 燕生东：《山东早期盐业的文献（字）叙述》，《中原文物》2009年第2期。

⑤ 燕生东、田永德、赵金、王德明：《渤海南岸地区发现的东周时期盐业遗存》，《中国国家博物馆馆刊》2011年第9期。

有学者认为，中国的海盐业从山东起源。[①] 或说山东地区是世界上盐业生产开展最早的地区之一。[②] 既言“起源”，又说“最早”，考察齐地的海洋资源开发史，不能忽略殷商盐业经济的基础。

三　“盐”与“海物”:齐国的资源优势

季札作为吴国的使节来到鲁国，“请观周乐”，“歌齐”时，曾经深情感叹道：“美哉泱泱乎大风也哉！表东海者，其大公乎？国未可量也！”[③] 对于“表东海”的解说，杜预注：“大公封齐，为东海之表式。”《史记》卷三一《吴太伯世家》载季札曰：“表东海者，其太公乎?”裴骃《集解》引王肃曰：“言为东海之表式。”显然，齐国文化风格之宏大，与对“东海”的控制有关。

有学者分析先秦时期的食盐产地，指出：“海盐产地有青州、幽州、吴国、越国、闽越五处。”也许以“青州、幽州”和“吴国、越国、闽越”并说并不十分妥当，但是指出先秦海盐主要生产基地的大致分布，这一地理判断是可以成立的。论者又认为：“先秦时期最重要的海盐产地可能要数青州。”“这里所说的‘青州’是指西起泰山、东至渤海的广大地区。西周初年所封的齐国就在这个区域之内。”所谓“东至渤海”，也许表述并不准确，不仅“东至”的方向存在问题，而且我们也不能排除齐地现今称作黄海的滨海地区生产食盐的可能。不过，根据文献资料和考古资料，以为“青州的海盐生产”主要“在今莱州湾沿海地区”的意见[④]，也是有一定说服力的。

---

① 臧文文:《从历史文献看山东盐业的地位演变》,《盐业史研究》2011 年第 1 期。

② 吕世忠:《先秦时期山东的盐业》,《盐业史研究》1998 年第 3 期。

③ 《左传·襄公二十九年》。

④ 吉成名:《中国古代食盐产地分布和变迁研究》, 中国书籍出版社 2013 年版, 第 11—12 页。论者还指出,《管子·地数》:“齐有渠展之盐。”其地“属于莱州湾沿海地区”。又《世本·作》:“宿沙作煮盐。”《说文·盐部》:“古者夙沙初作鬻海盐。”段玉裁注:“‘夙’，大徐作‘宿’。古‘宿’、‘夙’通用。《左传》有夙沙卫。《吕览注》曰:‘夙沙，大庭氏之末世。’《困学纪闻》引《鲁连子》曰:‘古善渔者，宿沙瞿子。’又曰:‘宿沙瞿子善煮盐。’许所说盖出《世本·作》篇。”论者以为,“夙沙部落就在春秋时期齐国的管辖范围之内”。据文献资料、考古资料和口碑资料推测,“春秋以前夙沙氏（宿沙氏）就在今山东半岛西北部的莱州湾”。吉成名:《中国古代食盐产地分布和变迁研究》, 第 13 页。

《禹贡》写道:“海岱为青州”,“海滨广斥”,“厥贡盐绨,海物惟错”。“盐”列为贡品第一。而所谓“海物”,可能是海洋渔产。宋傅寅《禹贡说断》卷一写道:“张氏曰:海物,奇形异状,可食者众,非一色而已,故杂然并贡。”宋人夏僎《夏氏尚书详解》卷六《夏书·禹贡》:“海物,即水族之可食者,所谓鼊蠃蜃蚳之属是也。”元人吴澄《书纂言》卷二《夏书》:“海物,水族排蜃罗池之类。”这里所谓“海物”,指“可食”之各种海洋水产。

宋人林之奇《尚书全解》卷八《禹贡·夏书》解释“海物惟错”,则“鱼盐”并说:“此州之土有二种:平地之土则色白而性坟;至于海滨之土,则弥望皆斥卤之地。斥者,咸也,可煮以为盐者也。东方谓之斥,西方谓之卤。齐管仲轻重鱼盐之权,以富齐,盖因此广斥之地也。”“厥贡盐绨,盐即广斥之地所出也。……海物,水族之可食者,若鼊蠃蚳之类是也。”宋人陈经《尚书详解》卷六《禹贡·夏书》也写道:“盐即广斥之地所出。”“错,杂,非一也。海物,鱼之类,濒海之地所出,故贡之。”“鱼盐”表现的海洋资源,是齐国经济优势所在。其中的“鱼”,按照《禹贡》的说法,即“海物”,是包括各种“奇形异状”的“水族之可食者”的。宋人袁燮《絜斋家塾书钞》卷四《夏书》也说:“青州产盐,故以为贡。……海错,凡海之所产,杂然不一者。”又如宋人蔡沈《书经集传》卷二《夏书·禹贡》:“错,杂也,海物非一种,故曰错。林氏曰:既总谓之海物,则固非一物矣。”宋人胡士行《尚书详解》卷是《禹贡第一·夏书》解释“海物惟错”也说:“海杂物,非一种。”又宋人黄伦《尚书精义》卷一〇写道:“海物奇形异状,可食者广,非一色而已。故杂然并贡。错,杂也。”

四 “擅海滨鱼盐之利”与齐的富强

“鱼盐”资源的开发,使齐人得到了走向富足的重要条件。《太平御览》卷八二引《尸子》:“昔者桀纣纵欲长乐以苦百姓,珍怪远味,必南海之荤,北海之盐。”[①] 此“北海之盐”或可理解为北方游牧区与农耕区

① 《太平御览》卷八六五引作“南海之荤,北海之盐”。

交界地带的“池盐”[1]，亦未可排除指渤海盐产的可能。

杨宽在总结西周时期开发东方的历史时指出，“新建立的齐国，在‘辟草莱而居’的同时，就因地制宜，着重发展鱼盐等海产和衣着方面的手工业”。[2]《史记》卷一二九《货殖列传》写道：

太公望封于营丘，地潟卤，人民寡，于是太公劝其女功，极技巧，通鱼盐，则人物归之，襁至而辐凑。故齐冠带衣履天下，海岱之间敛袂而往朝焉。

《汉书》卷二八下《地理志下》：

太公以齐地负海舄卤，少五谷而人民寡，乃劝以女工之业，通鱼盐之利，而人物辐凑。

“鱼盐”资源的开发，使齐人得到了走向富足的重要条件。宋人时澜《增修东莱书说》卷五《禹贡第一·夏书》也写道：“海滨之地，广阔斥卤，鱼盐所出。……（青州）无泽薮而擅海滨鱼盐之利，太公尝以辐凑人物，管仲用之，遂富其国。”海滨“鱼盐所出”，“鱼盐之利”，通过执政者的合理经营，即所谓“管仲轻重鱼盐之权”，于是在经济发展中占据领先地位，“遂富其国”。而所谓“太公尝以辐凑人物，管仲用之”，说明包括智才集结与文华融汇在内的文化进程，也因这种经济条件得到了促进。

《史记》卷六九《苏秦列传》载苏秦说赵肃侯语：“君诚能听臣，燕必致旃裘狗马之地，齐必致鱼盐之海，楚必致橘柚之园，韩、魏、中山皆可使致汤沐之奉，而贵戚父兄皆可以受封侯。”[3] 强调齐国最强势的经济构成是“鱼盐之海”。齐国在海洋资源开发方面的优势，使得国际地位提升。《国语·齐语》说齐桓公的政策：“通齐国之鱼盐于东莱，使关市几而不征，以为诸侯利。诸侯称广焉。”经济开放的方式，使得诸侯因流通

① 《史记》卷一二九《货殖列传》：“山东食海盐，山西食盐卤。”大体说明了秦汉时期盐业的产销区划。“盐卤”，张守节《史记正义》：“谓西方咸地也。坚且咸，即出石盐及池盐。”

② 杨宽：《西周史》，上海人民出版社1999年版，第586页。

③ 《太平御览》卷九六六引《史记》曰：“苏秦说燕文侯曰：‘君诚能听臣，齐必致鱼盐之海，楚必致橘柚之园。’”

得利，于是得到了赞许和拥护。所谓"通齐国之鱼盐于东莱"，韦昭注："言通者，则先时禁之矣。东莱，齐东莱夷也。"

对于"使关市几而不征"的政策，韦昭解释说："几，几异服，议异言也。征，税也，取鱼盐者不征税，所以利诸侯，致远物也。"就是说，齐国竞争力最强的商品"鱼盐"，获得了免税的流通交易条件。所谓"诸侯称广焉"，韦昭注："施惠广也。"也就是说，齐地"取鱼盐者"的生产收获，通过流通程序，对于滨海地区之外的积极的经济影响也是显著的。

还应当注意到，"海物"即"水族之可食者"的"贡"、"致远"、"施惠广"，这种远途运输过程，在当时保鲜技术落后的条件下，往往是需要利用"盐"予以必要加工方可以实现的。

考察中国古代盐业史，应当注意到齐地盐业较早开发的历史事实。就海洋资源的开发和利用而言，齐人也是先行者。

五 《管子》"海王之国"理想

《史记》卷三二《齐太公世家》记述齐桓公时代齐国的崛起："桓公既得管仲，与鲍叔、隰朋、高傒修齐国政，连五家之兵，设轻重鱼盐之利，以赡贫穷，禄贤能，齐人皆说。"正是由于信用管仲，包括推行管仲倡起的"设轻重鱼盐之利"的政策，方才促成了齐国霸业的实现。①

《管子·海王》提出了"海王之国"的概念。文中"管子"与"桓公"的对话，讨论立国强国之路，"海王之国，谨正盐筴"的政策得以明确提出：

> ……
>
> 桓公曰："然则吾何以为国?"
>
> 管子对曰："唯官山海为可耳。"
>
> 桓公曰："何谓官山海?"
>
> 管子对曰："海王之国，谨正盐筴。"

---

① 如池万兴《从〈管子〉看齐桓公的人才思想及其特点》指出："（齐桓公）之所以能建立'九合诸侯，一匡天下'的赫赫功业，就在于他能重用管仲。"《宁夏师范学院学报》2014年第4期。

什么是“海王”？按照马非百的理解，“此谓海王之国，当以极慎重之态度运用征盐之政策”。

盐业对于社会经济生活地位之重要，受到齐人的重视。而这一重要海产，也成为国家经济的主要支柱。

有注家说：“‘海王’，言以负海之利而王其业。”① 马非百则认为：“‘海王’当作‘山海王’。山海二字，乃汉人言财政经济者通用术语。《盐铁论》中即有十七见之多。本篇中屡以‘山、海’并称。又前半言盐，后半言铁。盐者海所出，铁者山所出。正与《史记·平准书》所谓‘齐桓公用管仲之谋，通轻重之权，徼山海之业，以朝诸侯。用区区之齐显成霸名’，及《盐铁论·轻重篇》文学所谓‘管仲设九府徼山海’之传说相符合。”② 然而言“盐者海所出”在先，也显然是重点。篇名《海王》，应当就是原文无误。

对于所谓“官山海”，马非百以为“‘官’即‘管’字之假借”。又指出，“本书‘官’字凡三十见。其假‘官’为‘管’者估其大多数”。“又案：《盐铁论》中，除‘管山海’外，又另有‘擅山海’（《复古》）、‘总山海’（《园池》）、‘徼山海’（《轻重》）及‘障山海’（《国病》）等语，意义皆同。”③

在春秋时代，“齐国的海盐煮造业”已经走向“兴盛”。至于战国时代，齐国的“海盐煮造业更加发达”。《管子·地数》所谓“齐有渠展之盐”，即反映了这一经济形势。正如杨宽所指出的，“海盐的产量比较多，流通范围比较广，所以《禹贡》说青州‘贡盐’”。④

六 “正盐筴”的制度开创意义

在有关齐国基本经济政策的讨论中，对于桓公“何谓正盐筴”的提

---

① 黎翔凤撰，梁运华整理：《管子校注》，中华书局2004年版，第1246页。

② 马非百：《管子轻重篇新诠》，中华书局1979年版，第193—188页。

③ 同上书，第192页。

④ 杨宽：《战国史》（增订本），上海人民出版社1998年版，第102页。关于“渠展”，杨宽注：“前人对渠展，有不同的解释，尹知章注认为是‘泲水（即济水）所流入海之处’。张佩纶认为‘勃’有‘展’义，渠展是勃海的别名（见《管子集校》引）。钱文霈又认为‘展’是‘养’字之误，渠展即《汉书·地理志》琅邪郡长广县西的奚养泽（见《钱苏斋述学》所收《管子地数篇释》引）。”

问，管子回答说：

> 十口之家十人食盐，百口之家百人食盐。终月大男食盐五升少半，大女食盐三升少半，吾子食盐二升少半。——此其大历也。盐百升而釜。令盐之重升加分强，釜五十也。升加一强，釜百也。升加二强，釜二百也。钟二千，十钟二万，百钟二十万，千钟二百万。万乘之国，人数开口千万也。禺筴之，商日二百万，十日二千万，一月六千万。万乘之国正九百万也。月人三十钱之籍，为钱三千万。今吾非籍之诸君吾子而有二国之籍者六千万。使君施令曰：“吾将籍于诸君吾子，则必嚣号。”今夫给之盐筴，则百倍归于上，人无以避此者，数也。

对于“正盐筴”之“正”，马非百以为“即《地数篇》‘君伐菹薪，煮泲水以为盐，正而积之三万钟’之正。正即征，此处当训为征收或征集，与其他各处之训为征税者不同”。马非百说：“盖本书所言盐政，不仅由国家专卖而已，实则生产亦归国家经营。观《地数篇》‘君伐菹薪，煮泲水以为盐’及‘阳春农事方作，令北海之众毋得聚庸而煮盐’，即可证明。惟国家经营，亦须雇佣工人。工人不止一人，盐场所在又不止一处，故不得不‘正而积之’。”①

《管子·海王》：“十口之家十人食盐，百口之家百人食盐。”又《管子·地数》：“十口之家十人咶盐，百口之家百人咶盐。”② 汉章帝时，“谷帛价贵，县官经用不足，朝廷忧之”。在对于经济政策的讨论中，尚书张林言盐政得失，有“盐者，食之急也”语。③ 所谓“正盐筴”所以体现出执政者的智慧，在于“盖盐之为物乃人生生活之必需品，其需要为无伸缩力的。为用既广，故政府专利，定能收入极大之利也”。有的学者认为，“所言盐政，不仅由国家专卖而已，实则生产亦归国家经营”。④ 其产、运、销统由国家管理。⑤

---

① 马非百：《管子轻重篇新诠》，第193页。

② “咶”，《太平御览》卷八六五引作“舐”。

③ 《晋书》卷二六《食货志》。

④ 马非百：《管子轻重篇新诠》，第193页。

⑤ 同上书，第193—194页。

《管子·海王》还写道:

> 桓公曰:"然则国无山海不王乎?"
>
> 管子曰:"因人之山海,假之名有海之国雠盐于吾国,釜十五,吾受而官出之以百。我未与其本事也,受人之事以重相推。——此人用之数也。"

所谓"因人之山海,假之名有海之国雠盐于吾国",也体现出"山海"之中,"海"尤为重。而齐国的盐政,是包括与"雠盐"相关的盐的储运和贸易的。后来汉武帝时代实行盐铁官营,在一定程度上很可能受到齐国"正盐筴"经济政策的启示。有学者认为,"齐国对'盐'是官营的。开发海洋(实际是近海)资源给齐国带来了富强",齐国于是"成为七雄之首"。"从齐国开始,'盐'一直成为我国政府官营的垄断产业,成为无可争辩的、天经地义的一贯国策。"[①] 此说虽不免绝对化之嫌,但是指出齐盐政的创始性意义,是大体正确的。

七　齐国盐业与盐政的考古学考察

考古学者发现,东周时期山东北部盐业生产的方式发生了历史性的变化。2010年小清河下游盐业考古调查的收获[②],可以提供有意义的研究资料。

付永敢指出,"根据调查的情况来看,这一时期的工艺应有所创新,开始使用一种大型圜底瓮作为制盐陶器,盐灶大致为圆形……"除了工具的进步而外,生产组织和管理方式似乎也发生了变化:"单个作坊的面积和规模明显有扩大的趋势。"论者还注意到,"小清河下游的多数东周遗址中,生活用陶器较为罕见。但是部分面积较大的遗址又可见到较多生活用陶器,个别遗址甚至以生活用陶器为主,发现的制盐陶器反而极少"。通过这一现象,是可以发现反映生产组织和管理方式的若干迹象

---

① 宋正海、郭永芳、陈瑞平:《中国古代海洋学史》,海洋出版社1989年版,第8页。

② 山东大学盐业考古队:《山东北部小清河下游2010年盐业考古调查简报》,《华夏考古》2012年第3期。

的。"这种生活用陶器与制盐陶器分离的情况说明东周时期生产单位与生活单位并不统一，也就是说盐工在一个固定地方生活，而盐业生产则分散于各个作坊。进一步推论，东周时期应该已经存在较大规模的生产组织，这些组织极可能是由齐国官府主导，也有可能是受某些大的势力支配。"①

2010年小清河下游盐业考古调查发现数处规模较大的东周遗址，面积超过6万平方米。以编号为N336的北木桥村北遗址为例，面积约8万平方米，地表遗物丰富，以东周时期的生活用陶器为主，主要器型有壶、釜、豆、盆、盂等，然而少见大瓮一类制盐陶器。② 作为制盐工具的陶器发现较少，也有这样的可能，即当时已经实行如汉武帝盐铁官营时"因官器作煮盐，官与牢盆"③ 的制度。"官器"的管理和控制比较严格。

遗址还发现齐国陶文，如"城阳众"、"豆里□"等。④ 有学者推断，这样的遗址"很可能承担周边作坊的生活后勤任务，是具有区域管理职能的大型聚落"。论者分析，"在统一管理和支配之下，制盐作坊才有能力突破淡水等生活资源的局限，扩大生产规模，而无需考虑生产和生活成本。目前所见东周时期煮盐作坊遗址多围绕大遗址分散布局的态势，可能正是缘于这一点"。⑤ 根据这些论据做出的如下判断是正确的："东周时期的盐业生产至少有两个明显的特点。其一，煮盐作坊的规模有所扩大，地域分布也更为广泛，盐业生产较晚商西周有扩大的趋势。其二，生产组织规模较大，煮盐作坊可能具有官营性质。"

这样的判断，"可以在古文献中找到相应的证据"，论者首先引录《管子·海王》和《管子·轻重甲》的相关论说，又指出，"类似的记载

① 付永敢:《山东北部晚商西周煮盐作坊的选址与生产组织》,《考古》2014年第4期。

② 山东大学盐业考古队:《山东北部小清河下游2010年盐业考古调查简报》,《华夏考古》2012年第3期。

③ 《史记》卷三〇《平准书》。

④ 刘海宇:《寿光北部盐业遗址发现齐陶文及其古地理意义》,《东方考古》第8集，科学出版社2011年版。

⑤ 论者指出:"在滨海平原地带，低下水的矿化度普遍较高，多为卤水或咸水，雨季洼地积水很短时间内即被咸化，而地势较高的地方多能发现一定数量的淡水，譬如贝壳堤等因为能提供淡水，往往成为沿海遗址的所在地。大荒北央遗址群附近的郭井子贝壳堤处即有龙山文化遗址及东周煮盐作坊遗址。"原注:"山东大学东方考古研究中心等:《山东寿光市北部沿海环境考古报告》,《华夏考古》2005年第4期。"

还见于《左传》、《国语》、《战国策》等文献”。[1]

有的学者较全面地分析了相关资料，并以充备的考古发现的新信息证实了文献记载。考古资料说明，“殷墟时期至西周早期是渤海南岸地区第一个盐业生产高峰期”。这一地区“还发现了规模和数量远超过殷墟时期，制盐工具也不同于这个阶段的东周时期盐业遗址群”。“说明东周时期是渤海湾南岸地区第二个盐业生产高峰期。”考古学者告诉我们，莱州湾南岸地带的盐业遗址群包括：广饶县东马楼遗址群，南河崖遗址群；寿光市大荒北央遗址群，官台遗址群，王家庄遗址群，单家庄遗址群；潍坊滨海开发区韩家庙子遗址群，固堤场遗址群，烽台遗址群，西利渔遗址群；昌邑市东利渔遗址群，唐央—火道、辛庄与廒里遗址群。黄河三角洲地区的盐业遗址群包括：东营市刘集盐业遗址；利津县洋江遗址，南望参遗址群；沾化县杨家遗址群；无棣县邢山子遗址群；海兴县杨埕遗址群；黄骅市郛堤遗址。“春秋末年和战国时期，齐国的北部边界应在天津静海一带。”这一时期，“渤海南岸地区（古今黄河三角洲和莱州湾）属于齐国的北部海疆范围”。考古学者还注意到，“盐业遗址群出土生活器皿以及周围所见墓葬形制、随葬品组合与齐国内陆地区完全相同，也说明其物质文化属于齐文化范畴”。因此判断，“目前在渤海南岸地区所发现的东周时期盐业遗址群应是齐国的制盐遗存”。

据渤海湾南岸制盐遗存考古收获可知，“每处盐场延续时间较长”，“盐工们长期生活在盐场一带，死后也埋在周围”，体现出盐业生产形式的恒定性。盐业遗址“多以群的形式出现，群与群之间相隔2—5千米”，间距、排列非常有规律，应是“人为规划的结果”。“每群的盐业遗址数量在40—50处应是常数。单个遗址规模一般在2万平方米上下。调查还发现每个盐业遗址就是一个制盐单元，每个单元内有若干个制盐作坊组成。盐业遗址群的分布、数量、规模和内部结构的一致性说明当时存在着某种规制，这显然是统一或整体规划的结果。”“制盐工具的形态和容量也大致相同”，也被看作“某种定制或统一规划的结果”。“盐场内普遍发现贵族和武士的墓地，他们应是盐业生产的管理者、保护者。”研究者于是得出这样的判断，“这个时期渤海南岸地区的盐业生产和食盐运销应是由某个国家机构统一组织、控制和管理下的，或者说是存在盐业官营制度”。论者以为，根据考古

---

[1] 付永敢：《山东北部晚商西周煮盐作坊的选址与生产组织》，《考古》2014年第4期。

发现可以说明,"齐国盐政的制度可提前到齐太公时期,齐桓公和管仲继承、加强之,汉代只是延续了太公和管仲之法而已"。通过考古工作的收获,"我们对先秦两汉文献所呈现的齐国规模化盐业生产水平、制盐方式、起始年代以及盐政等经济思想有了更深入的了解。同时,对《管子》轻重诸篇形成年代,所呈现的社会情景也有了新的认识视角"。①

这样的学术意见,是有史实依据的。看来,齐国确曾推行盐业官营制度,并以此作为富国强国的基础。这种官营,似并不限于税收管理,也不仅仅是运销的官营,而包括生产的国家管理。一些学者认为,管仲时代盐业既有官制又有民制,以民制为主,官制为辅,民制之盐有官府收买和运销。② 这样的认识,以考古资料对照,也许还需要再作斟酌。

① 燕生东、田永德、赵金、王德明:《渤海南岸地区发现的东周时期盐业遗存》,《中国国家博物馆馆刊》2011 年第 9 期。

② 廖品龙:《中国盐业专卖溯源》,《盐业史研究》1988 年第 4 期;薛宗正:《盐专卖制度是法家抑商思想政策化的产物》,《盐业史研究》1989 年第 2 期;罗文:《齐汉盐业专卖争议之我见》,《益阳师专学报》1991 年第 2 期;谢茂林、刘荣春:《先秦时期盐业管理思想初探》,《江西师范大学学报》1996 年第 1 期;马新:《论汉武帝以前盐政的演变》,《盐业史研究》1996 年第 2 期;蒋大鸣:《中国盐政起源与早期盐政管理》,《盐业史研究》1996 年第 4 期;张荣生:《中国历代盐政概说》,《盐业史研究》2007 年第 4 期。

齐文化的海洋因子

正如有的学者曾经指出的，齐国“具有许多内陆国家所不能有的海洋文化的特点”。[①] 海洋的作用和影响，构成齐文化的重要基因。

齐文化的早期面貌就显现出海洋文化的风格。“海上方士”的活跃，促成了热心海洋探索的社会文化倾向。齐人早期航海实践在中国古代航海史上具有先进地位。邹衍的天下观和海洋观的提出，可以看作先秦文化成就的重要内容。或说“瀛”“洋”一义，作为“东齐”方言，体现了齐人对海洋的认识。

一　齐地早期方术之学

在表现于意识层面的早期海洋文化形式中，具有神秘主义特征的曾经被归入“方术”的内容，有齐人的创造和传播之功。

在这种文化表现中比较积极活跃的知识分子，司马迁在《史记》卷二八《封禅书》中称之为“燕齐海上方士”。

秦汉时期文献中，常见“燕齐”连称之例。例如《史记》卷二七《天官书》：“燕齐之疆，候在辰星，占于虚、危。”张守节《正义》：“辰星、虚、危，皆北方之星，故燕齐占候也。”《史记》卷一《五帝本纪》：“肇十有二州，决川。”裴骃《集解》也引录马融的解释：“禹平水土，置九州。舜以冀州之北广大，分置并州。燕齐辽远，分燕置幽州，分齐为营州。于是为十二州也。”就大的区域划分来说，“燕齐”，有时可以被视为一体。又如：

---

① 张光明：《齐文化的考古发现与研究》，齐鲁书社2004年版，第40页。

使韩信等辑河北赵地，连燕齐……[1]（《史记》卷八《高祖本纪》）

燕齐海上之方士传其术不能通，然则怪迂阿谀苟合之徒自此兴，不可胜数也。（《史记》卷二八《封禅书》）

求蓬莱安期生莫能得，而海上燕齐怪迂之方士多更来言神事矣。（《史记》卷二八《封禅书》）

（栾大）贵震天下，而海上燕齐之间，莫不扼捥而自言有禁方，能神仙矣。[2]（《史记》卷二八《封禅书》）

彭吴贾灭朝鲜，置沧海之郡，则燕齐之间靡然发动。[3]（《史记》卷三〇《平准书》）

燕齐之事，无足采者。（《史记》卷六〇《三王世家》）

王翦子王贲，与李信破定燕齐地。（《史记》卷七三《白起王翦列传》）

尊宠乐毅以警动于燕齐。（《史记》卷八〇《乐毅列传》）

燕齐相持而不下，则刘项之权未有所分也。（《史记》卷九二《淮阴侯列传》）

燕齐之间皆为栾布立社，号曰栾公社。[4]（《史记》卷一〇〇《季布栾布列传》）

---

① 又见《汉书》卷一上《高帝纪上》。
② 又见《汉书》卷二五上《郊祀志上》。
③ 又见《汉书》卷二四下《食货志下》。
④ 又见《汉书》卷三七《季布传》。

稍役属真番、朝鲜蛮夷及故燕、齐亡命者王之。[①]（《史记》卷一一五《朝鲜列传》）

信拔魏赵，定燕齐，使汉三分天下有其二。（《史记》卷一三〇《太史公自序》）

元鼎、元封之际，燕齐之间方士瞋目扼掔，言有神仙祭祀致福之术者以万数。（《汉书》卷二五下《郊祀志下》）

为驰道于天下，东穷燕齐，南极吴楚，江湖之上，濒海之观毕至。[②]（《汉书》卷五一《贾山传》）

王前事漫漫，今当自谨，独不闻燕齐事乎？（《汉书》卷五三《景十三王传·江都易王刘非》）

瞻燕齐之旧居兮，历宋楚之名都。（《后汉书》卷二八下《冯衍传》）

秦汉文献偶有“齐燕”之说，如《史记》卷六〇《三王世家》司马贞索隐述赞：“太常具礼，请立齐燕，闳国负海，旦社惟玄。”但是多数往往“燕齐”连称，这似乎已经成为一种语言习惯。以《史记》为例，言多国史事，涉及燕国、齐国者，也常常“燕、齐”连说。如《史记》卷五《秦本纪》：“韩、赵、魏、燕、齐帅匈奴共攻秦。”《史记》卷六《秦始皇本纪》：“丞相绾等言：‘诸侯初破，燕、齐、荆地远，不为置王，毋以填之。请立诸子，唯上幸许。’”《史记》卷四三《赵世家》：“二十四年，肃侯卒。秦、楚、燕、齐、魏出锐师各万人来会葬。子武灵王立。”《史记》卷八九《张耳陈余列传》：“燕、齐、楚闻赵急，皆来救。”《史记》卷九三《韩信卢绾列传》：“及项梁之立楚后怀王也，燕、齐、

① 又见《后汉书》卷八五《东夷列传》。

② 颜师古注：“濒，水涯也。濒海，谓缘海之边也。毕，尽也。濒音频，又音宾，字或作滨，音义同。”

赵、魏皆已前王，唯韩无有后，故立韩诸公子横阳君成为韩王，欲以抚定韩故地。”①

显然，战国秦汉时期，燕、齐之地具有共同的区域文化风格，于是被看作文化特征接近的一个人文地理单元。而这也是大致符合先秦环渤海地区文化形态的历史真实的。② 扬雄《方言》举列的方言区划，是包括“燕、齐”或“燕、齐之间”的。例如：

燕、齐之间养马者谓之娠。官婢女厮谓之娠。(《方言》卷三)

饮马橐，自关而西谓之裺囊，或谓之裺篼，或谓之慺篼。燕、齐之间谓之帳。(《方言》卷五)

抠揄，旋也。秦、晋凡物树稼早成熟谓之旋。燕、齐之间谓之抠揄。(《方言》卷六)

希、铄，摩也。燕、齐摩铝谓之希。(《方言》卷七)

“燕、齐”作为是确定的文化区域看来已获得公认。所谓“燕、齐”文字表述的词序也获得普遍认同。

《盐铁论·本议》关于经济区域划分，有“燕、齐之鱼盐旃裘”的说法。战国时期的燕国和齐国都通行刀钱，则以文物信息反映了两地经济生活的接近以及经济联系的密切。③

大致在战国秦汉时期，引人注目者，是同样濒临当时或写作“勃

① 又如《后汉书》卷六五《段颎传》：“非有燕、齐、秦、赵从横之埶……”也是同样情形。

② 参看王子今《秦汉时期的环渤海地区文化》，《社会科学辑刊》2000年第5期。

③ 辽宁朝阳、锦州、沈阳、抚顺、辽阳、鞍山、营口、旅大等地出土的钱币窖藏，有大量战国时期赵、魏、韩诸国铸造的布币。金德宣：《朝阳县七道岭发现战国货币》，《文物》1962年第3期；邹宝库：《辽阳出土的战国货币》，《文物》1980年第4期。这一情形，体现“燕、齐”地区的“燕”，曾经在经济生活中有活跃的表现。

海"[①]、"浡海"[②]、"渤澥"[③]、"勃澥"[④]、"勃解"[⑤] 的渤海的"燕、齐"文化区，既为"缘海之边"[⑥]，对于渤海又呈环绕之势。

《淮南子·道应》说，"卢敖游乎北海"。高诱注："卢敖，燕人，秦始皇召以为博士，亡而不反也。"[⑦] 所说即《史记》卷六《秦始皇本纪》中"卢生"故事："三十二年，始皇之碣石，使燕人卢生求羡门、高誓。""始皇巡北边，从上郡入。燕人卢生使入海还，以鬼神事，因奏录图书，曰'亡秦者胡也'。始皇乃使将军蒙恬发兵三十万人北击胡，略取河南地。"卢生又劝说秦始皇："臣等求芝奇药仙者常弗遇，类物有害之者。方中，人主时为微行以辟恶鬼，恶鬼辟，真人至。人主所居而人臣知之，则害于神。真人者，入水不濡，入火不爇，陵云气，与天地久长。今上治天下，未能恬倓。愿上所居宫毋令人知，然后不死之药殆可得也。"于是，秦始皇宫廷更为严备，行为更为隐秘。卢生又与侯生议谋："始皇为人，天性刚戾自用，起诸侯，并天下，意得欲从，以为自古莫及己。专任狱吏，狱吏得亲幸。博士虽七十人，特备员弗用。丞相诸大臣皆受成事，倚辨于上。上乐以刑杀为威，天下畏罪持禄，莫敢尽忠。上不闻过而日骄，下慑伏谩欺以取容。秦法，不得兼方不验，辄死。然候星气者至三百人，皆良士，畏忌

---

① 《史记》卷六《秦始皇本纪》："于是乃并勃海以东，过黄、腄，穷成山，登之罘，立石颂秦德焉而去。"张守节《正义》："勃作'渤'，蒲忽反。"

② 《汉书》卷二八上《地理志上》"勃海郡"条，王先谦《汉书补注》："本书《武纪》作'浡海'。"

③ 《文选》卷七司马相如《子虚赋》："齐东陼钜海，南有琅邪，观乎成山，射乎之罘，浮渤澥，游孟诸。"李善注引应劭曰："'渤澥'，海别枝也。"

④ 《史记》卷一一七《司马相如列传》："齐东陼巨海，南有琅邪，观乎成山，射乎之罘，浮勃澥，游孟诸，邪与肃慎为邻，右以汤谷为界，秋田乎青丘，傍偟乎海外，吞若云梦者八九，其于胸中曾不蒂芥。"

⑤ 《汉书》卷八七下《扬雄传下》："当涂者入青云，失路者委沟渠。旦握权则为卿相，夕失執则为匹夫。譬若江湖之雀，勃解之鸟，乘雁集不为之多，双凫飞不为之少。"颜师古注："应劭曰：'乘雁，四雁也。'师古曰：'雀字或作厓，鸟字或作岛。岛，海中山也。其义两通。"宋龚颐正《芥隐笔记》"崔驷宗扬雄"条引扬雄《解嘲》："譬江湖之崖，勃解之岛，乘雁集不为之多，双凫飞不为之少。"《汉书》文渊阁《四库全书》本："宋祁曰：一本勃解旁有水字。萧该《音义》曰：案《字林》渤澥，海别名也。字旁宜安水。"

⑥ 《汉书》卷五一《贾山传》"为驰道于天下，东穷燕齐，南极吴楚，江湖之上，濒海之观毕至"，颜师古注："濒海，谓缘海之边也。"

⑦ 《太平御览》卷三七引《淮南子》曰："卢敖游乎北海。"注："卢敖，燕人。秦始皇帝以为博士，使求神仙，亡而不返也。"《论衡·道虚》："儒书言，卢敖游乎北海。"

讳谀，不敢端言其过。天下之事无小大皆决于上，上至以衡石量书，日夜有呈，不中呈不得休息。贪于权势至如此，未可为求仙药。”于是乃亡去。卢生逃亡事件，据说竟然成为“坑儒”惨剧的直接起因。

这位颇有影响的所谓“方士”或“方术士”，《史记》卷六《秦始皇本纪》及《淮南子·道应》高诱注皆说是“燕人”，而《说苑·反质》则说是“齐客”。对于文献的这一分歧，有的研究者曾经指出，其发生的原因在于燕、齐两国都有迷信神仙的文化共同性：“盖燕、齐二国皆好神仙之事，卢生燕人，曾为齐客，谈者各就所闻称之。”[①] 以“卢生燕人，曾为齐客”解说。“燕齐二国皆好神仙之事”的文化共性已经为有见识的学者所重视。

顾颉刚曾经分析神仙学说出现的时代背景和这种文化现象发生的地域渊源。他写道：“鼓吹神仙说的叫做方士，想是因为他们懂得神奇的方术，或者收藏着许多药方，所以有了这个称号。《封禅书》说‘燕、齐海上之方士’，可知这班人大都出在这两国。”[②] 《史记》卷二八《封禅书》的原文是：“自齐威、宣之时，驺子之徒论著终始五德之运，及秦帝而齐人奏之，故始皇采用之。而宋毋忌、正伯侨、充尚、羡门高最后皆燕人，为方仙道，形解销化，依于鬼神之事。驺衍以阴阳主运显于诸侯，而燕、齐海上之方士传其术不能通，然则怪迂阿谀苟合之徒自此兴，不可胜数也。”可知这一地区兴起的方士群体，至于“不可胜数”的规模。

我们在这里不具体考论卢生究竟是“燕人”还是“齐客”的问题，但是从司马迁关于“燕、齐海上之方士”之活跃的历史表演所谓“自齐威、宣之时”的记述，可以察知这些对于早期海洋探索和海洋开发做出贡献的知识人群中，齐人很可能较早有更为积极更为主动的表现。

二　齐人早期航海实践

王迅在分析山东地区的考古学文化时，也考察了山东邻境地区的相关文化遗存。他根据对于“辽东半岛南端”考古发现的研究，得出了这样的意见：“辽东半岛南端的旅顺市、金县、新金县等地，也出土过不少岳

① 黄晖：《论衡校释》引《梧丘杂札》，中华书局1990年版，第2册，第321页。

② 顾颉刚：《秦汉的方士与儒生》，上海古籍出版社1978年版，第11页。

石文化的典型器物。”有些已与山东地区岳石文化的器物有区别，“应是岳石文化的变体器物”。许多迹象表明，“辽东半岛南端在夏代可能曾分布着来自山东地区的岳石文化，但其特征已与山东地区的岳石文化有所区别”。[①] 看来，至迟在夏商时期，山东地区古代文化的创造者已经通过航海活动，成功地将自己的文化成就扩展到了辽东半岛。

海上自然景观较内陆有更奇瑰的色彩，有更多样的变幻，因而自然能够引发更丰富、更活跃、更浪漫的想象。浮海航行，会使得人们经历陆上生活难以体验的神奇，思绪可以伸展至极广阔的空间。于是海上神仙传说久已表现出神奇的魅力，而沿海士风，也容易表现较为自由的特色。中国海洋探索的努力和早期海洋学的进步，因此获得了必要的条件。

海上“神山”，是早期海洋观察的收获。通过对海市蜃楼的体验和想象，形成了这种神秘意识。《史记》卷六《秦始皇本纪》、卷二八《封禅书》以及《汉书》卷二五上《郊祀志上》都说到“三神山”。《史记》卷二八《封禅书》写道：

> 自威、宣、燕昭使人入海求蓬莱、方丈、瀛洲。此三神山者，其傅在勃海中，去人不远；患且至，则船风引而去。盖尝有至者，诸仙人及不死之药皆在焉。其物禽兽尽白，而黄金银为宫阙。未至，望之如云；及到，三神山反居水下。临之，风辄引去，终莫能至云。世主莫不甘心焉。

所谓“威、宣、燕昭”排列中，“威、宣”居前。所谓“使人入海求蓬莱、方丈、瀛洲”，所谓“且至，则船风引而去”，所谓“尝有至者”，所谓“未至，望之如云；及到，三神山反居水下”，以及“临之，风辄引去，终莫能至”等，都是航海实践的记录。“世主莫不甘心焉”句后，言“及至秦始皇并天下至海上，则方士言之不可胜数”，可知上述航海行为，都在秦统一之前，则所谓“莫不甘心焉”的“世主”们，应即“威、宣、燕昭”等君王。

除了《史记》卷二八《封禅书》等所言“威、宣、燕昭使人入海求蓬莱、方丈、瀛洲”海上“三神山”而外，又有海上“五神山”之说。

---

① 王迅：《东夷文化与淮夷文化研究》，第34页。

如《列子·汤问》:

> 渤海之东不知几亿万里，有大壑焉，实惟无底之谷，其下无底，名曰“归墟”。八弦九野之水，天汉之流，莫不注之，而无增无减焉。其中有五山焉：一曰“岱舆”，二曰“员峤”，三曰“方壶”，四曰“瀛洲”，五曰“蓬莱”。其山高下周旋三万里，其顶平处九千里。山之中间相去七万里，以为邻居焉。其上台观皆金玉，其上禽兽皆纯缟。珠玕之树皆丛生，华实皆有滋味；食之皆不老不死。所居之人皆仙圣之属；一日一夕飞相往来者，不可数焉。而五山之根无所连箸，常随潮波上下往还，不得暂峙焉。

所谓“渤海之东不知几亿万里”，所谓（五山）“之中间相去七万里”，都体现眼界非常宏阔，是面对遥远海天的感觉。所谓“常随潮波上下往还”，则似乎是基于海上航行体验的想象。

朝鲜半岛一些地方出土战国明刀。在日本西北部的广岛、佐贺也发现同类货币，冲绳也曾出土两枚明刀。有学者认为这些发现与利用洋流的航行有关。[①] 李学勤指出由此可知存在辽东到朝鲜、日本、琉球的航线。[②] 根据“自威、宣、燕昭使人入海”及反映“燕齐海上方士”共同的活跃等记载，相关文化迹象或亦当与齐人的活动有一定联系。

“渤海之东不知几亿万里”的说法，体现当时的航海者已经获得关于远方海域的知识。所谓“实惟无底之谷”的“大壑”，有学者推定可能就是“流经台湾与琉球群岛附近的黑潮”。[③]

山东青州西辛战国齐王墓曾经出土来自波斯地区的口沿有埃及文字的

---

① 汪向荣：《古代中日关系史话》，时事出版社1985年版，第16页。

② 李学勤：《冲绳出土明刀论介》，《中国钱币》1999年第2期。

③ 周运中：《先秦中国大陆与台湾间的航海新考》，《国家航海》第6辑。论者指出，《庄子·天地》也说到“大壑”：“谆芒将东之大壑，适遇苑风于东海之滨。苑风曰：‘子将奚之？’曰：‘将之大壑。’曰：‘奚为焉？’曰：‘夫大壑之为物也，注焉而不满，酌焉而不竭。吾将游焉！’”而《列子·汤问》夏革言“岱舆”即“泰远”，《尔雅·释地》：“东至于泰远，西至于邠国，南至于濮铅，北至于祝栗，谓之‘四极’。”“泰远”即《山海经·大荒东经》“东海之外，大荒之中，有山名曰‘大言’，日月所出”的“大言”。“《山海经》大言山上一条就是：‘东海之外大壑’，大壑和大言山在一起，和《列子》的大壑中的岱舆山正相吻合。”

裂瓣纹银盒，年代大约在公元前9—前6世纪。[1] 临淄战国古墓还曾经出土来自地中海东岸地区的玻璃珠。[2] 这些文物资料可以看作反映齐地当时和极遥远地方已经实现文化沟通的信息。这种沟通，很可能是以航海事业的进步为条件的。

三 “齐景公游于海上而乐之,六月不归”

海上多彩的风光和神秘的景趣，曾经吸引了许多博物好奇之士。齐国上层人物，有陶醉于航海者。《孟子·梁惠王下》说到齐景公事：

> 昔者齐景公问于晏子曰：“吾欲观于转附、朝儛，遵海而南，放于琅邪，吾何修而可以比于先王观也?”

汉代学者赵岐注：“孟子言往者齐景公尝问其相晏子，若此也。转附、朝儛，皆山名也。又言朝，水名也。遵，循也。放，至也。循海而南，至于琅邪。琅邪，齐东境上邑也。当何修治可以比先王之观游乎?”

《韩非子·十过》又说到一个海上“远游”，“游于海而乐之”，“游海而乐之”的故事：

> 奚谓离内远游?昔者田成子游于海而乐之，号令诸大夫曰：“言归者死!”颜涿聚曰：“君游海而乐之，奈臣有图国者何?君虽乐之，将安得?”田成子曰：“寡人布令曰言归者死，今子犯寡人之令。”援戈将击之。颜涿聚曰：“昔桀杀关龙逢而纣杀王子比干，今君虽杀臣之身以三之可也。臣言为国，非为身也。”延颈而前曰：“君击之矣!”君乃释戈趣驾而归，至三日，而闻国人有谋不内田成子者矣。田成子所以遂

---

① 国家文物局：《2004年中国重要考古发现》，文物出版社2005年版，第77页。此文物有学者称之为“银豆盒”，以为具有“粟特艺术特点”，反映了“草原文化”影响。王云鹏、庄明军：《青州西辛战国墓出土金银器对草原丝绸之路的佐证》，《潍坊学院学报》2012年第3期。也有学者以为这一文物发现“证明了齐国的海外交通范围很广”。周运中：《先秦中国大陆与台湾间的航海新考》，《国家航海》第6辑。

② 淄博市博物馆、齐故城博物馆：《临淄商王墓地》，齐鲁书社1997年版，第68—69页。参看林梅村《丝绸之路考古十五讲》，北京大学出版社2005年版，第105页。

有齐国者，颜涿聚之力也。故曰：离内远游，则危身之道也。

《说苑·正谏》说同一故事，“田成子”写作“齐景公”。关于“离内远游”之“远”，又有“六月不归”的情节：

齐景公游于海上而乐之，六月不归，令左右曰：“敢有先言归者，致死不赦！”颜斶趋进谏曰：“君乐治海上而六月不归，彼傥有治国者，君且安得乐此海也！”景公援戟将斫之，颜斶趋进，抚衣待之曰：“君奚不斫也？昔者桀杀关龙逢，纣杀王子比干。君之贤，非此二主也，臣之材，亦非此二子也，君奚不斫？以臣参此二人者，不亦可乎？”景公说，遂归，中道闻国人谋不内矣。

《太平御览》卷三五三引刘向《新序》曰：

齐景公游海上乐之，六月不归，令左右：“敢言归者死！”颜歜谏曰：“君乐治海上，不乐治国。傥有治国者，君且安得出乐海也！”公据戟将斫之，歜抚衣而待之曰：“君奚不斫也？昔桀杀关龙逢，纣杀王子比干。君奚不斫？臣以参此二人，不亦可乎？”公遂归。[1]

今本《新序》未见此事。所谓“君乐治海上，不乐治国”，《太平御览》卷四六八引刘向《说苑》颜蠋谏语作“君乐治海，不乐治国”。“治海”与“治国”的这种直接对照，或许是未曾窜错的原文。

齐景公故事，反映海上风景在齐国君主心目中的神奇魅力。“游于海而乐之”，“游于海上而乐之”，“游海上乐之”，一个“乐”字，透露出对海上生活的热切迷恋。

“齐景公游于海上而乐之，六月不归”，“乐治海上而六月不归”，“游海上乐之，六月不归”，不仅体现了齐国高层人士对于海洋的特殊热忱，也可以说明齐人航海能力的水准。

---

① 中华书局1960年用上海涵芬楼影印宋本复制重印版。文渊阁《四库全书》本“颜歜”作“颜斶”。

四 邹衍的天下观和海洋观

在上古时代，对于“天下”的认识和对于“海洋”的认识相关联。顾颉刚、童书业写道：“最古的人实在是把海看做世界的边际的，所以有‘四海’和‘海内’的名称。（在《山海经》里四面都有海，这种观念实在是承受皇古人的理想。）《尚书·君奭篇》说：‘海隅出日罔不率俾。’（从郑读）《立政篇》也说：‘方行天下，至于海表，罔有不服。’这证明了西方的周国人把海边看做天边。《诗·商颂》说：‘相土烈烈，海外有截。’（《长发》）这证明了东方的商国（宋国）人也把‘海外有截’看做不世的盛业。《左传》记齐桓公去伐楚国，楚王派人对他说：‘君处北海，寡人处南海，唯是风马牛不相及也；不虞君之涉吾地也。’（僖四年）齐国在山东，楚国在湖北和河南，已经是‘风马牛不相及’的了。齐桓公所到的楚国境界还是在河南的中部，从山东北部到河南中部，已经有‘南海’‘北海’之别了，那时的天下是何等的小?”①

战国时期，先进知识分子视野中的“天下”有所扩展。但是人们依然以“海”作为“天下”界定，“把海边看做天边”。

《史记》卷七四《孟子荀卿列传》言邹衍学说：“其语闳大不经，必先验小物，推而大之，至于无垠。”“先列中国名山大川，通谷禽兽，水土所殖，物类所珍，因而推之，及海外人之所不能睹。称引天地剖判以来，五德转移，治各有宜，而符应若兹。以为儒者所谓中国者，于天下乃八十一分居其一分耳。中国名曰赤县神州。赤县神州内自有九州，禹之序九州是也，不得为州数。中国外如赤县神州者九，乃所谓九州也。于是有裨海环之，人民禽兽莫能相通者，如一区中者，乃为一州。如此者九，乃有大瀛海环其外，天地之际焉。”“九州”地理意识已经为之一新。而“乃有大瀛海环其外，天地之际焉”的认识，早已超越了《左传》记载“君处北海，寡人处南海”的时代。

《盐铁论·论邹》：“所谓中国者，天下八十一分之一，名曰赤县神州，而分为九州。绝陵陆不通，乃为一州，有大瀛海圜其外。此所谓八

① 顾颉刚、童书业：《汉代以前中国人的世界观与域外交通的故事》，《禹贡半月刊》第五卷第三四合期，1936 年 4 月。

极，而天地际焉。《禹贡》亦著山川高下原隰，而不知大道之径。故秦欲达九州而方瀛海，牧胡而朝万国。”“昔秦始皇已吞天下，欲并万国，亡其三十六郡；欲达瀛海，而失其州县。”可知西汉人继承了邹衍的学说。“秦欲达九州而方瀛海”，“秦始皇已吞天下，欲并万国……欲达瀛海”，其实是战国以来“天下”、“四海”意识由自然地理观、人文地理观演进为政治地理观的一种表现。

五 “大瀛海”即“大洋”说

《史记》所见“有大瀛海环其外”，《盐铁论》所见“有大瀛海圜其外”，此“大瀛海”，有学者认为就是“大洋”。

论者写道：“邹衍的大九州说认为，中国内部的九州只占世界的八十一分之一，九州外面还有八个和九州一样大小的九州，这九个九州外面是裨海，就是小海。再往外面，还有八个和裨海里面九个州类似的地区，外面是‘大瀛海’。‘大瀛海’其实就是我们现在说的‘大洋’，因为瀛就是洋。”对于“瀛就是洋”的论证，据《方言》为说：“西汉扬雄《方言》卷十一：蝇，东齐谓之羊。郭璞注：此亦语转耳，今江东人呼羊声如蝇。”

论者还指出，在“东齐”方言体系中，“瀛”和“洋”有关：“东齐就是齐国东部，也即今日的胶东地区，这里的人把蝇读作羊。语言学家通过《方言》全书的记载推测，在西汉时代，东齐是一个很特殊的方言区。[①] 那么我们可以推测在邹衍的时代，经常在海上航行的东齐人，由于知道黄海、东海之外还有一个大洋——就是我们今日所谓的太平洋，他们已经区分了海、洋。东齐人把中原人的［ieng］都读作［iang］，所以‘瀛’这个字读出来就是［iang］，也就是后来的‘洋’字。”[②]

---

① 原注：“周振鹤、游汝杰：《方言与中国文化》，（上海）上海人民出版社2006年版，第79页。”

② 周运中：《先秦中国大陆与台湾间的航海新考》，《国家航海》第6辑。不过，论者对邹衍“裨海”和所谓“中九州”的指向的如下判断，也许还应当有更充实的理由：“邹衍学说里裨海的原型就是黄海、东海、南海、日本海（韩国称‘东海’）等边缘海，裨海所环绕的‘中九州’的原型，就是朝鲜半岛、库页岛、日本列岛、琉球群岛、台湾列岛等半岛、列岛。虽然这些半岛、列岛的面积不能和大陆相比，但是在上古时期，测量条件很落后，这些半岛、列岛的人口又很稀少，很多地区没有开发，所以人们只知道这些半岛、列岛的存在，并不清楚它们的面积大小。所以邹衍自然把西太平洋的这些岛链也当成一些和九州并列的州，进而构建出‘大九州说’。”

其实，推定“经常在海上航行的东齐人，由于知道黄海、东海之外还有一个大洋——就是我们今日所谓的太平洋”的说法，似乎主观色彩过浓。但是“裨海”与“大瀛海”分说体现“已经区分了海、洋”的说法，我们基本是同意的。而由《方言》说“蝇，东齐谓之羊”，以为应即东齐人读“瀛”为“洋”，确实是很有意思的发现。

如果“洋”的概念确实最早由“东齐”人使用，自然可以作为齐人在海洋探索和海洋开发方面有突出贡献的例证之一。

范蠡故事

范蠡是在政治、军事和经济方面均有显赫功绩的人物。他在齐地的经历，值得我们注意。

《国语·越语下》记录的几乎都是与范蠡事迹有关的历史。八件史事中，七件都因范蠡叙说。《国语·越语下》简直可以看作一部《范蠡传》，或者《范蠡图吴伐吴灭吴本事》。范蠡“不报于王，击鼓兴师……至于姑苏之宫，遂灭吴”的果断举动，表现出一个干练的军事指挥家的素养。《国语·吴语》记载公元前482年事，吴王夫差北上与晋定公会于黄池，范蠡“率师沿海溯淮以绝吴路”，也说范蠡是曾经独当一面的统帅。《史记》卷四一《越王句践世家》记述：范蠡辅佐勾践艰苦复国，终于“灭吴，报会稽之耻”，又“北渡兵于淮以临齐、晋，号令中国，以尊周室，句践以霸，而范蠡称上将军”。《史记》卷九二《淮阴侯列传》可见“范蠡存亡越，霸句践，立功成名”的历史评价，也指出了范蠡对于越国救亡复兴图霸的重要作用。《后汉书》卷七四上《袁绍传》于是可以看到“句践非范蠡无以存国”的说法。宋人吕祖谦《大事记解题》卷一指出：“《越语下》篇所载范蠡之词，多与《管子·势》篇相出入，辞气奇峻，不类春秋时语。意者战国之初为管仲、范蠡之学者润色之。然围之三年，以待其衰，必蠡之谋也。”论者以为《国语·越语下》范蠡之词未必当时言语，然而指出“战国之初”已经有所谓“范蠡之学”，值得我们注意。[①]

---

① 参看王子今《关于“范蠡之学”》，《光明日报》2007年12月15日；《“千古一陶朱”：范蠡兵战与商战的成功》，《河南科技大学学报》（社会科学版）2008年第1期，《学者论范蠡——07中国·南阳（淅川）商圣范蠡经济思想研讨会论文集》，商业出版社2008年版；《范蠡的经营理念》，《中国投资》2009年10月号。

“范蠡之学”应当包括兵学思想、权争理念、生产经验和经营策略。我们注意到，范蠡“浮海出齐”行为，集中体现了多方面的智慧。而齐地海道的畅通，也值得海洋开发史研究者注意。他“耕于海畔，苦身戮力，父子治产。居无几何，致产数十万”[①]获得实业成功，而得到“齐人”拥戴的故事，也可以看作齐人海洋开发史的一页。

一　“范蠡浮海出齐”

范蠡作为越国国政的重要决策者，曾经是长江下游“吴越春秋”政治角逐的表演主角之一。在辅佐勾践成功复国并战胜吴国之后，他离开权争旋涡中心，“五湖极烟水”[②]，“散发沧洲余”[③]，随即在经济生活中取得惊人的成就。范蠡有先后在越地、齐地、陶地生活空间的转换，司马迁称之为“三徙”、“三迁”。《史记》卷四一《越王句践世家》写道：“范蠡三徙，成名于天下。”“范蠡三迁皆有荣名，名垂后世。”

范蠡的人生有诸多闪光点。其事业成功的最后一个阶段，有在齐地勤苦经营的事迹，值得关心齐史和齐文化的人们注意。范蠡“浮海出齐”，是致使其“成名于天下”，“名垂后世”的重要环节。范蠡在齐地的经济行为，对于他最终成功，有奠基性的意义。

《国语·越语下》说范蠡“乘轻舟以浮于五湖”，以后人们多以“五湖”作为指示范蠡“扁舟烟水”人生方向的一个符号。“五湖”的解释，有不同的意见。《周礼·夏官·职方氏》：“东南曰扬州，其山镇曰会稽，其泽薮曰具区，其川三江，其浸五湖。”《史记》卷二《夏本纪》张守节《正义》：“五湖者，菱湖、游湖、莫湖、贡湖、胥湖，皆太湖东岸，五湾为五湖，盖古时应别，今并相连。菱湖在莫鳌山东，周回三十余里，西口阔二里，其口南则莫鳌山，北则徐侯山，西与莫湖连。莫湖在莫鳌山西及北，北与胥湖连；胥湖在胥山西，南与莫湖连：各周回五六十里，西连太湖。游湖在北二十里，在长山东，湖西口阔二里，其口东南岸树里山，西

① 《史记》卷四一《越王句践世家》。

② 〔唐〕李德裕《舴艋舟》诗：“无轻舴艋舟，始自鸱夷子。双阙挂朝衣，五湖极烟水。”《全唐诗》卷四七五，中华书局1960年版，第14册第5410页。

③ 〔明〕程铨《次归田园居》诗其三：“葛巾任萧散，轩冕胡能如。欲寻鸱夷子，散发沧洲余。”《石仓历代诗选》卷四七七，文渊阁《四库全书》本。

北岸长山，湖周回五六十里。贡湖在长山西，其口阔四五里，口东南长山，山南即山阳村，西北连常州、无锡县老岸，湖周回一百九十里已上，湖身向东北，长七十余里。两湖西亦连太湖。《河渠书》云'于吴则通渠三江、五湖'，《货殖传》云'夫吴有三江、五湖之利'，又《太史公自叙传》云'登姑苏，望五湖'是也。"《史记》卷二九《河渠书》："通渠三江、五湖。"裴骃《集解》："韦昭曰：'五湖，湖名耳，实一湖，今太湖是也，在吴西南。'"司马贞《索隐》："五湖者，郭璞《江赋》云具区、洮滆、彭蠡、青草、洞庭是也。又云太湖周五百里，故曰'五湖'。"① 就范蠡灭吴之后出走的经历分析，"五湖"的解说，应以太湖及周边水泽近是。而《河渠书》："太史公曰：余南登庐山，观禹疏九江，遂至于会稽太湟，上姑苏，望五湖。"亦明确了"姑苏"和"五湖"的关系。

《史记》卷一二九《货殖列传》则说他"乘扁舟浮于江湖"。"江湖"，没有明确的空间定位。而《史记》卷四一《越王句践世家》谓"范蠡浮海出齐"，则说他流亡的路程是航海北上。宋人汪藻《镇江府月观记》写道："四顾而望之，其东曰海门。鸱夷子皮之所从逝也。"② 则入海之处也予以判定。当然，就研究者现今掌握的信息而言，这样的推测很难得到实证的支持。不过，参考越人北上，又有徙都琅邪的情形，即使并非经由海路或者全程经由海路③，也必然考虑到琅邪作为海港的交通条件。则"浮海出齐"的航路，当时应当是畅通的。范蠡"乘轻舟""浮海"至于齐地的可能性，就技术条件而言，似不可以排除。有人对范蠡"浮海出齐"的细节甚至有"浮海之装，捆载珠玉"的想象④，如此则范

---

① 《史记》卷六〇《三王世家》载《广陵王策》："古人有言曰：'大江之南，五湖之间，其人轻心。……'"司马贞《索隐》："按：五湖者，具区、洮滆、彭蠡、青草、洞庭是也。或曰太湖五百里，故曰'五湖'也。"

② 《浮溪集》卷一八，文渊阁《四库全书》本。

③ 《元和郡县图志》卷二七《江南道·越州》写道："句践复伐吴，灭之，并其地。遂渡淮，迁都琅邪。"似是说自陆路至琅邪。

④ 〔元〕谢应芳《论吴人不当祀范蠡书》："惟其功成名遂，遁迹而去，其识见固高于常人。然浮海之装，捆载珠玉，在齐复营致千金之产，自齐居陶，父子耕畜，转物逐利，复积蓄累巨万，太史公前后不一书者，盖深鄙之，非美之也。较诸子房辞汉，翛然从赤松子游，相去多矣。杜牧之、苏子瞻皆谓蠡私西施，以申公、夏姬为比。由是观之，谓其人为贪为秽，亦不为过，尚何风节足慕乎今也？"《辨惑编》附录，文渊阁《四库全书》本。

蠡“轻舟”其实亦不“轻”。

如果“浮海出齐”之说确实，则范蠡由海路“适齐”的经历，应看作早期海上航运史的可宝贵的记录。

《竹书纪年》卷下：“贞定王元年癸酉，于越徙都琅琊。”《越绝书》卷八《外传记地传》：“句践大霸称王，徙琅琊都也。”《太平御览》卷一六〇引《吴越春秋》曰：“越王勾践二十五年，徙都琅琊。立观台，周旋七里，以望东海。”《水经注》卷二六《潍水》：“潍水出琅邪，箕县潍山。琅邪，山名也。越王句践之故国也。句践并吴，欲霸中国，徙都琅邪。”[①] 对于越王勾践徙都琅邪事，或有怀疑。然而这一记录应当是符合史实的。[②]

有学者以为，越都琅邪，有可能因于齐邑。[③] 如果这一认识可以成立，则这一海港最初开发的功绩，依然可以归于齐人。《七国考》卷四“琅邪台”条：“《战国春秋》‘威王起琅邪之台，倚山背流，其高九仞。’《淮南子注》：‘齐宣王乐琅邪之台，三月不返。’”齐宣王、齐威王“起琅邪之台”、“乐琅邪之台”的故事，则发生在勾践“迁都琅邪”之后。

《太平御览》卷四二引《齐地记》曰：“范蠡浮海出齐，变姓名，自号鸱夷子。间行止于陶山，因号陶朱公焉。后改曰鸱夷山，在今平阴县东。”所说“今平阴县东”，位置在今山东肥城北，应是说陶地。而“范蠡浮海出齐”，实际上在“止于陶山”之前，还有其他活跃的经济政治表现。

---

① 又《水经注》卷四〇《浙江水》：“句践都琅邪”，“句践霸世，徙都琅邪。后为楚伐，始还浙东”。

② 〔明〕胡应麟《少室山房笔丛正集》卷一七《三坟补逸上·竹书》：“贞定王元年癸酉，于越徙都琅琊。按：《吴越春秋》文颇与此合。然非齐之琅琊，或吴越间地名有偶同者。”〔清〕徐文靖《管城硕记》卷一九《史类二》：“《笔丛》曰：‘《竹书》：贞定王元年，于越徙都琅邪。《吴越春秋》文颇与此合。然非齐之琅邪，或吴越间地名有偶同者。’按：《山海经》：琅邪台在渤海间，琅邪之东。郭璞曰：琅邪者，越王句践入霸中国之所都。《越绝书》曰：句践徙琅邪，起观台。台周七里，以望东海。何谓非齐之琅邪？”〔清〕储大文《存研楼文集》卷四《杂著》：“（勾践）后都琅琊台，在东武，今山东诸城地。”

③ 曲英杰《史记都城考》写道：“《管子·戒》载：‘（齐）桓公将东游，问于管仲曰：我游犹轴、转斛，南至琅邪。’《孟子·梁惠王下》亦载：‘昔者齐景公问于晏子曰：吾欲观于转附、朝儛，遵海而南，放于琅邪。’赵岐注：‘放，至也。循海而南，至于琅邪。琅邪，齐东南境上邑也。’可表明这一带很早即得以开发，而所置城邑当与琅琊山隔有一段距离。勾践徙都琅琊，当即因于此齐邑。”商务印书馆2007年版，第363页。

范蠡“浮海出齐”路线的选择，或许与《史记》卷四一《越王句践世家》记述“北渡兵于淮以临齐、晋，号令中国，以尊周室，句践以霸，而范蠡称上将军”的军事行迹有关。当然，“浮海”，明确说是海上航行，与“北渡兵于淮”之陆路行军有所不同。

二 “耕于海畔”的实业史分析

《史记》卷一二九《货殖列传》中，将范蠡作为成功实业家的典型予以表彰。司马迁写道：

> 范蠡既雪会稽之耻，乃喟然而叹曰：“计然之策七，越用其五而得意。既已施于国，吾欲用之家。”乃乘扁舟浮于江湖，变名易姓，适齐为鸱夷子皮，之陶为朱公。朱公以为陶天下之中，诸侯四通，货物所交易也。乃治产积居。与时逐而不责于人。故善治生者，能择人而任时。十九年之中三致千金，再分散与贫交疏昆弟。此所谓富好行其德者也。后年衰老而听子孙，子孙修业而息之，遂至巨万。故言富者皆称陶朱公。

这里说到范蠡北上，“浮扁舟”“适齐”，值得我们注意。范蠡“适齐”、“之陶”，将“计然之策”“用之家”，终于取得非凡的成功。《史记》卷四一《越王句践世家》对于范蠡的经营事迹，有更为具体的记载：

> 范蠡浮海出齐，变姓名，自谓鸱夷子皮，耕于海畔，苦身戮力，父子治产。居无几何，致产数十万。齐人闻其贤，以为相。范蠡喟然叹曰：“居家则致千金，居官则至卿相，此布衣之极也。久受尊名，不祥。”乃归相印，尽散其财，以分与知友乡党，而怀其重宝，间行以去，止于陶，以为此天下之中，交易有无之路通，为生可以致富矣。于是自谓“陶朱公”。复约要父子耕畜，废居，候时转物，逐什一之利。居无何，则致赀累巨万。天下称“陶朱公”。

范蠡在齐地的活动，有如下几个阶段：

1. 耕于海畔，苦身戮力，父子治产。
2. 居无几何，致产数十万。
3. 为相，归相印。
4. 尽散其财，以分与知友乡党。
5. 怀其重宝，间行以去，止于陶。

其中特别值得注意的经济活动，是“耕于海畔，苦身戮力，父子治产”事。所谓“耕于海畔”，显示经营地点在海滨。[①] 范蠡事迹，应当看作齐地滨海地区经济开发史的一则重要史例。不过，尽管范蠡有在越地即熟悉“种植治生之道”，具备指导农耕生产经验的经营背景[②]，然而在齐地竟然能够“居无几何，致产数十万”，而“尽散其财”之后，仍然怀有“重宝”，推想其经营内容，不大可能只限于“耕”或者“耕畜”。

范蠡在齐地的经济活动，有“耕于海畔，苦身戮力”的艰苦创业的情节，正如明人王世贞所谓“能自力致富者，陶朱公”。[③] 然而他所以“致富”，主要是依恃经营理念的开明和经营方式的先进。

三 《养鱼法》和《养鱼经》

范蠡经营方式的经验总结，古文献著录可见：

《陶朱公养鱼法》[④]；
范蠡《养鱼经》[⑤]；

① 以“海畔”作为地理标记符号者，又有《后汉书》卷三〇下《郎𫖮传》：“𫖮少传父业，兼明经典，隐居海畔。”《后汉书》卷七四下《袁谭传》：“因东击高句骊，西攻乌桓，威行海畔。”《三国志》卷一九《魏书·陈思王植传》裴松之注引《典略》载曹植与杨修书：“兰茝荪蕙之芳，众人之所好，而海畔有逐臭之夫。”

② 〔唐〕张弧《素履子》卷上《履道》：“昔鸱夷子在俗教民种植治生之道，竟乘舟而去。”文渊阁《四库全书》本。

③ 〔明〕王世贞:《弇州四部稿》卷一六六《说部·宛委余编》;〔明〕徐应秋:《以贵而富》,《玉芝堂谈荟》卷三。文渊阁《四库全书本》。

④ 《隋书》卷三四《经籍志三》。

⑤ 《旧唐书》卷四七《经籍志下》、《新唐书》卷五九《艺文志三》。

《陶朱公养鱼经》①。

《水经注·沔水》说到“侍中襄阳侯习郁鱼池”。这一鱼池的经营与范蠡的《养鱼法》有关：

郁依范蠡《养鱼法》作大陂，陂长六十步，广四十步，池中起钓台。

《艺文类聚》卷九引《襄阳记》曰：“岘山南习有大鱼池，依范蠡《养鱼法》种楸、芙蓉、菱芡。山季伦每临此池，辄大醉而归。恒曰：‘此我高阳池也。’城中小儿歌之曰：‘山公何所往，来至高阳池。日夕倒载归，酩酊无所知。’”唐人段公路《北户录》卷一“鱼种”条写道：“愚按《陶朱公养鱼经》曰：朱公谓威王治生之法有五：水畜第一，水畜鱼池也，以六亩地为池，池中有九洲。求怀妊鲤鱼长三尺者，任二十头，牡鱼四头，以二月上庚日内池中，令水无声，鱼必生，至四月内，一神守六月内，二神守八月内三神守神守者鳖也鱼，满三百六十则蛟龙为之长，而将鱼化飞去。内鳖则鱼不复去，池中周绕九洲无穷，自谓江湖也。至来年二月，得鲤鱼长一尺者一万五千枚，三尺者二十四枚；至明年，得长一尺者十万枚，长二尺者五万枚，长四尺者二十四枚。留长二尺者二千枚作种，所养又欲令生。鱼法要须载取薮泽陂湖饶大鱼之处，近水际土寸余载以布池底，三年之中，即有大鱼。此由土中先有大鱼理不相长也。”

其中所谓“威王治生之法”，暗示自齐地发明。“水畜”细则中所谓“池中有九洲”，所谓“池中周绕九洲无穷”等，似是以“池”象征“海”。

这些技术的总结，或许与范蠡曾经在“海畔”生活，对海洋渔业生产方式比较熟悉也有某种关系。

《太平御览》卷九三五引《吴越春秋》说到勾践与范蠡在复国事业中

① 《太平御览》卷九三六引陶朱公《养鱼经》曰：“威王聘朱公，问之曰：‘公徙家不一，辄累亿金，何术乎？’朱公曰：‘夫治生之法有五，水畜第一。所谓水畜者，鱼也。以六亩地为池，池中为九洲。即求怀子鲤鱼长三尺者二十头，牡鲤四头，以二月上旬庚日纳池中。水中无声，鱼必生。所以养鲤者，不相食，易长，又贵也。”参看王子今《关于“范蠡之学”》，《光明日报》2007年12月15日。

利用“鱼池”求利的故事:“越王既栖会稽,范蠡等曰:‘臣窃见会稽之山有鱼池上下二处,水中有三江四渎之流,九溪六谷之广。上池宜于君王,下池宜于民臣。畜鱼三年,其利可以致千万,越国当富盈。’”此说可以反映范蠡经济思想与经济实践中“鱼池”经营与“其利可以致千万”之“富盈”的关系,而范蠡渔业经验既称《陶朱公养鱼法》、《陶朱公养鱼经》,总结于齐地的可能性较大,未必得自于“会稽之山”“鱼池”“畜鱼”的经验。

四 “鸱夷子皮”疑议

范蠡在齐国据说“齐人闻其贤,以为相”。他再次谢绝政治地位和政治待遇,“归相印”。据说观念背景是所谓“久受尊名,不祥”。后人“安用区区相印为”的赞美①,应是直接针对范蠡放弃齐国相位的行为。

确有一位“鸱夷子皮”在齐国曾经有过政治表演。

《韩非子·说林上》讲述了这样一个关于“鸱夷子皮”的故事:“鸱夷子皮事田成子,田成子去齐,走而之燕,鸱夷子皮负传而从,至望邑,子皮曰:‘子独不闻涸泽之蛇乎?泽涸,蛇将徙,有小蛇谓大蛇曰:子行而我随之,人以为蛇之行者耳,必有杀子,不如相衔负我以行,人以我为神君也。乃相衔负以越公道,人皆避之,曰:神君也。今子美而我恶,以子为我上客,千乘之君也;以子为我使者,万乘之卿也。子不如为我舍人。’田成子因负传而随之,至逆旅,逆旅之君待之甚敬,因献酒肉。”故事发生在齐国上层政治生活中。《说苑·臣术》中又有一段鸱夷子皮关于臣子政治责任的论说:“陈成子谓鸱夷子皮曰:‘何与常也?’对曰:‘君死吾不死,君亡吾不亡。’陈成子曰:‘然子何以与常?’对曰:‘未死去死,未亡去亡,其有何死亡矣!从命利君谓之顺,从命病君谓之谀,逆命利君谓之忠,逆命病君谓之乱,君有过不谏诤,将危国殒社稷也,有能尽言于君,用则留之,不用则去之,谓之谏;用则可生,不用则死,谓之诤;有能比和同力,率群下相与强矫君,君虽不安,不能不听,遂解国之大患,除国之大害,成于尊君安国谓之辅;有能亢君之命,反君之事,窃

① 〔明〕王世贞:《鸱夷子行》,《弇州四部稿》续稿卷二《诗部·拟古乐府》。文渊阁《四库全书》本。

君之重以安国之危，除主之辱攻伐足以成国之大利，谓之弼。故谏诤辅弼之人，社稷之臣也，明君之所尊礼，而暗君以为己贼；故明君之所赏，暗君之所杀也。明君好问，暗君好独，明君上贤使能而享其功；暗君畏贤妒能而灭其业，罚其忠，而赏其贼，夫是之谓至暗，桀纣之所以亡也。《诗》云：曾是莫听，大命以倾。此之谓也。'”又《说苑·指武》也有一则“鸱夷子皮”的故事：“田成子常与宰我争，宰我夜伏卒，将以攻田成子，令于卒中曰：‘不见旌节毋起。’鸱夷子皮闻之，告田成子。田成子因为旌节以起宰我之卒以攻之，遂残之也。”宋代学者洪迈《容斋续笔》卷一五“宰我作难”条就此质疑：“《说苑》亦云田常与宰我争，宰我将攻之，鸱夷子皮告田常，遂残宰我。此说尤为无稽。是以蠡为助田氏为齐祸，其不分贤逆如此。”这是从范蠡的“贤逆”判别能力来分析。宋人张淏《云谷杂记》卷一引刘向《别录》所载此事，也指出：“刘向所谓鸱夷子皮者，范蠡也。田常之乱在周敬王三十九年，是时范蠡方在越，与句践谋伐吴。后八年，吴灭，蠡始浮江湖，变名易姓适齐，为鸱夷子皮。《国语》及《蠡传》可考，其妄已不待言。”指出范蠡参与田常之乱说“其妄”，就年代而言是不可能的。

又《淮南子·氾论》：“昔者，齐简公释其国家之柄，而专任其大臣将相，摄威擅势，私门成党，而公道不行，故使陈成田常、鸱夷子皮得成其难。使吕氏绝祀而陈氏有国者，此柔懦所生也。”钱大昕《十驾斋养心录》卷一二“鸱夷子皮”条也指出：“《淮南》以鸱夷子皮为田常之党，它书所未见。按：田常弑君之年，越未灭吴，范蠡何由入齐，此《淮南》之误也。”[①] 向承周《淮南校文》则说：“钱说误。此子皮非范蠡也。鸱夷子皮党陈常事，《韩非·说林》（载其从田常奔燕）、《说苑·臣术》（载其与田常论君亡不亡，君死不死事）、《指武》篇（载其与田常攻宰我事），皆谓其为田氏之党。《墨子·非儒》篇谓孔子树鸱夷子皮于田氏之门，其言孔子树之诬也，而田氏之门有鸱夷子皮，则非诬也。范氏去越之年，在田常弑君之后，则《史记》谓蠡适齐为鸱夷子皮者，传闻之讹耳。《说苑·臣术》篇云：‘鸱夷子皮日侍于屈春。’其人在楚平王世，已有鸱夷子皮之称（《说苑》所述为成公乾语，成公乾曾论太子建不得立，是平

① 〔清〕钱大昕：《十驾斋养心录》，上海书店 1983 年版，第 269 页。

王时人也)，其非范蠡明矣。”①

对于《韩非子》中“鸱夷子皮事田成子”故事，日本学者松皋圆《定本韩非子纂闻》已经指出：

> 春秋末称“鸱夷子皮”者有三：一、楚之贤人，《说苑》云：“鸱夷子皮日侍于屈春”是也。一、齐之商人，诡称范蠡变姓名者，太史公列之《货殖传》是也。又一：即田氏之党人也，《淮南·氾论训》：“私门成党而公道不行，故使陈成田常、鸱夷子皮得成其难。”②

这样说来，当时“称鸱夷子皮者”并不包括范蠡。如此则《史记》卷四一《越王句践世家》所谓“范蠡浮海出齐，变姓名，自谓鸱夷子皮”，《史记》卷一二九《货殖列传》所谓“（范蠡）变名易姓，适齐为鸱夷子皮”，都被否定。

松皋圆说“鸱夷子皮”有“齐之商人，诡称范蠡变姓名者”，不免武断之嫌。而以为与田氏结党者与范蠡无关，可能是正确的意见。如此，则范蠡在齐“以为相”又“归相印”的说法亦成悬疑。也许向承周的意见是正确的，即齐政界人士所谓“鸱夷子皮”的言行，与范蠡无关。就现有历史信息分析，范蠡很可能并没有参与齐国上层政治生活。他在齐地的活动，主要以经济行为成为我们关注的对象。③

鸱夷子皮事迹与我们以范蠡为主题的讨论没有确定的直接关系。但是“范蠡浮海出齐，变姓名，自谓鸱夷子皮”的记载也是不能忽视的。至少应当承认，范蠡在齐地曾经形成一定的文化影响。而“田成子去齐，走而之燕，鸱夷子皮负传而从，至望邑”以及“至逆旅，逆旅之君待之甚

---

① 何宁：《淮南子集释》，中华书局 1998 年版，中册第 935—936 页。据附录《淮南子书目》，《淮南校文》作者向承周（？—1939），字宗鲁，巴县人。其书“手稿本，锺佛操有过录本”，下册第 1482 页。

② 陈奇猷校注：《韩非子集释》，上海人民出版社 1974 年版，上册第 426 页。

③ 杨宽、吴浩坤主编《战国会要》卷一〇三《食货二三》“利润”条引《史记·越世家》“范蠡浮海出齐”事，略去 38 字：“齐人闻其贤，以为相。范蠡喟然叹曰：‘居家则致千金，居官则至卿相，此布衣之极也。久受尊名，不祥。’”应是有意突出其经济活动，然而却保留“乃归相印”字样，又未标示省略符号，以致文意断缺，不能连贯。上海古籍出版社 2005 年版，下册第 991 页。参看王子今《范蠡“浮海出齐”事迹考》，《齐鲁文化研究》第 8 辑（2009 年），泰山出版社 2009 年版。

敬，因献酒肉”等情节涉及“并海道”交通条件[1]，也应当重视。

五 关于“范蠡之学”

宋人吕祖谦《大事记解题》卷一指出：“《越语下》篇所载范蠡之词，多与《管子·势》篇相出入，辞气奇峻，不类春秋时语。意者战国之初为管仲、范蠡之学者润色之。然围之三年，以待其衰，必蠡之谋也。”论者以为《国语·越语下》范蠡之词未必当时言语，然而指出“战国之初”已经有所谓“范蠡之学”，值得我们注意。

“范蠡之学”有哪些内容呢？

《汉书》卷三〇《艺文志》著录的兵学名著“兵权谋”一类中，于《吴孙子兵法》、《齐孙子》、《公孙鞅》、《吴起》之后，列有：“《范蠡》二篇。”原注：“越王句践臣也。”其书亡佚，只在一些古文献中有片断遗存。顾实《汉书艺文志讲疏》说：“唐人注书引《范蠡兵法》，则唐世犹未亡也。”“范蠡、大夫种二人兵法言，今当犹散见《越语》、《史记》、《越绝书》、《吴越春秋》。”清人孙承泽《春明梦余录》卷四三《兵部二·营阵》：“范蠡兵法，先用阳后用阴，尽敌阳节盈吾阴节以夺之。其曰设右为牝，益左为牡，早晏以顺天道，盖深于计者也。”由此可知，《范蠡兵法》似包含“兵阴阳”理论。《史记》卷七二《白起王翦列传》裴骃《集解》引张晏曰：“《范蠡兵法》：‘飞石重十二斤，为机发行三百步。’”这样说来，《范蠡兵法》似乎又有“兵技巧”的内容。作为早期军事学著作，兼论“兵权谋”、“兵阴阳”、“兵技巧”，可知其价值之珍贵。

明人徐伯龄《卢生传》写道：“以文章举进士不第，遂弃蝌斗业，学拥剑，读《太史公》《范蠡兵法》，曰：‘熟此则取苏秦黄金印易事耳。’”看来，《范蠡兵法》可以用于权争。熟悉这些战争经验，可以轻易取“黄金印”。

《齐民要术》引《陶朱公养鱼经》。《隋书》卷三四《经籍志三》可见《陶朱公养鱼法》“一卷，亡”。《旧唐书》卷四七《经籍志下》可见“《养鱼经》一卷，范蠡撰”，《新唐书》卷五九《艺文志三》可见“《范

---

① 参看王子今《秦汉时代的并海道》，《中国历史地理论丛》1988 年第 2 期。

蠡养鱼经》一卷"，《宋史》卷二〇四《艺文志四》可见"陶朱公《养鱼经》一卷"。可知范蠡很可能曾经总结过具体的生产经验。关于贸易金融之外产业经营的著述，应当也是"范蠡之学"的重要内容。

司马迁在《史记》卷一二九《货殖列传》中表彰范蠡注重"任时"，"候时转物"，"与时逐而不责于人"的经营策略。《焦氏易林》称其经营优势为"善贾息资"、"巧贾货资"。《太平御览》卷一九一引王子年《拾遗记》说："縻竺用陶朱公计术，日益亿万之利，赀拟王家，有宝库千间。"所谓"陶朱公计术"，应是熟练巧妙的经营之术。有关经营"计术"的总结，显然也是"范蠡之学"的内容。

范蠡在陶地的经营，特别表现出对于经济地理的敏锐眼光。史念海曾经指出，范蠡认定陶为"天下之中"，"乃是诸侯四通的地方，也是货物交易的地方"，于是于此定居，经营商业。"范蠡到陶的时候，陶已经发达成为天下之中的经济都会，致使范蠡留连不能舍去。其发达的程度超过了当时的任何城市。这种情形，自然是济、泗之间新河道开凿之后的必然结果。"① 也就是说，范蠡亦对交通地理颇有卓识。

总结现有文化信息，可以知道"范蠡之学"应当包括多方面的内容。"范蠡之学"体现的军政谋略、人生智慧和经营才华大多通过实践成功而富有历史影响力。对于今人，往往可以提供有意义的启示。②"范蠡之学"丰富的内涵，不能排除自齐地获取文化营养有所增益充实或者深化提升的可能。获取海洋渔业生产经验的可能性前已论及。由"范蠡浮海出齐"航线的选择，或许也可以推想《范蠡兵法》亦可能包括以军事为目的的兵船航海技术方面的内容。《越绝书》卷八《越绝外传记地传》记载勾践迁都琅邪事，言及"戈船"："句践伐吴，霸关东，徙琅琊，起观台，台周七里，以望东海。死士八千人，戈船三百艘。"《史记》卷一一三《南越列传》及《汉书》卷六《武帝纪》言汉武帝元鼎五年（前112）秋发军击南越，有"戈船将军"部。《南越列传》裴骃《集解》引瓒曰："《伍子胥书》有戈船，以载干戈，因谓之'戈船'也。"《西京杂记》卷六："昆明池中有戈船、楼船各数百艘。楼船

---

① 史念海：《释〈史记·货殖列传〉所说的"陶为天下之中"兼论战国时代的经济都会》，《河山集》，生活·读书·新知三联书店1963年版。

② 参看王子今《关于"范蠡之学"》，《光明日报》2007年12月15日。

上建楼橹，戈船上建戈矛。”可知“戈船”的性质。勾践前往琅邪，以“戈船三百艘”北上。应当知道，这支海上武装部队先前的指挥官，可能原本正是范蠡。[1]

---

① 范蠡曾是越军统帅。《国语·吴语》记载，公元前482年，吴王夫差北上会晋定公于黄池，范蠡“率师沿海溯淮以绝吴路”。据《史记》卷四一《越王句践世家》，越“北渡兵于淮以临齐、晋，号令中国，以尊周室，句践以霸，而范蠡称上将军”。

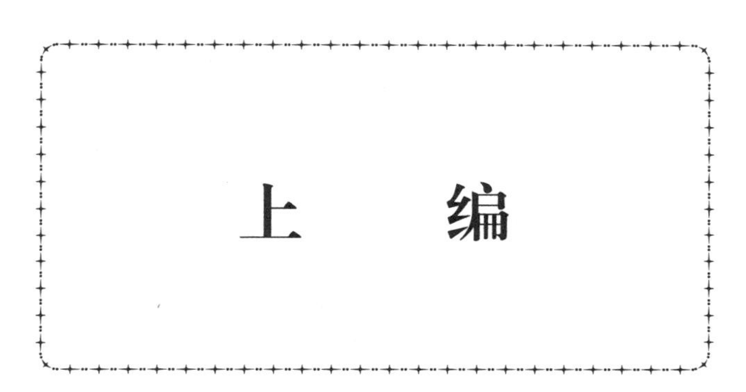

上　编

秦始皇“东有东海”

据《史记》卷六《秦始皇本纪》，“二十六年，齐王建与其相后胜发兵守其西界，不通秦。秦使将军王贲从燕南攻齐，得齐王建”。[①] 公元前221年，秦在相继击灭韩、赵、魏、楚、燕之后，又征服齐国，完成了统一。

秦始皇实现的统一，并不可以简单地以杜牧《阿房宫赋》名句“六王毕，四海一”[②] 概括。秦帝国版图的扩张，除“西北斥逐匈奴”，“徙谪，实之初县”[③] 外，又包括对岭南的征服。战争的结局，是《史记》卷六《秦始皇本纪》和《史记》卷一一三《南越列传》所记载的“南海”等郡的设立。这是中国海疆史和海洋经营史上的大事。

春秋战国文化典籍“天下”语汇的频繁使用，体现统一理念得到诸家学派的认同。与“天下”往往并见的政治地理概念，还有“海内”。如《墨子·非攻下》“一天下之和，总四海之内”，《荀子·不苟》“揔天下之要，治海内之众”，又《成相》“天下为一海内宾”等。《韩非子·奸劫弑臣》“明照四海之内”，《六反》“富有四海之内”，《有度》“独制四海之内”，则以对“海内”的占有和控制宣传绝对权力全面专制的理想，如《饰邪》“强匡天下”，《初见秦》“诏令天下”，《大体》“牧天下”。秦始皇琅邪刻石有“今皇帝并一海内，以为郡县，天下和平”的说法，又王绾、冯劫、李斯等议帝号时所谓“平定天下，海内为郡县，法令由一统，自上古以来未尝有，五帝所不及”，都是在这一认识基点上对秦始

---

① 司马贞《索隐》：“六国皆灭也。十七年得韩王安，十九年得赵王迁，二十二年魏王假降，二十三年虏荆王负刍，二十五年得燕王喜，二十六年得齐王建。”张守节《正义》：“齐王建之三十四年，齐国亡。”

② 《文苑英华》卷四七。

③ 《史记》卷六《秦始皇本纪》。

皇成功的肯定。在关于封建制与郡县制的辩论中，李斯所谓“今海内赖陛下神灵一统，皆为郡县”，秦始皇所谓“天下初定，又复立国，是树兵也”，周青臣所谓“赖陛下神灵明圣，平定海内”，淳于越所谓“今陛下有海内”等，也都沿袭着同样的语言范式，体现着同样的政治观念。

秦始皇关注沿海地方的表现，应当与这种天下观和海内观作用于政治生活有关。通过琅邪刻石“东抚东土”，“乃临于海”，之罘刻石“巡登之罘，临照于海”，“览省远方，逮于海隅”，以及“立石东海上朐界中，以为秦东门”等，都可以透视这种政治理念的影响。

秦始皇实现统一之后五次出巡，其中四次来到海滨。这当然与《史记》卷六《秦始皇本纪》所见关于秦帝国海疆“东有东海”，“地东至海”的政治地理意识有关。秦始皇多次长途“并海”巡行，这种出巡的规模和次数仅次于汉武帝，在中国古代帝王行旅记录中名列前茅。

秦始皇来到最后征服的东方强国——齐国，他在以“威服”[①] 为主要目的的巡行途中，却不得不受到齐人创造的海洋文化的感染。

一 “八神”祭祀

秦始皇服膺齐人海洋事业的成功，感叹齐地海洋文化的辉煌，首先表现为对“八神”的恭敬礼拜。

《史记》卷二八《封禅书》记载，秦始皇东巡，专门祭祀了齐人传统崇拜对象“八神”：

> 于是始皇遂东游海上，行礼祠名山大川及八神，求仙人羡门之属。八神将自古而有之，或曰太公以来作之。齐所以为齐，以天齐也。[②] 其祀绝莫知起时。八神：一曰天主[③]，祠天齐。天齐渊水，居临菑南郊山下者。二曰地主，祠泰山梁父。盖天好阴，祠之必于高山之下，小山之上，命曰“畤”；地贵阳，祭之必于泽中圜丘云。三曰

① 《史记》卷六《秦始皇本纪》：“二世与赵高谋曰：‘朕年少，初即位，黔首未集附。先帝巡行郡县，以示强，威服海内。今晏然不巡行，即见弱，毋以臣畜天下。’”

② 裴骃《集解》：“苏林曰：‘当天中央齐。’”

③ 司马贞《索隐》：“谓主祠天。”

> 兵主，祠蚩尤。蚩尤在东平陆监乡，齐之西境也。四曰阴主，祠三山。[①] 五曰阳主，祠之罘。[②] 六曰月主，祠之莱山。[③] 在齐北，并勃海。七曰日主，祠成山。成山斗入海[④]，最居齐东北隅，以迎日出云。八曰四时主，祠琅邪。琅邪在齐东方，盖岁之所始。皆各用一牢具祠，而巫祝所损益，珪币杂异焉。

来自西北的秦始皇表现了对齐人信仰世界的充分尊重。“八神”之中，“阴主，祠三山”，“阳主，祠之罘”，“月主，祠之莱山”，都“在齐北，并勃海”，而“日主，祠成山”，其位置在胶东半岛最东端，即所谓“成山斗入海，最居齐东北隅”，而“四时主，祠琅邪”，琅邪也位于海滨，“在齐东方”。所谓“八神”多数都在海边。《史记》卷二八《封禅书》于是以为“八神”礼祠是秦始皇“东游海上”、“东巡海上”的重要的文化主题：“于是始皇遂东游海上，行礼祠名山大川及八神。”“上遂东巡海上，行礼祠八神。”[⑤] 礼祠“八神”，被看作“东游海上”、“东巡海上”的行旅目的之一。在这样的文化史叙事方式中，以宏观人文地理和宗教地理的视角观察，“八神”明确被归入“海上”文化存在。

顾炎武《日知录》卷三一“劳山”条讨论“劳山”名义，也涉及“八神”中之“日主，祠成山”：

> “劳山”之名，《齐乘》以为登之者劳。又云：一作牢丘。长春又改为鳌。皆鄙浅可笑。按《南史》明僧绍隐于长广郡之崂山，《本草》天麻生太山、崂山，诸山则字本作崂。若《魏书·地形志》、《唐书·姜抚传》、《宋史·甄栖真传》并作“牢”，乃传写之误。《诗》：“山川悠远，维其劳矣。”《笺》云：“劳劳，广阔。”则此山

① 司马贞《索隐》：“小颜以为下所谓三神山。顾氏案：《地理志》东莱曲成有参山，即此三山也，非海中三神山也。”

② 张守节《正义》：“《括地志》云：‘之罘山在莱州文登县西北九十里。’”

或取其广阔而名之。郑康成齐人，“劳劳”，齐语也。

《山海经·西山经》亦有“劳山”，与此同名。

《寰宇记》：“秦始皇登劳盛山，望蓬莱。”后人因谓此山一名“劳盛山”，误也。“劳”、“盛”，二山名。“劳”，即劳山；“盛”，即成山。《史记·封禅书》：“七曰日主，祠成山。成山斗入海。”《汉书》作“盛山”。古字通用。齐之东偏环以大海，海岸之山，莫大于劳、成二山，故始皇登之。《史记·秦始皇纪》：“令入海者赍捕巨鱼具，而自以连弩候大鱼至射之。自琅邪北至荣成山，弗见。至之罘，见巨鱼，射杀一鱼。”《正义》曰：“荣成山即成山也。”按史书及前代地理书并无荣成山，予向疑之，以为其文在琅邪之下，成山之上，必“劳”字之误。后见王充《论衡》引此，正作“劳成山”，乃知昔人传写之误，唐时诸君，亦未之详考也。遂使劳山并盛之名，成山冒荣之号。今特著之，以正史书二千年之误。①

顾炎武的考论，得到清代学者何焯的赞同。② 尤其值得注意的，是关于郑玄所谓“劳劳，广阔”的提示。“郑康成齐人，‘劳劳’，齐语”，特别值得我们注意。不过，“此山或取其广阔而名之”，可能不是取其“山”的“广阔”，而是说“登之者”凭高望海感觉到的“广阔”。

据《史记》卷六《秦始皇本纪》记载，秦始皇泰山刻石有“周览东极”文字，琅邪刻石说：“东抚东土，以省卒士。事已大毕，乃临于海。”“乃抚东土，至于琅邪。”又有“皇帝之明，临察四方”，“皇帝之德，存定四极”语。又宣称：“六合之内，皇帝之土。西涉流沙，南尽北户。东有东海，北过大夏。人迹所至，无不臣者。功盖五帝，泽及牛马。莫不受德，各安其宇。”之罘刻石言“皇帝东游，巡登之罘，临照于海”，“皇帝春游，览省远方。逮于海隅，遂登之罘，昭临朝阳”。又有“周定四极”，“经纬天下”，“振动四极”，“阐并天下”文辞。可知秦始皇东巡的主要动机，是出于政治目的的权威宣示。但是大海的“广丽”，同时给予来自西北黄土地带的帝王以心理震撼。

之罘刻石“临照于海”、“昭临朝阳”等文字，似乎也透露出秦始皇面对大海朝阳胸中与政治自信同样真实的文化自谦。所谓“观望广丽，从臣咸念，原道至明”与“望于南海”时会稽刻石“群臣诵功，本原事迹，追首高明”①，似乎可以对照理解。借“从臣”、“群臣”态度表达的对“原道至明”和“本原”“高明”的特殊心理，或许体现了某种文化新知或者文化觉醒。而这种理念是面对大海生成的。这也许值得我们特别注意。

二　琅邪台

《史记》卷六《秦始皇本纪》记载，“二十八年，始皇东行郡县”。登泰山之后，“于是乃并勃海以东，过黄、腄，穷成山，登之罘，立石颂秦德焉而去”。秦始皇行至琅邪地方的特殊表现，尤其值得史家重视：

> 南登琅邪，大乐之，留三月。乃徙黔首三万户琅邪台下，复十二岁。作琅邪台，立石刻，颂秦德，明得意。

远程出巡途中留居三月，是极异常的举动。这也是秦始皇在咸阳以外地方居留最久的记录。而“徙黔首三万户”，达到关中以外移民数量的极点。“复十二岁”的优遇，则是秦史仅见的一例。这种特殊的行政决策，应有特殊的心理背景。

《汉书》卷二八上《地理志上》“琅邪郡”条关于属县“琅邪”写道：“琅邪，越王句践尝治此，起馆台。有四时祠。”《史记》卷六《秦始皇本纪》说到“琅邪台”，张守节《正义》引《括地志》云：“密州诸城县东南百七十里有琅邪台，越王勾践观台也。台西北十里有琅邪故城。《吴越春秋》云：‘越王句践二十五年，徙都琅邪，立观台以望东海，遂号令秦、晋、齐、楚，以尊辅周室，歃血盟。’即句践起台处。”所引《吴越春秋》，《太平御览》卷一六〇引异文：“越王句践二十五年，徙都琅琊，立观台，周旋七里，以望东海。”此“观台”，《汉书》卷二八上

① 司马贞《索隐》：“今检会稽刻石文‘首’字作‘道’，雅符人情也。”

《地理志上》作“馆台”。

今本《吴越春秋》卷一〇《勾践伐吴外传》:“越王既已诛忠臣,霸于关东,从琅邪起观台,周七里,以望东海。”记载,又写道:“越王使人如木客山,取元常之丧,欲徙葬琅邪。三穿元常之墓,墓中生熛风,飞砂石以射人,人莫能入。勾践曰:‘吾前君其不徙乎!’遂置而去。”勾践以后的权力继承关系是:勾践—兴夷—翁—不扬—无彊—玉—尊—亲。“自勾践至于亲,共历八主,皆称霸,积年二百二十四年。亲众皆失,而去琅邪,徙于吴矣。”“尊、亲失琅邪,为楚所灭。”可知“琅邪”确实是越国后期的政治中心。

历史文献所见勾践都琅邪事,有《竹书纪年》卷下:“(周)贞定王元年癸酉,于越徙都琅琊。”《越绝书》卷八《外传记地传》:“亲以上至句践凡八君,都琅琊,二百二十四岁。”《后汉书》卷八五《东夷列传》:“越迁琅邪。”《水经注》卷二六《潍水》:“琅邪,山名也。越王句践之故国也。句践并吴,欲霸中国,徙都琅邪。”又卷四〇《渐江水》:“句践都琅邪。”顾颉刚予相关历史记录以特殊重视。[①] 辛德勇《越王勾践徙都琅邪事析义》就越“徙都琅邪”事有具体考论。[②]

其实,早在越王勾践活动于吴越地方时,相关历史记录已经透露出勾践身边的执政重臣对“琅邪”的特殊关注。《吴越春秋》卷八《勾践归国外传》有范蠡帮助越王勾践“树都”,也就是规划建设都城的故事:“越王曰:‘寡人之计,未有决定,欲筑城立郭,分设里闾,欲委属于相国。’于是范蠡乃观天文拟法,于紫宫筑作小城,周千一百二十一步,一圆三方。西北立龙飞翼之楼,以象天门。东南伏漏石窦,以象地户。陵门四达,以象八风。外郭筑城而缺西北,示服事吴,也不敢壅塞。内以取吴,故缺西北,而吴不知也。北向称臣,委命吴国,左右易处,不得其位,明

---

① 顾颉刚《林下清言》写道:“琅邪发展为齐之商业都市,奠基于勾践迁都时”,“《孟子·梁惠王下》:‘昔者齐景公问于孟子曰:吾欲观于转附、朝儛,遵海而南,放于琅邪。吾何修而可以比于先王观也?’以齐手工业之盛,‘冠带衣履天下’,又加以海道之通(《左》哀十年,‘徐承帅舟师,将自海入齐’,吴既能自海入齐,齐亦必能自海入吴),故滨海之转附(之罘之转音)、朝儛、琅邪均为其商业都会,而为齐君所愿游观。《史记》,始皇二十六年‘南登琅邪,大乐之,留三月,乃徙黥(今按:应为黔)首三万户琅邪台下’,正以有此大都市之基础,故乐于发展也。司马迁作《越世家》乃不言勾践迁都于此,太疏矣!”《顾颉刚读书笔记》,台北:联经出版事业公司1990年版,第10卷第8045—8046页。

② 《文史》2010年第1辑。

臣属也。城既成，而怪山自生者，琅琊东武海中山也。一夕自来，故名怪山。”“范蠡曰：‘臣之筑城也，其应天矣。’崑仑即龟山也，在府东南二里。一名飞来，一名宝林一名怪山。《越绝》曰：‘龟山，勾践所起游台也。’《寰宇记》：‘龟山即琅琊东武山，一夕移于此。’”①

越国建设都城的工程中，传说“琅琊东武海中山”“一夕自来”，这一神异故事的生成和传播，暗示当时勾践、范蠡等谋划的复国工程，是对“琅邪”予以特别关注的。而后来不仅勾践有“琅邪”经营，《史记》卷四一《越王句践世家》记载：“范蠡浮海出齐，变姓名，自谓鸱夷子皮，耕于海畔，苦身戮力，父子治产。居无几何，致产数十万。齐人闻其贤，以为相。范蠡喟然叹曰：‘居家则致千金，居官则至卿相，此布衣之极也。久受尊名，不祥。’乃归相印，尽散其财，以分与知友乡党，而怀其重宝，间行以去，止于陶，以为此天下之中，交易有无之路通，为生可以致富矣。”② 虽然史籍记录没有明确指出范蠡“浮海出齐”、“耕于海畔”的具体地点，但是可以看到，他北上的基本方向和勾践控制“琅邪”的努力，其思路可以说是大体一致的。

战国秦汉时期位于今山东胶南的“琅邪”作为“四时祠所”所在，曾经是“东海”大港，也是东洋交通线上的名都。

《史记》卷六《秦始皇本纪》张守节《正义》引吴人《外国图》云“亶洲去琅邪万里”，指出往“亶洲”的航路自“琅邪”启始。又《汉书》卷二八上《地理志上》说秦置琅邪郡王莽改称“填夷”，而琅邪郡属县临原，王莽改称“填夷亭”。以所谓“填夷”即“镇夷”命名地方，体现其联系外洋的交通地理地位。《后汉书》卷八五《东夷列传》说到“东夷”“君子、不死之国”。对于“君子”国，李贤注引《外国图》曰：“去琅邪三万里。”也指出了“琅邪”往“东夷”航路开通，已经有相关里程记录。“琅邪”也被看作“东海”重要的出航起点。秦始皇在“琅邪”的特殊表现或许有繁荣这一重要海港，继越王勾践经营琅邪之后建设“东海”名都的意图。这样的推想，也

---

① 周生春：《吴越春秋辑校汇考》，上海古籍出版社1997年版，第176—179、131页。

② 参看王子今《关于“范蠡之学”》，《光明日报》2007年12月15日；《“千古一陶朱”：范蠡兵战与商战的成功》，《河南科技大学学报》（社会科学版）2008年第1期；《范蠡“浮海出齐”事迹考》，《齐鲁文化研究》第8辑（2009年）。

许有成立的理由。而要探求秦始皇进一步的目的，已经难以找到相关迹象。

秦始皇在琅邪还有一个非常特殊的举动，即与随行权臣“与议于海上”。《琅邪刻石》有这样的内容：

> 维秦王兼有天下，立名为皇帝，乃抚东土，至于琅邪。列侯武城侯王离、列侯通武侯王贲、伦侯建成侯赵亥、伦侯昌武侯成、伦侯武信侯冯毋择、丞相隗林、丞相王绾、卿李斯、卿王戊、五大夫赵婴、五大夫杨樛从，与议于海上。曰：“古之帝者，地不过千里，诸侯各守其封域，或朝或否，相侵暴乱，残伐不止，犹刻金石，以自为纪。古之五帝三王，知教不同，法度不明，假威鬼神，以欺远方，实不称名，故不久长。其身未殁，诸侯倍叛，法令不行。今皇帝并一海内，以为郡县，天下和平。昭明宗庙，体道行德，尊号大成。群臣相与诵皇帝功德，刻于金石，以为表经。”

对于所谓“与议于海上”，张守节《正义》：“言王离以下十人从始皇，咸与始皇议功德于海上，立石于琅邪台下，十人名字并刻颂。”实际上，所列“从始皇”者重臣王离、王贲、赵亥、成、冯毋择、隗林、王绾、李斯、王戊、赵婴、杨樛共11人。说“王离以下十人”是可以的，但如果说共10人，即“十人名字并刻颂”，则人数有误。

对照《史记》卷二八《封禅书》汉武帝“宿留海上”的记载，可以推测这里“与议于海上”之所谓“海上”，很可能并不是指海滨，而是指海面上。秦始皇集合文武大臣“与议于海上”，发表陈明国体与政体的文告，应理解为站立在“并一海内”、“天下和平”的政治成功的基点上，宣示超越“古之帝者”、“古之五帝三王”的“功德”，或许也可以理解为面对陆上已知世界和海上未知世界，陆上已征服世界和海上未征服世界所发表的政治文化宣言。

三　三神山追求

《史记》卷二八《封禅书》说，“八神”之中，“四曰阴主，祠三山”。司马贞《索隐》：“小颜以为下所谓三神山。顾氏案：《地理志》东莱曲成有参山，即此三山也，非海中三神山也。”这一认识可能是正确的。

不过，所谓“三神山”确实打动了秦始皇的心，激发了他的长生追求。《史记》卷六《秦始皇本纪》记载：

> 齐人徐市等上书，言海中有三神山，名曰蓬莱、方丈、瀛洲，仙人居之。请得斋戒，与童男女求之。于是遣徐市发童男女数千人，入海求仙人。

害中“三神山”神话，其实有相当复杂的生成渊源。有学者指出，“在世界神话中，海洋大都与宇宙创生论有密切关联。”《山海经·海内北经》：“蓬莱山在海中，大人之市在海中。”“‘海中’的‘蓬莱山’，在于方丈、瀛洲神山神话相互结合增衍后，始见其神圣空间的性质。”《史记》卷二八《封禅书》：

> 自威、宣、燕昭使人入海求蓬莱、方丈、瀛洲。此三神山者，其傅在勃海中，去人不远；患且至，则船风引而去。盖尝有至者，诸仙人及不死之药皆在焉。其物禽兽尽白，而黄金银为宫阙。未至，望之如云；及到，三神山反居水下。临之，风辄引去，终莫能至云。世主莫不甘心焉。

《史记》卷六《秦始皇本纪》张守节《正义》据《汉书》卷二四上《郊祀志上》引录了这一说法：

> 《汉书·郊祀志》云：“此三神山者，其传在渤海中，去人不远，盖曾有至者，诸仙人及不死之药皆在焉。其物禽兽尽白，而黄金白银为宫阙。未至，望之如云；及至，三神山乃居水下；临之，患且至，风辄引船而去，终莫能至云。世主莫不甘心焉。”

有神话学者指出，“未至，望之如云；及到，三神山反居水下”以及“临之，风辄引去，终莫能至云”等说法，说明了三神山的浮动性，而它“终莫能至”的远隔与神秘，更加强了其封闭、隔绝的神圣空间意向，以及它“异于凡俗的异质化空间特征”。[①] 可能“在渤海中”“三神山”的神异特性，更刺激了秦始皇的追求欲望。

关于秦始皇的“三神山”“诸仙人及不死之药”追求，《史记》卷六《秦始皇本纪》还写道：

> 因使韩终、侯公、石生求仙人不死之药。始皇巡北边，从上郡入。燕人卢生使入海还，以鬼神事，因奏录图书，曰：“亡秦者胡也。”始皇乃使将军蒙恬发兵三十万人北击胡，略取河南地。

以“求仙人不死之药”为目的的“入海”航行，曾经组织多次。“卢生说始皇曰：‘臣等求芝奇药仙者常弗遇，类物有害之者。’”可知除“韩终、侯公、石生”外，尚有“卢生”等。方士们“使入海还，以鬼神事，因奏录图书”透露的信息，即使如“亡秦者胡也”这样具有明显负面性质者，秦始皇也是相信的。卢生“入海”带来的政治预言，甚至影响了秦始皇的战略决策。

秦始皇后来因侯生、卢生出亡大怒曰：“悉召文学方术士甚众，欲以兴太平，方士欲练以求奇药。[②] 今闻韩众去不报，徐市等费以巨万计，终不得药，徒奸利相告日闻。”[③]

“三神山”传说是“燕、齐海上方士”共同的文化创造。而据《史记》记载，“齐人徐市等上书，言海中有三神山”，很可能作为“齐人”的发现和“齐人”的宣传，“三神山”成为秦始皇“求奇药”的追寻目标。而秦始皇有言“徐市等费以巨万计，终不得药”，指出“齐人徐市”应是花费最多的探求者。而《史记》卷六《秦始皇本纪》又记载，秦始皇三十七年（前210），“还过吴，从江乘渡。并海上，北至琅邪。方士徐市等入海求神药，数岁不得，费多，恐谴，乃诈曰：‘蓬莱药可得，然常为大鲛鱼所苦，故不得至，愿请善射与俱，见则以连弩射之。’”可知徐市“求神药”应有多次“入海”经历。

---

① 高莉芬：《蓬莱神话——神山、海洋与洲岛的神圣叙事》，陕西师范大学出版总社有限公司2013年版，第34—35页。

② 裴骃《集解》引徐广曰：“一云‘欲以练求’。”

③ 裴骃《集解》引徐广曰：“一云‘间’。”

四 "海上"议政

秦始皇巡行所至重要地点，都留有刻石纪念，"颂秦德，明得意"。即《峄山刻石》所谓"群臣诵略，刻此乐石，以著经纪"[①]，《琅邪刻石》所谓"群臣相与诵皇帝功德，刻于金石，以为表经"，《之罘刻石》刻石所谓"群臣诵功，请刻于石，表垂于常式"，《碣石刻石》所谓"群臣诵烈，请刻此石，垂著仪矩"，《会稽刻石》所谓"从臣诵烈，请刻此石，光垂休铭"等。当时刻石地点，据《史记》卷六《秦始皇本纪》说，有邹峄山、泰山、梁父、琅邪、之罘、碣石、会稽诸处，其多数在海滨。我们还注意到，秦始皇二十八年《琅邪刻石》中有这样的内容：

> 维秦王兼有天下，立名为皇帝，乃抚东土，至于琅邪。列侯武城侯王离[②]、列侯通武侯王贲、伦侯建成侯赵亥、伦侯昌武侯成、伦侯武信侯冯毋择、丞相隗林、丞相王绾、卿李斯、卿王戊、五大夫赵婴、五大夫杨樛从，与议于海上。曰："古之帝者，地不过千里，诸侯各守其封域，或朝或否，相侵暴乱，残伐不止，犹刻金石，以自为纪。古之五帝三王，知教不同，法度不明，假威鬼神，以欺远方，实不称名，故不久长。其身未殁，诸侯倍叛，法令不行。今皇帝并一海内，以为郡县，天下和平。昭明宗庙，体道行德，尊号大成。群臣相与诵皇帝功德，刻于金石，以为表经。"

值得深思的是，秦始皇为什么集合十数名文武权臣"与议于海上"，发表陈明国体与政体的政治宣言呢？

对照《史记》卷二八《封禅书》汉武帝"宿留海上"的记载，可以推测这里"与议于海上"之所谓"海上"，很可能并不是指海滨，而是指

---

① 参看袁维春《秦汉碑述》，北京工艺美术出版社1990年版，第46页。

② 有一种意见，"疑王离为王翦之误字"。参看陈直《史记新证》，天津人民出版社1979年版，第22—23页。

海面上。

“海上”，作为最高执政集团的议政地点，对于秦王朝政治原则的确立，如所谓“并一海内，以为郡县”，“体道行德，尊号大成”，是不是有什么特殊的政治文化涵义呢?

秦始皇刻石的主题，无疑是颂扬帝德、建定法度、显著纲纪的政治宣传，然而其中的有些内容，仍然可以透露出重要的文化信息。例如，我们通过对《之罘刻石》“逮于海隅”，“临照于海”以及《琅邪刻石》“议于海上”，“并一海内”等文字的分析，或许能够窥见刻石文字撰著者心理背景的某一侧面。

五 “梦与海神战”

秦始皇三十七年（前210）最后一次出巡，曾经有“渡海渚”，“望于南海”的经历，又“并海上，北至琅邪”。《史记》卷六《秦始皇本纪》记载，方士徐市等解释“入海求神药，数岁不得”的原因在于海上航行障碍:“蓬莱药可得，然常为大鲛鱼所苦，故不得至，愿请善射与俱，见则以连弩射之。”随后又有秦始皇与“海神”以敌对方式直接接触的心理记录和行为记录:

> 始皇梦与海神战，如人状。问占梦，博士曰:“水神不可见，以大鱼蛟龙为候。今上祷祠备谨，而有此恶神，当除去[①]，而善神可致。”乃令入海者赍捕巨鱼具，而自以连弩候大鱼出射之。自琅邪北至荣成山，弗见。至之罘，见巨鱼，射杀一鱼。遂并海西。

亲自以“连弩”射海中“巨鱼”，竟然“射杀一鱼”。对照历代帝王行迹，秦始皇的这一行为堪称中国千古之最，也很可能是世界之最。“自琅邪北至荣成山”，似可理解为航海记录。

所谓“自以连弩候大鱼出射之”，“至之罘，见巨鱼，射杀一鱼”，有

① 《太平御览》卷八六引《史记》作“当降去”。

人理解为“与海神战”的表现。[①]

通过司马迁笔下的这一记载，我们看到秦始皇以生动的个人表演，体现了探索海洋的热忱和挑战海洋的意志。[②] 我们还应当看到，提示航海障碍所谓“常为大鲛鱼所苦，故不得至”的方士徐市是齐人。在这一海上英雄主义演出中同样作为群众演员的“善射”和“入海者”们，很多应当也是齐人。

《论衡·纪妖》将“梦与海神战”事解释为秦始皇即将走到人生终点的凶兆：“始皇且死之妖也。”王充注意到秦始皇不久即病逝的事实：

> 始皇梦与海神战，恚怒入海，候神射大鱼。自琅邪至劳成山不见，至之罘山还见巨鱼，射杀一鱼。遂旁海西至平原津而病，到沙邱而崩。

王充的分析，或可以“天性刚戾自用”、“意得欲从”在晚年益得骄横偏执的病态心理作为说明。通过王充不能得到证实的“且死之妖”的解说，也可以看出秦始皇“梦与海神战”确实表现了常人所难以理解的特殊的性格和异常的心态。又有以“海神”为政治文化象征的解说：

> 秦始皇尝梦与海神战，不胜。岂真海神哉？海，阴也，人民之象也。不胜者，败也。不能自勉，很戾治兵，求报其神，所以丧天下而

① 如宋王楙《野客丛书》卷二三“集注坡诗”条写道：“《集注坡诗》有未广者，如《看潮诗》曰：‘安得夫差水犀手，三千强弩射潮低。’自注：‘吴越王尝以弓弩射潮，与海神战。自尔水不近州。’赵次公注：‘三千强弩字，杜牧《宁陵县记》中语。’不知此语已先见《前汉·张骞传》，曰：汉兵不过三千人，强弩射之，即破矣。又《五代世家》亦有三千强弩事，何但牧言。”王文锦点校，中华书局1987年版，第263页。所谓“以弓弩射潮，与海神战”，有助于理解秦始皇以连弩射巨鱼故事。笔者曾经讨论历代“射潮”、“射涛”行为较早的史例，有《水经注》记载索劢屯田楼兰“横断注滨河”工程中因“水奋势激，波陵冒堤”，以兵士“且刺且射”方式厌服水势的事迹。参看王子今《索劢楼兰屯田射水事浅论》，《甘肃社会科学》2013年第6期。

② 汉武帝元封五年（前106）出巡海上，“遂北至琅邪，并海，所过礼祠其名山大川”。途中有浮行江中亲自挽弓射蛟事，可以看作秦始皇之罘射巨鱼的翻版。《汉书》卷六《武帝纪》：“自寻阳浮江，亲射蛟江中，获之。”颜师古注：“许慎云：‘蛟，龙属也。’郭璞说其状云似蛇而四脚，细颈，颈有白婴，大者数围，卵生，子如一二斛瓮，能吞人也。”后世有诗句秦皇汉武并说，如“张文潜诗云：‘龙惊汉武英雄射，山笑秦皇烂漫游。’”〔宋〕苏籀：《栾城遗言》，清《粤雅堂丛书》本。

无念之也，可不惧哉！①

借“梦与海神战”故事对秦始皇施行政治批判。这或许可以看作对“海神”意象的扩展性理解。

六 “连弩”与齐“习弩”“善射”者

在“始皇梦与海神战”故事中，有关“连弩”的情节，即徐市“愿请善射与俱，见则以连弩射之”，始皇“自以连弩候大鱼出射之”特别引人注目。

“连弩”是一种怎样的“弩”呢？

在半坡及河姆渡等史前遗址出土一种单翼呈钩状的骨鱼镖，应是早期专门的渔业生产工具。1989年江西新干大洋洲商墓出土一件形制特殊的单翼铜镞。李学勤联系新石器时代的这种骨鱼镖，推定商代的这种单翼铜镞是用来射鱼的。② 秦始皇“令入海者”所“赍捕巨鱼具”是怎样的形制，他亲自“射杀一鱼”用“连弩”发射的究竟是何种镞，是否与这种“单翼铜镞”有关，现在不得而知。而“连弩”确实是汉魏时应用于实战的兵器。

《史记》卷一〇九《李将军列传》裴骃《集解》：孟康曰“太公《六韬》曰‘陷坚败强敌，用大黄连弩’”。《汉书》卷三〇《艺文志》：“《望远连弩射法具》十五篇。”可知这种兵器的使用，有专门教授“射法”的著作。《汉书》卷五四《李陵传》：“……因发连弩射单于，单于下走。”颜师古注：“服虔曰：‘三十弩共一弦也。’张晏曰：‘三十絭共一臂也。’师古曰：‘张说是也。’”文渊阁《四库全书》本《汉书》注：“刘攽曰：三十弩一弦，三十絭一臂，皆无此理，妄说也。盖如今之合蝉或并两弩共一弦之类。”《三国志》卷八《魏书·公孙渊传》：“起土山、修橹，为发石连弩射城中。”都说明“连弩”在实战中的应用。诸葛亮曾经改进过这种兵器。《三国志》卷三五《蜀书·诸葛亮传》裴松之注引《魏氏春

---

① 〔五代〕徐锴：《说文解字系传》通释卷一四，《四部丛刊》景述古堂景宋钞本。

② 李学勤：《海外访古续记·单翼铜镞》，《四海寻珍》，清华大学出版社1998年版，第77—78页。

秋》：“又损益连弩，谓之元戎，以铁为矢，矢长八寸，一弩十矢俱发。”然而有人批评诸葛亮的改进并不完善。《三国志》卷二九《魏书·方技传·杜夔》裴松之注引傅玄《序》：“先生见诸葛亮连弩，曰：‘巧则巧矣，未尽善也。’言作之可令加五倍。”关于实用兵器“连弩”的具体形制，《资治通鉴》卷二一“汉武帝天汉二年”：“……因发连弩射单于。”胡三省注引服虔、张晏、刘攽诸说，又写道：“余据《魏氏春秋》诸葛亮‘损益连弩’，‘以铁为矢，矢长八寸，一弩十矢俱发’，今之划车弩、梯弩，盖亦损益连弩而为之。虽不能三十臂共一弦，亦十数臂共一弦，射而亦翻。”

对于“连弩”的形制有多种的解说，对于“连弩”的发明者仍未可确知，然而《太平御览》卷三三六、卷三四八、卷三四九引《太公六韬》都有齐国的建国者“太公”使用“大黄叁连弩”的内容。而且我们看到的明确无疑的事实，是“连弩”这种先进兵器，关于其使用的最早的确切记载，是在齐地海面上。我们现在不知道徐市出海希求配合之所谓“愿请善射与俱，见则以连弩射之”的“善射”者有否可能是他的同乡，但是汉武帝时代的一则故事可以作为思考相关问题时的参考。

汉武帝元鼎五年（前112），南越国贵族发起对抗汉王朝的反叛。汉武帝调发大军南下征伐。《史记》卷三〇《平准书》记载：“南越反……于是天子为山东不赡，赦天下囚，因南方楼船卒二十余万人击南越。……齐相卜式上书曰：‘臣闻主忧臣辱。南越反，臣愿父子与齐习船者往死之。’”《汉书》卷五八《卜式传》写道：“会吕嘉反，式上书曰：‘臣闻主媿臣死。[①]群臣宜尽死节，其驽下者宜出财以佐军，如是则强国不犯之道也。[②]臣愿与子男及临菑习弩、博昌习船者请行死之，以尽臣节。’”《史记》“齐习船者”，《汉书》作“博昌习船者”。《前汉纪》卷一四《孝武五》：“齐相卜式上书，愿父子将兵死南越，以尽臣节。”不言“习

---

① “主媿臣死”，《通志》卷九八下《卜式传》引作“主愧臣死”。

② 据《史记》卷三〇《平准书》，“是时汉方数使将击匈奴，卜式上书，愿输家之半县官助边。”“会军数出，浑邪王等降，县官费众，仓府空。其明年，贫民大徙，皆仰给县官，无以尽赡。卜式持钱二十万予河南守，以给徙民。”“是时富豪皆争匿财，唯式尤欲输之助费。”卜式确曾“出财以佐军”。回应天子使者关于其动机的询问，卜式回答：“天子诛匈奴，愚以为贤者宜死节于边，有财者宜输委，如此而匈奴可灭也。”此说与所谓“群臣宜尽死节，其驽下者宜出财以佐军，如是则强国不犯之道也”语义相同。

船者”事。《资治通鉴》卷二〇“汉武帝元鼎五年”则取《史记》“齐习船者”说。《卜式传》所谓“临菑习弩”，当然可以与《秦始皇本纪》所谓徐市“愿请”“与俱”的“善射”对照理解。

徐市希望一同出海的能够熟练使用连弩的“善射”们，很有可能就是齐人。

明人丘濬引述此事只言“临淄习弩”不言“习船者”，是因为论说主题限于“弩”的军事功用的缘故。[①] 清代学者沈钦韩解释《汉书》“临菑习弩”语：

> 《齐书·高帝纪》：“杨运长领三齐射手七百人引强命中。”《新唐书·杜牧传》：“今若以青州弩手五千……”则“临菑习弩”，古今所同。[②]

注意到“三齐射手”、“青州弩手”的出生地，发现了齐人“善射”延续“古今”的久远传统。这自然有助于我们理解徐市所谓“愿请善射与俱，见则以连弩射之”的“善射”者们的身份。

七 “沙丘同载鲍鱼回”：秦始皇最后的行程

秦始皇最后一次出巡海上，病逝于途中。关于他人生终点的故事，竟然也有涉及一种海产品的情节。《史记》卷六《秦始皇本纪》记载：

> 七月丙寅，始皇崩于沙丘平台。丞相斯为上崩在外，恐诸公子及天下有变，乃秘之，不发丧。棺载辒凉车中，故幸宦者参乘，所至上食。百官奏事如故，宦者辄从辒凉车中可其奏事。独子胡亥、赵高及所幸宦者五六人知上死。……行，遂从井陉抵九原。会暑，上辒车臭，乃诏从官令车载一石鲍鱼，以乱其臭。
>
> 行从直道至咸阳，发丧。

---

① 〔明〕丘濬：《大学衍义补》卷一二二，文渊阁《四库全书》本。

② 〔清〕沈钦韩：《汉书疏证》卷二九，上海古籍出版社据清光绪二十六年浙江官书局刻本2006年影印版，第2册第22页。

秦始皇的回归路，“从井陉抵九原”，“行从直道至咸阳”。

《资治通鉴》卷七“秦始皇三十七年”采用《史记》说：“遂从井陉抵九原。会暑，辒车臭，乃诏从官令车载一石鲍鱼，以乱之。”胡三省注有关于“鲍鱼”究竟是何鱼种的讨论：“孟康曰：‘百二十斤曰石。’班书《货殖传》：‘鲰鲍千钧。’师古注曰：‘鲰，膊鱼也。即今之不著盐而干者也。鲍，今之鲍鱼也。而说者乃读鲍为鮠鱼之鮠，失义远矣。郑康成以鲍于煏室干之，亦非也。煏室干之，即鲍耳。盖今巴、荆人所呼鰎鱼者是也。秦皇载鲍乱臭者，则是鲍鱼耳。而煏室干者本不臭也。鲍，白卯翻。鲰，音接。鲍，于业翻。鮠，五回翻。煏，蒲北翻。鰎，居偃翻。”胡三省说，当然只是一种意见。其实，对“会暑，上辒车臭，乃诏从官令车载一石鲍鱼，以乱其臭”的“鲍鱼”进行明确的海洋生物学判定，还不是简单的事。

宋人王十朋的咏史诗《秦始皇》写道：“鲸吞六国帝人寰，遣使遥寻海上山。仙药未来身已死，銮舆空载鲍鱼还。”[①] 又如元人胡助《始皇》诗：“祖龙才略亦雄哉，六合为家席卷来。函谷出师从约散，骊山筑苑后人哀。可怜万世帝王业，只换一坑儒士灰。环柱中车几不免，沙丘同载鲍鱼回。”[②] 以“鲍鱼”作为秦始皇“万世帝王业”政治表演最后落幕时的重要道具。而所谓“遣使遥寻海上山”，也是这位有影响的政治人物历史行迹的重要表现。

① 《梅溪前集》卷一〇《咏史诗》。

② 《纯白斋类稿》卷一〇《七言律诗》。

向往与追念:秦地海洋复制

秦始皇对东方海洋特殊的情感，或许可以看作“海恋”情结[1]，如果从区域文化考察的角度理解，应当说也曲折体现了对齐人生活环境的向往和对齐人文化创造的钦佩。在西北地方对海洋景观的复制，也是表现同样心境的值得重视的历史文化迹象。

一　秦宫“海池”

除了多次巡行海上以显示亲近之外，秦始皇对海洋的特殊情感以及探索海洋和开发海洋的意识，还表现在宫廷建设规划中有“海”的特殊设计。宫苑中特意营造象征海洋的人工湖泊，也体现了海洋在当时社会意识中的重要地位和神秘意义。

《史记》卷六《秦始皇本纪》记载：“三十一年十二月……始皇为微行咸阳，与武士四人俱，夜出逢盗兰池，见窘，武士击杀盗，关中大索二十日。”这是秦史中所记录的唯一一次发生在关中秦国故地的威胁秦帝国最高执政者安全的事件。秦始皇仅带四名随从，以平民身份“夜出”“微行”，在咸阳宫殿区内竟然遭遇严重破坏都市治安的“盗”。《北堂书钞》卷二〇引《史记》写作“兰池见窘”。《初学记》卷九则作“见窘兰池”。所谓“见窘”的“窘”，汉代人多以“困”、“急”解释。[2] 又有“窘

① 王子今：《史记的文化发掘》，湖北人民出版社 1997 年版，第 212 页。

② 《诗·小雅·正月》：“终其永怀，又窘阴雨。”毛传：“窘，困也。”《离骚》：“何桀纣之猖披兮，夫唯捷径以窘步。”王逸注：“窘，急也。”

急”[①]、“窘滞”[②]、“窘迫”[③]、“窘惶”[④] 诸说。按照司马迁的语言习惯，所言“窘”与秦始皇兰池遭遇类似的面对武装暴力威胁的“困”“急”情势，有秦穆公和晋惠公战场遇险史例。[⑤] “微行咸阳”，“夜出逢盗兰池”时，秦始皇身边随行“武士”以非常方式保卫主上的生命安全，“击杀盗”，随后在整个关中地区戒严，搜捕可疑人等。

事件发生的地点“兰池”，就是位于秦咸阳宫东面的“兰池宫”。《史记》的相关记述，注家有所解说。南朝宋学者裴骃在《史记集解》中写道：“《地理志》：渭城县有兰池宫。”他引录的是《汉书》卷二八上《地理志上》。我们今天看到的《汉书》的文字，在“右扶风”“渭城”县条下是这样书写的：“渭城，故咸阳，高帝元年更名新城，七年罢，属长安。武帝元鼎三年更名渭城。有兰池宫。”唐代学者张守节《史记正义》引录了唐代地理学名著《括地志》：“兰池陂即古之兰池，在咸阳县界。”秦汉时期的“兰池”，唐代称作“兰池陂”，可知这一湖泊，隋唐时代依然存在。

张守节又写道：“《秦记》云：‘始皇都长安，引渭水为池，筑为蓬、瀛，刻石为鲸，长二百丈。’逢盗之处也。”他认为秦始皇“微行”“夜出逢盗”的地点，是在被称作“兰池”的湖泊附近。所谓《秦记》的记载，说秦始皇在都城附近引渭河水注为池，在水中营造蓬莱、瀛洲海中仙山模型，又“刻石为鲸”，以表现这一人工水面其实是海洋的象征。

来自《秦记》的历史信息非常重要。因为秦始皇焚书时，宣布“史官非《秦记》皆烧之”。《史记》卷六《秦始皇本纪》明确记载，除了

---

① 《史记》卷一二四《游侠列传》：“适有天幸，窘急常得脱。”

② 《淮南子·要略》：“穿通窘滞，决渎壅塞。”

③ 〔汉〕刘向《九叹·远逝》：“日杳杳以西颓兮，路长远而窘迫。”〔宋〕洪兴祖撰，白化文等点校：《楚辞补注》，中华书局1983年版，第295页。

④ 〔汉〕王粲《大暑赋》：“体烦茹以於悒，心愦闷而窘惶。”费振刚、胡双宝、宗明华辑校：《全汉赋》，北京大学出版社1993年版，第668页。

⑤ 《史记》卷五《秦本纪》记载“缪公窘”情形，即：“与晋惠公夷吾合战于韩地。晋君弃其军，与秦争利，还而马鸷。缪公与麾下驰追之，不能得晋君，反为晋军所围。晋击缪公，缪公伤。”晋君“马鸷”，是晋惠公先于秦穆公而“窘”。张守节《正义》：“《国语》云：‘晋师溃，戎马还泞而止。’韦昭云：‘泞，深泥也。’”《史记》卷三九《晋世家》的记载是：“秦缪公、晋惠公合战韩原。惠公马鸷不行，秦兵至，公窘……”“马鸷不行”，司马贞《索隐》：“谓马重而陷之于泥。”

《秦记》外，其他史书全部烧毁。《史记》卷一五《六国年表》又写道："秦既得意，烧天下《诗》、《书》，诸侯史记尤甚，为其有所刺讥也。""惜哉！惜哉！独有《秦记》，又不载日月，其文略不具。"司马迁深切感叹各诸侯国历史记录之不存，"独有《秦记》"，然而"其文略不具"。不过，他同时又肯定，就战国历史内容而言，《秦记》的真实性是可取的。司马迁还以为因"见秦在帝位日浅"而产生鄙视秦人历史文化的偏见，是可悲的。《史记》卷一五《六国年表》还有两次，即在序文的开头和结尾都说到《秦记》："太史公读《秦记》，至犬戎败幽王，周东徙洛邑，秦襄公始封为诸侯，作西畤用事上帝，僭端见矣。""余于是因《秦记》，踵《春秋》之后，起周元王，表六国时事，讫二世，凡二百七十年，著诸所闻兴坏之端。后有君子，以览观焉。"王国维曾指出《史记》"司马迁取诸《秦记》者"情形。孙德谦《太史公书义法·详近》说，《秦记》这部书，司马迁一定是亲眼看过的。所以他"所作列传，不详于他国，而独详于秦"。在商鞅之后，如张仪、樗里子、甘茂、甘罗、穰侯、白起、范雎、蔡泽、吕不韦、李斯、蒙恬诸人，历史人物的记录惟秦为多。难道说司马迁对秦人有特殊的私爱吗？这很可能只是由于他"据《秦记》为本，此所以传秦人特详"。金德建《司马迁所见书考》一书于是推定："《史记》的《六国年表》纯然是以《秦记》的史料做骨干写成的。秦国的事迹，只见纪于《六国年表》里而不见于别篇，也正可以说明司马迁照录了《秦记》中原有的文字。"[①]

如果张守节《史记正义》引录的"始皇都长安，引渭水为池，筑为蓬、瀛，刻石为鲸，长二百丈"这段文字确实出自《秦记》，其可靠性是值得特别重视的。

不过，我们又发现了疑点。《续汉书·郡国志一》"京兆尹长安"条写道："有兰池。"刘昭注补："《史记》曰：'秦始皇微行夜出，逢盗兰池。'《三秦记》曰：'始皇引渭水为长池，东西二百里，南北三十里，刻石为鲸鱼二百丈。'"唐代学者张守节以为《秦记》的记载，南朝梁学者刘昭却早已明确指出由自《三秦记》。我们又看到《说郛》卷六一上《辛

---

① 金德建：《〈秦记〉考征》，《司马迁所见书考》，上海人民出版社 1963 年版，第 415—416 页。参看王子今《〈秦记〉考识》，《史学史研究》1997 年第 1 期；《〈秦记〉及其历史文化价值》，《秦文化论丛》第 5 辑，西北大学出版社 1997 年版。

氏三秦记》“兰池”条确实有这样的内容:“秦始皇作兰池,引渭水,东西二百里,南北二十里,筑土为蓬莱山。刻石为鲸鱼,长二百丈。”清代学者张照已经判断,张守节所谓《秦记》其实就是《三秦记》,只是脱写了一个“三”字。[①]

《三秦记》或《辛氏三秦记》的成书年代要晚得多。这样说来,秦宫营造海洋及海中神山模型的记载,可信度不免要打折扣了。

不过,秦咸阳宫存在仿象海洋的人工湖泊的可能性还是存在的。我们从有关秦始皇陵“以水银为百川江河大海,机相灌输”的记载,可以知道海洋在秦帝国缔造者心中的地位。

秦始皇在统一战争中每征服一个国家,都要把该国宫殿的建筑图样采集回来,在咸阳以北的塬上予以复制。这就是《史记》卷六《秦始皇本纪》记载的“秦每破诸侯,写放其宫室,作之咸阳北阪上”。而翻版燕国宫殿的位置,正在咸阳宫的东北方向,与燕国和秦国的方位关系是一致的。兰池宫曾经出土“兰池宫当”文字瓦当,其位置大体明确。秦的兰池宫也在咸阳宫的东北方向,正在“出土燕国形制瓦当”的秦人复制燕国宫殿建筑以南。[②] 如果说这一湖泊象征渤海水面,从地理位置上考虑,也是妥当的。

渤海当时称“勃海”,又称“勃澥”。这是秦始皇相当熟悉的海域。他的东巡,曾经沿渤海西岸和南岸行进,又曾经在海上浮行,甚至有使用连弩亲自“射杀”海上“巨鱼”的行为。燕、齐海上方士们关于海上神山的宣传,其最初的底本很可能是对于渤海海面海市蜃楼的认识。在渤海湾西岸发掘的秦汉建筑遗存,许多学者认为与秦始皇巡行至于碣石的行迹有关,被称作“秦行宫遗址”。[③] 所出土大型夔纹建筑材料,仅在秦始皇陵园有同类发现。秦始皇巡行渤海的感觉,很可能会对秦都咸阳宫殿区建设规划的构想产生一定的影响。从姜女石石碑地秦宫遗址的位置看,这里完全被蓝色的水世界紧密拥抱。这位帝王应当也希望居住在咸阳的宫室的时候,同样开窗就能够看到海景。

---

① 《史记考证》,文渊阁《四库全书》本《史记》卷六《秦始皇本纪》附。

② 张在明主编:《中国文物地图集·陕西分册》,西安地图出版社1998年版,第195、348页。

③ 中国社会科学院考古研究所编著:《中国考古学·秦汉卷》,中国社会科学出版社2010年版,第55—70页。

秦封泥有“晦池之印”。[①] “晦”可以读作“海”。《释名·释水》：“海，晦也。”清华大学藏战国简《赤鹄之集汤之屋》“四海”写作“四晦”。《易·明夷·上六》：“不明晦，初登于天，后入于地。”汉帛书本“晦”作“海”。《吕氏春秋·求人》：“北至人正之国，夏海之穷。”《淮南子·时则》“海”作“晦”。秦封泥“东晦□马”[②]、“东晦都水”[③]，“东晦”都是“东海”的异写形式。这样说来，秦有管理“晦池”即“海池”的官职。而“海池”见于汉代宫苑史料[④]，指仿照海洋营造的湖沼。[⑤]

二　秦始皇陵地宫设计之一：水银“大海”

我们今天对秦始皇陵的知识主要来自司马迁在《史记》卷六《秦始皇本纪》中的记载。

对于秦始皇陵地宫的结构，司马迁写道：

> 始皇初即位，穿治郦山，及并天下，天下徒送诣七十余万人，穿三泉[⑥]，下铜[⑦]而致椁，宫观百官奇器珍怪徙臧满之。[⑧] 令匠作机弩矢，有所穿近者辄射之。以水银为百川江河大海，机相灌输，上具天文，下具地理。以人鱼膏为烛，度不灭者久之。

按照有关地下陵墓设计和制作“大海”模型的这一说法，似乎陵墓主人对“海”的向往，至死仍不消减。[⑨]

---

① 《问陶之旅：古陶文明博物馆藏品掇英》，紫禁城出版社2008年版，第171页。

② 傅嘉仪：《秦封泥汇考》，上海书店出版社2007年版，第179页。

③ 周晓陆、陈晓捷、李凯：《于京新见秦封泥中的地理内容》，《西北大学学报》2005年第4期。

④ 《史记》卷二八《封禅书》记述建章宫的营造：“其北治大池，渐台高二十余丈，命曰太液池，中有蓬莱、方丈、瀛洲、壶梁，象海中神山龟鱼之属。”《史记》卷一二《孝武本纪》有同样的内容，司马贞《索隐》引《三辅故事》说：“殿北海池北岸有石鱼，长二丈，广五尺，西岸有石龟二枚，各长六尺。”所谓“殿北海池”值得注意。

⑤ 参看王子今《秦汉宫苑的“海池”》，《大众考古》2014年第2期。

⑥ 张守节《正义》：“颜师古云：‘三重之泉，言至水也。’”

⑦ 裴骃《集解》引徐广曰：“一作‘锢’。锢，铸塞。”

⑧ 张守节《正义》：“言冢内作宫观及百官位次，奇器珍怪徙满冢中。”

⑨ 参看王子今《略论秦始皇的海洋意识》，《光明日报》2012年12月13日。

陵墓地宫设计使用水银的做法，较早见于齐国丧葬史料。《韩非子·内储说上七术》曾经写道："齐国好厚葬，布帛尽于衣衾，材木尽于棺椁。桓公患之，以告管仲曰：'布帛尽则无以为蔽，材木尽则无以为守备，而人厚葬之不休，禁之奈何？'管仲对曰：'凡人之有为也，非名之，则利之也。'于是乃下令曰：'棺椁过度者戮其尸，罪夫当丧者。'夫戮死，无名；罪当丧者，无利：人何故为之也。"这段文字有关齐桓公和管仲对话的内容，当然未必真正属实，但是仍然可以作为"齐国好厚葬"，"人厚葬之不休"的社会风习的一种反映。齐桓公虽然有反对厚葬、禁止厚葬的言论，但是有关齐桓公墓的历史遗存，却证明他本人实际上也可以称得上是厚葬的典型。齐桓公墓在西晋永嘉末年被盗掘，据《史记》卷三二《齐太公世家》张守节《正义》引《括地志》的记载，"齐桓公墓在临菑县南"，"晋永嘉末，人发之，初得版，次得水银池，有气不得入，经数日，乃牵犬入中，得金蚕数十薄，珠襦、玉匣、缯彩、军器不可胜数。又以人殉葬，骸骨狼藉也。"[①]

《太平御览》卷八一二引《皇览》写道："关东贼发始皇墓，中有水银。"白居易《草茫茫——惩厚葬也》诗讽刺秦始皇厚葬："草茫茫，土苍苍。苍苍茫茫在何处，骊山脚下秦皇墓。墓中下涸二重泉，当时自以为深固。下流水银象江海，上缀珠光作乌兔。别为天地于其间，拟将富贵随身去。一朝盗掘坟陵破，龙椁神堂三月火。可怜宝玉归人间，暂借泉中买身祸。"看来，其中使用水银的记载后人多相信。[②]

丧葬使用水银据说有防腐的作用。清人褚人获《坚瓠集》续集卷二

---

① 《说郛》卷二七下杨奂《山陵杂记》："齐桓公墓在临淄县南二十一里牛山上，亦名鼎足山，一名牛首垧，一所三坟。晋永嘉末，人发之。初得版，次得水银池，有气不得入，经数日乃牵犬入中，金蚕数十簿，珠襦玉匣缯彩军器，不可胜数。又以人殉葬，骨肉狼籍。"文渊阁《四库全书》本。

② "水银为池"故事又见于《南史》卷四三《齐高帝诸子列传下·始兴简王鉴》记载，萧鉴在益州时，"于州园地得古冢，无复棺，但有石椁。铜器十余种，并古形，玉璧三枚，珍宝甚多，不可皆识，金银为蚕、蛇形者数斗。又以朱沙为阜，水银为池。左右咸劝取之。（萧）鉴曰：'皇太子昔在雍，有发古冢者，得玉镜、玉屏风、玉匣之属，皆将还都，吾意常不同。'乃遣功曹何伫为之起坟，诸宝物一不得犯。"又如《大金国志》卷三一《齐国刘豫录》："西京兵士卖玉注椀与三路都统，（刘）豫疑非民间物，勘鞫之，知得于山陵中，遂以刘从善为河南淘沙官，发山陵及金人发不尽棺中水银等物。"宋元间人周密《癸辛杂识》续集卷上"杨髡发陵"条引录杨琏真加"其徒互告状"，有关于盗发宋陵的较具体的资料，言"断理宗头，沥取水银、含珠"。吴企明点校，中华书局1988年版，第152页。

有“漳河曹操墓”条，其中写道：“国朝鼎革时，漳河水涸，有捕鱼者，见河中有大石板，傍有一隙，窥之黟然。疑其中多鱼聚，乃由隙入，数十步得一石门，心怪之，出招诸捕鱼者入。初启门，见其中尽美女，或坐或卧或倚，分列两行。有顷，俱化为灰，委地上。有石床，床上卧一人，冠服俨如王者。中立一碑。渔人中有识字者，就之，则曹操也。众人因跪而斩之，磔裂其尸。诸美人盖生而殉葬者。地气凝结，故如生人。既而门启，泄漏其气，故俱成灰。独（曹）操以水银敛，其肌肤尚不朽腐。”水银又有防盗功能，如前引《史记》卷三二《齐太公世家》张守节《正义》引《括地志》言“齐桓公墓”有“水银池”，于是“晋永嘉末，人发之”，“有气不得入，经数日，乃牵犬入中”。[①] 秦始皇陵地宫中大量储注水银，或许也有以剧毒汞蒸气杀死盗掘者的动机。以当时人对于水银化学特性的认识而言，不会不注意到汞中毒的现象，而利用水银的这一特性于防盗设计，是很自然的。

秦始皇陵“以水银为百川江河大海，机相灌输”的记载，1981 年已经考古学者和地质学者用新的地球化学探矿方法——汞量测量技术测定地下汞含量的结论所证实。[②] 2003 年秦始皇陵地宫地球物理探测成果“再次验证了地宫中存放着大量水银”，“再次验证了历史文献上关于地宫存在高汞的记载”。[③] 我们讨论秦始皇陵地宫设计时更为关注的，不是水银的防腐和防盗作用，而是“以水银为百川江河大海，机相灌输”的构想所反映的海洋意识。

三　秦始皇陵地宫设计之二：“人鱼膏”烛

《史记》卷六《秦始皇本纪》关于秦始皇陵地宫照明方式所谓“以人鱼膏为烛，度不灭者久之”的“人鱼膏”，后来或写作“人膏”。

如《汉书》卷三六《刘向传》载刘向对厚葬的批评，说到秦始皇陵

---

① 墓中置“水银池”，用水银挥发的气体毒杀盗墓者，是一种充分利用各种手段反盗墓的典型史例。而盗墓者“经数日”以散发毒气，又“牵犬入中”，发明以狗带路的方式，正是所谓“道高一尺，魔高一丈”。

② 常勇、李同：《秦始皇陵中埋藏汞的初步研究》，《考古》1983 年第 7 期。

③ 刘士毅主编：《秦始皇陵地宫地球物理探测成果与技术》，地质出版社 2005 年版，第 26、58 页。

成为厚葬史上的极端案例：

> 秦始皇帝葬于骊山之阿，下锢三泉，上崇山坟，其高五十余丈，周回五里有余。石椁为游馆，人膏为灯烛，水银为江海，黄金为凫雁。珍宝之臧，机械之变，棺椁之丽，宫馆之盛，不可胜原。

特别说到“人膏为灯烛”。[①]《通志》卷七八上《宗室传第一上·前汉》“刘向”条引“人膏为灯烛”说。宋人宋敏求《长安志》卷一五《县五》引《刘向传》也作“人膏为灯烛”。罗璧《识遗》卷二《历代帝陵》引作“人膏为灯油”。《太平御览》卷八七〇引《史记》曰：“始皇冢中以人膏为烛。”刘向“人膏”之说，不少学者多所取信。王益之《西汉年纪》卷二六、徐天麟《西汉会要》卷一九《礼十四》、杨侃《两汉博闻》卷四[②]，明人李光瑨《两汉萃宝评林》卷上[③]、梅鼎祚《西汉文纪》卷一七[④]、吴国伦《秦汉书疏·西汉书疏》卷五《汉成帝》[⑤]、严衍《资治通鉴补》卷三一《汉纪二三》[⑥]，清人沈青峰《雍正陕西通志》卷七〇《陵墓一·临潼县》及卷八六《艺文二·奏疏》[⑦]、严长明《乾隆西安府志》卷七〇《艺文志下》[⑧] 均言“人膏”。所谓“人膏”，容易理解为人体脂肪。[⑨] 值得注意的史料有《金史》卷五《海陵亮纪》：“煮死人膏以为

---

① 文渊阁《四库全书》本《汉书》有注文：“宋祁曰：《史记》作‘人鱼膏’。”

② 文渊阁《四库全书》本。

③ 明万历二十年刻本。

④ 清文渊阁《四库全书》补配清文津阁《四库全书》本。

⑤ 明嘉靖三十七年刻本。

⑥ 清光绪二年盛氏思补楼活字印本。

⑦ 文渊阁《四库全书》本。

⑧ 清乾隆刊本。

⑨《通典》卷一七一《州郡》：“秦汉之后，以重敛为国富，卒众为兵强，拓境为业大，远贡为德盛，争城杀人盈城，争地杀人满野。用生人膏血，易不殖土田。小则天下怨咨，群盗蜂起；大则殒命歼族，遗恶万代，不亦谬哉！”中华书局1984年版，第907页。金元好问《长城》诗有关秦史的感叹也说到“生人膏血”：“秦人一铩连鸡翼，六国萧条九州岛一。祖龙跛扈侈心开，牛豕生民付砧礩。诗书简册一炬空，欲与三五争相雄。阿房未了蜀山上，石梁拟驾沧溟东。生人膏血俱枯竭，更筑长城限裘褐。卧龙隐隐半天下，首出天山尾辽碣。岂知亡秦非外兵，宫中指鹿皆庸奴。骊原宿草犹未变，咸阳三月为丘墟。黄沙白草弥秋塞，惟有坡陁故基在。短衣匹马独归时，千古兴亡成一概。”《中州集》卷五，文渊阁《四库全书》本。

油。"《金史》卷一二九《佞幸传·李通》："煮死人膏为油用之。"① 以人体脂肪作为照明燃料的情形，又见于《后汉书》卷七二《董卓传》的记载：吕布杀董卓，"士卒皆称万岁，百姓歌舞于道。长安中士女卖其珠玉衣装市酒肉相庆者，填满街肆"。"乃尸卓于市。天时始热，卓素充肥，脂流于地。守尸吏然火置卓脐中，光明达曙，如是积日。"②

然而，又有学者对"人膏"之说予以澄清。有宋代学者写道："人膏为灯烛。宋祁曰：《史记》作'人鱼膏'。"③ 明人张懋修说，"《汉书·刘向传》谏厚葬有引始皇'人膏以为灯烛'语，明明落一'鱼'字，是后人校刊者削去耳。按始皇营骊山，令匠作机巧，作弩矢，有所穿近，矢辄射之，水银为江海，上具天文，珠玑为之，以人鱼膏为灯烛。按《山海经》：'人鱼膏燃，见风愈炽。'是始皇之防地风之息耳。始皇虽役徒七十万，匠人机巧，死者辄埋其下，然未闻锻人膏以为烛者。"④ 清王先谦《汉书补注》在《楚元王传》的内容中也写道："人膏为灯烛。宋祁曰：《史记》作'人鱼膏'。"⑤ 沈家本《诸史琐言》卷七"人膏为灯烛"条："《史记》作'人鱼膏'，按此当从《史记》，秦虽虐，未必用人膏。"⑥

也有学者指出，所谓"人膏"者，其实就是"鱼膏"，如明李时珍《本草纲目》卷四四《鳞之三》"鳑鱼"条《集解》引弘景曰："人鱼，荆州临沮青溪多有之……其膏然之不消耗，秦始皇骊山冢中所用人膏是也。"⑦ 又清袁枚《随园诗话》卷一五引赵云松《从李相国征台湾》云："人膏作炬燃宵黑，鱼眼如星射水红。"⑧ 其中所谓"人膏"，可能就是

---

① 对于所谓"人膏"，又有其他理解。如宋唐慎微《证类本草》卷四："仰天皮，无毒，主卒心痛中恶，取人膏和作丸服之一七丸。人膏者，人垢汗也。措取仰天皮者，是中庭内停污水后干地皮也。取卷起者，一名掬天皮，亦主人马反花疮，和油涂之佳。"文渊阁《四库全书》本。以"人垢汗"解"人膏"，与可以"煮""为油"的"人膏"明显不同，但也是取自人身。

② 南朝陈徐陵《劝进梁元帝表》以此与姜维故事并说："既挂胆于西州，方燃脐于东市。"《文苑英华》卷六〇〇，中华书局1966年版，第3114页。杜甫《郑驸马池台喜遇郑广文同饮》诗也写道："燃脐郿坞败，握节汉臣回。"《补注杜诗》卷一九，文渊阁《四库全书》本。

③ 〔宋〕佚名：《汉书考正》，清景钞元至正三年余氏勤有堂刻本。

④ 《墨卿谈乘》卷三《史集》"人膏灯烛"条，明刻本。

⑤ 清光绪刻本。

⑥ 民国《沈寄簃先生遗书》本。

⑦ 文渊阁《四库全书》本。清胡世安《异鱼图赞补》卷中《倮虫鱼》引陶弘景云："人鱼膏燃之不消，秦皇骊冢所用人膏是也。"明崇祯刻本。

⑧ 清乾隆十四年刻本。

“鱼膏”。

值得我们注意的，是对于“人膏”或“人鱼膏”的解释，或涉及“鲸鱼”。如清方旭《虫荟》卷四《鳞虫》“鲵鱼”条：“鲵鱼膏燃之不灭，秦始皇骊山冢中所用‘人膏’即此。或曰即鲸之雌者，误。”①

秦始皇陵地宫所谓“以人鱼膏为烛，度不灭者久之”，《水经注·渭水下》作“以人鱼膏为灯烛，取其不灭者久之”，《太平御览》卷五六〇引《皇览·冢墓记》作“以人鱼膏为灯，度久不灭”。对于所谓“人鱼”，认识有所不同。

裴骃《集解》：“徐广曰：‘人鱼似鲇，四脚。’”张守节《正义》引录了对“人鱼”的不同解说：“《广志》云：‘鲵鱼声如小儿啼，有四足，形如鳢，可以治牛，出伊水。’《异物志》云：‘人鱼似人形，长尺余。不堪食。皮利于鲛鱼，锯材木入。项上有小穿，气从中出。秦始皇冢中以人鱼膏为烛，即此鱼也。出东海中，今台州有之。’按：今帝王用漆灯冢中，则火不灭。”提供秦始皇陵用以照明的“人鱼膏”的“人鱼”“出东海中”，应当看作重要的早期海洋学的信息。

《三国志》卷一五《魏书·刘馥传》记载，刘馥为扬州刺史，于合肥建立州治，“高为城垒，多积木石，编作草苫数千万枚，益贮鱼膏数千斛，为战守备。建安十三年卒。孙权率十万众攻围合肥城百余日，时天连雨，城欲崩，于是以苫蓑覆之，夜然脂照城外，视贼所作而为备，贼以破走”。以“鱼膏”“为战守备”，实战中“夜然脂照城外，视贼所作而为备”，即用以照明。② 以鱼类或海洋哺乳动物脂肪作照明燃料的情形，又见于《说郛》卷五二上王仁裕《开元天宝遗事》“馋鱼灯”条：“南中有鱼，肉少而脂多。彼中人取鱼脂炼为油，或将照纺织机杼，则暗而不明；或使照筵宴，造饮食，则分外光明。时人号为‘馋鱼灯’。”③ 又如元人汪大渊《岛夷志略》“彭湖”条说当地“风俗”，可见“鱼膏为油”之说。元人杨载：《废檠》诗有“鱼膏虽有焰，蠹简独无缘”句，也说“鱼膏”

① 清光绪刻本。

② 〔明〕罗贯中《三国志通俗演义》卷一〇作：“作草苫数千枚，贮鱼膏数百斛，为守战之具。”明嘉靖元年刻本。数量较《三国志》记载大幅度减少，应是作者未能理解这些“战守备”具体使用的情形。

③ 文渊阁《四库全书》本。

作灯具燃料照明的情形。[①] 清人陈元龙《格致镜原》卷五〇《日用器物类二·灯》“灯台”条引《稗史类编》：“正德八年，琉球进玉脂灯台。油一两可照十夜，光焰鉴人毛发，风雨尘埃皆所不能侵。”[②] 这里所说的“脂”、“油”，既出“琉球”，很可能是海鱼的脂肪。

明人胡世安《异鱼图赞补》卷中引陶弘景云：“人鱼膏燃之不消，秦皇骊冢所用人膏是也。”又引《杂俎》：“梵僧普提胜说异鱼，东海渔人言，近获一鱼，长五六尺，肠胃成胡鹿刀塑之状，号‘秦皇鱼’。”出“东海”之“秦皇鱼”与“秦皇骊冢所用人膏”、“人鱼膏”并说，值得我们注意。

以为“以人鱼膏为烛”的“人鱼”“出东海中”，为“东海渔人”所识的说法，是值得重视的。

清人吴雯《此身歌柬韩元少先生》咏叹古来厚葬风习，有诗句似乎涉及秦陵葬制：“总使千秋尚余虑，金蚕玉碗埋丘垄。水银池沼杂凫雁，可怜长夜鱼灯红。”除“水银池沼”外，又说到“鱼灯”。[③]

《艺文类聚》卷八〇引梁简文帝《咏烟》诗曰：“浮空覆杂影，含露密花藤。乍如洛霞发，颇似巫云登。映光飞百仞，从风散九层。欲持翡翠色，时吐鲸鱼灯。”说到“鲸鱼灯”光飞烟吐的情形。南朝陈江总《杂曲三首》之三又可见“鲸灯”：“鲸灯落花殊未尽，虬水银箭莫相催。”[④] 所谓“鲸灯”或“鲸鱼灯”，我们不清楚定名的原因，是因为形制仿拟鲸鱼，还是以鲸鱼的“膏”作为燃料。

中原居民对鲸鱼早有认识。宋正海、郭永芳、陈瑞平《中国古代海洋学史》写道：“关于鲸类，不晚于殷商，人们对它已有认识。安阳殷墟出土的鲸鱼骨即可为证。”[⑤] 据德日进、杨钟健《安阳殷墟之哺乳动物群》记载，殷墟哺乳动物骨骼发现有：“鲸鱼类：若干大脊椎骨及四肢骨。但均保存破碎，不能详为鉴定。但鲸类遗存之见于殷墟中，乃确切证明安阳

① 〔元〕杨载：《杨仲弘集》诗集卷二《五言律诗》，《四部丛刊》景明嘉靖本。

② 文渊阁《四库全书》本。

③ 《莲洋诗钞》卷二《七古》。

④ 〔宋〕郭茂倩：《乐府诗集》卷七七，中华书局1979年版，第1091页。

⑤ 海洋出版社1989年版，第348页。

动物群之复杂性。有一部，系人工搬运而来也。”[①] 秦都咸阳兰池宫据说有仿拟海洋的湖泊，其中放置鲸鱼模型。《史记》卷一二《孝武本纪》言建章宫“大池”、“渐台”，司马贞《索隐》引《三辅故事》：“殿北海池北岸有石鱼，长二丈，广五尺。”秦封泥有“晦池之印”。[②] “晦”可以读作“海”。“晦池”就是“海池”。[③] 《史记》卷六《秦始皇本纪》记载：“始皇梦与海神战，如人状。问占梦，博士曰：‘水神不可见，以大鱼蛟龙为候。今上祷祠备谨，而有此恶神，当除去[④]，而善神可致。’乃令入海者赍捕巨鱼具，而自以连弩候大鱼出射之。自琅邪北至荣成山，弗见。至之罘，见巨鱼，射杀一鱼。遂并海西。”这里所谓“大鱼”、“巨鱼”，有人认为就是“鲸鱼”。[⑤] 有关鲸鱼死亡“膏流九顷”的记载[⑥]，说明鲸鱼脂肪受到的重视。人类利用鲸鱼脂肪的历史相当久远。[⑦] 中国海洋史比较确切的取鲸鱼脂肪作照明燃料成为经济生活重要内容的记载，可能始自明代。骆国和《湛江鲸鱼史话》说：“自明朝起，雷州府的捕鲸已远近闻名。鲸鱼脂肪非常丰富，厚达十几至几十厘米，渔民很早已会用鲸脂制油，作为渔业实物税，向朝廷进贡。古时没有煤油，用鲸油点灯照明，无烟无臭耐用，是宫廷最为欢迎的贡品。据记载，明洪武二十四年（1391

① 《中国古生物志》丙种第十二号第一册，实业部地质研究所、国立北平研究院地质学研究所中华民国二十五年六月印行，第 2 页。此信息之获得承袁靖教授赐示，谨此致谢。

② 《问陶之旅：古陶文明博物馆藏品掇英》，第 171 页。

③ 参看王子今《秦汉宫苑的“海池”》，《大众考古》2014 年第 2 期。

④ 《太平御览》卷八六引《史记》作“当降去”。

⑤ 如唐李白《古风五十九首》之三：“秦皇扫六合，虎视何雄哉。挥剑决浮云，诸侯尽西来。……连弩射海鱼，长鲸正崔嵬。额鼻象五岳，扬波喷云雷。鬐鬣蔽青天，何由睹蓬莱。徐市载秦女，楼船几时回。但见三泉下，金棺葬寒灰。”〔清〕王琦注：《李太白全集》卷二，中华书局 1977 年版，第 92 页。元吴莱《昭华管歌》诗：“临洮举杵送役夫，碣石挟弩射鲸鱼。”《渊颖集》卷四，文渊阁《四库全书》本。

⑥ 《太平御览》卷九三八引《魏武四时食制》曰：“东海有大鱼如山，长五六丈，谓之鲸鲵。次有如屋者。时死岸上，膏流九顷，其须长一丈，广三尺，厚六寸，瞳子如三升碗大，骨可为方臼。”文渊阁《四库全书》本。中华书局 1960 年用上海涵芬楼影印宋本复制重印版“膏流九顷”作“毫流九顷”，“骨可为方臼”作“骨可为矛矜”。

⑦ 《辞海·生物分册》“鲸目”条：“皮肤下有一层厚的脂肪，借此保温和减少身体比重，有利浮游。”“鲸”条写道：“脂肪是工业原料。”上海辞书出版社 1975 年版，第 561 页。《简明不列颠百科全书》“鲸油”条：“主要从鲸鱼脂肪中提取的水白色至棕色的油。16～19 世纪，鲸油一直是制造肥皂的重要原料和重要的点灯油。”中国大百科全书出版社 1985 年版，第 4 册，第 439 页。今按：滨海居民以鲸鱼脂肪作“重要的点灯油”的年代，其实要早得多。

年），雷州府进贡鲸油就有3184市斤28市两4市钱，首推遂溪进贡最多。到明弘治十五年（1502年）徐闻的鲸油上贡跃居雷州府首位，雷州府进贡鲸油为广东之冠。明末清初，捕鲸更是普遍。徐闻沿海的外罗、新寮、城内、白茅一带的海公船（捕鲸船），鼎盛时期达百艘。仅新寮六湾村就有30吨级帆船10艘，捕鲸人数过百，由此可见当时捕鲸业相当发达。"①清人刘嗣绾《灯花四十韵》有诗句："到处鲸膏润，谁家蜡泪悬。罢书燕地烛，曾禁汉宫烟。"② 明说"鲸膏"用作照明燃料。

清人汤右曾《漫成》诗其一有这样的诗句："堂堂大将执枹鼓，汾阳远孙阚虓虎。莫道潭中巨鲤鱼，横海长鲸膏砧斧。"③ 所谓"横海长鲸膏砧斧"甚至说到了取得"鲸膏"的具体方式。

中国人较早获得欧洲取"鲸油"为用的知识，见于魏源《海图国志》有关"北海隅之冰兰岛"的记载，"其地近英国之北有法吕群岛，居民只十之七余，皆荒寒之地，惟业渔及水手。又有青地，广袤二万方里，居民二万四千。冰雪长年不消，无草木食物，居民捕鱼而饮其油。其鲸油所用甚广。各国之船入夏与蛟鼍并伐取之。"④ 又严复《原富》载荷兰事："凡干鱼及鲸鬐、鲸油，若他鱼膘，不由英船捕获晒制者，其进口税加倍。"⑤

秦始皇陵"以人鱼膏为烛，度不灭者久之"的"人鱼膏"如果确是鲸鱼脂肪，则也可以看作书写了以鲸鱼为对象的海洋资源开发史的重要一页。

有人认为，春秋齐国制作的人形铜灯，是以"鲸鱼脂肪"为燃料的照明工具。⑥ 如果所论确实，则可以说明齐人海洋开发的又一贡献。

---

① 图读湛江：http://zjphoto.yinsha.com/file/200609/2006092219081417.htm。

② 《尚絅堂集·诗集》卷六《献赋集》，清道光大树园刻本。

③ 〔清〕汤右曾：《怀清堂集》卷六，文渊阁《四库全书》本。

④ 〔清〕魏源：《海国图志》卷五八《外大西洋》，清光绪二年魏光寿平庆泾固道署刻本。

⑤ 〔清〕严复：《原富》丁上，清光绪本。

⑥ 论者以"齐国人型铜灯和西汉鱼雁铜灯"为例，说明"从点燃篝火到被誉为'庭燎大烛'的大火把，从浇灌动物脂膏的小型火炬'脂烛'到以鲸鱼脂肪为原料的油灯"的照明史进程。"这盏铜灯主体为一个身穿短衣、圆眼阔口、腰束宽带的武士，他双手各擎一个带柄的灯盘，盘柄呈弯曲带叶的竹节形状。武士脚下为盘旋的龙形灯座，灯盘下面的子母榫口与盘柄插合。这盏灯具制作十分精巧，可根据需要随意拆装。灯旁有一把供添油用的长柄铜勺，证明这盏铜灯使用油脂点燃的性质和史实。"唐莉：《两盏铜台灯，一段照明史》，福州新闻网，http://fuzhou.fznews.com.cn/swsq/2007-10-23/20071023OJtVIvO2FE172335.shtml。

《艺文类聚》卷八〇引魏殷臣《鲸鱼灯赋》提供了年代更早的关于“鲸鱼灯”的信息:

> 横海之鱼，厥号惟鲸。普彼鳞族，莫与之京。大秦美焉，乃观乃详。写载其形，托于金灯。隆脊矜尾，鬐甲舒张。垂首俯视，蟠于华房。状欣欣以竦峙，若将飞而未翔。怀兰膏于胸臆，明制节之谨度。伊工巧之奇密，莫尚美于斯器。因绮丽以致用，设机变而罔匮。匪雕文之足玮，差利事之为贵。永作式于将来，来跨千载而弗坠。

诗句明确可见“横海之鱼，厥号惟鲸”，“写载其形，托于金灯”，似乎说“鲸鱼灯”的形式是仿拟“普彼鳞族，莫与之京”的鲸鱼。甚至“隆脊矜尾，鬐甲舒张”，又“垂首俯视，蟠于华房”，而且“状欣欣以竦峙，若将飞而未翔”，形象真实而生动。但是，我们又注意到，描写这种灯具的文字也关注燃料的盛储和使用:“怀兰膏于胸臆，明制节之谨度。伊工巧之奇密，莫尚美于斯器。因绮丽以致用，设机变而罔匮。”所谓“明制节之谨度”，言可以光焰长久。而“伊工巧之奇密”与“设机变而罔匮”，都强调机械结构设计和制作的巧妙。至于这种“鲸鱼灯”“胸臆”中所怀储的“兰膏”是否可能取自“鲸鱼”的脂肪呢?就现有资料似乎不得而知。但是我们读《艺文类聚》卷八〇引周庾信《灯赋》:“香添燃蜜，气杂烧兰。烬长宵久，光青夜寒。秀帐掩映，魭膏照灼。动鳞甲于鲸鱼，焰光芒于鸣鹤。”其中“魭膏照灼”，明确说是以鱼类脂肪作燃料。所谓“动鳞甲于鲸鱼，焰光芒于鸣鹤”，应是指灯具造型有仿“鸣鹤”的设计，而言“鲸鱼”者，似未可排除“鲸”“膏”作为燃料来源的可能。否则为什么要在这里说到“鲸鱼”呢?明人杨慎《羊皮彩灯屏》诗:“雁足悬秦殿，鲸膏朗魏宫。何似灵瓶鞹，扬辉玄夜中。百琲添绚烂，七采斗玲珑。洛洞金光彻，东岳玉华融。”[①] 列说多种宫廷灯具，所谓“鲸膏朗魏宫”，有可能与魏殷臣《鲸鱼灯赋》有关，是明确指出以“鲸膏”为燃料的。而与“魏宫”对仗工整的“秦殿”句，暗示作者对于秦始皇陵灯烛的认识可能与“鲸膏”有关。清人翟灏《小隐园灯词为杭堇浦赋》之三:

---

① 〔明〕杨慎:《升庵集》卷二二《五言排律》，文渊阁《四库全书》本。

“冰池倒影薄银纱，槭树无春也著花。颇笑月娥佳思短，鲸膏未尽影先斜。”① 则说非宫廷使用的一般的“灯”也以“鲸膏”作为燃料。

《鲸鱼灯赋》的作者魏殷臣去秦未远，所说“大秦美焉，乃观乃详”，使我们自然会联想到秦始皇陵地宫的照明设施。而《太平御览》卷八七〇引《三秦记》果然有这样明确的说法：“始皇墓中，燃鲸鱼膏为灯。”

清人洪亮吉《华清宫》诗写道：“秦皇坟上野火红，万人烧瓦急筑宫。筑基须深劚山破，百世防惊祖龙卧。云暄日丽开元朝，祖龙此时庶解嘲。人间才按羽衣曲，地下未烬鲸鱼膏。前人愚，后人巧，工作开元逮天宝。离宫别馆卅里环，罗绮障眼如无山。红阑影向空中折，高处疑通广寒窟。”② 所谓“地下未烬鲸鱼膏”，对于“秦皇坟”“地下”的照明燃料，判断为“鲸鱼”脂肪。清人董祐诚《与方彦书》有“读碣骊坂”语，带读者进入秦陵神秘境界，又言“而玉碗夜闭，幽燐星飞，铜仙秋寒，铅泪露咽，鲸膏未烬而劫灰已平矣”③，也明确说“骊坂”之下，燃烧的是“鲸鱼膏”。

当然，秦始皇陵“人鱼膏”之谜的彻底解开，地宫照明用燃料品质的最终认定，应当有待于依据考古工作收获的确切判断。

---

① 《无不宜斋未定稿》卷二，清乾隆刻本。

② 《卷施阁集·诗》卷二《凭轼西行集》，清光绪三年洪氏授经堂刻《洪北江全集》增修本。

③ 《董方立文集》文乙集卷上，清同治八年刻《董方立遗书》本。

航海家徐市

徐市，又写作徐福。[①] 他的姓名在中国古代航海史上有显赫的地位，在世界航海事业的历史记录中也有重要的影响。

《史记》卷六《秦始皇本纪》明确说“齐人徐市”、“方士徐市”。可知徐市是出身于齐的方士。

一　方士的航海实践

秦始皇这样的帝王对于海洋和海洋文化的关心，可以说是文化史上的奇迹。

这种文化现象能够发生，有东海方士们竭力促进的作用。

顾颉刚对东海方士们鼓吹的神仙迷信发生的原因，有十分精辟的分析。

他说：“这种思想是怎样来的？我猜想，有两种原因。其一是时代的压迫。战国是一个社会组织根本变动的时代，大家感到苦闷，但大家想不出解决的办法。苦闷到极度，只想‘哪里躲开了这恶浊的世界呢？’可是一个人吃饭穿衣总是免不了的，这现实的世界紧紧跟在你的后头，有何躲开的可能。这问题实际上既不能解决，那么还是用玄想去解决罢，于是‘吸风饮露，游乎四海之外’的超人就出来了。《楚辞·远游》云：‘悲时俗之迫厄兮，愿轻举而远游。质菲薄而无因兮，焉托乘而上浮。免众患而

---

① 〔元〕吾衍：《闲居录》：“秦方士徐市又作徐福，非有两名，市乃古韍字，《汉书》未有翻切，但以声相近字音注其下。后人读市作市廛字，故疑福为别名也。”明徐应秋《玉芝堂谈荟》卷三一《字音通用》：“秦方士徐市又作徐福。市读为韍，古韍字。”张照《史记考证》：“何孟春曰：徐市又作徐福，非有两名，市乃古韍字。汉时未有翻切，但以声相近字音注其下。后人读市作市廛字，故疑福为别名。”文渊阁《四库全书》本。

不惧兮，世莫知其作如’，真写出了这种心理。其二是思想的解放。本来天上的阶级即是人间的阶级，而还比人间多出了一个特尊的上帝，他有最神圣的地位，小小的人间除了信仰和顺从之外再有什么敢想。但到战国时，旧制度和旧信仰都解体了，‘天地不仁’、‘其鬼不神’的口号喊出来了，在上帝之先的‘道’也寻出来了，于是天上的阶级跟了人间的阶级而一齐倒坏。个人既在政治上取得权力，脱离了贵族的羁绊，自然会想在生命上取得自由，脱离了上帝的羁绊。做了仙人，服了不死之药，从此无拘无束，与天地相终始，上帝再管得着吗！不但上帝管不着我，我还可以做上帝的朋友，所以《庄子》上常说‘与造物者（上帝）游’，‘与造物者为人’。这真是一个极端平等的思想！有了这两种原因做基础，再加以方士们的点染，旧有的巫祝们的拉拢，精深的和肤浅的，哲学的和宗教的，种种不同的思想杂糅在一起，神仙说就具有了一种出世的宗教的规模了。”

顾颉刚分析了神仙学说出现的时代背景。应当说，这种文化现象发生的地域渊源也值得注意。

顾颉刚还写道：“鼓吹神仙说的叫做方士，想是因为他们懂得神奇的方术，或者收藏着许多药方，所以有了这个称号。”据《史记》卷二八《封禅书》所谓“燕、齐海上之方士”，他推定“这班人大都出在这两国”。顾颉刚说，“当秦始皇巡狩到海上时，怂恿他求仙的方士便不计其数。他也很相信，即派韩终等去求不死之药，但去了没有下文。又派徐市（即徐福）造了大船，带了五百童男女去，花费了好几万斤黄金，但是还没有得到什么。反而同行嫉妒，互相拆破了所说的谎话。”①

战国秦汉时期“燕、齐海上之方士”的活跃，是有特定的文化条件的。

沿海地区的自然景观较内陆有更奇瑰的色彩，有更多样的变幻，因而自然能够引发更丰富、更活跃、更浪漫的想象。于是海上神仙传说久已表现出神奇的魅力。

《史记》卷二八《封禅书》写道：“自威、宣、燕昭使人入海求蓬莱、方丈、瀛洲。此三神山者，其傅在勃海中，去人不远；患且至，则船风引而去。盖尝有至者，诸仙人及不死之药皆在焉。其物禽兽尽白，而黄金银

---

① 顾颉刚:《秦汉的方士与儒生》，上海古籍出版社 1978 年版，第 10—11 页。

为宫阙。未至，望之如云；及到，三神山反居水下。临之，风辄引去，终莫能至云。世主莫不甘心焉。”《汉书》卷二五上《郊祀志上》：“自威、宣、燕昭使人入海求蓬莱、方丈、瀛洲。此三神山者，其传在勃海中，去人不远。盖尝有至者，诸仙人及不死之药皆在焉。其物禽兽尽白，而黄金银为宫阙。未至，望之如云；及到，三神山反居水下，水临之。患且至，则风辄引船而去，终莫能至云。世主莫不甘心焉。”

方士积极参与的“入海求蓬莱、方丈、瀛洲”的海洋探索实践中，所谓“且至”，所谓“未至”，所谓“临之”等，都是航海的记录。

二 大鱼·巨鱼·大鲛鱼

作为齐地方士的徐市于秦始皇二十八年（前219）上书建议求海中神山仙人，为秦始皇批准。司马迁在《史记》卷六《秦始皇本纪》中记载，齐人徐市等上书，说海中有三神山，即蓬莱、方丈、瀛洲，仙人居之。请求行斋戒仪式，率领童男女前往寻求。“于是遣徐市发童男女数千人，入海求仙人。”在关于秦始皇三十五年（前212）的记录中，又可以看到秦始皇对徐市寻找海中神山未获成功的不满：“徐市等费以巨万计，终不得药。”在有关秦始皇三十七年（前210）史事的记录中，司马迁又写道，秦始皇从长江下游沿海岸北上，至琅邪。“方士徐市等入海求神药，数岁不得，费多，恐谴”，于是谎称蓬莱仙药可以得到，但是航行常为大鲛鱼所阻碍，所以不得近前，请求以携带先进的射击武器“连弩”的善于射箭者同行，以便射杀大鲛鱼。秦始皇在梦中与海神战斗，随即命令入海者携带捕捉巨鱼的渔具，而“自以连弩候大鱼出射之”。自琅邪北至荣成山，沿途都没有看到巨鱼。至之罘时，发现巨鱼，据说竟然“射杀一鱼”。

看来，徐市求海中神山仙人的航海实践，有前后至少10年的经历。

“大鱼”、“巨鱼”、“大鲛鱼”，似乎可以联系起来分析。《汉书》卷二七中之上《五行志中之上》：“成帝永始元年春，北海出大鱼，长六丈，高一丈，四枚。哀帝建平三年，东莱平度出大鱼[①]，长八丈，高丈一尺，七枚。皆死。京房《易传》曰：‘海数见巨鱼，邪人进，贤人疏。’”这里“大鱼”又作“巨鱼”。根据《五行志》的记述，这种“大鱼”、“巨鱼”

① 颜师古注：“平度，东莱之县。”

很可能是鲸鱼。[①] 不过，我们对徐市出海所见“大鱼”、“巨鱼”、“大鲛鱼”究竟是何鱼种，还不能准确判断。

《汉书》卷六四下《王褒传》：“故圣主必待贤臣而弘功业，俊士亦俟明主以显其德。上下俱欲，欢然交欣，千载壹合，论说无疑，翼乎如鸿毛过顺风，沛乎如巨鱼纵大壑。其得意若此，则胡禁不止，曷令不行？”所谓“巨鱼纵大壑”，说明此类大型海洋生物对生存空间，包括洋面广度和海水深度的要求。[②] 对于“巨鱼”，颜师古注：“巨亦大也。”通过“巨鱼”、“大鱼”的故事，可以知道徐市并不仅仅在近海浮行，而是已经感受了尝试相对较远航程的航行经历。

三 徐市船队的航线

汉代有称作“徐乡”的海港。徐乡在今山东黄县西北。西汉时属东莱郡。王先谦《汉书补注》引于钦《齐乘》：“县盖以徐福求仙为名。”西南临朐“有海水祠”。[③] 徐乡东汉并于黄县。一说徐市东渡，自朐县入海。[④] 有人根据江苏赣榆徐福村地名的发现，以为这里是徐市故乡，而徐市东渡的起航地点是距此不远的海州湾的岚山头。[⑤] 唐代的地理书《元和郡县图志》卷二二《沧州》写道，饶安县，原本是汉代的千童县，就是秦代的千童城。“始皇遣徐福将童男女千人入海求蓬莱，置此城以居之。”宋代地理书《太平寰宇记》卷二四《密州》引《三齐记》说到“徐山”，也以为是因徐市东渡而出现的地名：“始皇令术士徐福入海求不死药于蓬莱方丈山，而福将童男女二千人于此山集会而去，因曰‘徐山’。”宋代诗人林景熙《秦望山》诗则在“会稽嵊县秦始皇登山望海处”发表“徐

---

① 参看王子今《鲸鱼死岸：〈汉书〉的“北海出大鱼”记录》，《光明日报》2009 年 7 月 21 日；王子今、乔松林《〈汉书〉的海洋纪事》，《史学史研究》2012 年第 4 期。

② 《朱子语类》卷七四也说“鸿毛之遇顺风，巨鱼之纵大壑”。〔明〕王三省《念奴娇·沙苑怀古》“野烟浅水，巨鱼肯此潜伏”，也说了这一道理。雍正《陕西通志》卷九七，文渊阁《四库全书》本。

③ 《汉书》卷二八上《地理志上》。

④ 罗其湘：《徐福村的发现和徐福东渡》，《从徐福到黄遵宪》（《中日关系史论文集》第 1 辑），时事出版社 1985 年版，第 24—51 页。

⑤ 汪承恭：《“海州湾偏西说”质疑及其他》，《日本的中国移民》（《中日关系史论文集》第 2 辑），生活·读书·新知三联书店 1987 年版，第 67—78 页。

福楼船不见回”的感慨。徐市浮海，并不限于一次，关于其出海港的传说涉及许多地点，是可以理解的。

近年来，若干地方相继形成了徐福研究热，如果超越地域文化的局限，进行视野开阔的深入研究，应当能够深化对中国古代航海史的认识，推进中国古代文化交流史的研究。

中国初期海外交通大致主要面向东方。《诗·商颂·长发》：“相土烈烈，海外有截。”说商王朝的政治影响已经及于海上。然而直到战国时期，见于文字记载的海上航行仍只限于近海，一般往往沿海岸航行，以借助观测岸上的物标、山形、地貌等测定船位、确定航向。

尽管如此，当时人们通过辗转曲折的途径，已经对于远在东洋的海上方国有了初步的认识。

目前有关所谓徐市遗迹的资料尚不足以提供历史的确证。不过，从秦末齐人曾为“避苦役”而大批渡海“适韩国”① 以及汉武帝“遣楼船将军杨仆从齐浮渤海”击朝鲜②等记载，可以知道当时的海上航运能力。③从今山东烟台与威海至辽宁大连的航程均为 90 海里左右。从威海至杨仆楼船军登陆地点洌口（即列口，今朝鲜黄海南道殷栗）约 180 海里。前者是齐人前往朝鲜半岛渡海最捷近航路，后者则是楼船军渡海击朝鲜的最捷近航路。而由朝鲜釜山至日本下关的航程不过 120 海里左右。显然，以秦汉时齐地船工的航海技术水平，如果在朝鲜半岛南部港口得到补给，继续东渡至日本列岛是完全可能的。

而由今山东、江苏沿岸浮海，也确有可能因“风引而去”④、“遭风流移”⑤，而意外地直接东渡至日本。徐市东渡的传说，可以说明早在秦始

① 《后汉书》卷八五《东夷列传·三韩》。

② 《史记》卷一一五《朝鲜列传》。

③ 参看王子今《秦汉时期渤海航运与辽东浮海移民》，《史学集刊》2010 年第 2 期；《论杨仆击朝鲜楼船军“从齐浮渤海”及相关问题》，《鲁东大学学报》（哲学社会科学版）2009 年第 1 期；《登州与海上丝绸之路》，人民出版社 2009 年版。

④ 《史记》卷二八《封禅书》：“自威、宣、燕昭使人入海求蓬莱、方丈、瀛洲。此三神山者，其傅在勃海中，去人不远；患且至，则船风引而去。”

⑤ 《三国志》卷四七《吴书·吴主传》：“亶洲在海中。长老传言，秦始皇帝遣方士徐福将童男童女数千人入海求蓬莱神山及仙药，止此洲不还，世相承，有数万家。其上人民时有至会稽货布，会稽东县人海行亦有遭风流移至亶洲者，所在绝远，卒不可得至。”《后汉书》卷八五《东夷传》：“会稽东冶县人有入海行，遭风流移，至澶洲者。所在绝远，不可往来。”

皇时代，中国大陆已经有能力使自身文化的影响传播到东洋。①

四 徐市"止王不来"

《山海经》以"海内"、"海外"名篇，值得我们注意。所谓"海内"、"海外"，体现出海洋探索的空间延伸，也体现出有关远海的初步知识的记录和总结。《山海经·海内北经》已经有关于"倭"的记述：

> 盖国在钜燕南，倭北。倭属燕。

《海外东经》、《大荒北经》还说到所谓"毛民之国"。有人认为"毛民之国"地在今日本北海道。②《汉书》卷二八下《地理志下》中已经出现关于"倭人"政权的记述：

> 乐浪海中有倭人，分为百余国，以岁时来献见云。

---

① 参看汪向荣《徐福东渡》，《学林漫录》第4集，中华书局1981年版，第154—163页；汪向荣《徐福、日本的中国移民》，《日本的中国移民》（《中日关系史论文集》第2辑），第29—66页。

② 《宋书》卷九七《夷蛮列传·倭国》："顺帝升明二年遣使上表曰：'封国偏远，作藩于外，自昔祖祢，躬擐甲胄，跋涉山川，不遑宁处，东征毛人五十五国……'"《旧唐书》卷一九九上《东夷列传·日本国》："东界、北界有大山为限，山外即毛人之国。"《新唐书》卷二二〇《东夷列传·日本》："东、北限大山，其外即毛人云。"又《新唐书》卷二二〇《东夷列传·流鬼》："流鬼去京师万五千里，直黑水靺鞨东北，少海之北，三面皆阻海"，"南与莫曳靺鞨邻，东南航海十五日行，乃至"。或以为"莫曳"即"毛人"。据白鸟库吉考证，"流鬼"即库页岛之古称，如此则"莫曳"即"毛人之国"的位置，大致在北海道地区。参看陈抗《中国与日本北海道关系史话》，《中外关系史论丛》第2辑，世界知识出版社1987年版，第26页。《山海经·海外东经》郭璞注："今去临海郡东南二千里，有毛人在海洲岛上，为人短小，而体尽有毛，如猪熊，穴居，无衣服。晋永嘉四年，吴郡司盐都尉戴逢在海边得一船，上有男女四人，状皆如此。言语不通，送诣丞相府，未至，道死，唯有一人在。上赐之妇，生子，出入市井，渐晓人语，自说其所在是毛民也。《大荒北经》云'毛民食黍'者是矣。"原本"言语不通"，故"自说其所在是毛民也"，当然是接受了中国人的观念。又《太平御览》卷三七三引《临海异物志》："毛人洲，在张屿，毛长短如熊。周绰得毛人，送诣秣陵。"卷七九〇引《土物志》："毛人之洲，乃在涨屿，身无衣服，凿地穴处，虽云象人，不知言语，齐长五尺，毛如熊豕，众辈相随，是捕鸟鼠。"是南海"毛人"与北海"毛人"异义。

颜师古注引如淳曰："在带方东南万里。"又谓"《魏略》云倭在带方东南大海中，依山岛为国，度海千里，复有国，皆倭种"。所谓"百余国"者，可能是指以北九州为中心的许多规模不大的部落国家。自西汉后期起，它们与中国中央政权间，已经开始了正式的往来。[①]

《后汉书》卷八五《东夷列传》中为"倭"列有专条，并明确记述自汉武帝平定朝鲜起，倭人已有三十余国与汉王朝通交：

> 倭在韩东南大海中，依山岛为居，凡百余国。自武帝灭朝鲜，使驿通于汉者三十许国。

所谓"乐浪海中"、"带方东南"、"韩东南大海中"以及武帝灭朝鲜后方使驿相通，都说明汉与倭人之国的交往，大都经循朝鲜半岛海岸的航路。

成书年代更早，因而史料价值高于《后汉书》卷八五《东夷列传》的《三国志》卷三〇《魏书·东夷传》中，关于倭人的内容多达两千余字，涉及三十余国风土物产方位里程，记述相当详尽。这些记载，很可能是根据曾经到过日本列岛的使者——带方郡建中校尉梯儁和塞曹掾史张政等人的报告[②]，也可能部分采录"以岁时来献见"的倭人政权的使臣的介绍。

《史记》卷六《秦始皇本纪》。秦始皇二十八年（前219）"遣徐市发童男女数千人，入海求仙人"。同书又记载"徐市等入海求神药数岁不得，费多，恐谴"事。而《史记》卷一一八《淮南衡山列传》则谓徐福留止海外不还：

> 又使徐福入海求神异物，还为伪辞曰："臣见海中大神，言曰：'汝西皇之使邪？'臣答曰：'然。''汝何求？'曰：'愿请延年益寿药。'神曰：'汝秦王之礼薄，得观而不得取。'即从臣东南至蓬莱

---

① 日本学者角林文雄认为此所谓"倭人"指当时朝鲜半岛南部居民（《倭人傳考證》，佐伯有清编《邪馬台国基本論文集》第3輯，創元社1983年版），沈仁安《"倭"、"倭人"辨析》一文否定此说（《历史研究》1987年第2期）。

② 《三国志》卷三〇《魏书·东夷传》："正始元年，太守弓遵遣建中校尉梯儁等奉诏书印绶诣倭国，拜假倭王，并赍诏赐金、帛、锦罽、刀、镜、采物"，八年（247），"遣塞曹掾史张政等因赍诏书、黄幢，拜假难升米为檄告喻之"。

山，见芝成宫阙，有使者铜色而龙形，光上照天。于是臣再拜问曰：‘宜何资以献?’海神曰：‘以令名男子若振女与百工之事，即得之矣。’”秦皇帝大说，遣振男女三千人，资之五谷种种百工而行。徐福得平原广泽，止王不来。于是百姓悲痛相思。

事又见《汉书》卷四五《伍被传》。《三国志》卷四七《吴书·吴主传》记载黄龙二年（230）“遣将军卫温、诸葛直将甲士万人浮海求夷洲及亶洲”事，也说道：

亶洲在海中，长老传言秦始皇帝遣方士徐福将童男童女数千人入海，求蓬莱神山及仙药，止此洲不还。世相承有数万家，其上人民，时有至会稽货布，会稽东县人海行，亦有遭风流移至亶洲者。所在绝远，卒不可得至。

《后汉书》卷八五《东夷列传》中则已将徐福所止王不来处与日本相联系，其事系于“倭”条下：

会稽海外有东鳀人，分为二十余国。又有夷洲及澶洲。传言秦始皇遣方士徐福将童男女数千人入海，求蓬莱神仙不得，徐福畏诛不敢还，遂止此洲，世世相承，有数万家。人民时至会稽市。会稽东冶县人有入海行遭风，流移至澶洲者。所在绝远，不可往来。

《太平御览》卷七八二“纻屿人”条引《外国记》说，有人航海遇难，流落到多产纻的海岛，岛上居民有三千余家，自称“是徐福童男之后”。《太平御览》卷九七三引《金楼子》说徐福故事，也与东瀛“扶桑”传说相联系：“秦皇遣徐福求桑椹于碧海之中，有扶桑树长数千丈，树两两同根，偶生更相依倚，是名扶桑。仙人食其椹而体作金光飞腾玄宫也。”大约宋代以后，徐福东渡日本的传说在中日两国间流布开来。宋代诗人有以“日本刀歌”为题的诗作，如：“其先徐福诈秦民，采药淹留丱童老。百工五种与之居，至今器用皆精巧。前朝贡献屡往来，士人往往工辞藻。徐福行时书未焚，逸书百篇今尚存。令严不许传中国，举世无人识古文。嗟予乘桴欲往学，沧波浩荡无通津，令人感叹坐流涕。”这首诗见于司马光《传家集》卷五，又见于欧阳修《文忠集》卷五四，虽然著作权的归属尚不能明确，却表明当时文化人普遍相信徐福将中原文化传播到了日本。

日本一些学者也确信徐福到达了日本列岛，甚至有具体登陆地点的考证，以及所谓徐福墓和徐福祠的出现。许多地方纪念徐福的组织有常年持续的活动。有的学者认为，日本文化史进程中相应时段发生的显著进步，与徐福东渡有关。[①] 应当说，徐福，已经成为象征文化交往的一个符号。

《剑桥中国秦汉史》中的说法大致可以代表一些史学家对徐福航海集团去向的普遍认识："徐一去不复返，传说他们在日本定居了下来。"[②]

五 "童男女"的神秘意义

徐市为什么率领"童男女"出海？

秦汉时期诸多社会现象是在神秘主义文化氛围中发生的。鲁迅曾经将这种历史特征称为"巫风"、"鬼道"："中国本信巫，秦汉以来，神仙之说盛行，汉末又大畅巫风，而鬼道愈炽……"[③] 有学者指出，"汉代巫者活动的'社会空间'，几乎是遍及于所有的社会阶层，而其'地理范围'，若结合汉代巫俗之地和祭祀所的分布情形来看，也可以说是遍布于各个角落。《盐铁论》中，贤良文学所说的'街巷有巫，闾里有祝'，似乎是相当真实的写照"。[④] 考察曾经深刻影响秦汉社会生活各个层面的"巫风"、"鬼道"，我们又注意到，儿童在当时这种富有神奇色彩的文化舞台上，有时扮演着特殊的角色。例如，"童男女"在若干神事巫事活动中即发挥着某种神秘的作用。

《史记》卷六《秦始皇本纪》记载秦始皇指派方士徐市入海求神仙，有调集"童男女"随行的情形：

---

① 徐福东渡传说得以在日本流传的背景，是日本文化在绳文时代末期至弥生时代初期这一历史阶段，发生了空前的飞跃。而这种突变的直接原因，一般认为与大量外来移民相继由中国大陆直接渡海或经由朝鲜半岛来到日本，带来了中国的先进文明有关。

② ［美］卜德：《秦国和秦帝国》，《剑桥中国秦汉史》，杨品泉等译，中国社会科学出版社1992年版，第95页。

③ 《中国小说史略》第五篇，《鲁迅全集》，人民文学出版社1981年版，第9卷第43页。

④ 林富士：《汉代的巫者》，台北：稻乡出版社1999年版，第180页。

> 齐人徐市等上书，言海中有三神山，名曰蓬莱、方丈、瀛洲，仙人居之。请得斋戒，与童男女求之。于是遣徐市发童男女数千人，入海求仙人。

张守节《正义》引《括地志》云："亶洲在东海中，秦始皇使徐福将童男女入海求仙人，止在此洲，共数万家，至今洲上人有至会稽市易者。吴人《外国图》云亶洲去琅邪万里。"东海中传说"秦始皇使徐福将童男女入海求仙人"所至亶洲，则有可能是日本群岛、琉球群岛、台湾岛或者澎湖列岛。或以为徐市一去而不复返，历史事实却并非如此。《史记》卷六《秦始皇本纪》中，此后就另有两次说到徐市：

> （秦始皇三十五年）徐市等费以巨万计，终不得药。

> （秦始皇三十七年）方士徐市等入海求神药，数岁不得，费多，恐谴，乃诈曰："蓬莱药可得，然常为大鲛鱼所苦，故不得至，愿请善射与俱，见则以连弩射之。"

《史记》卷一一八《淮南衡山列传》又有这样的记载：

> 又使徐福入海求神异物，还为伪辞曰："臣见海中大神，言曰：'汝西皇之使邪？'臣答曰：'然。''汝何求？'曰：'愿请延年益寿药。'神曰：'汝秦王之礼薄，得观而不得取。'即从臣东南至蓬莱山，见芝成宫阙，有使者铜色而龙形，光上照天。于是臣再拜问曰：'宜何资以献？'海神曰：'以令名男子若振女与百工之事，即得之矣。'"秦皇帝大说，遣振男女三千人，资之五谷种种百工而行。徐福得平原广泽，止王不来。①

可见，徐市入海，确实有往有还，是在数次往复之后，终于远行不归的。

① 张守节《正义》："《括地志》云：'亶州在东海中，秦始皇遣徐福将童男女，遂止此州。其后复有数洲万家，其上人有至会稽市易者。'阙文。"

《史记》卷二八《封禅书》又写道：

> 自威、宣、燕昭使人入海求蓬莱、方丈、瀛洲。此三神山者，其傅在勃海中，去人不远；患且至，则船风引而去。盖尝有至者，诸仙人及不死之药皆在焉。其物禽兽尽白，而黄金银为宫阙。未至，望之如云；及到，三神山反居水下。临之，风辄引去，终莫能至云。世主莫不甘心焉。及至秦始皇并天下，至海上，则方士言之不可胜数。始皇自以为至海上而恐不及矣，使人乃赍童男女入海求之。船交海中，皆以风为解，曰未能至，望见之焉。

其中“使人乃赍童男女入海求之”，并没有指明所“使人”是徐市，也许其他方士们亦多采取“赍童男女”的形式。《汉书》卷二五下《郊祀志下》记载谷永谏汉成帝语：“秦始皇初并天下，甘心于神仙之道，遣徐福、韩终之属多赍童男童女入海求神采药，因逃不还，天下怨恨。”说的就是“徐福、韩终之属”。关于这段史事，《三国志》卷四七《吴书·吴主传》也有一段文字：“遣将军卫温、诸葛直将甲士万人浮海求夷洲及亶洲。亶洲在海中，长老传言秦始皇帝遣方士徐福将童男童女数千人入海，求蓬莱神山及仙药，止此洲不还。世相承有数万家，其上人民，时有至会稽货布，会稽东县人海行，亦有遭风流移至亶洲者。所在绝远，卒不可得至，但得夷洲数千人还。”①

对于海中神山仙人，入海方士为什么“请得斋戒，与童男女求之”呢？

按照《史记》卷一一八《淮南衡山列传》中记录的徐市的“伪辞”，是“海神”提出了要求：“以令名男子若振女与百工之事”。对于这句话的理解，裴骃《集解》引徐广曰：“《西京赋》曰：‘振子万童。’”裴骃又引录了薛综的解释：“振子，童男女。”泷川资言《史记会注考证》引冈白驹曰：“‘令名男子’，良家男子也。‘若’，及也。‘振’当作‘侲’，或古相通。”

---

① 《太平御览》卷六九引《吴志》曰：“孙权遣卫温、诸葛直将甲士万人浮海求夷洲及亶洲在海中。长老传言秦始皇帝遣方士徐福将童男女数千人入海求蓬莱神仙及仙药，止此不返，世世相承，有万家。其上人民时有至会稽货市。”

顾颉刚在总结秦汉“方士”的文化表现时写道:“鼓吹神仙说的叫做方士,想是因为他们懂得神奇的方术,或者收藏着许多药方,所以有了这个称号。《封禅书》说‘燕、齐海上之方士’,可知这班人大都出在这两国。当秦始皇巡狩到海上时,怂恿他求仙的方士便不计其数。他也很相信,即派韩终等去求不死之药,但去了没有下文。又派徐市(即徐福)造了大船,带了五百童男女去,花费了好几万斤黄金,但是还没有得到什么。反而同行嫉妒,互相拆破了所说的谎话。”[①]《史记》卷六《秦始皇本纪》说“发童男女数千人”[②],《汉书》卷四五《伍被传》则说赍“童男女三千人”:“使徐福入海求仙药,多赍珍宝、童男女三千人、五种百工而行。徐福得平原大泽,止王不来。”[③] 又有说“童男童女各三千人”的。[④] 而顾颉刚所谓“带了五百童男女去”,与《史记》、《汉书》中的记载不相合。[⑤]《说郛》卷六六下题东方朔《海内十洲记》也说徐福带走的是“童男童女五百人”。[⑥] 虽然正史的记录都是“数千人”、“三千人”,但是“五百人”的数字其实可能更为接近历史真实。《剑桥中国秦汉史》取用了“数百名”的说法,采取了如下表述方式:“公元前 219 年当秦始皇首幸山东海滨并在琅邪立碑时,他第一次遇到术士。其中的徐市请求准许他去海上探险,寻求他说是神仙居住的琼岛。秦始皇因此而耗费巨资,派他带‘数百名’童男童女进行一次海

① 顾颉刚:《秦汉的方士与儒生》,第 10—11 页。

② 《后汉书》卷八五《东夷传》:“又有夷洲及澶洲,传言秦始皇遣方士徐福将童男女数千人入海求蓬莱神仙,不得,徐福畏诛,不敢还,遂止此洲。世世相承,有数万家。人民时至会稽市。会稽东冶县人有入海行遭风流移至澶洲者,所在绝远,不可往来。”也说“童男女数千人”。

③ 《前汉纪》卷一二也说“童男女三千人”。

④ 如《太平广记》卷四“徐福”条录《仙传拾遗》及《广异记》。

⑤ 元人于钦《齐乘》卷一又有“童男女二千人”的说法。

⑥ 《说郛》卷六六下题东方朔《海内十洲记》:“祖洲近在东海之中,地方五百里,去西岸七万里。上有不死之草,草形如菰苗,长三四尺,人已死三日者,以草覆之,皆当时活也。服之令人长生。昔秦始皇大苑中多枉死者横道,有鸟如乌状,衔此草覆死人面,当时起坐而自活也。有司闻奏,始皇遣使者赍草以问北郭鬼谷先生。鬼谷先生云:‘此草是东海祖洲上有不死之草,生琼田中,或名为养神芝。其叶似菰苗,丛生,一株可活一人。’始皇于是慨然言曰:‘可采得否?’乃使使者徐福发童男童女五百人,率摄楼船等,入海寻祖州,遂不返。福,道士也,字君房,后亦得道也。”文渊阁《四库四书》本。

上探险，但徐一去不复返，传说他们在日本定居了下来。”[①]

随着徐市船队的帆影在水光雾色中消失，这些“童男女”们从此即渺无踪迹。古人诗句“徐福载秦女，楼船几时回?”[②]“闲忆童男女，悠悠去几年”[③]，“悲夫童男女，去作鱼鳖民”[④]，都在追忆的同时，抒发着感叹。

徐市为什么要带领“童男女”出海远航呢?

有人理解，徐市“发童男女”的真实目的，在于增殖人口。“他所要的数千童男女（年轻男女），是一支繁衍人口的后备大军。”[⑤] 似乎徐市出海，最初就有在海外自立为王的计划。“徐福出海前就有雄心壮志，假寻药之名，行立国之实。”[⑥] 而千百“童男女”就是第一代民众，于是“世相承”，“世世相承”。元代诗人吴莱“就中满载童男女，南面称王自民伍”的诗句[⑦]，或许就暗含这样的意思。有的学者明确写道，“抑徐福之入海，其意初不在求仙，而实欲利用始皇求仙之私心，而藉其力，以自殖民于海外。观其首则请振男女三千人及五谷种种百工以行，次则请善射者携连弩与俱。人口、粮食、武器及一切生产之所资，无不备具。其‘得平原广泽而止王不来’，岂非预定之计划耶? 可不谓之豪杰哉!”[⑧] 这里发表的“豪杰”评价，正与唐人“六国英雄漫多事，到头徐福是男儿”[⑨]

---

① ［美］卜德：《秦国和秦帝国》，《剑桥中国秦汉史》，杨品泉等译，第 95 页。台湾的译本大体与此一致：“在西元前 219 年，秦始皇首度巡视了山东沿海并立了琅邪刻石，此时是他第一次遇到方士。其中一人，徐市，请求至海外寻访三个神仙之岛；据说那儿有神仙长住。秦始皇因此耗费巨资，派他带着数百童男童女至海外寻访仙岛；但徐市却没有返回，据说他们后来在日本定居。”方俐懿、许信昌译，《剑桥中国史》第 1 册《秦汉编》，南天书局有限公司 1996 年版，第 94 页。

② 〔唐〕李白：《古风五十九首》之三，《李太白全集》卷二，第 92 页。

③ 〔元〕仇远：《镇海亭》，《山村遗集》，文渊阁《四库全书》版。

④ 〔元〕吴莱：《夕泛海东寻梅岑山观音大士洞遂登盘陀石望日出处及东霍山回过翁浦问徐偃王旧城》，《渊颖集》卷四。

⑤ 文贝武、黄慧显：《论徐福东渡日本的必然性》，《青岛海洋大学学报》（社会科学版）1994 年第 1.2 期。

⑥ 参看崔坤斗、逢芳《关于徐福东渡的几个问题》，《青岛海洋大学学报》（社会科学版）1994 年第 4 期。

⑦ 《听客话熊野山徐市庙》，《渊颖集》卷四。

⑧ 马非百：《秦集史》，中华书局 1982 年版，上册第 253 页。

⑨ 〔唐〕罗隐：《始皇陵》，《罗隐集·甲乙集》，雍文华校辑，中华书局 1983 年版，第 26 页。

诗意相合。所谓“振男女三千人”的请求，被解释为出自“殖民”目的的策略，其直接作用和“人口”的追求有关。

然而，这种以为徐市在海外立国是蓄谋已久的阴谋的说法，其实是并不符合历史逻辑的。因为许多迹象表明，徐市出海的最初目的并非要在海外定居，“止王不来”。正如有的学者所指出的，据《史记》卷六《秦始皇本纪》的记载，徐市两次出海，“第一次是始皇二十八年，一开始就率领童男女和百工同往的；第二次是始皇三十七年，徐福提出请善射与俱后的事。”“据三十七年记载，则徐福不但还回来，而且还见了秦始皇，提出了新要求，仍然得到了始皇的支持。”只是在这段文字中，“没有说清楚徐福过去率领泛海的童男女和百工的下文”。[①] 白居易诗《海漫漫》：“蓬莱今古但闻名，烟水茫茫无觅处。海漫漫，风浩浩，眼穿不见蓬莱岛。不见蓬莱不敢归，童男丱女舟中老。”[②] 所谓“舟中老”者，甚至不言登岛定居事。

徐市出海之所以“请得斋戒，与童男女求之”，看来应当在更深层次探求其文化原因。而特别值得注意的“请得斋戒”一语，暗示这一行为很可能与神仙信仰有某种关系。

秦汉时期“歌儿”们的文化表现，也值得关心“童男女”神秘作用的朋友重视。

成书于西晋的《搜神记》一书中，也有“童男女”故事：“吴时，有梓树巨围，叶广丈余，垂柯数亩。吴王伐树作船，使童男女三十人牵挽之。船自飞水，男女皆溺死。至今潭中时有唱唤督进之音也。”[③]《说郛》卷六一下邓德明《南康記》“梓树”条：“梓潭昔有梓树巨围，叶广丈余，垂柯数亩。吴王伐树作船，使童男女挽之，船自飞下，男女皆溺死。至今潭中时有歌唱之音。”《太平御览》卷四八引《南康记》曰：“梓潭山有大梓树，吴王令都尉肃武伐为龙舟，槽斫成而牵挽不动。占云：须童男女数十人为歌乐，乃当得行。遂依其言，以童男女牵拽，没于潭中，男女皆

① 汪向荣：《徐福、日本的中国移民》，《日本的中国移民》（《中日关系史论文集》第2辑），第32—34页。

② 《白氏长庆集》卷三。

③ 《搜神记》卷一八。

溺焉。其后天晴朗，仿佛若见人船，夜宿潭边，或闻歌唱之声，因号梓潭焉。”[①] 这里所说的“吴时”，不知是战国吴时还是三国孙吴时。值得我们注意的，不仅是“童男女”和航船的关系，还在于“童男女”“唱唤”、“歌唱”、“为歌乐”的行为。

秦汉时期的神祀活动中，也有与此相类似的“童男女”歌唱的表演。

《史记》卷八《高祖本纪》记述了刘邦作《大风歌》的著名故事：“高祖还归，过沛，留。置酒沛宫，悉召故人父老子弟纵酒，发沛中儿得百二十人，教之歌。酒酣，高祖击筑，自为歌诗曰：‘大风起兮云飞扬，威加海内兮归故乡，安得猛士兮守四方！’令儿皆和习之。高祖乃起舞，慷慨伤怀，泣数行下。”刘邦特意“发沛中儿得百二十人，教之歌”，自为歌诗后，“令儿皆和习之”，并非仅仅具有娱乐意义和纪念意义。《史记》卷二四《乐书》：

> 高祖过沛诗《三侯之章》，令小儿歌之。高祖崩，令沛得以四时歌儛宗庙。孝惠、孝文、孝景无所增更，于乐府习常肄旧而已。

司马贞《索隐》：“按：过沛诗即《大风歌》也。其辞曰：‘大风起兮云飞扬，威加海内兮归故乡，安得猛士兮守四方’是也。‘侯’，语辞也。《诗》曰‘侯其祎而’者是也。‘兮’亦语辞也。沛诗有三‘兮’，故云‘三侯’也。”“儿”、“小儿”的歌唱，是服务于“宗庙”的神祠音乐。《汉书》卷二二《礼乐志》也说到《史记》卷八《高祖本纪》所谓“歌儿”：

> 初，高祖既定天下，过沛，与故人父老相乐，醉酒欢哀，作“风起”之诗，令沛中僮儿百二十人习而歌之。至孝惠时，以沛宫为原庙，皆令歌儿习吹以相和，常以百二十人为员。

此称“僮儿百二十人”。刘邦集合沛中儿童“得百二十人，教之歌”，后

---

① 《太平御览》卷六六引《南康记》曰：“梓潭山在雩都县之东南六十九里，其山有大梓树。吴王令都尉萧武伐为龙舟，艚斫成而牵引不动。占云：须童男女数十人为歌乐，乃当得下。依其言，以童男女牵拽艚，没于潭中。男女皆溺。其后每天晴朗净，仿佛若见人船焉，夜宿潭边，或闻歌唱之声，因号梓潭焉。”

来“以沛宫为原庙”，形成“歌儿习吹以相和，常以百二十人为员”的制度。之所以确定“百二十人”，很可能与“天之大数，不过十二”的意识有关。[①]

《史记》卷二八《封禅书》记载汉武帝时事，有设计郊祀音乐制度的情节：

> 既灭南越，上有嬖臣李延年以好音见。上善之，下公卿议，曰：“民间祠尚有鼓舞乐，今郊祀而无乐，岂称乎?”公卿曰：“古者祠天地皆有乐，而神祇可得而礼。”或曰：“太帝使素女鼓五十弦瑟，悲，帝禁不止，故破其瑟为二十五弦。”于是塞南越，祷祠太一、后土，始用乐舞，益召歌儿，作二十五弦及空侯琴瑟自此起。[②]

“素女”、“歌儿”的表演作为“郊祀”之“乐”，以“祠天地”、“礼”“神祇”的情形，又见于《史记》卷二四《乐书》的如下记载：

> 汉家常以正月上辛祠太一甘泉，以昏时夜祠，到明而终。常有流星经于祠坛上。使僮男僮女七十人俱歌。春歌《青阳》，夏歌《朱明》，秋歌《西暤》，冬歌《玄冥》。世多有，故不论。

这里所说的“僮男僮女”，就是“童男童女”。《太平御览》卷五引《史记·天官书》：“汉武帝以正月上辛祠太一甘泉，夜祠到明，忽有星至于

---

① 《左传·哀公元年》：“周之王也，制礼上物，不过十二，以为天之大数也。”杜预解释说：“天有十二次，故制礼象之。”《礼记·郊特牲》规定郊祭仪程，也说：“祭之日，王被衮以象天，戴冕璪十有二旒，则天数也。”同样以“十二”为“天数”。郑玄注：“天之大数，不过十二。”《汉书》卷二一上《律历志上》也有这样的内容：“五星起其初，日月起其中，凡十二次，日至其初为节，至其中斗建下为十二辰。视其建而知其次。故曰：‘制礼上物，不过十二，天之大数也。’”天时也以“十二”为纪。《周礼·春官·冯相氏》：“掌十有二岁、十有二月、十有二辰。”

② 《史记》卷一二《孝武本纪》作：“既灭南越，上有嬖臣李延年以好音见。上善之，下公卿议，曰：‘民间祠尚有鼓舞之乐，今郊祠而无乐，岂称乎?’公卿曰：‘古者祀天地皆有乐，而神祇可得而礼。’或曰：‘泰帝使素女鼓五十弦瑟，悲，帝禁不止，故破其瑟为二十五弦。’于是塞南越，祷祠泰一、后土，始用乐舞，益召歌儿，作二十五弦及箜篌瑟自此起。”《汉书》卷二五上《郊祀志上》同。

祠坛上，使童男女七十人俱歌十九章之歌。”《汉书》卷二二《礼乐志》：

> 合八音之调，作十九章之歌。以正月上辛用事甘泉圜丘，使童男女七十人俱歌，昏祠至明。夜常有神光如流星止集于祠坛，天子自竹宫而望拜，百官侍祠者数百人皆肃然动心焉。

由“用事甘泉圜丘”时所谓“使童男女七十人俱歌”，可以推知所谓“歌儿”的身份特征。

值得注意的是，《艺文类聚》卷一二引周庾信《汉高祖置酒沛宫画赞》曰：“游子思旧，来归沛宫。还迎故老，更召歌童。虽欣入沛，方念移丰。酒酣自舞，先歌《大风》。”将前引《史记》卷八《高祖本纪》“高祖所教歌儿百二十人”之“歌儿”直接称作“歌童”。

“歌童”也写作“歌僮”。

《晋书》卷四〇《贾谧传》有这样的内容：“谧好学，有才思。既为充嗣，继佐命之后，又贾后专恣，谧权过人主，至乃鏁系黄门侍郎，其为威福如此。负其骄宠，奢侈逾度，室宇崇僭，器服珍丽，歌僮舞女，选极一时。”其实，由前引《史记》卷八《高祖本纪》“高祖所教歌儿百二十人”及《汉书·礼乐志》“令沛中僮儿百二十人习而歌之”，可知“歌儿”、“僮儿”义近，则“歌僮”称谓所指代的身份也相应明朗。

“童男女”的歌唱，可以产生使得在场者“皆肃然动心焉”的精神效应。这可能与当时社会意识中这种身份所具有的特殊的神秘意义有关。然而，历史文献中也可以看到从事一般娱乐性表演的“歌儿”的事迹。

《史记》卷一二七《日者列传》记载卜者司马季主与宋忠、贾谊论“尊官”、“贤才”之可鄙，也说到“歌儿”：“食饮驱驰，从姬歌儿。”可知“歌儿”在民间文艺活动中也相当活跃。《盐铁论·散不足》写道：“今富者钟鼓五乐，歌儿数曹，中者鸣竽调瑟，郑儛赵讴。”《艺文类聚》卷一二引桓子《新论》曰：“歌儿卫子夫因幸爱重，乃阴求陈皇后过恶，而废退之。即立子夫，更其男为太子。”这里所说的“歌儿”，已经不是本来意义上的“童男女”了。《后汉书》卷七八《宦者列传》指出宦官生活消费的奢贵：“南金、和宝、冰纨、雾縠之积，盈仞珍臧；嫱媛、侍儿、歌童、舞女之玩，充备绮室。狗马饰雕文，土木被缇绣。皆剥割萌黎，竞恣奢欲。”李贤注：“《昌言》曰：‘为音乐则歌儿、舞女，千曹而迭起。'" 由所谓 "千曹而迭起"，可知当时社会权贵阶层消费生活中 "歌儿" 的数量。《后汉书》卷七八《宦者列传》李贤注引《昌言》以 "歌童" 释 "歌儿"，可见两者身份是相当接近的。《文选》卷五〇范晔《后汉宦者传论》："嫱媛、侍儿、歌童、舞女之玩，充备绮室。" 李善注也说："仲长子《昌言》曰：'为音乐则歌儿、舞女，千曹而迭起。'"[①]

民间娱乐生活中的 "歌童"、"歌儿"，与神祀体系中的 "童男女"，其文化角色是明显不同的。

侲子与傩在秦汉神学表演中的角色，有助于我们深化对 "童男女" 作用的理解。

前引《史记》言海神传说有关 "以令名男子若振女与百工之事" 事，裴骃《集解》引徐广的理解，与《西京赋》"振子万童" 相联系，又引薛综语："振子，童男女。" "振" 可能就是 "侲"。

《后汉书》卷一〇上《皇后纪上·和熹邓皇后》记载：永初三年（109）秋，"太后以阴阳不和，军旅数兴，诏飨会勿设戏作乐，减逐疫侲子之半，悉罢象橐驼之属。丰年复故。" 李贤注："'侲子'，逐疫之人也，音 '振'。薛综注《西京赋》云：'侲之言善也，善童，幼子也。'《续汉书》曰：'大傩，选中黄门子弟，年十岁以上，十二以下，百二十人为侲子。皆赤帻皂制，执大鞉。'" 说明了 "侲子" 通常的年龄。李贤所引《续汉书》即《续汉书·礼仪志中》：

> 先腊一日，大傩，谓之逐疫。其仪：选中黄门子弟年十岁以上，十二以下，百二十人为侲子。皆赤帻皁制，执大鼗。方相氏黄金四目，蒙熊皮，玄衣朱裳，执戈扬盾。十二兽有衣毛角。中黄门行之，冗从仆射将之，以逐恶鬼于禁中。夜漏上水，朝臣会，侍中、尚书、御史、谒者、虎贲、羽林郎将执事，皆赤帻陛。乘舆御前殿。黄门令奏曰："侲子备，请逐疫。" 于是中黄门倡，振子和，曰："甲作食凶，胇胃食虎，雄伯食魅，腾简食不祥，揽诸食咎，伯奇食梦，强梁、祖明共食磔死寄生，委随食观，错断食巨，穷奇、腾根共食蛊。凡使十二神追恶凶，赫女躯，拉女干，节解女肉，抽女肺肠。女不急

① 参看王子今《居延汉简 "歌人" 考论》，《古史性别研究丛稿》，社会科学文献出版社 2004 年版。

去，后者为粮!”因作方相与十二兽儛。嚾呼，周遍前后省三过，持炬火，送疫出端门；门外驺骑传炬出宫，司马阙门门外五营骑士传火弃雒水中。百官官府各以木面兽能为傩人师讫，设桃梗、郁櫑、苇茭毕，执事陛者罢。苇戟、桃杖以赐公、卿、将军、特侯、诸侯云。

“选中黄门子弟年十岁以上，十二以下，百二十人为侲子”，以及所谓“十二神”、“十二兽”，也应当与“天数”观念有关。对于有关“侲子”的一段文字，刘昭《注补》有如下的解释：“《汉旧仪》曰：‘方相帅百隶及童子，以桃弧、棘矢、土鼓，鼓且射之，以赤丸、五谷播洒之。’谯周《论语注》曰：‘以苇矢射之。’薛综曰：‘侲之言善，善童，幼子也。’”薛综的话，是对《文选》卷二张衡《西京赋》文句的解释。张衡写道：

尔乃建戏车，树修旃，侲僮程材，上下翩翻。突倒投而跟结，譬陨绝而复联。

薛综还说，“‘程’，犹‘见’也。‘材’，伎能也。”“侲僮程材”，其实可以读作“侲僮逞才”。对于“侲僮”，李善又有补充说明：“《史记》：徐福曰：‘海神云：若侲女，即得之矣。’”

“童子”们“以桃弧、棘矢、土鼓，鼓且射之”，使人联想到睡虎地秦简《日书》甲种驱鬼之术之“以桃为弓，牡棘为矢”。《左传·昭公四年》：“桃弧棘矢，以除其灾。”杜预注：“桃弓、棘箭，所以禳除凶邪。”又《昭公十二年》：“唯是桃弧棘矢，以共御王事。”杜预注：“桃弧、棘矢，以御不祥。”《焦氏易林》卷三《明夷·未既》：“桃弓苇戟，除残去恶，敌人执服。”《古今注》卷上：“桃弓苇矢，所以祓除不祥也。”整理小组注释：“牡棘，疑即牡荆，见《政和本草》卷十二。《左传》昭公四年：‘桃弧棘矢，以除其灾。’”刘乐贤说，“《周礼·蝈氏》：‘焚牡菊’郑注：‘牡菊，菊不华者。’贾疏：‘此则《月令·季秋》云“菊有黄华”，是牝菊也。’显然，古人称开花之菊为牝菊，不开花的菊为牡菊。《四民月令·五月》：‘先后日至各五日，可种禾及牡麻。’其本注云：‘牡麻有花无实，好肌理，一名为枲。’《本草纲目·大麻》：释名：‘雄者名麻枲、牡麻。’牡麻是指雄性大麻。可见《日书》的牡棘也应指不开花结果实之棘，即雄性之棘。棘作的矢本来就是避邪的器物（上引《左传》的‘棘矢’、《日书》下文的‘棘椎’皆可为证），雄性代表阳性，用牡棘做的矢驱鬼之效应当更强。”[①] 今按：“棘”，又称作“酸枣”，是北部中国极为普遍，常常野生成丛莽的一种落叶灌木，也有生成乔木者。其果实较枣小，肉薄味酸，民间一般通称为“酸枣”。枣，在中国古代是一种富有神异特性的果品。我们现在一般所说的“枣”，古时称作“常枣”。而“棘”，则称作“小枣”。二者字形都源起于“刺”的主要部分，前者上下重写，后者左右并写。《诗·魏风·园有桃》：“园有棘，其实之食。”毛亨传：“棘，枣也。”《淮南子·兵略》：“伐棘枣而为矜。”高诱注：“棘枣，酸枣也。”刘向《九叹·愍命》：“折芳枝与琼华兮，树枳棘与薪柴。”王逸注：“小枣为棘。”枣，是汉代风行的神话传说中仙人日常食用的宝物。[②] 联系“枣”的神性，也可以帮助我们理解“棘”的神性。除《左传》所言“桃弧棘矢”可以除灾而外，《抱朴子·名实》也说：“彍棘矢而望高手于广渠，策疲驽而求继轨于周穆。”汉代史事中可以看到以“棘”辟鬼的实例。[③]“棘”是“小枣”，“牡棘”又“不华”或者“有花无实”，也使人自然会联想到“童子”的性生理特征。

棘可以避鬼“以御不祥”的礼俗，在西方民族的文化传统中也有反映。如英国人类学家弗雷泽说：不列颠哥伦比亚的舒什瓦普人死去亲人后，必须实行严格的隔离。值得注意的是，“他们用带刺的灌木作床和枕头，为了使死者的鬼魂不得接近；同时他们还把卧铺四周也都放了带刺灌木。这种防范做法，明显地表明使得这些悼亡人与一般人隔绝的究竟是什么样的鬼魂的危险了。其实只不过是害怕那些依恋他们不肯离去的死者鬼

---

① 刘乐贤：《睡虎地秦简日书研究》，文津出版社1994年版，第234—235页。

② 汉代铜镜铭文常见所谓“渴饮甘泉饥食枣”，是当时民间所理解的神仙世界的生活方式。《后汉书》卷八二下《方术列传下·王真》：“孟节能含枣核，不食可至五年十年。”

③ 如《汉书》卷五三《景十三王传·广川惠王刘越》记载，广川王刘去残杀姬荣爱，“支解以棘埋之”。王莽曾以傅太后、丁太后陵墓不合制度，发掘其冢墓。《汉书》卷九七下《外戚传下·定陶丁姬》记载，“既开傅太后棺，臭闻数里。……掘平共王母、丁姬故冢，二旬间皆平。莽又周棘其处以为世戒云”。所谓“周棘其处”，颜师古注：“以棘周绕也。”又《汉书》卷八四《翟方进传》说，翟义起兵反抗王莽，事败，“莽尽坏义第宅，污池之。发父方进及先祖冢在汝南者，烧其棺柩，夷灭三族，诛及种嗣，至皆同坑，以棘五毒并葬之”。又下诏曰：“其取反虏逆贼之鲸鲵，聚之通路之旁……筑为武军，封以为大戮，荐树之棘。建表木，高丈六尺。”所谓“以棘五毒并葬之”和“荐树之棘”，都值得注意。

魂而已”。[1]

求雨仪式中的“小童”表现出的神秘作用，在儒学著作中有所记述。《春秋繁露·求雨》中说到当时“春旱求雨”的仪式规程：

春旱求雨。今县邑以水日祷社稷山川，家人祀户。无伐名木，无斩山林。暴巫聚尪。八日。于邑东门之外为四通之坛，方八尺，植苍缯八。其神共工，祭之以生鱼八，玄酒，具清酒、膊脯。择巫之洁清辩利者以为祝。祝斋三日，服苍衣，先再拜，乃跪陈，陈已，复再拜，乃起。祝曰：“昊天生五谷以养人，今五谷病旱，恐不成实，敬进清酒、膊脯，再拜请雨，雨幸大澍。”以甲乙日为大苍龙一，长八丈，居中央。为小龙七，各长四丈。于东方。皆东乡，其间相去八尺。小童八人，皆斋三日，服青衣而舞之。田啬夫亦斋三日，服青衣而立之。凿社通之于闾外之沟，取五虾蟇，错置社之中。池方八尺，深一尺，置水虾蟇焉。具清酒、膊脯，祝斋三日，服苍衣，拜跪，陈祝如初。取三岁雄鸡与三岁豭猪，皆燔之于四通神宇。令民阖邑里南门，置水其外。开邑里北门，具老豭猪一，置之于里北门之外。市中亦置豭猪一，闻鼓声，皆烧豭猪尾。取死人骨埋之，开山渊，积薪而燔之。通道桥之壅塞不行者，决渎之。幸而得雨，报以豚一，酒、盐、黍财足。

求雨礼俗，“四时皆以水日”，“四时皆以庚子之日”。而其他仪式节目“四时”各有不同。例如，我们看到：

春	东	小童八人皆斋三日，服青衣而舞之	田啬夫亦斋三日，服青衣而立之
	南	壮者三人皆斋三日，服赤衣而舞之	司空啬夫亦斋三日，服赤衣而立之
夏	中央	丈夫五人皆斋三日，服黄衣而舞之	老者五人，亦斋三日，服黄衣而立之
秋	西	鳏者九人皆斋三日，服白衣而舞之	司马亦斋三日，衣白衣而立之
冬	北	老者六人皆斋三日，衣黑衣而舞之	尉亦斋三日，服黑衣而立之

① ［英］詹姆斯·乔治·弗雷泽：《金枝：巫术与宗教之研究》，许育新等译，大众文艺出版社 1998 年版，第 313 页。

对于这种仪式的文化象征涵义，还需要认真研究方能作出合理的解说，然而人们会注意到，对应最常见而危害农事最严重的春旱的，是“小童”的表演。[①]

“小童八人”，“壮者三人”，“丈夫五人”，“鳏者九人”，“老者六人”，似都是男子。《春秋繁露》同篇强调“凡求雨之大体，丈夫欲藏匿，女子欲和而乐”的说法也值得重视。“小童”与“鳏者”、“老者”同样，在“性”的意义上都是非“丈夫”。只有“壮者”和“丈夫”的活动看来与“丈夫欲藏匿”的原则相悖，然而他们必须“斋三日”，而且人数也明显较“小童”与“鳏者”、“老者”为少。[②] 所谓“取三岁雄鸡与三岁豭猪，皆燔之于四通神宇”，“具老豭猪一，置之于里北门之外”，“市中亦置豭猪一，闻鼓声，皆烧豭猪尾”等，也是象征对雄性施行性压抑和性压迫的情节。[③]

“小童”在“求雨”仪式中的特殊作用，或许与人类学家注意到的某些民族的求雨礼俗在原始动机或者文化象征方面有共通之处。弗雷泽写道，“在祖鲁兰，有时妇女们把她们的孩子埋在坑里只留下脑袋在外，然后退到一定距离长时间地嚎啕大哭，她们认为苍天将不忍目睹此景。然后她们把孩子挖出来，心想雨就会来到。”[④]

《太平御览》卷五二六引《汉旧仪》：“元封六年，诸儒奏请施行董仲舒请雨事，始令丞相以下求雨，曝城南舞童女祷天神。成帝五年，始令诸官止雨，朱绳乃萦社击鼓攻之。”这里说“求雨”时“舞童女祷天神”，与今本《春秋繁露》相关部分所陈述的内容不同。

汉代另有神祠用“童男”舞。例如“灵星”之“祠”。《续汉书·祭祀志下》写道：“汉兴八年，有言：‘周兴而邑立后稷之祀。’于是高帝令天下立灵星祠，言祠后稷而谓之灵星者，以后稷又配食星也。旧说：星谓天田星也。一曰：龙左角为天田官，主谷，祀用壬辰位祠之，壬为水，辰

---

① 《公羊传·桓公五年》：“‘大雩’者何？旱祭也。”何休注：“使童男女各八人，舞而呼雩。”所谓“童男女各八人”，与“小童八人”不同。或许两汉相关礼俗有所变化。

② 在“皆斋三日”服五色衣而舞之的总计31位表演者中，按同比率计，“壮者”和“丈夫”应占40%，即12.4人。而实际上只占到25.8%。

③ 据《春秋繁露·止雨》，相反“凡止雨之大体，女子欲其藏而匿也，丈夫欲其和而乐也。”

④ ［英］弗雷泽：《金枝：巫术与宗教之研究》，徐育新等译，第101—117页。

为龙，就其类也，牲用太牢，县邑令长侍祠，舞者用童男十六人，舞者象教田，初为芟除，次耕种，次耘耨驱爵及获刈舂簸之形，象其功也。”这种舞蹈取农耕劳作动作，而又有“灵星”就是“天田星”的说法，或说“龙左角为天田官，主谷，祀用壬辰位祠之，壬为水，辰为龙，就其类也”。则这种祭祀活动与“龙”、“水”有关，那么，“灵星祠”仪式有与“求雨”形式相类的内容，也就是容易理解的了。

秦汉民间意识中“童男女”的神性，是值得探讨的学术命题。

对于徐市出海带领“童男女”的举动，有学者曾经分析“要求有男小子和小姑娘”的目的，写道：“这种要求，同后来道家的采女有无联系，暂时存疑不论。”① 这里提出了一种推测，然而并没有论证。现在看来，徐市以“童男女”编入船队，似与“后来道家的采女”并无联系。其动机，很可能与先秦秦汉社会意识中以为“童男女”具有某种神性，有时可以宣示天意的观念有关。

《左传·昭公三十一年》：“十二月辛亥朔，日有食之。是夜也，赵简子梦童子羸而转以歌，旦占诸史墨，曰：‘吾梦如是，今而日食，何也?’对曰：‘六年及此月也，吴其入郢乎？终亦弗克，入郢必以庚辰，日月在辰尾，庚午之日，日始有谪，火胜金，故弗克。’”西晋人杜预解释说，“简子梦适与日食会，谓咎在己，故问之。”“史墨知梦非日食之应，故释日食之咎，而不释其梦。”所谓“童子羸而转以歌”，“转”被解释为“婉转”。据《左传·定公四年》，正是在鲁定公四年（前506）十一月的庚辰日，吴军攻入楚国的郢都。童子裸体，体现出更原初的形态。“梦童子羸而转以歌”，成为一种预言发布形式。

《风俗通义·怪神》说到这样一个故事，司徒长史桥玄五月末夜卧，见白光照壁，呼问左右，左右都没有看见。有人为他解释说，这一“变怪”并不造成伤害，又预言六月上旬某日南家将有丧事，秋季将升迁北方郡级行政长官，其地“以金为名”，未来将官至将军、三公。桥玄并不相信。然而六月九日拂晓，太尉杨秉去世。七月二日，拜钜鹿太守，“钜”字从金。后来又任度辽将军，“历登三事”，先后任司空、司徒、太尉。应劭感叹道：“今妖见此，而应在彼，犹赵鞅梦童子裸歌而吴入郢也。”说怪神表现在此，而实应发生于彼，就好比《左传》“赵鞅梦童子

① 张文立：《秦始皇帝评传》，陕西人民教育出版社1996年版，第421页。

裸歌而吴人郢”的故事一样啊。所谓“童子裸歌”，被看作神奇的先兆。

《史记》卷五《秦本纪》记载“陈宝”神话：“（秦文公）十九年，得陈宝。”张守节《正义》的解释涉及“童子”神话：“《括地志》云：‘宝鸡祠在岐州陈仓县东二十里故陈仓城中。’”又引《晋太康地志》：“秦文公时，陈仓人猎得兽，若彘，不知名，牵以献之。逢二童子，童子曰：‘此名为媦，常在地中，食死人脑。’即欲杀之，拍捶其首。媦亦语曰：‘二童子名陈宝，得雄者王，得雌者霸。’陈仓人乃逐二童子，化为雉，雌上陈仓北阪，为石，秦祠之。”“《搜神记》云其雄者飞至南阳，其后光武起于南阳，皆如其言也。”《封氏闻见记》卷六“羊虎”条引《风俗通》：“或说秦穆公时，陈仓人掘地得物若羊，将献之。道逢二童子，谓曰：‘此名为蝹，常在地中食死人脑，若杀之，以柏东南枝捶其首。’由是墓侧皆树柏此上。”也是这一“童子”故事的又一翻版。《搜神记》卷八、《续博物志》卷六、《艺文类聚》卷九〇引《列异传》也都说是秦穆公时事。“童子”的神异品格，看来在秦人的意识中有相当鲜明的印迹。

唐玄宗曾经引曹丕“仙童”、“羽翼”诗句申说兄弟情谊。①《艺文类聚》卷七八引《魏文帝游仙诗》曰：“西山一何高，高高殊无极。上有两仙童，不饮亦不食。与我一丸药，光曜有五色。服药四五日，胸臆生羽翼。轻举生风云，倏忽行万亿。浏览观四海，茫茫非所识。”汉魏之际诗文遗存中所见“仙童”形象的出现，虽然可以看作新的文化信息，实际上却又是具有神性的“童男女”身份的一种衍变。②

晋人傅玄的乐府诗《云中白子高行》中写述了关于天宫之行的浪漫想象，其中可以看到：“超登元气攀日月，遂造天门将上谒。阊阖辟，见紫微绛阙，紫宫崔嵬，高殿嵯峨，双阙万丈玉树罗。童女掣电策，童男挽雷车。云汉随天流，浩浩如江河。因王长公谒上皇，钧天乐作不可详。龙仙神仙，教我灵秘，八风子仪，与游我祥。”其中“童女掣电策，童男挽

---

① 《旧唐书》卷九五《睿宗诸子列传·让皇帝宪》：“玄宗既笃于昆季，虽有谗言交构其间，而友爱如初。宪尤恭谨畏慎，未曾干议时政及与人交结，玄宗尤加信重之。尝与宪及岐王范等书曰：‘昔魏文帝诗云：“西山一何高，高处殊无极。上有两仙童，不饮亦不食。赐我一丸药，光耀有五色。服药四五日，身轻生羽翼。”朕每思服药而求羽翼，何如骨肉兄弟天生之羽翼乎！’”

② 顺便可以指出，“两仙童”和“二童子”的对应关系，也是值得注意的。

雷车”诗句，明言“童男”、“童女”是神界中重要角色。

魏晋以来神仙思想中有关“童男”、“童女”的内容，其实与秦汉时期的思想礼俗有着紧密的文化联系。稍晚的例证，又有《说郛》卷六十二下范致明《岳阳风土记》引庾穆之《湘州记》中的故事：“君山上有美酒数斗，得饮之即不死为神仙。汉武帝闻之，斋居七日，遣栾巴将童男女数十人来求之。果得酒，进御未饮。东方朔在旁，窃饮之。帝大怒，将杀之。朔曰：‘使酒有验，杀臣亦不死。无验，安用酒为？’帝笑而释之。”故事主角汉武帝、东方朔均西汉人，而栾巴则东汉人。《后汉书》卷五七《栾巴传》：“栾巴，字叔元，魏郡内黄人也。”李贤注：“《神仙传》云：巴蜀郡人也，少而学道，不修俗事。”在道教崇拜体系中，栾巴颇有地位。[①] 清人何焯《义门读书记》以为“汉世异术之士”，而“上书极谏理陈窦之冤”后自杀，“以此不入方技”。[②]

君山神酒故事，汉武帝求之，有“斋居七日”的情节，又“遣栾巴将童男女数十人”前往，正与徐市“请得斋戒，与童男女求之”的情形相同。

《论衡·订鬼》说：“世谓童子为阳，故妖言出于小童。童、巫含阳，故大雩之祭，舞童暴巫。”“童、巫”竟然并称，可知其作用有某种共同之处。而童谣历来被看作历史语言，也与这一文化现象有关。关于童谣的文化性质，可以另文讨论。

“童男女”具有可以与神界沟通的特殊能力，也许体现了具有原始思维特征的文化现象。

一些人类学资料告诉我们，许多民族都有以“童男女”作为牺牲献祭神灵的风习。“在弗吉尼亚，印第安人奉献儿童作为牺牲。”“腓尼基人为了使神发慈悲之心而将……自己心爱的孩子奉献作祭品。他们从贵族家庭中挑选牺牲以增大牺牲的价值。”[③] “在旁遮普的康格拉山区，每年都要用一个童女向一株老雪松献祭，村里人家年年挨户轮流奉献。”“巴干达

---

① 据《说郛》卷五八下葛洪《神仙传》，栾巴名列汉淮南王刘安及李少君之前。可知《湘州记》中的时代错乱是有来由的。《说郛》卷五七上陶弘景《真灵位业图》中，栾巴与葛洪并列。

② 〔清〕何焯著，崔高维点校：《义门读书记》卷二四，卷二三，第407、386页。

③ 〔英〕爱德华·泰勒：《原始文化》，连树声译，上海文艺出版社1992年版，第812、826页。

人每逢远航总要祈求维多利亚·尼昂萨湖神莫卡萨，献出两位少女做他妻子。”① 中国的河伯娶妇的故事，也体现了相同的文化涵义。

为什么要以“童男女”作为牺牲呢？

一方面，可能是由于“童男女”在原始人群中，具有特殊的身份，他们“还不是社会集体的‘完全的’成员”，“儿童在他的身体成长发育的时期，他也不是完全的‘生’。他的人身还不是完全的”。“行割礼前的男孩不被认为是拥有脱离父亲的人身。”“在塞威吉岛，‘没有行过玛塔普列加（mata pulega）仪式（类似割礼的仪式）的孩子永远不被认为是部族的正式成员。’”“事实上就等于没有他这个人。”“如同死人一样，没有达到青春期的孩子只可比做还没播下的种子。未及成年的孩子所处的状态就与这粒种子所处的状态一样，这是一种无活动的、死的状态，但这是包含着潜在之生的死。”他们是“还没有与社会集体的神秘本质互渗的男人”。只有经过成年礼仪式之后，他们才能成为“部族的‘完全的’成员”，成为“完全的男人”。②

另一方面，也可能是因为“童男女”具有非常的生命力，体现着“潜在之生”。弗雷泽对克里特神话进行分析时写道，“我们可以毫不鲁莽地推测，雅典人之所以必须每八年给弥诺斯送一次七个童男童女，是与另一八年周期中更新国王精力有一定联系的。关于这些童男童女到达克里特后的命运，一些传统说法各不相同，但通常的说法似乎是认为他们被关在迷宫里，在那里让人身牛头的怪物弥诺陶洛斯吃掉，或至少是终身囚禁。他们也许是在青铜制的牛像中或牛头人的铜像中被活活烤死献祭，以便更新国王和太阳的精力，国王就是太阳的化身”。③

此外，在有的情况下，被献祭的牺牲往往应当具有某种“神性”。国王献祭的牺牲应当“也具有国王的神性”，应当“代表他的神性”。④

在有的情况下，对“童男女”的身份要求可能确实与他们性经历的空白有关。例如，在有的民族中，点燃净火的人必须“贞洁”。“在塞尔维亚人中，有时由年纪在十一至十四岁之间男女两个孩子点燃净火。他们

① ［英］弗雷泽：《金枝：巫术与宗教之研究》，徐育新等译，第172、222页。

② ［法］列维－布留尔：《原始思维》，丁由译，商务印书馆1987年版，第339—342、349页。

③ ［英］弗雷泽：《金枝：巫术与宗教之研究》，徐育新等译，第413页。

④ 同上书，第290页。

光着身子在一间黑房里点火”，在保加利亚，“点燃净火的人必须脱光衣服”。[①]“阿尔衮琴印第安人和休伦人每年三月中旬开始用拖网捕鱼的季节总要让他们的鱼网同两个年纪只有六七岁的小女孩结婚。”“为什么挑选这么小的姑娘来做新娘呢？理由是确保新娘都是处女。”[②]

“童男女”之所以在秦汉时期神秘主义信仰体系中占有地位，很可能是由于多种因素构成了十分复杂的文化背景。

尽管许多民族都有以“童女”嫁给水中神灵的神话传说，徐市携“童男女”出海以其兼有“童男”和总计人数之多，似未可以出嫁作简单化的解说，很可能应当与汉代神祠制度中出现的“童男女”联系起来分析，其人数多至千百，可以理解为与神仙见面时隆重的仪仗。“大傩”仪式中的“侲子”最充分地体现出“童男女”的神性。“求雨”仪式中的“小童”，从某一视角观察，则隐约显露出牺牲的影像。[③]

根据前引《史记》的记述，“齐人徐市等上书，言海中有三神山，名曰蓬莱、方丈、瀛洲，仙人居之。请得斋戒，与童男女求之。于是遣徐市发童男女数千人，入海求仙人”。徐市“齐人”，“三神山”在渤海，则“遣徐市发童男女数千人”这种大规模“入海”的行为，应当看作齐人海上航行史上重大事件的记录。

---

① ［英］弗雷泽：《金枝：巫术与宗教之研究》，第897页。

② 同上书，第221页。

③ 参看王子今《秦汉神秘主义信仰体系中的“童男女”》，《周秦汉唐文化研究》第5辑，三秦出版社2007年版。

秦二世东巡

据司马迁在《史记》卷六《秦始皇本纪》中的记载，秦二世元年（前209），出于“朕年少，初即位，黔首未集附，先帝巡行郡县，以示强，威服海内，今晏然不巡行，即见弱，毋以臣畜天下”的考虑，曾经由李斯、冯去疾等随从，往东方巡行。这次出行，时间虽然颇为短暂，行程却甚为辽远。秦二世两次经行齐地，也表现出对这一地区的特别关注。

一　秦二世两次经行齐地

《史记》卷一五《六国年表》止于秦二世三年（前207），然而不记秦二世东巡事。可能由于秦二世是所谓“以六合为家，殽函为宫，一夫作难而七庙隳，身死人手，为天下笑”[①]的亡国之君，后世史家对秦二世东巡也很少予以注意。可是从交通史研究的角度考察，其实是应当肯定这一以强化政治统治为目的的行旅过程的历史意义的。从文化史研究的角度分析，也可以由此深化对秦文化某些重要特质的认识。秦二世两次经行齐地，也表现出特殊的区域文化观。

《史记》卷六《秦始皇本纪》记载：

> 春，二世东行郡县，李斯从。到碣石，并海，南至会稽，而尽刻始皇所立刻石，石旁著大臣从者名，以章先帝成功盛德焉：皇帝曰：“金石刻尽始皇帝所为也。今袭号而金石刻辞不称始皇帝，其于久远也如后嗣为之者，不称成功盛德。”
>
> 丞相臣斯、臣去疾、御史大夫臣德昧死言：“臣请具刻诏书刻

① 《史记》卷六《秦始皇本纪》载录贾谊《过秦论》。

石，因明白矣。臣昧死请。”制曰：“可。”

遂至辽东而还。……

四月，二世还至咸阳。

根据这一记述，秦二世及其随从由咸阳东北行，“到碣石，并海，南至会稽”，又再次北上至辽东，然后回归咸阳。秦二世的车队，两次经行齐地。

所谓“东行郡县”，“到碣石，并海，南至会稽，而尽刻始皇所立刻石”，《史记》卷二八《封禅书》则记述说：“二世元年，东巡碣石，并海南，历泰山，至会稽，皆礼祠之，而刻勒始皇所立石书旁，以章始皇之功德。”可见，秦二世此次出巡，大致曾行经碣石（秦始皇三十二年东行刻石）、邹峄山（秦始皇二十八年东行刻石）、泰山（秦始皇二十八年东行刻石）、梁父山（秦始皇二十八年东行刻石）、之罘（秦始皇二十八年东行立石，二十九年东行刻石）、琅邪（秦始皇二十八年东行刻石）、朐（秦始皇三十五年立石）、会稽（秦始皇三十七年东行刻石）等地。可以看到，秦二世此行所至，似乎在重复秦始皇 10 年内 4 次重大出巡活动的轨迹。

显然，秦始皇对齐地及齐文化的重视，为秦二世所继承。

二 秦二世的巡行速度

如果我们推想秦二世这次东巡是循咸阳—碣石—泰山—之罘—琅邪—朐—会稽—辽东—咸阳道路而行，选择较为便捷的路线，以现今公路营运线路里程计，如果经行直道、北边，总行程当超过 10080 公里；如果经邯郸广阳道东行，总行程亦在 8800 公里以上。而秦二世春季启程，四月还至咸阳，虽然行期难以确知，但即使以历时百日计，平均日行里程亦至少达到近 90 公里，甚至超过 100 公里。这在当时的交通条件下，作为帝王乘舆，无疑已经创造了连续高速行驶的历史记录。

通过与《史记》卷六《秦始皇本纪》记载秦始皇三十七年（前 210）出巡情形的比较，也可以认识秦二世东巡的行进速度：

三十七年十月癸丑，始皇出游。……十一月，行至云梦，望祀虞舜于九疑山。浮江下，观籍柯，渡海渚。过丹阳，至钱唐。临浙江，水波恶，乃西百二十里从狭中渡。上会稽，祭大禹，望于南海，而立石刻颂秦德。……还过吴，从江乘渡。并海上，北至琅邪。……自琅邪北至荣成山。……至之罘。……遂并海西。至平原津而病。……七月丙寅，始皇崩于沙丘平台。……棺载辒凉车中……行，遂从井陉抵九原。……行从直道至咸阳，发丧。

……九月，葬始皇郦山。

秦始皇此次出行，总行程很可能不及秦二世元年东巡行程遥远，然而包括“棺载辒凉车中”自沙丘平台回归咸阳（由于李斯等“为上崩在外，恐诸公子及天下有变，乃秘之，不发丧”，甚至“百官奏事如故，宦者辄从辒凉车中可其奏事”，行经这段路途的情形当一如秦始皇生前），历时竟然将近一年。从咸阳启程行至云梦以及从沙丘平台返回咸阳，有较为具体的时间记录，仅行历这两段路程使用的时间，已经与秦二世元年东巡历时相当。

秦二世元年东巡有各地刻石遗存，可知《史记》的记载基本可信。《史记会注考证》于《史记》卷六《秦始皇本纪》有关秦二世刻石的记载之后引卢文弨曰：“今石刻犹有可见者，信与此合。前后皆称‘二世’，此称‘皇帝’，其非别发端可见。”陈直也指出：

秦权后段，有补刻秦二世元年诏书者，文云：“元年制诏丞相斯、去疾，法度量，尽秦始皇为之，皆有刻辞焉。今袭号而刻辞不称始皇帝，其于久远也，如后嗣为之者，不称成功盛德，刻此诏，故刻左，使毋疑。”与本文前段相同，而峄山、琅邪两石刻，后段与本文完全相同（之罘刻石今所摹存者为二世补刻之诏书，泰山刻石，今所摹存者，亦有二世补刻之诏书）。知太史公所记，本于《秦纪》，完全正确。[①]

马非百也曾经指出：“至二世时，始皇原刻石后面皆加刻有二世诏书及大臣从者名。今传峄山、泰山、琅邪台、之罘、碣石刻石拓本皆有‘皇帝

① 陈直：《史记新证》，天津人民出版社1979年版，第26页。

曰’与大臣从者名，即其明证。”[①] 以文物遗存证史，可以得到真确无疑的历史认识。史念海很早以前论述秦汉交通路线时就曾经指出：“东北诸郡濒海之处，地势平衍，修筑道路易于施工，故东出之途此为最便。始皇、二世以及武帝皆尝游于碣石，碣石临大海，为东北诸郡之门户，且有驰道可达，自碣石循海东行，以至辽西辽东二郡。”[②] 秦二世元年东巡，往复两次循行并海道路[③]，三次抵临碣石。所谓“碣石宫”遗迹，应当也有这位秦王朝最高统治者活动的遗存。

秦二世的辽东之行，是其东巡何以行程如此遥远的关键。史念海曾经说：“始皇崩后，二世继立，亦尝遵述旧绩，东行郡县，上会稽，游辽东。然其所行，率为故道，无足称者。”[④] 其实，秦二世“游辽东”，并不曾循行始皇“故道”。然而秦始皇三十七年出巡，“至平原津而病”，后来在沙丘平台逝世，乘舆车队驶向往咸阳的归途。可是这位志于“览省远方”，“观望广丽”[⑤] 的帝王，在“至平原津”之前，是不是已经有巡察辽东的计划呢？此后帝车“遂从井陉抵九原”，“行从直道至咸阳”，只不过行历了北疆长城防线即所谓“北边”的西段，要知道如果巡视整个“北边”，显然应当从其东端辽东启始。或许在秦始皇最后一次出巡时曾追随左右的秦二世了解这一计划，于是有自会稽北折，辗转至于辽东的行旅实践。倘若如此，秦二世“游辽东”的行程，自然有“遵述旧绩”的意义。[⑥]

从秦二世东巡经历所体现的行政节奏，可以反映这位据说“辩于心

---

① 马非百：《秦集史》，下册第768页。

② 史念海：《秦汉时期国内之交通路线》，《文史杂志》第3卷第1.2期；《河山集》四集，陕西师范大学出版社1991年版，第573页。

③ 王子今：《秦汉时代的并海道》，《中国历史地理论丛》1988年第2期。

④ 史念海：《秦汉时期国内之交通路线》，《文史杂志》第3卷第1.2期；《河山集》四集，第546页。

⑤ 《史记》卷六《秦始皇本纪》。

⑥ 司马迁在《史记》卷六《秦始皇本纪》中有这样的记述：“三十七年十月癸丑，始皇出游。左丞相斯从，右丞相去疾守。少子胡亥爱慕请从，上许之。”于是才有“（赵）高乃与公子胡亥、丞相（李）斯阴谋破去始皇所封书赐公子扶苏者，而更诈为丞相斯受始皇遗诏沙丘，立子胡亥为太子，更为书赐公子扶苏、蒙恬，数以罪，赐死”的政变。可以说，秦二世的地位是随从秦始皇出巡方得以确立的。而秦二世即位之后，东巡也成为他最重要的政治活动之一。由于有随从秦始皇出巡的经历，秦二世元年东巡于是有轻车熟路的便利。而李斯曾经多次随秦始皇出巡，当然也可以使秦二世东巡路线的择定更为合理，日程安排和行旅组织也表现出更高的效率。

而诎于口”[1] 的新帝对秦人好慕远行的文化传统的继承[2]，对秦始皇所谓“勤劳本事”，“夙兴夜寐”，“朝夕不懈”，“视听不怠”，以及“至以衡石量书，日夜有呈，不中呈不得休息”[3] 的勤政风格的继承，同时也说明了秦帝国最高统治者对东海风物的特殊偏爱，可能并不是基于个人性格特征的偶然的心血来潮，而是透露出某种内在规律的具有一定文化意义的值得重视的心理现象。

三 齐地“并海”交通建设

秦二世东巡行进急速，于是有人怀疑有关其出行速度与效率的历史记录的真实性。质疑者写道：“浩浩荡荡的巡行大军为什么要在同一条巡游路线上来回往返？秦二世此次东巡的目的，一是立威，二是游玩，不论是立威也好，还是游玩也好，都应尽量避免往返走同一条路，所到之处越多越好，皇威覆盖面越大越好。而按《史记》记载却恰好相反。从碣石所在的辽西郡南下到会稽，然后又北上返回辽西，再至辽东。这似乎是无任何意义的重复。这里的原因到底是什么？我们百思不得其解，禁不住怀疑‘遂至辽东而还’几个字是否是错简衍文?”“据《史记·秦始皇本纪》，秦二世是在元年的春天从咸阳出发东巡的，四月又返回了咸阳，这样算来，此次巡游满打满算是三个多月。在三个多月的时间里，二世君臣们从咸阳到碣石，从碣石到会稽，从会稽又返至辽东，从辽东又回到咸阳，加之中间还要登山观海，刻石颂功，游山玩水，秦朝那古老的车驾是否有如

---

① 《史记》卷八七《李斯列传》。

② 秦国国君多有不辞辛劳，跋涉山川，蒙犯霜露，远行频繁的历史记录。例如：秦惠文王曾会蜀王于褒汉之谷（《汉唐地理书钞》辑《蜀王本纪》)，“与魏王会应”，又曾“游至北河”(《史记》卷五《秦本纪》)，或称“北游戎地，至河上”(《史记》卷一五《六国年表》)，又见魏襄王“于蒲坂关”(《水经注·河水四》引《竹书纪年》)。秦武王曾经与魏会应（《史记》卷一五《六国年表》)，又“竟至周，而卒于周”(《史记》卷七一《樗里子甘茂列传》)。秦昭襄王曾“与楚王会黄棘”，又“之宜阳”，“之汉中，又之上郡、北河”，“与楚王会宛，与赵王会中阳”，“与魏王会宜阳，与韩王会新城”，“与楚王会鄢，又会穰”，“与韩王会新城，与魏王会新明邑”(《史记》卷五《秦本纪》)，与赵“会渑池”(《史记》卷一五《六国年表》)，或称与赵惠文王“遇西河外”(《史记》卷四是《赵世家》)，又“与楚王会襄陵”(《史记》卷五《秦本纪》)，而且又曾“之南郑”(《史记》卷一五《六国年表》)。参看王子今《秦国君远行史迹考述》，《秦文化论丛》第 8 辑，陕西人民出版社 2001 年版。

③ 《史记》卷六《秦始皇本纪》。

此的速度，三个多月辗过如此漫长的行程。这里我们可以同秦始皇第五次巡游作个对比。秦始皇最后一次巡游是十月从咸阳出发的，先到云梦，然后顺江东下至会稽，从会稽北上，最远到之罘，然后西归，至沙丘驾崩，是七月分（份）。这条路线明显短于二世东巡的路线，但秦始皇却走了十个月，而胡亥仅用三个多月，着实让人生疑。"① 今按：所谓"游玩"，"游山玩水"的想象，均无依据。而"遂至辽东而还"与辽西与会稽间的所谓"在同一条巡游路线上来回往返"完全无关，因而"错简衍文"之说无从谈起。辽西至辽东之间的路线"在同一条巡游路线上来回往返"则是可以理解的。这种疑虑其实可以澄清。因此轻易否定《史记》的记载似有不妥。其实，据《史记》卷六《秦始皇本纪》，秦始皇二十八年（前219）第一次出巡，"上自南郡由武关归"，与三十七年（前210）最后一次出巡，"十一月，行至云梦"，很可能也经由武关道，也是"同一条巡游路线"。这两次出巡经行胶东半岛沿海的路线，也是同样。秦二世以一次出巡复行"先帝巡行郡县，以示强，威服海内"的路线，出现"在同一条巡游路线上来回往返"的情形是可以理解的。而秦二世各地刻石的实际存在，证明了"二世东行郡县"历史记录的可靠性。以现今公路营运里程计，西安至秦皇岛1379公里，秦皇岛至绍兴1456公里，秦皇岛至辽阳416公里，均以"在同一条巡游路线上来回往返"计，共6502公里。"春，二世东行郡县"，"四月，二世至咸阳"，以100日计，每天行程65公里，并不是不可能的。

而且应当知道，秦二世时代交通条件已经与秦始皇出行时有所不同。《史记》卷六《秦始皇本纪》记载，秦始皇实现统一之后第二年，二十七年（前220）"治驰道"。裴骃《集解》："应劭曰：'驰道，天子道也，道若今之中道然。'《汉书·贾山传》曰：'秦为驰道于天下，东穷燕齐，南极吴楚，江湖之上，滨海之观毕至。道广五十步，三丈而树，厚筑其外，隐以金椎，树以青松。'"《史记》卷八七《李斯列传》载录李斯狱中上书自陈，言其政绩，包括"治驰道，兴游观，以见主之得意"。可知驰道工程是丞相主持的国家工程，以秦王朝的行政效率，施工进度可想而知。特别是秦始皇多次经行的重要道路，自当有高涨的建设热情和充备的工程保证。应当注意到，秦二世出巡时，距离秦始皇初"治驰道"已经时逾

① 刘敏、倪金荣：《宫闱腥风——秦二世》，四川人民出版社1996年版，第148—149页。

10 年。

《史记》卷八七《李斯列传》言秦二世执政之后的政治形势：

> 法令诛罚日益刻深，群臣人人自危，欲畔者众。又作阿房之宫，治直道、驰道，赋敛愈重，戍徭无已。于是楚戍卒陈胜、吴广等乃作乱，起于山东。杰俊相立，自置为侯王，叛秦，兵至鸿门而却。李斯数欲请间谏，二世不许。

可知秦二世执政之后，仍然在进行直道和驰道的修筑工程。并海道路因皇帝车队的通行要求，在秦二世时代应当又有所完善。[1]

秦二世巡行的高速度，是以交通道路建设的成就为基本条件的。

齐地滨海地区的交通，在秦二世时代应当又有新的进步。

① 参看王子今《论秦汉辽西并海交通》，《渤海大学学报》2014 年第 2 期。

“仓海君”传说

据说张良反秦事迹中，有“东见仓海君”获得支持的情节。“仓海君”身份具有神秘意味。而因“仓海君”“得力士”，于“秦皇帝东游”时“为铁椎重百二十斤”“狙击秦皇帝博浪沙中，误中副车”的故事，成为秦汉政治史的闪光点。后人“沧海壮士”称谓的使用，值得我们在理解“仓海君”传说时参考。

一　张良“东见仓海君”

韩国贵族张良在亡国之后，始终积极从事反秦复国活动。《史记》卷五五《留侯世家》记载：“留侯张良者，其先韩人也。大父开地，相韩昭侯、宣惠王、襄哀王。父平，相釐王、悼惠王。悼惠王二十三年，平卒。卒二十岁，秦灭韩。良年少，未宦事韩。韩破，良家僮三百人，弟死不葬，悉以家财求客刺秦王，为韩报仇，以大父、父五世相韩故。”

张良策划并直接参与了以秦始皇为目标的博浪沙谋刺。这是秦始皇在世时经历的最严重的恐怖事件。后人有谓“壮哉博浪沙，一击震天下”①，“博浪沙中千尺铁，祖龙未死胆已裂”② 者。与张良同时进行这一导致“天下大索”刺杀行为的，是一位没有在史书上留下姓名的“力士”。他与张良的政治组合，因一位重要人物“仓海君”而形成。司马迁记述：

---

① 〔宋〕胡宏：《张良》，《五峰集》卷一《古诗》。文渊阁《四库全书》本。

② 〔元〕陈孚：《留侯庙》，《陈刚中诗集》卷一《观光藁》。陈孚又有《博浪沙》诗：“一击车中胆气高，祖龙社稷已惊摇。如何十二金人外，犹有民间铁未销。”《陈刚中诗集》卷二《交州藁》。文渊阁《四库全书》本。

> 良尝学礼淮阳。东见仓海君。得力士，为铁椎重百二十斤。秦皇帝东游，良与客狙击秦皇帝博浪沙中，误中副车。秦皇帝大怒，大索天下，求贼甚急，为张良故也。良乃更名姓，亡匿下邳。

所谓“秦皇帝东游”，应是以齐地沿海为目的地。“良与客狙击秦皇帝博浪沙中”，可以理解为在“秦皇帝”东行齐地的途中施行“狙击”。

元人杨维桢《荆卿失匕歌》有“仓君仓君亦何为，博浪沙走千金椎”句[①]，以为这位“仓海君”是直接参与了博浪沙刺杀计划的。

“仓海君”因博浪沙刺秦事件进入史册。然而又因其身世甚至活动地域不明，成为神秘人物。

二　“仓海君”身份疑议

《史记》卷五五《留侯世家》裴骃《集解》：“如淳曰：‘秦郡县无仓海。或曰东夷君长。’”司马贞《索隐》：“姚察以武帝时东夷秽君降，为仓海郡，或因以名，盖得其近也。”张守节《正义》：“《汉书·武帝纪》云：‘元朔元年，东夷秽君南闾等降，为仓海郡，今貊秽国’，得之。太史公修史时已降为郡，自书之。《括地志》云：‘秽貊在高丽南，新罗北，东至大海西。’”或说“东夷君长”，或说与汉武帝时代在朝鲜半岛北部设立的“仓海郡”有关。于是，有学者分析说：“张良先在陈县一带活动，后来继续东去。据说他曾经流落到朝鲜半岛，见过东夷君长仓海君。古来燕、赵多慷慨悲歌之士，秦攻取燕国首都蓟城，燕国举国东移到辽东，秦军东进辽东灭燕，燕人逃亡朝鲜半岛的不在少数。也许，张良确是追寻燕人足迹到过朝鲜，也许，仓海君只是近海地区的豪士贤人，而张良是上穷碧落下黄泉，遍游天下，终于通过仓海君得到一名壮勇的武士，可以挥动一百二十斤的铁椎。”[②] 尽管也存在这后一种可能性，但是由“仓海”联想到“仓海郡”，思路是正确的。正如葛剑雄所说，“中原人口向辽东半岛及朝鲜半岛的迁移在秦代已经开始。从战国后期燕国与朝鲜半岛的关系

---

① 〔元〕杨维桢：《铁崖古乐府补》卷一。文渊阁《四库全书》本。

② 李开元：《复活的历史——秦帝国的崩溃》，中华书局2007年版，第43页。

看，在秦的统治下，有大量燕人移居朝鲜半岛是十分正常的。”[①]

《汉书》卷五五《张良传》同一历史纪事，颜师古注：“晋灼曰：‘海神也。’如淳曰：‘东夷君长也。’师古曰：‘二说并非。盖当时贤者之号也。良既见之，因而求得力士。’”又提出“海神”和“盖当时贤者之号也”两种解说。

宋人刘敞《留侯》诗：“张良韩孺子，夙昔志未伸。授书黄石公，问礼仓海君。契合见神助，济时效经纶。指挥转雷电，顾盼定楚秦。”[②] 由“神助”句，可知其理解或许接近“海神”之说。顾炎武《秦皇行》诗：“博浪沙中中副车，仓海神人无奈何。”使用了“神人”称谓。原注：“《汉书·张良传》：‘东见仓海君。’注：‘晋灼曰：海神也。’”[③]

何焯则以为“海神”之说不可信。《义门读书记》卷一七《前汉书》写道：“《张良传》东见仓海君。注中晋灼以为‘海神’，可备诗料。乃因老父为黄石，复讹仓海君是海神也。”[④]

清人彭孙贻《茗香堂史论》卷一：“留侯寻仓海君、赤松子，要皆非凡人也。粟山按：仓海君、赤松子，皆亦无是公、乌有先生之类。留侯假为名目以欺世，要非实有其人。史公即借此作文章波澜，不可被古人瞒过。”[⑤] 直接否定了“仓海君”的实际存在。

所谓“东见仓海君”，也许确实是体现了张良非凡政治智慧的“无是”、“乌有”之说。这种可能借用以进行舆论准备和政治宣传的传说，或许也可以从一个特殊侧面反映当时社会对“海神”、海上的“神”与“神人”以及所谓“非凡人”的神秘认识。

三 “沧海壮士”

明人尹台《留侯祠》诗：“秦鹿突中原，六国分横骛。韩抵族先殪，

---

① 葛剑雄、曹树基、吴松弟：《简明中国移民史》，福建人民出版社1993年版，第93页。

② 〔宋〕刘敞：《留侯》，《公是集》卷七，清文渊阁《四库全书》补配清文津阁《四库全书》本。

③ 〔清〕顾炎武著，王蘧常辑注，吴丕绩标校：《顾亭林诗集汇注》卷一，上海古籍出版社1983年版，第148—149页。

④ 〔清〕何焯著，崔高维点校：《义门读书记》，第278页。

⑤ 〔清〕彭孙贻：《茗香堂史论》卷一，清光绪十年刻《碧琳琅馆丛书》本。

子房蓄仇怒。千金购死士，破产不为顾。东见沧海君，仿佛平生故。潜椎博浪沙，乃中副车误。隐身仍侠游，索党咍穷捕。”[①]《史》、《汉》“仓海君”写作“沧海君”。

李白《经下邳圯桥怀子房》诗写道：“子房未虎啸，破产不为家。沧海得壮士，椎秦博浪沙。报韩虽不成，天地皆振动。潜匿游下邳，岂曰非智勇。”[②] 所谓“沧海得壮士”，可以理解为因“沧海君”“得壮士”，也可以理解为于“沧海”之地“得壮士”。如果我们将配合张良刺秦的这位无名勇士理解“沧海”出身，也许是适宜的。

明人佘翔《圯上吟》诗：“欲报韩仇不顾家，中原逐鹿乱如麻。若非圯上传黄石，沧海空椎博浪沙。”[③] 也直以“沧海”指称辅助张良的“力士”。

清人陈鼎咏叹明遗臣事迹，说到张良及“沧海壮士”故事：“外史氏曰：子房以五世相韩，弟死不葬，散家财，结纳壮士，使天地震动。然不遇汉高，则大仇终不能报耳。李氏自文定至若练，亦五世贵显矣。而若练志欲杀一贼为报国，则迂且腐矣。且所交游多惝恍之士，无稽之言不足信。然其志可悲也。嗟乎，求为黄石老人纳履不得，即沧海壮士亦岂易言遇哉！”[④] 又说“铁鞭客”故事：“有膂力，尝携二十斤双铁鞭自随，往来山东、河南，截响马贼物。响马贼畏其武勇，不敢轻犯。”“铁鞭客得物辄散济穷乏或周好友急，未尝谋田宅计也。有神术，风雷常绕之行。”亦有感叹：“外史氏曰：铁鞭客，沧海壮士之流欤。抑何不以功名显？嗟乎，天既生美材，而又靳使见用，当时流声，后世乃老死蒿莱。是何心哉？是何心哉？”[⑤] 均以“沧海壮士”称张良博浪沙战友。又如清人的文字：“乃甲午之役，满望高捷，为同人起色。而沧海壮士乃复中副车于博浪沙哉！”[⑥] 也使用“沧海壮士”称谓。

所谓“沧海壮士”，不排除出身于“沧海”探索与开发方面长期处于领先地位的齐地的可能。

---

① 〔明〕尹台：《洞麓堂集》卷七《五言古诗》，文渊阁《四库全书》本。

② 《文苑英华》卷三〇九。

③ 〔明〕佘翔：《薜荔园诗集》卷三《七言绝句》，文渊阁《四库全书》本。

④ 〔清〕陈鼎：《留溪外传》卷六《隐逸部下·李若练传》，清康熙三十七年自刻本。

⑤ 〔清〕陈鼎：《留溪外传》卷八《义侠部·铁鞭客传》，清康熙三十七年自刻本。

⑥ 〔清〕李继白：《望古斋集》卷一〇《序·陈瑞明明经序》，清顺治刻本。

田横“海岛传声”

在秦汉之际复杂的政治情势中，齐地沿海地方与“天下畔秦”[①] 取同样趋势，兴起了武装自立的运动。

在项羽主宰天下军政的时代，齐地田姓贵族以其特殊实力表示了不合作态度。直至汉初，田横的武装力量依然使得战胜项羽的刘邦集团不得不心存畏忌。司马迁赞赏的“田横之高节”，形成十分久远的政治文化影响。

一　田横的“海中”割据

《史记》卷九四《田儋列传》记载了田横在齐地“海中”形成武装割据形势的情形：

> 汉灭项籍，汉王立为皇帝，以彭越为梁王。田横惧诛，而与其徒属五百余人入海，居岛中。高帝闻之，以为田横兄弟本定齐，齐人贤者多附焉，今在海中不收，后恐为乱，乃使使赦田横罪而召之。

汉并天下，刘邦击灭项羽，实现统一，但是对于所谓“入海，居岛中”的田横，担心“齐人贤者多附焉，今在海中不收，后恐为乱”。

刘邦决意解决田横“在海中”的潜在危险，“乃使使赦田横罪而召之。田横因谢曰：‘臣亨陛下之使郦生，今闻其弟郦商为汉将而贤，臣恐惧，不敢奉诏，请为庶人，守海岛中。’使还报，高皇帝乃诏卫尉郦商曰：‘齐王田横即至，人马从者敢动摇者致族夷！’乃复使使持节具告以

---

① 《史记》卷八九《张耳陈余列传》。

诏商状，曰：‘田横来，大者王，小者乃侯耳；不来，且举兵加诛焉。’田横乃与其客二人乘传诣雒阳。”

田横“请为庶人，守海岛中”的请求遭到拒绝，实际上面对“不来，且举兵加诛焉”的威胁，被迫在限定交通速度的情况下“乘传诣雒阳”。

海，对于陆上行政主宰来说，是逃离权力控制的特殊的空间条件。孔子曾经有“道不行，乘桴浮于海”的感叹。①《史记》卷四一《越王句践世家》：“范蠡浮海出齐。”是一则具体的“浮海”流亡事迹。又如《史记》卷八三《鲁仲连邹阳列传》：“鲁连逃隐于海上。”也可以有同样的理解。② 较田横稍后的历史例证，又有《史记》卷一一四《东越列传》：闽粤王弟余善面对汉军事压力，曾与宗族相谋：“今杀王以谢天子。天子听，罢兵，固一国完；不听，乃力战；不胜，即亡入海。”又据《史记》卷一〇六《吴王濞列传》，吴楚七国之乱发起时，刘濞集团中也有骨干分子在谋划时说：“击之不胜，乃逃入海，未晚也。”《汉书》卷三五《荆燕吴传·吴王刘濞》写作：“击之不胜而逃入海，未晚也。”《资治通鉴》卷一六“汉景帝前三年”取《汉书》说。

刘邦忧虑田横在齐地有强大政治影响力，避居海中，可能形成政治威胁，即所谓“田横兄弟本定齐，齐人贤者多附焉，今在海中不收，后恐为乱”者，不是没有根由的。

二 田横五百士

田横在距洛阳三十里处自杀。“未至三十里，至尸乡厩置，横谢使者曰：‘人臣见天子当洗沐。’止留。谓其客曰：‘横始与汉王俱南面称孤，今汉王为天子，而横乃为亡虏而北面事之，其耻固已甚矣。且吾亨人之兄，与其弟并肩而事其主，纵彼畏天子之诏，不敢动我，我独不愧于心乎？且陛下所以欲见我者，不过欲一见吾面貌耳。今陛下在洛阳，今斩吾头，驰三十里间，形容尚未能败，犹可观也。’遂自刭，令客奉其头，从

① 《论语·公冶长》。

② 《后汉书》卷五三《姜肱传》：“……肱得诏，乃私告其友曰：‘吾阉虚获实，遂藉声价，明明在上，犹当固其本志。况今政在阉竖，夫何为哉？乃隐身遁命，远浮海滨。’”王先谦《后汉书集解》：“惠栋曰：‘《风俗通》：遂乘桴浮于海，莫知其极。时人以为非凡。’”民国王氏虚受堂刻本。

使者驰奏之高帝。高帝曰：‘嗟乎，有以也夫！起自布衣，兄弟三人更王，岂不贤乎哉！’为之流涕，而拜其二客为都尉，发卒二千人，以王者礼葬田横。”

张守节《正义》：“齐田横墓在偃师西十五里。崔豹《古今注》云：‘《薤露》、《蒿里》，送哀歌也，出田横门人。横自杀，门人伤之而作悲歌，言人命如薤上露，易晞灭。至李延年乃分为二曲，《薤露》送王公贵人，《蒿里》送士大夫庶人，使挽逝者歌之，俗呼为挽歌。’”对田横之死的哀痛，在民间形成了深远的影响，以致规定了“挽歌”的主旋律。田横从行之“其客二人”也有悲壮的表现：

> 既葬，二客穿其冢旁孔，皆自刭，下从之。高帝闻之，乃大惊，以田横之客皆贤。

追随田横已经“入海，居岛中”的“其徒属五百余人”，也表演了惊天地、泣鬼神的历史悲剧。《史记》卷九四《田儋列传》记载：

> 吾闻其余尚五百人在海中，使使召之。至则闻田横死，亦皆自杀。于是乃知田横兄弟能得士也。

司马迁感叹道：“田横之高节，宾客慕义而从横死，岂非至贤！”《索隐述赞》：“秦项之际，天下交兵。六国树党，自置豪英。田儋殒寇，立市相荣。楚封王假，齐破郦生。兄弟更王，海岛传声。”所谓“海岛传声”，形容田横的名望和精神有久远广泛的文化影响。

明人廖道南《楚纪》写道：“田横起海岛，而五百士咸从之。既而横死，皆赴之。岂所谓义士耶！”① 又如赵南星《咏史》诗：“荆卿族既湛，易水声苦悲。结客倾燕赵，一旦弃如遗。意气有销毁，富贵安可知。田横五百士，至今难等期。”② 清人伊秉绶《读史六首》其三也称颂田横及其五百士的“东海”故事：“翘翘东海节，绝岛征田横。诘朝见天子，一剑明平生。左右晨拜官，夕殉同一茔。更闻五百士，死与泰

① 〔明〕廖道南：《楚纪》卷三五《树节外纪前篇》，明嘉靖二十五年何城李桂刻本。

② 〔明〕赵南星：《赵忠毅公诗文集》卷二，明崇祯十一年范景文等刻本。

山争。"[1]

三 "田横岛"纪念

明人王世贞《侠客篇》诗写道："明月还辉博浪沙，沧波岂没齐王岛。"[2] 所谓"齐王岛"，通称"田横岛"。

《史记》卷九四《田儋列传》记载："（田横）与其徒属五百余人入海，居岛中。"裴骃《集解》："韦昭曰：'海中山曰岛。'"张守节《正义》："按：海州东海县有岛山，去岸八十里。"说田横"入海，居岛中"，所居即东海县"田横岛"。《元和郡县图志》卷一三《河南道八·海州》"东海县"条："本汉赣榆县地，俗谓之郁州，亦谓之'田横岛'。"《初学记》卷八《州郡部》言"海州"事有"田横岛"条："《汉书》曰：高祖定天下，田横惧诛，乃与从属五百人入海，居岛中。"

《太平寰宇记》卷二〇《河南道二十》"莱州即墨县"条："田横岛在县东北百里。横之众五百余人俱死于此。岛四面环海，去岸二十五里，可居千余处。"《齐乘》卷一《山川》"田横岛"条："田横岛。即墨东北百里。横众五百人死此。四面环海，去岸二十五里，可居千余处。盖有竹岛、塔沙、福岛、谷积、车牛，皆海中岛名。然登州蓬莱阁西复有田横岛，在岸不在水，非是。"[3] 明人徐日久《隲言》卷六《有司》"处置海岛"条："从来辽左逃军，潜住海岛，累年勾摄既不可，而山东虚文羁縻，终非永图。故隆庆初，彼中守臣酌议安集事宜，责成各县分管。如青州诸城县管斋堂岛；莱州府胶州管灵山、竹槎二岛；即墨县管福岛、大管岛、小管岛、田横岛；掖县管芙蓉岛；登州府文登县管刘公岛；宁海州管崆峒岛、青岛、宫家岛；蓬莱县管沙门、长山、大竹、鼍矶、黑山、小岨六岛；黄县管桑岛。三府共二十岛，凡附居者，悉籍而抚之。"也说"田横岛"归即墨县管辖。

明人李裕《过莱阳》诗写道："田横岛外水云长，莱子城边百草芳。

---

① 〔清〕伊秉绶：《留春草堂诗钞》卷一，清嘉庆十九年秋水园刻本。

② 〔明〕王世贞：《弇州四部稿》卷一六《诗部》，文渊阁《四库全书》本。

③ 〔元〕于钦：《（至元）齐乘》卷一，清乾隆四十六年刻本。

好鸟两山啼不歇，清风一骑到莱阳。”[①] 言“田横岛”在莱阳左近。清人袁翼《莱阳人帖跋》有“精犹贯石，田横五百士之余魂”句[②]，似亦说田横及其五百士的故事，发生在莱阳地方。

明代地理学者王士性《广志绎》卷三《江北四省》说海运路程：“胶莱河与海运相表里。若从淮口起运，至麻湾而径度海仓口，则免开洋转登、莱一千五六百里。其间田横岛、青岛、黄岛、元真岛、竹岛、宫家岛、青鸡岛、刘公岛、之罘岛、八角岛、长山岛、沙门岛、三山岛，此皆礁石如戟，白浪滔天，其余小岛，尚不可数计。”[③] 明人谢肇淛《五杂组》卷四《地部二》写道：“越日入胶港，补缮坏船。过东岛，依田横岛，夜泊福山岛。而山若有神，上无草木，中无穴洞，悲鸣有声。”[④] 这里说到的“田横岛”的方位及其与其他诸岛的空间关系，都值得注意。

显然，不同位置的“田横岛”，其实都是区域不同而方式相近的对“田横”精神的纪念。这是所谓“海岛传声”的一种形式。

现在看来，名义可靠的“田横岛”位于山东半岛沿岸的可能性，似乎要大一些。也就是说，“田横岛”依然是“齐王岛”。

明人文翔凤有关于“田横岛”的讨论：“田横岛。东牟有田横寨，踞丹崖之畔，咏者或目以为岛。然牟人称寨不称岛。此非太邃之寓，不应逋客栖也。岛在劳山之阴即墨地，而滨莱阳者。予尝至大山，所登大山，则岛在海中，弄舟即可至。仿佛有五百人伏剑之概。诸生从之，握杯慨慷，拈一绝句。”[⑤] 汉初的海岛后来因陆岸的沉积延展成为“山”，于是被称作“寨”的可能性是存在的。

---

① 〔明〕曹学佺：《石仓历代诗选》卷三八八《明诗次集二十二》，文渊阁《四库全书》补配文津阁《四库全书》本。

② 〔清〕袁翼：《邃怀堂全集·骈文笺注》卷一一，清光绪十四年袁镇嵩刻本。

③ 〔明〕王士性著，吕景琳点校：《广志绎》，中华书局1981年版，第59页。

④ 〔明〕谢肇淛：《五杂组》，中华书局1959年版，第123—124页。

⑤ 〔明〕文翔凤：《皇极篇》卷一三《伊书子云梦药溪谈》，明万历刻本。

汉武帝“东巡海上”

秦始皇、秦二世之后，历史上又出现了一位对“东海”心存热望，多次“东至海上望”，甚至“宿留海上”的帝王，这就是汉武帝。汉武帝时代，齐地海滨多次受到最高执政集团特殊的眷顾，出身于齐的方士再次活跃于历史舞台。

一 《封禅书》记载汉武帝“行幸东海”事

司马迁在《史记》卷二八《封禅书》中记录了汉武帝出巡海上的经历。他第一次东巡前往海滨，是在元封元年（前110）：

> 上遂东巡海上，行礼祠八神。齐人之上疏言神怪奇方者以万数，然无验者。乃益发船，令言海中神山者数千人求蓬莱神人。公孙卿持节常先行候名山，至东莱，言夜见大人，长数丈，就之则不见，见其迹甚大，类禽兽云。群臣有言见一老父牵狗，言“吾欲见巨公”，已忽不见。上即见大迹，未信，及群臣有言“老父”，则大以为仙人也。宿留海上，予方士传车及间使求仙人以千数。

“四月，还至奉高。”在泰山行封禅之礼。随后又再次东行海上：

> 天子既已封泰山，无风雨灾，而方士更言蓬莱诸神若将可得，于是上欣然庶几遇之，乃复东至海上望，冀遇蓬莱焉。奉车子侯暴病，一日死。上乃遂去，并海上，北至碣石，巡自辽西，历北边至九原。五月，反至甘泉。

司马迁记述，第二年，即元封二年（前109）：

> 其春，公孙卿言见神人东莱山，若云“欲见天子”。天子于是幸缑氏城，拜卿为中大夫。遂至东莱，宿留之数日，无所见，见大人迹云。复遣方士求神怪采芝药以千数。

元封五年（前106），汉武帝又“巡南郡，至江陵而东，登礼灊之天柱山，号曰南岳，浮江，自寻阳出枞阳，过彭蠡，礼其名山川”。随后又行至海滨：

> 北至琅邪，并海上。

汉武帝又一次东巡海上，是在太初元年（前104）：

> 东至海上，考入海及方士求神者，莫验，然益遣，冀遇之。……临勃海，将以望祀蓬莱之属，冀至殊廷焉。

同年作建章宫，“其北治大池，渐台高二十余丈，命曰‘太液池’，中有蓬莱、方丈、瀛洲、壶梁，象海中神山龟鱼之属”。

太初三年（前102），汉武帝又有海上之行：

> 东巡海上，考神仙之属，未有验者。

汉武帝东巡海上的交通实践，有些司马迁是亲身随从直接参与的，他在《史记》卷二八《封禅书》中总结说：“太史公曰：余从巡祭天地诸神名山川而封禅焉。入寿宫侍祠神语，究观方士祠官之意，于是退而论次自古以来用事于鬼神者，具见其表里。后有君子，得以览焉。”汉武帝“东巡海上，行礼祠‘八神’”，司马迁很可能也是主要“从祭”官员之一。

除了《史记》卷二八《封禅书》中这6次“东至海上”的记录外，《汉书》卷六《武帝纪》还记载了晚年汉武帝4次出行至于海滨的情形：

> （天汉）二年春，行幸东海。

（太始三年）行幸东海，获赤雁，作《朱雁之歌》。幸琅邪，礼日成山。[①] 登之罘，浮大海。

（太始四年）夏四月，幸不其[②]，祠神人于交门宫[③]，若有乡坐拜者。作《交门之歌》。

（征和）四年春正月，行幸东莱，临大海。

汉武帝先后至少10次“行幸东海”，超过了秦始皇。他最后一次来到海滨，“行幸东莱，临大海”，已经是68岁的高龄。

二　礼日成山

《史记》卷六《秦始皇本纪》记载：“二十八年，始皇东行郡县，上邹峄山”，又“上泰山，立石，封，祠祀”，又“禅梁父”，随后行至海上：“于是乃并勃海以东，过黄、腄，穷成山，登之罘，立石颂秦德焉而去”。“穷成山”，是秦始皇此次礼祀行旅的重要日程。张守节《正义》引《括地志》云：“成山在文登县西北百九十里。”并且解释说：“‘穷’，犹登极也。”《史记》卷一一七《司马相如列传》列述齐地诸名胜时，也特别说到了“成山”：“齐东陼巨海，南有琅邪，观乎成山，射乎之罘，浮勃澥，游孟诸，邪与肃慎为邻，右以汤谷为界，秋田乎青丘，傍偟乎海外……”“成山”与“琅邪”、“之罘”并说，对应“巨海”和“勃澥”，并远望“海外”，形成“齐”特殊的地理景观。

秦始皇礼祠“八神”，“‘八神’将自古而有之，或曰太公以来作之”，其中“七曰‘日主’，祠成山。成山斗入海，最居齐东北隅，以迎日出云”。

---

① 颜师古注引孟康曰：“礼日，拜日也。”如淳曰：“祭日于成山也。”

② 颜师古注引应劭曰：“东莱县也。”王先谦《汉书补注》：“不其，在今莱州府即墨县西南。”

③ 颜师古注：“应劭曰：‘神人，蓬莱仙人之属也。’晋灼曰：‘琅邪县有交门宫，武帝所造。’”

《史记》卷二八《封禅书》裴骃《集解》：“韦昭曰：‘成山在东莱不夜，斗入海。不夜，古县名。’”司马贞《索隐》：“不夜，县名，属东莱。案：解道彪《齐记》云：‘不夜城，盖古有日夜出见于境，故莱子立城以不夜为名。’斗入海，谓斗绝曲入海也。”

这里所说的“斗入海”，司马贞解释为“谓斗绝曲入海也”。其实，“斗”，直接的意思是凸、突。现今有些地区方言仍然读“凸”、“突”如“斗”。汉代人写“凸”、“突”如“斗”的实例，可见《盐铁论·地广》：“先帝举汤、武之师，定三垂之难，一面而制敌，匈奴遁逃，因山河以为防，故去沙石咸卤不食之地，故割斗僻之县，弃造阳之地以与胡。”因而可以“省曲塞”，“以宽徭役，保士民”。又如《史记》卷一一〇《匈奴列传》：“汉遂取河南地，筑朔方，复缮故秦时蒙恬所为塞，因河以为固。汉亦弃上谷之什辟县造阳地以予胡。”裴骃《集解》与司马贞《索隐》都说：“‘什’音斗。”同一史事。《汉书》卷九四上《匈奴传上》则直接写作“汉亦弃上谷之斗辟县造阳地以予胡”。[①] 又《后汉书》卷二三《窦融传》：“（窦）融与梁统等计议曰：‘今天下扰乱，未知所归。河西斗绝在羌胡中，不同心戮力，则不能自守。’”[②] 这里所说的“斗僻”、“斗绝”之地，都是指突出孤立于边境的地方。所谓“斗绝”，正与司马贞所谓“斗入海，谓斗绝曲入海也”接近。《汉书》卷九四下《匈奴传下》还记述了汉王朝与匈奴外交史中一件著名的史例：

> 汉遣中郎将夏侯藩、副使韩容使匈奴。时帝舅大司马票骑将军王根领尚书事，或说根曰：“匈奴有斗入汉地，直张掖郡，生奇材木，箭竿就羽，如得之，于边甚饶，国家有广地之实，将军显功，垂于无穷。”根为上言其利，上直欲从单于求之，为有不得，伤命损威。根即但以上指晓藩，令从藩所说以求之。藩至匈奴，以语次说单于曰：“窃见匈奴斗入汉地，直张掖郡。汉三都尉居塞上，士卒数百人寒苦，候望久劳。单于宜上书献此地，直断阏之，省两都尉士卒数百

① 颜师古注：“孟康曰：‘县斗辟曲近胡。’师古曰：‘斗，绝也。县之斗曲入匈奴界者，其中造阳地也。’”

② 《三国志》卷三三《蜀书·后主传》：“阶缘蜀土，斗绝一隅。”《魏书》卷一〇二《西域传·焉耆》：“焉耆为国，斗绝一隅，不乱日久。”与此文意相近。

人，以复天子厚恩，其报必大。”

后来匈奴以“匈奴西边诸侯作穹庐及车，皆仰此山材木，且先父地，不敢失也”予以拒绝。后来“单于遣使上书，以藩求地状闻”，汉成帝于是回报单于，“（夏侯）藩擅称诏从单于求地，法当死，更大赦二，今徙藩为济南太守，不令当匈奴”。“斗入汉地”，颜师古注：“斗，绝也。”其实这里也是凸入、突入的意思。

凸入海或突入海，长期被写作“斗入海”，直到顾炎武的时代仍然沿用这样的说法。他在《〈劳山图志〉序》中写道：“齐之东偏，三面环海，其斗入海处南崂而北盛，则近乎齐东境矣。其山高大深阻，旁薄二三百里，以其僻在海隅，故人迹罕至。凡人之情以罕为贵，则从而夸之，以为神仙之宅，灵异之府。”顾炎武还说：“余游其地，观老君、黄石、王乔诸迹，类皆后人之所托名，而耐冻白牡丹花在南方亦是寻尝之物。惟山深多生药草，而地暖能发南花，自汉以来，修真守静之流，多依于此，此则其可信者。乃自田齐之末，有神仙之论，而秦皇、汉武谓真有此人在穷山巨海之中，于是八神之祠遍于海上，万乘之驾常在东莱。”

“古有日夜出见于境，故莱子立城以不夜为名。”成山作为日崇拜的信仰基地，已经有久远的历史。对于东海深怀热忱的秦始皇、汉武帝辛苦巡行来到海滨，成山，是他们行历东方的极点。

据《汉书》卷二八上《地理志上》记载：“（东莱郡）不夜，有成山日祠。莽曰夙夜。”颜师古注：“《齐地记》云：‘古有日夜出，见于东莱，故莱子立此城，以不夜为名。’”《汉书》卷六《武帝纪》：“（太始三年二月）行幸东海”，“礼日成山”。颜师古注：“孟康曰：‘礼日，拜日也。’师古曰：‘成山在东莱不夜县，斗入海。《郊祀志》作盛山，其音同。’”《汉书》卷二五下《郊祀志下》还有汉宣帝祠成山于不夜的记载，又说明“成山祠日”。可见，“成山祠日”礼俗，西汉帝王仍予继承。直到汉成帝时，成山“礼日”的制度，方才罢除。[①]

帝王选择“斗入海”的成山作为“祠日”的地点，对日神的礼拜，

① 据《汉书》卷二五下《郊祀志下》，成帝初即位，丞相匡衡、御史大夫张谭奏言诸祠“不应礼，或复重，请皆罢”，终于“奏可”，成山之祠也在“皆罢”之中。

以广阔浩瀚、气势磅礴、“泱漭无垠”[①] 的海面作为礼仪背景，或许是别有深意的。

《史记》卷一二八《龟策列传》褚先生补述曾经引孔子的话：“日为德而君于天下。”这一观念在秦汉时期大约已经成为一种政治定式。“明并日月”[②]，“明象乎日月”[③]，是通常赞美帝德的颂辞。《史记》卷四九《外戚世家》还写道：“（王夫人）内之太子宫。太子爱幸之，生三女一男。男方在身时，王美人梦日入其怀。以告太子，太子曰：‘此贵征也。’未生而孝文帝崩，孝景帝即位，王夫人生男。”汉景帝已立栗姬所生长男刘荣为太子，然而，“长公主日誉王夫人男之美，又有昔者所梦日符，计未有所定”。后来王夫人“阴使人趣大臣立栗姬为皇后”，致使景帝震怒，“废太子为临江王，栗姬愈恚恨，不得见，以忧死。卒立王夫人为皇后，其男为太子”。这就是汉武帝。汉武帝政治地位的取得，是与其母王夫人“所梦日符”，即“梦日入其怀”的传说有直接关系的。

尽管“日月星辰之神”[④]，“日月星辰之纪”[⑤] 长期受到重视，《史记》卷四《周本纪》说到“先王之制”的基本规范，“日祭”明确被列于首位。但是日崇拜这一信仰形式与政治权力的全面结合，则似乎是秦汉时期的事。而“成山祠日”礼俗得以成为汉王朝正统祠祀程序，是肯定和继承了齐人涉及海洋的文化观念的。

三　海水祠

原本属于齐人神秘主义文化系统中的崇拜对象的所谓“八神”，包括天地之神、阴阳之神、日月之神、四时之神、兵战之神，结成了比较完备的祭祀体系。尤其值得注意的是，“八神”之中，有六神完全位于海滨。

《汉书》卷二五上《郊祀志上》记载，汉初定天下，“悉召故秦祀官，

---

① 司马相如《子虚赋》用“泱莽”语，《史记》卷一一七《司马相如列传》。冯衍《显志赋》写作“泱漭”，《后汉书》卷二八下《冯衍传下》。茂陵采集汉瓦当“泱茫无垠”文字，也透露出当时社会对“泱漭”、“泱茫”的文化感觉。

② 《史记》卷一〇六《吴王濞列传》。

③ 《史记》卷一〇《孝文本纪》。

④ 《史记》卷四二《郑世家》。

⑤ 《史记》卷一二七《日者列传》。

复置太祝、太宰，如其故仪礼”。刘邦下诏宣布：“吾甚重祠而敬祭，今上帝之祭及山川诸神当祠者，各以其时礼祠之如故。”事实是承袭了秦时祭祀制度，又在长安招致各地巫人，如“梁巫”、“晋巫”、“秦巫”、“荆巫”、“河巫”等，分别主持不同的祭祀典礼，“越巫”及“胡巫”的活动，也相当活跃。[①] 然而当时长安神祀系统中，却似乎没有“齐巫”的地位。

这是为什么呢？这大概并不说明最高执政集团对齐地神祀礼俗不予重视，或许恰恰相反，正说明了他们对自己始终怀有神秘感觉的东方信仰传统的一种特殊的崇敬。

事实上，西汉时期，秦地和齐地，在当时正统礼祀体系中，形成了一西一东两个宗教文化的重心。

《汉书》卷二八《地理志》中所记录各地正式的祀所，共计 352 处，然而仅右扶风雍县就有“太昊、黄帝以下祠三百三所”。滨海郡国有 24 所，占全国总数的 6.82%。如果不计右扶风雍县的祀所，则滨海郡国占 48.98% 之多。

全国列有正式祀所的县，共 37 个，滨海郡国有 15 个，占 40.54%，比重也是相当大的。

《汉书》卷二八《地理志》所列滨海郡国神祠，计有：

齐　郡	临朐	有逢山祠
东莱郡	腄县	有之罘山祠
	黄县	有莱山松林莱君祠
	临朐	有海水祠
	曲成	有参山万里沙祠
	㡉县	有百支莱王祠
	不夜	有成山日祠
琅邪郡	不其	有太一、仙人祠九所
	朱虚	有三山、五帝祠
	琅邪	有四时祠

① 参看王子今《西汉长安的“胡巫”》，《民族研究》1997 年第 5 期；《两汉的“越巫”》，《南都学坛》2005 年第 1 期。

	长广	有莱山莱王祠
临淮郡	海陵	有江海会祠
胶东国	即墨	有天室山祠
广陵国	江都	有江水祠

可以看到，齐地滨海祀所占总数的78.57%。

当然，临淮郡山阴“有历山，春申君岁祠以牛”，山阴“会稽山在南，上有禹冢、禹井，扬州山”等，虽然没有正式确定为祀所，但是作为传统礼祀中心的影响，仍然是存在的。

特别值得我们注意的，是东莱郡“临朐，有海水祠”。临朐，在今山东掖县北。[1]“海水”成为祠祀场所的正式名号，意义是深刻的。这一现象可以理解为齐人对“海水”的崇拜。而这种崇拜已经为汉王朝认可，“海水祠”于是被确定为官方正统的祭祀对象之一。

《晋书》卷一五《地理志下》“青州”条：“（东莞郡）临朐，有海水祠。”西晋东莞郡临朐在今山东临朐[2]，如此则“海水祠”距离当时莱州湾海岸最近处也超过了70公里。似乎西晋东莞郡临朐的空间定位存在疑点。

四　令言海中神山者数千人求蓬莱神人

汉武帝“东巡海上，行礼祠‘八神’”，即遭遇了齐地方术文化狂热的欢迎。据说，“齐人之上疏言神怪奇方者以万数”，对初次来到“海上”的帝王形成了包围和冲击。不过，所言“神怪奇方”竟“无验者”。但是来自西方的这位帝王似乎坚信方士所言的真实性，“乃益发船，令言海中神山者数千人求蓬莱神人。”

虽然没有实际收效，汉武帝求仙的期望依然执着，“公孙卿持节常先行候名山，至东莱，言夜见大人，长数丈，就之则不见，见其迹甚大，类禽兽云。群臣有言见一老父牵狗，言‘吾欲见巨公’，已忽不见。上即见大迹，未信，及群臣有言‘老父’，则大以为仙人也。”

---

① 谭其骧主编：《中国历史地图集》，地图出版社1982年版，第2册第19—20页。

② 谭其骧主编：《中国历史地图集》，第3册第51—52页。

汉武帝对于“海中神山”以及“蓬莱神人”、“仙人”、“大人”，虽信而求之，积极访寻，但是也并非全然没有疑惑。如所谓“上即见大迹，未信”。

汉武帝第一次来到海滨，有“宿留海上”，同时“予方士传车及间使求仙人以千数”的举动。

唐人曹唐《汉武帝将候西王母下降》诗：“昆仑凝想最高峰，王母来乘五色龙。歌听紫鸾犹缥缈，语来青鸟许从容。风回水落三清月，漏苦霜传五夜钟。树影悠悠花悄悄，若闻箫管是行踪。”[①] 又《汉武帝于宫中宴西王母》诗：“鳌岫云低太一坛，武皇斋洁不胜欢。长生碧字期亲署，延寿丹泉许细看。剑佩有声宫树静，星河无影禁花寒。秋风袅袅月朗朗，玉女清歌一夜阑。”[②] 都描绘了汉武帝求仙热情的旺盛。诗句虽说“西王母”，但是对“蓬莱神人”的热望似乎更为强烈。唐代诗人李贺《仙人》诗言及“海滨”：“弹琴石壁上，翻翻一仙人。手持白鸾尾，夜扫南山云。鹿饮寒涧下，鱼归清海滨。时时汉武帝，书报桃花春。”[③] 宋代史学家司马光《读汉武帝纪》也说到“蓬莱”：“方士陈仙术，飘飘意不疑。云浮仲山鼎，风降寿宫祠。上药行当就，殊庭庶可期。蓬莱何日返，五利不吾欺。”[④] 也说到汉武帝对“仙术”深信“不疑”的心态特征。

汉武帝的神仙意识在历史上常常受到指责。

唐人许浑《学仙二首》之二：“心期仙诀意无穷，采画云车起寿宫。闻有三山未知处，茂陵松柏满西风。”[⑤] 讽刺汉武帝追寻“三山”求仙不成，最终还是长眠于茂陵。

宋人葛立方《韵语阳秋》卷一二写道：“（汉武帝）斋戒求仙，毕生不倦，亦可谓痴绝矣。李颀《王母歌》云：‘武皇斋戒承华殿，端拱须臾王母见。手指元梨使帝食，可以长生临宇县。’又云：‘若能炼魄去三尸，后当见我天皇所。’观武帝所为，是能炼魄去三尸者乎？善哉东坡之论也，‘安期与羡门，乘龙安在哉！茂陵秋风客，劝尔麾一杯。帝乡不可

---

① 《石仓历代诗选》卷八四，文渊阁《四库全书》本。

② 《文苑英华》卷二二五。

③ 〔清〕王琦汇解：《李长吉歌诗汇解》卷三，《李贺诗歌集注》，上海古籍出版社 1977 年版，第 201 页。

④ 《传家集》卷七，文渊阁《四库全书》本。

⑤ 《万首唐人绝句》卷二四，文渊阁《四库全书》本。

期，楚些招归来。’言武帝非得仙之姿也。又有《安期生诗》云：‘尝干重瞳子，不见龙准翁。茂陵秋风客，望祀犹蚁蜂。海上如瓜枣，可闻不可逢。’言安期尚不见高祖，而肯见武帝乎？其薄武帝甚矣。吴筠《览古诗》云：‘尝稽真仙道，清淑秘众烦。秦皇及汉武，焉得游其藩。既欲先宇宙，仍规后乾坤。崇高与久远，物莫能两存。矧乃恣所欲，荒淫伐灵根。安期反蓬莱，王母还昆仑。’此诗殆与东坡之旨合。"①

所谓"安期与羡门，乘龙安在哉"，"海上如瓜枣，可闻不可逢"，都体现对汉武帝"痴绝"求仙的鄙薄。然而连带这位帝王多欲有为的性格，甚至他的一系列积极的政策一同批判，表现"薄武帝甚"的态度，则似不可取。在齐地浓重神秘主义文化空气的包围之中，清醒自持，似乎需要克服很多的心理障碍。汉武帝对于齐方士的宣传时有"未信"，已经是比较难得的表现了。

我们通过汉武帝对神仙方术的态度，可以看到这位历史人物的迷妄和多疑，如何交错于胸，形成了特殊的心态。而形成这种文化现象的主要因素，首先是齐地海洋神秘文化的强大影响力。

五　会大海气

元封五年（前106）汉武帝的海上之行，途中行历长江，有江上射蛟的壮举。《汉书》卷六《武帝纪》记载：

> （元封）五年冬，行南巡狩，至于盛唐，望祀虞舜于九嶷。登灊天柱山，自寻阳浮江，亲射蛟江中，获之。舳舻千里，薄枞阳而出，作《盛唐枞阳之歌》。遂北至琅邪，并海，所过礼祠其名山大川。

颜师古注："许慎云：‘蛟，龙属也。’郭璞说其状，云似蛇而四脚，细颈，颈有白婴，大者数围，卵生，子如一二斛瓮，能吞人也。"汉武帝"亲射蛟江中，获之"，所杀获的，应当是扬子鳄。②

---

① 文渊阁《四库全书》本。

② 龙的原型，有的学者以为与鳄有关。参看卫聚贤《古史研究》第3辑，商务印书馆1934年版，第230页；祁庆富《养鳄与豢龙》，《博物》1981年第2期。

春三月，汉武帝“还至泰山，增封”。在“甲子”这一天，“祠高祖于明堂，以配上帝，因朝诸侯王列侯，受郡国计”。随后，在返回关中，“还幸甘泉”之前，颁布诏书，对此次出行的意义有所回顾：

> 夏四月，诏曰：“朕巡荆扬，辑江淮物，会大海气，以合泰山。上天见象，增修封禅。其赦天下。所幸县毋出今年租赋，赐鳏寡孤独帛，贫穷者粟。”

什么是“辑江淮物”？颜师古注引如淳曰：“‘辑’，合也。‘物’犹‘神’也，《郊祀志》所祭祀事也。”颜师古又说：“‘辑’与‘集’同。”对于“会大海气”的理解，颜师古注：“郑氏曰：‘会合海神之气，并祭之。’”所谓“以合泰山”，颜师古解释说：“集江淮之神，会大海之气，合致于太山，然后修封，总祭飨也。”

汉武帝以诏书形式充满自信地宣告，他完成了对于江淮之神、大海之神和尊贵的泰山的系列神祀，得到了“上天”的认可。

这是秦汉时期皇帝诏书中唯一可见“大海气”字样的文例，也是目前所见秦汉文献中言及“大海气”仅见的一例。

汉武帝说“朕巡荆扬，辑江淮物，会大海气，以合泰山”，循出巡行程时序。由“江淮”而“大海”，很可能经历上文说到的《汉书》卷二八上《地理志上》所见临淮郡海陵县的“江海会祠”。此后的行程，按照《武帝纪》的记述，“遂北至琅邪，并海，所过礼祠其名山大川。春三月，还至泰山，增封”。很可能一路循《地理志上》所叙郡次，即：临淮郡—东海郡—琅邪郡—东莱郡—北海郡—齐郡—泰山郡。也就是说，所谓“会大海气，以合泰山”，有可能是行历齐地诸多沿海郡而完成的。[①]

---

① 据《史记》卷二八《封禅书》，汉武帝元封元年（前110）在封泰山之前与之后，两次行至“海上”：“上遂东巡海上，行礼祠八神。……宿留海上……四月，还至奉高。”在泰山行封禅之礼。随后又再次东行海上：“天子既已封泰山，无风雨灾，而方士更言蓬莱诸神若将可得，于是上欣然庶几遇之，乃复东至海上望，冀遇蓬莱焉。……并海上，北至碣石，巡自辽西，历北边至九原。五月，反至甘泉。”《汉书》卷六《武帝纪》记载：“春正月，行幸缑氏。……行，遂东巡海上。夏四月癸卯，上还，登封泰山。……行自泰山，复东巡海上，至碣石。自辽西历北边九原，归于甘泉。”这是一次特殊的行程，与元封五年（前106）不同。前者“历北边”，后者则有“浮江”的交通实践。

六 “文成将军”和“五利将军”：齐方士的再次活跃

汉武帝对于海上神仙的迷信和对长生不死的追求，使得东海方士再次活跃于政治文化舞台。

李少君在齐方士中有特别突出的表现。《史记》卷二八《封禅书》写道：

> 是时李少君亦以祠灶、谷道、却老方见上，上尊之。少君者，故深泽侯舍人，主方。匿其年及其生长，常自谓七十，能使物，却老。其游以方遍诸侯。无妻子。人闻其能使物及不死，更馈遗之，常余金钱衣食。人皆以为不治生业而饶给，又不知其何所人，愈信，争事之。少君资好方，善为巧发奇中。……少君见上，上有故铜器，问少君。少君曰：“此器齐桓公十年陈于柏寝。”已而案其刻，果齐桓公器。一宫尽骇，以为少君神，数百岁人也。

对齐桓公“故铜器”的判定，体现出对齐文化的熟悉。“此器齐桓公十年陈于柏寝”句，司马贞《索隐》：“案：《韩子》云：‘齐景公与晏子游于少海，登柏寝之台而望其国。’”可知所谓“齐桓公器”，是一件可以证实海洋史一则重要史迹的文物遗存。后来李少君病死，“天子以为化去不死，而使黄锤史宽舒受其方。求蓬莱安期生莫能得，而海上燕齐怪迂之方士多更来言神事矣”。“黄锤”，裴骃《集解》引徐广曰：“锤县、黄县皆在东莱。”李少君的继承人“黄锤史宽舒”，应当也有齐“海上”方术的文化渊源。

后来又有“齐人少翁”受到汉武帝信用。“其明年，齐人少翁以鬼神方见上。上有所幸王夫人，夫人卒，少翁以方盖夜致王夫人及灶鬼之貌云，天子自帷中望见焉。于是乃拜少翁为文成将军，赏赐甚多，以客礼礼之。”少翁以骗术败露诛。“文成言曰：‘上即欲与神通，宫室被服非象神，神物不至。’乃作画云气车，及各以胜日驾车辟恶鬼。又作甘泉宫，中为台室，画天、地、太一诸鬼神，而置祭具以致天神。居岁余，其方益衰，神不至。乃为帛书以饭牛，详不知，言曰此牛腹中有奇。杀视得书，书言甚怪。天子识其手书，问其人，果是伪书，于是诛文成将军，隐之。”

随后又有曾经服务于胶东王的“胶东宫人”栾大出现在汉武帝身边，亦自称“常往来海中”，结识海中仙人：

> 乐成侯上书言栾大。栾大，胶东宫人，故尝与文成将军同师，已而为胶东王尚方。而乐成侯姊为康王后，无子。康王死，他姬子立为王。而康后有淫行，与王不相中，相危以法。康后闻文成已死，而欲自媚于上，乃遣栾大因乐成侯求见言方。天子既诛文成，后悔其蚤死，惜其方不尽，及见栾大，大说。大为人长美，言多方略，而敢为大言处之不疑。大言曰：“臣常往来海中，见安期、羡门之属。顾以臣为贱，不信臣。又以为康王诸侯耳，不足与方。臣数言康王，康王又不用臣。臣之师曰：‘黄金可成，而河决可塞，不死之药可得，仙人可致也。’然臣恐效文成，则方士皆奄口，恶敢言方哉！”上曰：“文成食马肝死耳。子诚能脩其方，我何爱乎！”大曰：“臣师非有求人，人者求之。陛下必欲致之，则贵其使者，令有亲属，以客礼待之，勿卑，使各佩其信印，乃可使通言于神人。神人尚肯邪不邪。致尊其使，然后可致也。”于是上使验小方，斗棋，棋自相触击。

胶东王宫廷对方术的热心，也许反映了当时齐地的文化风习。所谓“臣恐效文成，则方士皆奄口，恶敢言方哉”，迫使汉武帝不得不表态：“文成食马肝死耳。子诚能脩其方，我何爱乎。”体现了栾大的狡猾。关于“上使验小方，斗棋，棋自相触击”，司马贞《索隐》：“顾氏案：《万毕术》云：‘取鸡血杂磨针铁杵，和磁石棋头，置局上，即自相抵击也。’”

栾大获取了最高等级的富贵。“是时上方忧河决，而黄金不就，乃拜大为五利将军。居月余，得四印，佩天士将军、地士将军、大通将军印。制诏御史：‘……其以二千户封地士将军大为乐通侯。’赐列侯甲第，僮千人。乘轝斥车马帷幄器物以充其家。又以卫长公主妻之，赍金万斤，更命其邑曰当利公主。天子亲如五利之第。使者存问供给，相属于道。自大主将相以下，皆置酒其家，献遗之。于是天子又刻玉印曰‘天道将军’，使使衣羽衣，夜立白茅上，五利将军亦衣羽衣，夜立白茅上受印，以示不臣也。而佩‘天道’者，且为天子道天神也。于是五利常夜祠其家，欲以下神。神未至而百鬼集矣，然颇能使之。其后装治行，东入海，求其师云。大见数月，佩六印，贵震天下，而海上燕齐之间，莫不扼捥而自言有禁方，能神仙矣。”值得我们注意的，还有栾大又曾经“装治行，东入海”。

“海上燕齐之间”一时都自称“有禁方，能神仙”。又据司马迁记述，“入海求蓬莱者，言蓬莱不远，而不能至者，殆不见其气。上乃遣望气佐候其气云”。大概在这一时期，“入海求蓬莱”的航行试探，再次掀起了一个高潮。

当时对上层社会影响颇深的“宝鼎”迷信，也因“齐人公孙卿”大力煽动。他通过“嬖人”奏上言“黄帝得宝鼎”后“仙登于天”的“札书”，“上大说，乃召问卿。对曰：‘受此书申公，申公已死。’上曰：‘申公何人也?’卿曰：‘申公，齐人。与安期生通，受黄帝言，无书，独有此鼎书。……”黄帝“学仙”最终“上天”的故事打动了汉武帝，于是“乃拜卿为郎，东使候神于太室”。看来，齐地神秘主义文化对汉武帝时代的信仰和政治，确实有深刻的影响。

《封禅书》记述，“五利将军使不敢入海，之泰山祠。上使人随验，实毋所见。五利妄言见其师，其方尽，多不雠。上乃诛五利。”

汉武帝对于齐方士们的种种妄言，亦信亦疑，半信半疑，时信时疑。他处决过一些方士，但是随即又往往被新来的方士所迷惑。

在汉武帝时代，可以看到齐方士们暴起急落的人生轨迹。以方术震惊宫廷而“上尊之”的李少君，被封为“文成将军”的齐人少翁和被封为“五利将军”的胶东宫人栾大，他们从备受信用，极端显贵而意外猝死，荣辱与生死，都与汉武帝不寻常的心境有关。以栾大为例，元鼎四年（前113）春，栾大封侯。元鼎五年（前112）九月，就被处死。这位曾经被汉武帝看作“天若遣朕士”的方士，虽一时“贵震天下”，然而只风光了一年半左右，就终于全面败露，而陷于死地。

不过，在栾大被诛之后，汉武帝依然有“求蓬莱神人”的积极动作。据《封禅书》记载，“上遂东巡海上，行礼祠八神”。又为齐方士的狂热所影响，“齐人之上疏言神怪奇方者以万数……乃益发船，令言海中神山者数千人求蓬莱神人”。又听到公孙卿“至东莱，言夜见大人，长数丈，就之则不见，见其迹甚大，类禽兽云”的报告。汉武帝又“宿留海上，予方士传车及间使求仙人以千数”。后来，“方士更言蓬莱诸神若将可得，于是上欣然庶几遇之，乃复东至海上望，冀遇蓬莱焉”。齐人公孙卿此后依然有活跃的表现，“公孙卿言见神人东莱山，若云‘欲见天子’。天子于是幸缑氏城，拜卿为中大夫。遂至东莱，宿留之数日，无所见，见大人迹云”。汉武帝求仙之心不死，后来又曾“临勃海，将以望祀蓬莱之属，冀至殊廷焉”。司马迁在《封禅书》文末写道：“太史公曰：余从巡祭天地诸神名山川而封禅焉。入寿宫侍祠神语，究观方士祠官之意，于是退而论次自古以来用事于鬼神者，具见其表里。后有君子，得以览焉。”

东海方向以齐人为主要创造者和主要操作者、主要宣传者和主要传递者的方术之学，在汉武帝时代进入鼎盛阶段，在汉武帝以后即宣告结束。或许可以说，汉武帝通过亲身的试验，使得西汉王朝的最高执政集团体验了齐海上方术的神奇，也发现了这种文化存在的虚妄。然而在海洋探索和海洋学建设的历程中，也许对于齐方士们的思想和实践，还需要认真探究和思考。司马迁所谓“后有君子，得以览焉”，应有期待后人深思的涵义。

七 《朱雁之歌》

《汉书》卷六《武帝纪》记载：“（太始三年）行幸东海，获赤雁，作《朱雁之歌》。幸琅邪，礼日成山。登之罘，浮大海，山称万岁。”是年汉武帝63岁。

“获赤雁，作《朱雁之歌》”事不见于《史记》卷二八《封禅书》，可能因此也为《汉书》卷二五《郊祀志》不载。

《汉书》卷二二《礼乐志》记录了《朱雁之歌》，即“《郊祀歌》十九章”中的“《象载瑜》十八”：

象载瑜，白集西，食甘露，饮荣泉。
赤雁集，六纷员，殊翁杂，五采文。
神所见，施祉福，登蓬莱，结无极。
《象载瑜》十八，太始三年行幸东海获赤雁作。

服虔以为“象载，鸟名也”，颜师古则释为“象舆”：“山出象舆，瑞应车也。瑜，美貌也。言此瑞车瑜然色白而出西方也。”王先谦《汉书补注》引刘放说，则不同意这样的解释，以为：“此诗四句，先叙所见祥瑞之物也。‘象载瑜’，黑车也；‘白集西’，雍之麟也；‘甘露’‘荣泉’，天之所降，地之所出也。注非。”应当承认，“‘白集西’，雍之麟也”的理解，是正确的。所谓“纷员”，应即纷纭[1]，颜师古说：“多貌也。”所获“赤雁”，应为六只，雁羽文色“五采”。前两句，颜师古解释说，“言西获象舆，东获赤雁，祥瑞多也”。后一句，则将此祥瑞理解为神意的昭示，并与“蓬莱”神仙世界的追求联系起来。[2]

有关获雁的记载，已先见于司马迁《史记》关于周史的记述中，并且都赋予不寻常的涵义。《史记》卷三五《管蔡世家》记载了曹国伯阳专政时导致亡国的政治变乱，其中涉及田弋获雁的传说。公孙强“获白雁而献之”，成为曹国亡国的凶兆。《史记》卷四〇《楚世家》又写道，楚顷襄王十八年（前281），“楚人有好以弱弓微缴加归雁之上者，顷襄王闻，召而问之”。这位射雁者的回答以射雁比喻战争，其中所谓“若王之于弋诚好而不厌，则出宝弓，碆新缴，射噣鸟于东海”，“朝射东莒，夕发浿丘，夜加即墨”，值得注意。他又说：“北游目于燕之辽东而南登望于越之会稽，此再发之乐也。”以射雁喻军政之事，体现出早期兵战与田猎保持密切关系的传统。而后一例对“东海”以及具体如“东莒”、“浿丘”、“即墨”的关注，是涉及齐滨海地区的。

此外，我们在《史记》中还可以看到另一种关于“雁”的文化记录。上文说到《史记》卷二八《封禅书》言齐人公孙卿“札书”：“黄帝得宝鼎宛朐，问于鬼臾区。鬼臾区对曰：‘帝得宝鼎神策，是岁己酉朔旦冬至，得天之纪，终而复始。’于是黄帝迎日推策，后率二十岁复朔旦冬至，凡二十推，三百八十年，黄帝仙登于天。”鬼臾区是黄帝时名臣。《史记》卷二八《封禅书》又写道：“鬼臾区号大鸿，死葬雍，故鸿冢是也。”所谓“自华以西，名山七”中，第六即“鸿冢”。司马贞《索隐》：“黄帝臣大鸿葬雍，‘鸿冢’盖因大鸿葬为名也。”又《史记》卷一《五帝本纪》也说：“（黄帝）举风后、力牧、常先、大鸿以治民。”所谓

---

① 王先谦《汉书补注》引钱大昭曰：“‘纷员’即‘纷纭’。‘员’‘云’古字通。”

② 王先谦《汉书补注》：“《武纪》所谓《朱雁之歌》也。上自此遂幸琅邪，礼日成山，登之罘，浮大海，故末云然。”

“鸿”，一说天鹅[①]，一说大雁[②]。《说文·鸟部》段玉裁注：“学者多云雁之大者。”雁作为候鸟，对于以农业为主体经济形式的民族来说，具有标志季节、报告农时的作用，于是很早就受到重视。《礼记·月令》：“（仲秋之月）鸿雁来，玄鸟归。”由此我们也可以联想到“鸿雁”崇拜与“玄鸟”崇拜的关系。而“鬼臾区号大鸿，死葬雍，故鸿冢是也”的说法，正与秦人早期渊源与“玄鸟”的神秘关系相互印合。《淮南子·俶真》：“以鸿濛为景柱。”高诱注：“鸿濛，东方之野，日所出，故以为景柱。”又《淮南子·道应》：“东开鸿濛之光。”[③] 或许也可以说明“鸿”与东方的关系。

传说“大鸿”是“黄帝大臣”，“黄帝时诸侯”，甚至有“大鸿即黄帝”的说法[④]，说明以“鸿”为图腾标志的东方部族的活动，当时曾经有重要的文化影响。

从这样的角度来理解《朱雁之歌》的文化意义，或许可以体会其作者汉武帝在齐文化影响下对“蓬莱”深怀向往的内心世界。

《史记》卷一二六《滑稽列传》褚少孙补述，记录了这样一个关于“鹄”的故事：“昔者，齐王使淳于髡献鹄于楚。出邑门，道飞其鹄，徒揭空笼，造诈成辞，往见楚王曰：‘齐王使臣来献鹄，过于水上，不忍鹄之渴，出而饮之，出我飞亡。吾欲刺腹绞颈而死，恐人之议吾王以鸟兽之故令士自杀伤也。鹄，毛物，多相类者，吾欲买而代之，是不信而欺吾王也。欲赴佗赴国奔亡，痛吾两主使不通。故来服过，叩头受罪大王。’楚王曰：‘善，齐王有信士若此哉！’厚赐之，财倍鹄在也。”司马贞《索隐》和梁玉绳《史记志疑》都说到同一故事又见于《韩诗外传》卷一〇及《说苑·奉使》。《说苑》中所说是献“鸿”。钱钟书又指出，《初学记》卷二〇、《太平御览》卷九一六引《鲁连子》载鲁君使展无所遗齐襄

---

① 《说文·鸟部》：“鸿，鸿鹄也。”《诗·豳风·九罭》：“鸿飞遵渚。”郑玄笺：“鸿，大鸟也。”陆玑疏：“鸿鹄羽毛光泽纯白，似鹤而大，长颈，肉美如雁。”

② 《易·渐》：“鸿渐于干。”虞翻注：“鸿，大雁也。”《楚辞·招魂》：“鹄酸臇凫，煎鸿鸧些。”王逸注：“鸿，鸿雁也。”

③ 刘文典《淮南鸿烈集解》引王念孙曰：“‘东开鸿濛之光’，‘开’当为‘关’。”“二形相似，故‘关’误为‘开’。”“《太平御览》、《楚辞补注》引此，作‘东开鸿濛之光’，则所见本已误。《论衡》作‘东贯泓濛之光’，《蜀志》注引此作‘东贯鸿濛之光’，‘贯’‘关’古字通，则‘开’为‘关’之误明矣。”

④ 《通志·氏族略四》：“鸿氏，大鸿氏之后也。大鸿即黄帝，亦谓帝鸿氏。”

君鸿，中道失鸿，不肯“隐君蔽罪”。[1] 大约其事本原，是齐王遣使献鸿鹄于楚。

看来，鸿、鹄、雁以齐地所产闻名。“获赤雁，作《朱雁之歌》”事发生于齐地，并且可以使人产生“神所见，施祉福，登蓬莱，结无极”的联想，亦自有滨海区域文化的背景。

① 钱钟书：《管锥编》，中华书局1979年版，第1册第380页。

杨仆击朝鲜楼船军"从齐浮渤海"

汉武帝时代置郡朝鲜，是汉文化扩张的重要步骤。推进这一文化过程的最有力的军事措施，是杨仆楼船军的渡海远征。杨仆击朝鲜楼船军"从齐浮渤海"，开创了武装舰队远航的历史记录，应当看作中国航海史乃至东方航海史上的重要事件。说明这一历史现象，对于东方早期航海史、海军史、海洋开发史以及民族关系史的认识，都有不宜忽视的意义。事实告诉我们，战国至西汉时期山东半岛地方的文化优势和文化强势，除了儒学的丰厚内容和广泛影响而外，还表现为航海技术和海洋学的先进。

一　杨仆远征战绩

汉武帝元封二年（前109）发军击朝鲜。是在"定越地，以为南海、苍梧、郁林、合浦、交阯、九真、日南、珠崖、儋耳郡；定西南夷，以为武都、牂柯、越嶲、沈黎、文山郡"，以及"分武威、酒泉地置张掖、敦煌郡，徙民以实之"两年之后，"行自云阳，北历上郡、西河、五原，出长城，北登单于台，至朔方，临北河。勒兵十八万骑，旌旗径千余里，威震匈奴"，又"祠黄帝于桥山"，"登封泰山"的第二年。同年发生的重要历史事件，又有"发巴蜀兵平西南夷未服者，以为益州郡"。①

对于杨仆楼船军进击朝鲜，司马迁在《史记》卷一一五《朝鲜列传》中有如下记述：

> 天子募罪人击朝鲜。其秋，遣楼船将军杨仆从齐浮渤海；兵五万

① 《汉书》卷六《武帝纪》。

> 人，左将军荀彘出辽东：讨右渠。右渠发兵距险。左将军卒正多率辽东兵先纵，败散，多还走，坐法斩。楼船将军将齐兵七千人先至王险。右渠城守，窥知楼船军少，即出城击楼船，楼船军败散走。将军杨仆失其众，遁山中十余日，稍求收散卒，复聚。左将军击朝鲜浿水西军，未能破自前。

由此我们可以获得这样的信息：楼船将军杨仆率军"从齐浮渤海"，"楼船将军将齐兵七千人"较"出辽东"的"左将军荀彘"的部队"先至王险"，遭到"右渠"的攻击，"楼船军败散走"，将军杨仆"遁山中十余日，稍求收散卒，复聚"。

此后，"天子为两将未有利，乃使卫山因兵威往谕右渠。右渠见使者顿首谢：'愿降，恐两将诈杀臣；今见信节，请服降。'遣太子入谢，献马五千匹，及馈军粮。人众万余，持兵，方渡浿水，使者及左将军疑其为变，谓太子已服降，宜命人毋持兵。太子亦疑使者左将军诈杀之，遂不渡浿水，复引归。山还报天子，天子诛山。"右渠"请服降"，"遣太子入谢，献马五千匹，及馈军粮"，然而拒绝"毋持兵"的要求，坚持不放下武器，于是"降"与"不降"，有所反复。战事的进展，又出现新的曲折：

> 左将军破浿水上军，乃前，至城下，围其西北。楼船亦往会，居城南。右渠遂坚守城，数月未能下。
>
> 左将军素侍中，幸，将燕代卒，悍，乘胜，军多骄。楼船将齐卒，入海，固已多败亡；其先与右渠战，困辱亡卒，卒皆恐，将心惭，其围右渠，常持和节。左将军急击之，朝鲜大臣乃阴间使人私约降楼船，往来言，尚未肯决。左将军数与楼船期战，楼船欲急就其约，不会；左将军亦使人求间郤降下朝鲜，朝鲜不肯，心附楼船：以故两将不相能。左将军心意楼船前有失军罪，今与朝鲜私善而又不降，疑其有反计，未敢发。天子曰将率不能，前乃使卫山谕降右渠，右渠遣太子，山使不能刬决，与左将军计相误，卒沮约。今两将围城，又乖异，以故久不决。使济南太守公孙遂往正之，有便宜得以从事。遂至，左将军曰："朝鲜当下久矣，不下者有状。"言楼船数期不会，具以素所意告遂，曰："今如此不取，恐为大害，非独楼船，

又且与朝鲜共灭吾军。”遂亦以为然，而以节召楼船将军入左将军营计事，即命左将军麾下执捕楼船将军，并其军，以报天子。天子诛遂。

左将军已并两军，即急击朝鲜。

面对强劲攻势，朝鲜臣民终于杀其王来降，“朝鲜相路人、相韩阴、尼谿相参、将军王唊相与谋曰：‘始欲降楼船，楼船今执，独左将军并将，战益急，恐不能与，王又不肯降。’阴、唊、路人皆亡降汉。路人道死。元封三年夏，尼谿相参乃使人杀朝鲜王右渠来降。王险城未下，故右渠之大臣成巳又反，复攻吏。左将军使右渠子长降、相路人之子最告谕其民，诛成巳，以故遂定朝鲜，为四郡”。朝鲜执政者在复杂的军事外交形势下“欲降楼船”，“私约降楼船”，一方面有“楼船军”“入海，固已多败亡；其先与右渠战，困辱亡卒，卒皆恐，将心惭，其围右渠，常持和节”的因素；另一方面，或许也可以说明“楼船军”有更强的军事威慑力，在朝鲜贵族的眼中，是被看作汉王朝远征军的主力的。楼船将军杨仆为“左将军麾下”拘捕，“楼船军”在“左将军”指挥下依然在平定朝鲜的战事中发挥了重要作用。

朝鲜置郡之后，“封参为澅清侯，阴为荻苴侯，唊为平州侯，长［降］为几侯。最以父死颇有功，为温阳侯。”据裴骃《集解》引韦昭曰，其地分别“属齐”，“属勃海”，“属梁父”，“属河东”，“属齐”。“降汉”朝鲜贵族“凡五人”[①]，其中二人封地在齐。“最”是“路人”之子，“阴、唊、路人皆亡降汉。路人道死”。据司马贞《索隐》引应劭云：“路人，渔阳县人。”原本是燕地往朝鲜的“亡人”[②]，封地则确定“属齐”，

① 议降时“朝鲜相路人、相韩阴、尼谿相参、将军王唊相与谋”，裴骃《集解》：“《汉书音义》曰：‘凡五人也。戎狄不知官纪，故皆称相。’”司马贞《索隐》：“应劭云：‘凡五人。戎狄不知官纪，故皆称相也。’如淳云：‘相，其国宰相。’”《史记会注考证》引张守节《正义》：“以上至路人凡四人。”《考证》引颜师古曰：“相路人一也，相韩陶二也，尼谿相参三也，将军王唊四也。应氏乃云‘五人’，误读为句，谓‘尼谿’人名，失之矣。不当寻下文乎。”［日］泷川资言考证，［日］水泽利忠校补：《史记会注考证附校补》，上海古籍出版社 1986 年版，下册第 1859 页。今按：汉廷分封朝鲜降臣，确是“五人”。

② 参看王子今《略论秦汉时期朝鲜“亡人”问题》，《社会科学战线》2008 年第 1 期。

也是很有意思的事情。[①]

二 楼船军的构成与作战形式

通常以为“楼船军”是“海军”、“水军”、“水兵”。[②] 有学者指出，“秦之水兵称楼船之士”。所引例证即“《汉书·严安传》说：‘（秦）使尉屠睢将楼船之士攻越。’”[③] 分析秦汉“军兵种”构成时，似乎多“以‘楼船之士’称水军”。[④] 有学者在考论秦汉“军种、兵种和编制时”也说：“‘水兵’在文献中称‘舟师’或‘楼船士’，这是利用舟船在水上作战的一个军种。”[⑤] 或说：“汉代水军称楼船军。在我国武装力量中正式设置水军，是从西汉开始的。据《汉官仪》记载：‘高祖命天下郡国，选能引关蹶张，材力武猛者，以为轻车、骑士、材官、楼船……平地用车骑，山阻用材官，水泉用楼船。’又据《汉书·刑法志》记载，汉武帝发动统一东南沿海战争时，‘内增七校，外有楼船，皆岁时讲肄，修武备’。这两项记载说明，楼船军是在屯骑（骑兵）、步兵等七校之外，根据沿江海的地理条件和防务需要而设立的，属汉代郡国兵制备军。”[⑥]

而事实上汉代“楼船军”主要的作战形式仍然是陆战，汉武帝时代征服南越和东越的战争中大体都是如此。朝鲜战事中可见所谓“楼船军败散走”，将军杨仆“遁山中十余日，稍求收散卒，复聚”。这里所说的“楼船军”已可以看作陆战部队，与《史记》卷一一四《东越列传》“东越素发兵距险，使徇北将军守武林，败楼船军数校尉，杀长吏”相同。“楼船”，似乎并非战舰，在某种意义上只是运兵船。看来，简单地以

---

① 击朝鲜两将军战后的处置，《史记》卷一一五《朝鲜列传》记载：“左将军征至，坐争功相嫉，乖计，弃市。楼船将军亦坐兵至洌口，当待左将军，擅先纵，失亡多，当诛，赎为庶人。”

② 中国航海学会编《中国航海史（古代航海史）》写道：“史书对汉代水军称作‘楼船’。这个名称实际包括两种含义。一种是对战船的通称；另一种含义是对水军兵种的专称。”人民交通出版社1988年版，第78页。

③ 今按：此处宜用《史记》卷一一二《平津侯主父列传》的记载：“又使尉屠睢将楼船之士南攻百越。”

④ 熊铁基：《秦汉军事制度史》，广西人民出版社1990年版，第190—191页。

⑤ 黄今言：《秦汉军事史论》，江西人民出版社1993年版，第213页。

⑥ 张铁牛、高晓星：《中国古代海军史》（修订版），解放军出版社2006年版，第24页。

"水军"定义"楼船军"的说法，还可以斟酌。或许黄今言的意见是正确的："当时的船只还不是武器，只是一种运输工具，作战时水兵借助船只实施机动，到了作战地，即舍舟登陆，在陆上进行战斗。"

黄今言接着写道："至于水兵渡海作战的情况更少。"[①] 而杨仆"楼船军"击朝鲜"从齐浮渤海"事，对于理解汉代军事史有特殊的意义。

三 "楼船"形制

《史记》卷三〇《平准书》说："上林既充满益广，是时越欲与汉用船战逐，乃大修昆明池，列观环之，治楼船高十余丈，旗帜加其上，甚壮。"记录了昆明池中训练水军所用"楼船"的形制："高十余丈，旗帜加其上，甚壮。"其背景，是"越欲与汉用船战逐"。所谓"战逐"，按照裴骃《集解》引录韦昭的解释，是"战斗驰逐也"。司马贞《索隐》也说："盖始穿昆明池，欲与滇王战。今乃更大修之，将与南越吕嘉战逐，故作楼船。于是杨仆有将军之号。又下文云'因南方楼船卒二十余万击南越'也。昆明池有豫章馆。豫章，地名。以言将出军于豫章也。"

《史记》卷一一三《南越列传》关于平定南越战事有这样的记载："元鼎五年秋，卫尉路博德为伏波将军，出桂阳，下汇水；主爵都尉杨仆为楼船将军，出豫章，下横浦；故归义越侯二人为戈船、下厉将军，出零陵，或下离水，或柢苍梧；使驰义侯因巴蜀罪人，发夜郎兵，下牂柯江：咸会番禺。"这是一次以舟船作为主要军运方式的战役，"楼船"发挥了重要的作用。"元鼎六年冬，楼船将军将精卒先陷寻陕，破石门，得越船粟，因推而前，挫越锋，以数万人待伏波。伏波将军将罪人，道远，会期后，与楼船会乃有千余人，遂俱进。楼船居前，至番禺。建德、嘉皆城守。楼船自择便处，居东南面；伏波居西北面。会暮，楼船攻败越人，纵火烧城。越素闻伏波名，日暮，不知其兵多少。伏波乃为营，遣使者招降者，赐印，复纵令相招。楼船力攻烧敌，反驱而入伏波营中。犁旦，城中皆降伏波。吕嘉、建德已夜与其属数百人亡入海，以船西去。伏波又因问所得降者贵人，以知吕嘉所之，遣人追之。"事后，"楼船将军兵以陷坚为将梁侯"。应当注意到，"楼船将军兵""陷坚"，主要还是以陆战形式。

---

① 黄今言:《秦汉军事史论》，第213—214页。

唯一可以看作“用船战逐”即水上“战斗驰逐”的战例，可能即“先陷寻陕，破石门，得越船粟，因推而前，挫越锋”。此外再难以看到真正水战的情形。而所谓“得越船粟”，可能只是对敌军辎重部队发起攻击而取得战利。

就汉代文献分析，看来“楼船”似乎并没有在实战中发挥战舰的作用。《太平御览》卷三五一引王粲《从军诗》所谓“楼船凌洪波，寻戈刺群虏”等对于“楼船”水上作战能力的形容，可能只是出于文人想象。

尽管“楼船军”并非现代军事学意义上的“海军”，杨仆的“楼船军”“从齐浮渤海”，在水运朝鲜远征军途中多有伤亡，也许无异于水上的“战逐”即“战斗驰逐”。这就是《史记》卷一一五《朝鲜列传》所谓“楼船将齐卒，入海，固已多败亡”。

《史记》卷一一三《南越列传》说征伐南越事：“令罪人及江淮以南楼船十万师往讨之。”裴骃《集解》引应劭曰：“时欲击越，非水不至，故作大船。船上施楼，故号曰‘楼船’也。”“楼船”的主要特征似乎是“船上施楼”，《史记》卷三〇《平准书》所谓“治楼船高十余丈……甚壮”，也说明了这一形制特点。《后汉书》卷一七《岑彭传》：“装直进楼船、冒突露桡数千艘。”李贤注也说：“‘楼船’，船上施楼。”于是人们认为，“汉代兴起的楼船，其最主要特征是具有多层上层建筑”。[①]

不过，《太平御览》卷七〇二引《吴志》写道：“刘基，孙权爱敬之。尝从御楼船上。时雨甚，权以盖自覆，又令覆基，余人不得也。”孙权所御“楼船”上竟然无从避雨，似乎并没有“楼”。

也可能通常所谓“楼船”未必都是“船上施楼”，有的“楼船”可能仅仅只是“大船”而已。

四　杨仆楼船军的规模

“楼船军”的编成，船只可能也是大小相杂，并非一色“大船”。可能正如有的研究者所指出的，“楼船军”“以楼船为主力”，“舰队中除了楼船以外，还配备有其它各种作战舰只”。[②]

---

① 席龙飞：《中国造船史》，湖北教育出版社 2000 年版，第 72 页。

② 金秋鹏：《中国古代的造船和航海》，中国青年出版社 1985 年版，第 84 页。

《后汉书》卷二四《马援传》："援将楼船大小二千余艘，战士二万余人，进击九真贼徵侧余党都羊等，自无功至居风，斩获五千余人，峤南悉平。"所谓"楼船大小二千余艘，战士二万余人"，则每艘战船平均只有10人。有学者就此对汉代"水军"编制有所分析："大小二千余艘船，有战士二万余人，则平均每船十人左右。当然，大船肯定不只十人，小船亦当少于十人。但既要划船，又设干戈于船上（应有弓箭手和使用戈矛之士），至少也不会少于五人。水军也很可能与什伍编制的。"① 我们更为关注的，是舰队船只的规模。"平均每船十人左右"，"大船"的数量必然有限。而据《太平御览》卷七六八引《后汉书》曰："马援平南越，将楼船大小三千余艘，士二万余人，进击九贞贼徵侧余党都羊等，自无功至居风，斩获五千余人，峤南悉平。"又写作"将楼船大小三千余艘，士二万余人"，按照这样的记录，则"每艘战船平均只有"不到7人。

《史记》卷一一五《朝鲜列传》："天子募罪人击朝鲜。其秋，遣楼船将军杨仆从齐浮渤海；兵五万人，左将军荀彘出辽东：讨右渠。"此据中华书局标点本，"兵五万人"与"楼船将军杨仆从齐浮渤海"分断，可以理解为"兵五万人"随"左将军荀彘出辽东"。其实，也未必不可以"遣楼船将军杨仆从齐浮渤海，兵五万人"连读。② 有的研究论著就写道："楼船将军杨仆率领楼船兵5万人"进攻朝鲜。③《汉书》卷九五《朝鲜列传》即作："天子募罪人击朝鲜。其秋，遣楼船将军杨仆从齐浮勃海，兵五万，左将军荀彘出辽东，诛右渠。"如果杨仆"楼船军"有"兵五万人"，按照《后汉书》卷二四《马援传》"楼船大小二千余艘，战士二万余人"的比例，应有"楼船大小五千余艘"。按照《太平御览》卷七六八引《后汉书》"楼船大小三千余艘，士二万余人"的比例，则应有"楼船大小七千五百余艘"。

若以"楼船将军将齐兵七千人先至王险"的兵员数额计，按照《后

---

① 熊铁基：《秦汉军事制度史》，第197页。

② 荀悦《汉纪》一四"汉武帝元封二年"："遣楼船将军杨仆、左将军荀彘将应募罪人击朝鲜。"中华书局2002年版，上册第237页。《资治通鉴》卷二一"汉武帝元封三年"："上募天下死罪为兵，遣楼船将军杨仆从齐浮渤海，左将军荀彘出辽东以讨朝鲜。"中华书局1956年版，第2册第685页。都不说"兵五万人"事。《汉书》卷六《武帝纪》的记载正是："遣楼船将军杨仆、左将军荀彘将应募罪人击朝鲜。"

③ 张炜、方堃主编：《中国海疆通史》，中州古籍出版社2003年版，第65页。

汉书》卷二四《马援传》“楼船大小二千余艘，战士二万余人”的比例，应有“楼船大小七百余艘”。按照《太平御览》卷七六八引《后汉书》“楼船大小三千余艘，士二万余人”的比例，则应有“楼船大小一千又五十余艘”。

无论如何，这都是一支规模庞大的舰队。

五 杨仆楼船军的航线

所谓“楼船将军将齐兵七千人先至王险”，“王险”的位置在哪里呢？

谭其骧主编《中国历史地图集》第2册《秦·西汉·东汉时期》没有标示“王险”地望。① 以解释《中国历史地图集》东北地方地名为主题的论著也没有对“王险”进行必要的说明。② 不过，我们通过古代文献中的信息，可以大致了解这一古城的位置。

《史记》卷六《秦始皇本纪》：“地东至海暨朝鲜。”张守节《正义》：“‘海’谓渤海南至扬、苏、台等州之东海也。‘暨’，及也。东北朝鲜国。《括地志》云：‘高骊治平壤城，本汉乐浪郡王险城，即古朝鲜也。’”《史记》卷二五《律书》：“历至孝文即位，将军陈武等议曰：‘南越、朝鲜自全秦时内属为臣子，后且拥兵阻阨，选蠕观望。……’”张守节《正义》：“高骊平壤城本汉乐浪郡王险城，即古朝鲜地，时朝鲜王满据之也。”《史记》卷一一五《朝鲜列传》：“燕王卢绾反，入匈奴，满亡命，聚党千余人，魋结蛮夷服而东走出塞，渡浿水，居秦故空地上下鄣，稍役属真番、朝鲜蛮夷及故燕、齐亡命者王之，都王险。”张守节《正义》：“《括地志》云：‘高骊都平壤城，本汉乐浪郡王险城，又古云朝鲜地也。’”司马贞《索隐》：“应劭注《地理志》辽东险渎县：‘朝鲜王旧都。’臣瓒云‘王险城在乐浪郡浿水之东’也。”

看来，有的历史地理学者的如下判断大体是正确的：“王险城，西汉初卫满朝鲜都城。在今朝鲜平壤市西南大同江南岸。一说即今平壤市。《史记·朝鲜列传》：燕人卫满渡浿水，‘居秦故空地上下障，稍役属真

---

① 谭其骧主编：《中国历史地图集》，第2册第27—28、61—62页。

② 谭其骧主编，张锡彤、王锺翰、贾敬颜、郭毅生、陈连开等著：《〈中国历史地图集〉释文汇编·东北卷》，中央民族学院出版社1988年版。

番，朝鲜蛮夷及故燕、齐亡命者王之，都王险’。《集解》：‘臣瓒云：王险城在乐浪郡浿水之东。’元封三年（前108）置朝鲜县及乐浪郡于此。”①

所谓“从齐浮渤海”，《史记会注考证》引丁谦曰：“‘渤海’，一名‘黄海’，今直隶山东东面之海也。”② 丁谦之说，未能清晰辨明海域界线，然而可以提醒我们注意，杨仆的“楼船军”“从齐”出发至于“浿水”地方，不排除亦经行黄海海域的可能。《史记》卷一一五《朝鲜列传》：“楼船将军亦坐兵至洌口，当待左将军，擅先纵，失亡多，当诛，赎为庶人。”对于“兵至洌口”，司马贞《索隐》引苏林曰：“县名。度海先得之。”以为杨仆“楼船军”正是在洌口附近登陆。《史记会注考证》：“《汉书》‘洌口’作‘列口’。乐浪郡有列口县。”③

如果杨仆“楼船军”“从齐”出发，直抵列水入海口即今大同江口，无疑是选取了最便捷的航线。有的论著就肯定地说：“杨仆的前军7000人，皆为齐兵，首先渡海，在列口（今朝鲜南浦之河口）登陆……”④ 如果是循辽东半岛海岸航行，与于辽东半岛南端登陆后陆路行军相比，也可以更为迅速地抵达战场。这样的选择，也是与杨仆的个人风格相符合的。杨仆行政“严酷”，“敢挚行”⑤，征南越时急进立功，征东越时，又不顾“士卒劳倦”，积极请战，“使使上书，愿便引兵击东越”⑥，史称“数有大功”⑦。

很可能正是因为选择了这样的路线，才能够行进疾速，远远早于“出辽东”的左将军荀彘的部队“先至王险”。《史记》卷一一五《朝鲜列传》记载，“楼船将军将齐兵七千人先至王险。右渠城守，窥知楼船军少，即出城击楼船，楼船军败散走。将军杨仆失其众，遁山中十余日，稍求收散卒，复聚。左将军击朝鲜浿水西军，未能破自前”。则杨仆至少早

---

① 史为乐主编：《中国历史地名大辞典》，上册第282页。

② ［日］泷川资言考证，［日］水泽利忠校补：《史记会注考证附校补》，下册第1858页。

③ 又引梁玉绳曰：“此与《汉传》同。而《汉表》云，‘坐为将军击朝鲜，畏懦，入竹二万个赎，完为城旦。’罪状与此不同。入竹赎罪亦奇。”［日］泷川资言考证，［日］水泽利忠校补：《史记会注考证附校补》，下册第1859页。

④ 张炜、方堃主编：《中国海疆通史》，第65页。

⑤ 《史记》卷一二二《酷吏列传》。

⑥ 《史记》卷一一四《东越列传》。

⑦ 《汉书》卷六《武帝纪》李贤注引应劭曰。

荀彘“十余日”抵达战地。

六 齐“楼船”基地

杨仆“楼船军”的兵员构成主要是齐人。所以有“楼船将齐卒，入海”，“楼船将军将齐兵七千人先至王险”的说法。“楼船将军杨仆从齐浮渤海”，其中“从齐”二字，明确了当时齐地存在“楼船军”基地的事实。

所谓“从齐”，究竟是自齐地的哪里出发的呢？

有人说杨仆楼船军“自胶东之罘渡渤海”[①]，然而没有具体的论证。

乾隆《山东通志》卷二〇《海疆志·海运附》中的《附海运考》说到唐以前山东重要海运记录：

> 史书自秦纪飞刍挽粟，起于黄腄，而未详其道海之由。今考从海转输之事，当自汉始。
>
> 汉元封二年，遣楼船将军杨仆从齐浮渤海，击朝鲜。
>
> 魏景初二年，司马懿伐辽东，屯粮于黄县，造大人城，船从此出。
>
> 隋开皇十八年，汉王谅军出榆关，值水潦，馈饷不通。周罗睺自东莱泛海。
>
> 大业七年，敕幽州总管元宏嗣往东莱海口造船三百只。
>
> 唐贞观二十二年，将伐高丽，勅沿海具舟舰为水运。

“汉元封二年”事，即本文讨论的重心。关于出发地点，只说“从齐”。“魏景初二年”出发地点在黄县大人城。“隋开皇十八年”和“大业七年”的启航港口都在“东莱”。“唐贞观二十二年”一例不著地名，应当与隋代两例大体一致。

有学者说，“汉代以后，史籍中才出现有关山东沿海直航朝鲜半岛的记录”。所举最早的史例，是《后汉书》卷七六《王景传》所记载王景“八世祖仲，本琅琊不其人”，“诸吕作乱……仲惧祸及，乃浮海东奔乐浪

---

① 张炜、方堃主编：《中国海疆通史》，第65页。

山中，因而家焉”。第二个例证，是“西汉元封三年（前108年），汉武帝置乐浪郡，治所在今朝鲜平壤一带，辖有今朝鲜半岛北部地区，当时这片区域属于中原王朝管辖。山东人前往乐浪，只能通过海上航道。根据当时的航海技术来看，王仲从不其（在今崂山西北）乘船出发，应当沿海岸线绕行，最终到达朝鲜半岛西海岸”。论者还指出，“有关山东沿海至朝鲜半岛的绕行航线，唐代史籍有明确记载，其航道、坐标和区间里程，一目了然。当时的起航基地为登州，海船先向北行驶，沿辽东半岛东南岸而绕至新罗国”。《新唐书》卷四三下《地理志下》称之为“登州海行入高丽渤海道”。①

《资治通鉴》卷一七八“隋文帝开皇十八年”记载：“周罗睺自东莱泛海趣平壤城。”胡三省注：“《隋书》：平壤城东西六里，随山屈曲，南临浿水。杜佑曰：平壤城，则故朝鲜国王险城也。”也正是经行这一航路。而“自东莱泛海趣平壤城”即注家所谓“故朝鲜国王险城也”，似乎在遵循杨仆往赴朝鲜的旧路。

顾炎武《日知录》卷二九《海师》也说到汉唐航海史事：

> 汉武帝遣楼船将军杨仆从齐浮渤海击朝鲜。魏明帝遣汝南太守田豫督青州诸军，自海道讨公孙渊。秦苻坚遣石越率骑一万自东莱出右径袭和龙。唐太宗伐高丽，命张亮率舟师自东莱渡海，趋平壤；薛万彻率甲士三万自东莱渡海，入鸭绿水。此山东下海至辽东之路。

乾隆《山东通志》卷二〇《海疆志·海运附》中《附海运考》又涉及明代海上运输事：“万历二十五年，诏征倭，自登州运粮至朝鲜。”也说到这条海上航线的长期畅通。

现在我们还不能判定“楼船将军杨仆从齐浮渤海”的具体的出发地点，然而可以推知，当时的“楼船军”基地大致应当在后来驶向朝鲜的海船的启航港“东莱”与“登州”。有学者说，登州港就是“黄腄港”。当时“可以容纳较大船队远行的港口”，有“黄腄港（今山东龙口、蓬莱沿海）、之罘港（今山东烟台）、琅邪港（今山东胶州湾一带）和斥山港

① 王赛时：《山东海疆文化研究》，齐鲁书社2006年版，第332页。

(今山东石岛一带)”。[1] 有学者指出，“东方海上丝绸之路的起点，开始全部是山东半岛沿海的各个渔港，胶东的之罘港（今属烟台之罘区）、斥山港（今属威海荣成石岛镇）、琅琊港（今属山东胶南）都是当时远近闻名的出海港口”。“海上丝绸之路真正的‘始发港’、‘启锚地’、‘源头’、‘首发地’应在春秋战国时期山东半岛沿海的之罘、斥山、成山、琅琊等港口。”“山东半岛沿海的之罘、斥山、成山、琅琊等港口，包括古登州(今蓬莱)、古黄县（今龙口）、古莱州（今莱州）沿海的港口，一直到宋、元时期，都是中国与朝鲜半岛和日本列岛贸易往来的主要基地。”[2] 有学者提出“登州古港启用于唐代”的说法[3]，似未可使人信服。

杨仆“楼船军”“从齐浮渤海”可能性较大的出发港，应当是烟台、威海、龙口。以现今航海里程计，烟台港至大连 90 海里（167 千米），威海港至大连 94 海里（174 千米），龙口港至大连 140 海里（259 千米），大连至朝鲜平壤地区的出海口南浦 180 海里（330 千米）。[4] 就现有信息而言，我们已经可以为汉武帝时代的这一大型舰队的航海记录深感惊异了。

虽然确实“目前我们还无法考证上古时期山东通向海外的具体航线”[5]，但是杨仆“楼船军”“从齐浮渤海”的历史记载，已经为推进相关研究提供了值得重视的条件。

---

① 朱亚非：《古代山东与海外交往史》，中国海洋大学出版社 2007 年版，第 23—24 页。

② 刘凤鸣：《山东半岛与东方海上丝绸之路》，人民出版社 2007 年版，第 33、35—36 页。

③ 王赛时：《山东海疆文化研究》，第 298 页。

④ 《中华人民共和国分省地图集》，中国地图出版社 2008 年版，第 105—107、48—49 页。

⑤ 王赛时：《山东海疆文化研究》，第 331 页。

“博昌习船者”考议

“吕嘉之难”① 发生，卜式上书汉武帝表示愿往南越战地赴死，说到“博昌习船者”，或作“齐习船者”。有关“博昌习船者”、“齐习船者”的信息，告知我们当时齐地沿海地方有比较集中的航海专业技术人员。当地熟练水手的数量受到执政者重视，应与汉武帝“遣楼船将军杨仆从齐浮渤海”征服朝鲜战事的成功有密切关系，就此考察汉代“楼船”形制以及“楼船军”的编成和性质，可以有新的发现。对于渤海“楼船军”基地位置的推定，也可以提出新的认识。通过卜式请与“博昌习船者”、“齐习船者”往死南越的表态，也可以了解这些航海人才不仅以他们的实践推动了东亚海路交通进步的历程，也具备远航南海的技术能力。追溯中国航海事业发展的历程，应当关注“习船者”们的历史贡献。

一 卜式:“臣愿父子与齐习船者往死之”

汉武帝元鼎五年（前112），南越国贵族发起对抗汉王朝的反叛。汉武帝调发大军南下征伐。《史记》卷三〇《平准书》记载：

> 南越反……于是天子为山东不赡，赦天下囚，因南方楼船卒二十余万人击南越。……齐相卜式上书曰：“臣闻主忧臣辱。南越反，臣愿父子与齐习船者往死之。”

《汉书》卷五八《卜式传》写道：

① 《汉书》卷八五《谷永传》，中华书局1956年版。

> 会吕嘉反，式上书曰："臣闻主媿臣死。[①] 群臣宜尽死节，其驽下者宜出财以佐军，如是则强国不犯之道也。[②] 臣愿与子男及临菑习弩、博昌习船者请行死之，以尽臣节。"

《史记》"齐习船者"，《汉书》作"博昌习船者"。《汉纪》卷一四《孝武皇帝纪》"元鼎五年"："齐相卜式上书，愿父子将兵死南越，以尽臣节。"不言"习船者"事。《资治通鉴》卷二〇"汉武帝元鼎五年"则取《史记》"齐习船者"说。

卜式上书所表示当"主忧"、"主媿"时"群臣宜尽死节，其驽下者宜出财以佐军"，且"愿父子与齐习船者往死之"的态度得到汉武帝的欢心，于是厚赐嘉奖："今天下不幸有急，而式奋愿父子死之，虽未战，可谓义形于内。赐爵关内侯，金六十斤，田十顷。"[③] 次年，提拔卜式任御史大夫。[④]

卜式言行往往偏激极端，时人有"非人情"的批评。[⑤] 后人又有"牧竖无知祸人"，"后世乃或耻居之"等指责。[⑥] 清人何焯《义门读书记》卷一八《前汉书·列传》也说卜式言行"凡事足以动人主，钓名誉官位，便于己而难以概人人"，"一人得志而困苦天下"。又指出"式屡以此尝汉武"，应当包括"愿父子与齐习船者往死之"事。[⑦] 然而，如果我们不细

---

① "主媿臣死"，《通志》卷九八下《卜式传》引作"主愧臣死"。

② 据《史记》卷三〇《平准书》，"是时汉方数使将击匈奴，卜式上书，愿输家之半县官助边。""会军数出，浑邪王等降，县官费众，仓府空。其明年，贫民大徙，皆仰给县官，无以尽赡。卜式持钱二十万予河南守，以给徙民。""是时富豪皆争匿财，唯式尤欲输之助费。"卜式确曾"出财以佐军"。回应天子使者关于其动机的询问，卜式回答："天子诛匈奴，愚以为贤者宜死节于边，有财者宜输委，如此而匈奴可灭也。"此说与所谓"群臣宜尽死节，其驽下者宜出财以佐军，如是则强国不犯之道也"语义相同。

③ 《史记》卷三〇《平准书》。

④ 《汉书》卷一九下《百官公卿表下》。

⑤ 《史记》卷三〇《平准书》载录公孙弘对卜式的批评："此非人情。不轨之臣，不可以为化而乱法。"

⑥ 〔宋〕黄震《黄氏日抄》卷四七《读史二·汉书》"卜式"条："式输财以逢君，而富民莫应。于是乎有告缗之令。式愿父子死边以逢君，而诸侯莫应。于是乎坐酬金失侯者百余人。牧竖无知祸人乃尔吁。"文渊阁《四库全书》本。〔宋〕王观国《学林》卷一〇"赀訾"条："司马相如、张释之、黄霸、卜式皆汉名臣，而皆以入赀进，后世乃或耻居之。"田瑞娟点校，中华书局1988年版，第350页。

⑦ 〔清〕何焯：《义门读书记》，崔高维点校，中华书局1987年版，第296页。

究他“非人情”、“难以概人人”表现之实际动机，只是讨论与所谓“习船者”有关的信息，也许仍有利于对历史真实的认识。

二 “齐习船者”:造船史研究者的关注点

有学者指出，“山东沿海黄县至成山一带，自古盛产木材，其中的楸木，就是造船的上等材料”。[①] 对汉代造船业的总结，以往研究者多强调“南方是造船业中心”。也有学者曾经注意到反映“北方沿海地区”如齐地造船技术先进的史例：“《汉书·郊祀志》记战国以至秦朝，那些乘坐入海求神仙的船[②]，在当时社会条件下，只能是出自北方沿海地区所造。汉武帝时，吕嘉反于南越，齐相卜式上书，‘愿与子男及临菑习弩，博昌习船者请行，死之以尽臣节’。博昌在今山东博兴县南，汉世濒临渤海，当地民众习于舟船。”[③]

卜式上书事见于《史记》卷三〇《平准书》的记述，“博昌习船者”作“齐习船者”。“习船”有可能只是说驾驶船舶，而当地多有“习船者”，在市场化程度甚低的情况下也可以间接反映造船生产的发达程度。

或许今后的考古发现，可以为我们提供更为具体的有关汉代齐地造船成就的资料。

三 “习”的字义兼说“习船”技能

《说文·習部》：“習，数飞也。从羽。白声。凡習之属皆从習。”段玉裁注：“数，所角切。《月令》：鹰乃学习。引伸之义为习孰。”又同部：“翫，習猒也。”段玉裁解释说：“猒，饱也。此与《心部》‘忨’音同义

① 朱亚非:《古代山东与海外交往史》，第25页。

② 今按:《史记》卷二八《封禅书》:“自威、宣、燕昭使人入海求蓬莱、方丈、瀛洲。此三神山者，其傅在勃海中，去人不远；患且至，则船风引而去。盖尝有至者，诸仙人及不死之药皆在焉。其物禽兽尽白，而黄金银为宫阙。未至，望之如云；及到，三神山反居水下。临之，风辄引去，终莫能至云。世主莫不甘心焉。及至秦始皇并天下，至海上，则方士言之不可胜数。始皇自以为至海上而恐不及矣，使人乃赍童男女入海求之。船交海中，皆以风为解，曰未能至，望见之焉。”

③ 郭松义、张泽咸:《中国航运史》，文津出版社1997年版，第31页。

近。”另一与“习”有关的字，是《说文·辵部》：“遦，習也。从辵。贯声。”段玉裁注：“此与《手部》‘掼’音义同。亦假‘贯’，或假‘串’。《左传》曰：‘贯渎鬼神。’《释诂》：‘贯，习也。’《毛诗》曰：‘串夷载路。’”[①] 可知“习”通常多指“习孰”即“习熟”。

秦汉语言习惯，“习”有时言熟悉[②]，有时言对某事有一定经验[③]，有时指称全面的知识[④]。然而“习”更多则肯定某方面能力的高强和技艺的精熟。如《史记》中的文例：

习历

汉兴，高祖曰“北畤待我而起”，亦自以为获水德之瑞。虽明习历及张苍等，咸以为然。[⑤]

习仕宦

式曰：“臣少牧，不习仕宦，不愿也。”[⑥]

习国家事

居顷之，孝文皇帝既益明习国家事。[⑦]

---

① 〔汉〕许慎撰，〔清〕段玉裁注：《说文解字注》，第138、70页。

② 如《史记》卷八《高祖本纪》：“齐王韩信习楚风俗。”卷一一〇《匈奴列传》：“王乌，北地人，习胡俗。”卷一二二《酷吏列传》：“素习关中俗。”又如卷四九《外戚世家》褚少孙补述：“褚先生曰：臣为郎时，问习汉家故事者钟离生。”卷一二五《佞幸列传》：“（韩）嫣先习胡兵，以故益尊贵，官至上大夫，赏赐拟于邓通。”卷九三《韩信卢绾列传》：“公所以重于燕者，以习胡事也。”卷一〇八《韩长孺列传》：“大行王恢，燕人也，数为边吏，习知胡事。”卷九六《张丞相列传》：“张苍乃自秦时为柱下史，明习天下图书计籍。”“习”的意义也大致如此。

③ 如《史记》卷一一三《南越列传》：“好畤陆贾，先帝时习使南越。”

④ 如言“习事”、“习于事”之类，《史记》卷七二《穰侯列传》：“穰侯智而习于事。”卷二〇《建元以来侯者年表》：“谨厚习事。”卷一〇四《田叔列传》褚少孙补述：“将军呼所举舍人以示赵禹。赵禹以次问之，十余人无一人习事有智略者。”卷一二六《滑稽列传》褚少孙补述：“问群臣习事通经术者，莫能知。”卷一二八《龟策列传》褚少孙补述：“问掌故文学长老习事者，写取龟策卜事。”卷一二九《货殖列传》：“其俗纤俭习事。”

⑤ 《史记》卷二六《历书》。

⑥ 《史记》卷三〇《平准书》。《汉书》卷五八《公孙弘传》：“式曰：‘自小牧羊，不习仕宦，不愿也。’”

⑦ 《史记》卷五六《陈丞相世家》。《汉书》卷四〇《王陵传》：“居顷之，上益明习国家事，朝而问右丞相勃曰：‘天下一岁决狱几何？’”

习法

陛下深拱禁中，与臣及侍中习法者待事，事来有以揆之。[①]

习治民

朕少失先人，无所识知，不习治民。[②]

习文法吏事

天子察其行敦厚，辩论有余，习文法吏事，而又缘饰以儒术，上大说之。[③]

习礼义

齐地多变诈，不习于礼义。[④]

“非教士不得从征”者，言非习礼义不得在于侧也。[⑤]

习于经术

公户满意习于经术，最后见王，称引古今通义，国家大礼，文章尔雅。[⑥]

习于文学

孔子以为子游习于文学。[⑦]

习兵

汉大臣皆故高帝时大将，习兵。[⑧]

---

① 《史记》卷八七《李斯列传》。

② 同上。

③ 《史记》卷一一二《平津侯主父列传》。《汉书》卷五八《公孙弘传》：“上察其行慎厚，辩论有余，习文法吏事，缘饰以儒术，上说之。”

④ 《史记》卷六〇《三王世家》褚少孙补述。

⑤ 同上。

⑥ 同上。

⑦ 《史记》卷六七《仲尼弟子列传》。

⑧ 《史记》卷一〇《孝文本纪》。“习兵”，《汉书》卷四《文帝纪》作“习兵事”。

赵四战之国，其民习兵，不可伐。[①]

赵，四战之国也，其民习兵，伐之不可。[②]

周文，陈之贤人也，尝为项燕军视日，事春申君，自言习兵，陈王与之将军印，西击秦。[③]

赵，四战之国也，其民习兵，伐之不可。[④]

安平之战，田单宗人以铁笼得全，习兵。[⑤]

习战事

大王自高帝将也，习战事。[⑥]

习兵革之事

齐王自以儿子，年少，不习兵革之事，愿举国委大王。[⑦]

习于战攻，习战攻，习攻战

练于兵甲，习于战攻。[⑧]

其俗，宽则随畜，因射猎禽兽为生业，急则人习战攻以侵伐，其天性也。[⑨]

其民急则不习战功。[⑩]

昆莫收养其民，攻旁小邑，控弦数万，习攻战。[⑪]

---

① 《史记》卷三四《燕召公世家》。

② 《史记》卷四三《赵世家》。

③ 《史记》卷四八《陈涉世家》。《汉书》卷三一《陈胜传》。

④ 《史记》卷八〇《乐毅列传》。

⑤ 《史记》卷八二《田单列传》。

⑥ 《史记》卷五二《齐悼惠王世家》。

⑦ 《史记》卷五二《齐悼惠王世家》。《汉书》卷三八《高五王传》。

⑧ 《史记》卷八〇《乐毅列传》。

⑨ 《史记》卷一一〇《匈奴列传》。《汉书》卷九四上《匈奴传上》："其俗，宽则随畜田猎禽兽为生业，急则人习战攻以侵伐，其天性也。"

⑩ 《史记》卷一一〇《匈奴列传》。《汉书》卷九四上《匈奴传上》："其民急则不习战攻，缓则罢于作业。"

⑪ 《史记》卷一二三《大宛列传》。

习骑射

赵武灵王亦变俗胡服，习骑射。①

其急则人习骑射。②

习骑兵

楚骑来众，汉王乃择军中可为骑将者，皆推故秦骑士重泉人李必、骆甲习骑兵，今为校尉，可为骑将。③

习流

发习流二千人，教士四万人，君子六千人，诸御千人，伐吴。④

习马

发天下七科適，及载糒给贰师。转车人徒相连属至敦煌。而拜习马者二人为执驱校尉，备破宛择取其善马云。⑤

秦汉史籍中类似语例，还有一些。⑥

其中“习马者”与“习船者”构词形式十分相似，都可以作称谓理解。类似文例，又有《汉书》卷六《武帝纪》“发习战射士诣朔方”的“习战射士”。《汉书》卷八《宣帝纪》“大发兴调关东轻车锐卒，选郡国吏三百石伉健习骑射者，皆从军”，《汉书》卷九四上《匈奴传上》“大发关东轻锐士，选郡国吏三百石伉健习骑射者，皆从军”的“习骑射者”。

---

① 《史记》卷一一〇《匈奴列传》。《汉书》卷九四上《匈奴传上》。

② 同上。

③ 《史记》卷九五《樊郦滕灌列传》。《汉书》卷四一《樊哙传》。

④ 《史记》卷四一《越王句践世家》，张守节《正义》：“谓先惯习流利战阵死者二千人也。”

⑤ 《史记》卷一二三《大宛列传》。对于《汉书》卷六一《李广利传》同样记述，颜师古注：“习犹便也。一人为执马校尉，一人为驱马校尉。”《汉书》卷二八下《地理志下》：“至周有造父，善驭习马，得华骝、绿耳之乘，幸于穆王。”亦言“习马”。

⑥ 如《汉书》卷二四上《食货志上》“寿昌习于商功分铢之事”；卷五六《董仲舒传》：“今子大夫明于阴阳所以造化，习于先圣之道业。”

《史记》卷一〇五《扁鹊仓公列传》：“拙工有一不习，文理阴阳失矣。”似乎“习”的反义词是“拙”。

“习船者”的涵义，应当是指善于驾驶船舶、操纵船舶的人员。汉武帝“大为发兴”“诛闽越”，淮南王刘安上书谏止，言越人优势之所谓“习于水斗，便于用舟”①，也可以在理解“习船”时参考。《史记》卷三二《齐太公世家》有这样的记述：“（桓公）二十九年，桓公与夫人蔡姬戏船中。蔡姬习水，荡公，公惧，止之，不止，出船，怒，归蔡姬，弗绝。蔡亦怒，嫁其女。桓公闻而怒，兴师往伐。”故事发生在齐国。事起于“蔡姬习水”，然而与“船”有密切关系，或许也可以帮助我们理解“习船者”的意义。

《汉书》卷一下《高帝纪下》：“上乃发上郡、北地、陇西车骑，巴蜀材官及中尉卒三万人为皇太子卫，军霸上。”关于“材官”，颜师古注：“应劭曰：‘材官，有材力者。’张晏曰：‘材官、骑士习射御骑驰战陈，常以八月，太守、都尉、令、长、丞会都试，课殿最。水处则习船，边郡将万骑行障塞。光武时省。’”张晏所谓“水处则习船”，对于理解“习船者”语义也有参考意义。又《史记》卷三〇《平准书》：“是时越欲与汉用船战逐，乃大修昆明池，列观环之。”在“作昆明池”句下，司马贞《索隐》：“按：《黄图》云‘昆明池周四十里，以习水战’。又荀悦云‘昆明子居滇河中，故习水战以伐之也’。”《汉书》卷六《武帝纪》：“发谪吏穿昆明池。”颜师古注引臣瓒曰：“《西南夷传》有越巂、昆明国，有滇池，方三百里。汉使求身毒国，而为昆明所闭。今欲伐之，故作昆明池象之，以习水战，在长安西南，周回四十里。《食货志》又曰时越欲与汉用船战，遂乃大修昆明池也。”所谓“习水战”、“用船战”，也值得注意。此“习水战”的“习”，只是说练习、演习。《汉书》卷五一《枚乘传》：“遣羽林黄头循江而下。”颜师古注：“苏林曰：‘羽林黄头郎习水战者也。’张晏曰：‘天子舟立黄旄于其端也。’师古曰：‘邓通以棹船为黄头郎。苏说是也。’”此“习水战”之“习”应是说熟习。前引《汉书》卷六四上《严助传》“习于水斗，便于用舟”，“习”、“便”对应。《汉书》卷六一《李广利传》“习马者”，颜师古注：“习犹便也。”又颜师古释

① 《汉书》卷六四上《严助传》。

《汉书》卷六三《佞幸传·韩嫣》“先习兵”谓“言旧自便习”。[1]则“便于用舟”也就是“习船”。

四 “齐习船者”与杨仆击朝鲜楼船军“从齐浮渤海”事

汉武帝发起对朝鲜的战争，遣杨仆率楼船军“从齐浮渤海”，实现了继以楼船将军、横海将军部队征伐南越和东越之后，以军事远征为目的的又一次大规模的航海行动。

《史记》卷一一五《朝鲜列传》：“天子募罪人击朝鲜。其秋，遣楼船将军杨仆从齐浮渤海；兵五万人，左将军荀彘出辽东：讨右渠。”此据中华书局标点本，“兵五万人”与“楼船将军杨仆从齐浮渤海”分断[2]，可以理解为“兵五万人”随“左将军荀彘出辽东”。其实，也未必不可以“遣楼船将军杨仆从齐浮渤海，兵五万人”连读。[3]有的研究论著就写道：“楼船将军杨仆率领楼船兵5万人”进攻朝鲜。[4]《汉书》卷九五《朝鲜列传》即作：“天子募罪人击朝鲜。其秋，遣楼船将军杨仆从齐浮勃海，兵五万，左将军荀彘出辽东，诛右渠。”如果杨仆“楼船军”有“兵五万人”，按照马援击交阯、九真时“楼船大小二千余艘，战士二万余人”[5]的比例，应有“楼船大小”五千余艘。按照文渊阁《四库全书》本《太平御览》卷七六八引《后汉书》“楼船大小三千余艘，士二万余人”的比例，则应有“楼船大小”七千五百余艘。若以“楼船将军将齐兵七千人先至王险”的兵员数额计，按照《后汉书》卷二四

---

① 《后汉书》卷三一《孔奋传》：“郡多氐人，便习山谷。”又《后汉书》卷五一《陈龟传》、卷六五《段颎传》“便习弓马”；《太平御览》卷一六五引《后汉书》：“烈士武臣，多出凉州，风土壮猛，便习兵事。”均“便习”连说，也是“便”、“习”近义之例。

② 《史记》，中华书局1959年版，第2987页。中华书局点校本二十四史修订本一仍其旧，中华书局2013年版，第3595页。

③ 《汉书》卷六《武帝纪》：“遣楼船将军杨仆、左将军荀彘将应募罪人击朝鲜。”《汉纪》卷一四《孝武皇帝纪》“元封二年”：“募天下死罪击朝鲜。”“遣楼船将军杨仆、左将军荀彘将应募罪人击朝鲜。”《资治通鉴》卷二一“汉武帝元封二年”：“上募天下死罪为兵，遣楼船将军杨仆从齐浮渤海，左将军荀彘出辽东，以讨朝鲜。”都不说“兵五万人”事。

④ 张炜、方堃主编：《中国海疆通史》，第65页。

⑤ 《后汉书》卷二四《马援传》。

《马援传》“楼船大小二千余艘，战士二万余人”的比例，应有“楼船大小”七百余艘。按照文渊阁《四库全书》本《太平御览》卷七六八引《后汉书》“楼船大小三千余艘，士二万余人”的比例，则应有“楼船大小一千又五十余艘”。无论如何，这都是一支规模相当庞大的舰队。[①]

楼船军出海远征，必然有熟练的水手提供航行技术方面的保障。齐地的“习船者”应当因此得到施展海上航行能力的机会。卜式所谓“愿与子男及临菑习弩，博昌习船者请行，死之以尽臣节”，实际上说到了“习弩”者和“习船者”两种专业人员。这可能是具有军事意义的海船必须配置的最基本的海员构成。

五　关于“博昌习船者”

对于《史记》所谓“齐习船者”，《汉书》卷五八《卜式传》改称“博昌习船者”。作为齐相卜式上书文字，“博昌习船者”似乎更符合他的口吻。而所谓“愿与子男及临菑习弩，博昌习船者请行，死之以尽臣节”，“博昌”和“临菑”的对应关系也是合理的。这里不大可能出现“临菑习弩”与“齐习船者”并说的形式。

“博昌”地名见于《战国策·齐策六》，曾与“千乘”并称。[②] 据《汉书》卷二八上《地理志上》“千乘郡”条，博昌属千乘郡：

> 博昌，时水东北至鉅定入马车渎，幽州浸。

颜师古注：“应劭曰：‘昌水出东莱昌阳。’臣瓒曰：‘从东莱至博昌，经历宿水，不得至也。取其嘉名耳。’师古曰：‘瓒说是。’”又《续汉书·郡国志四》“乐安国”条写道：

---

① 参看王子今《论杨仆击朝鲜楼船军“从齐浮渤海”及相关问题》，《鲁东大学学报》（哲学社会科学版）2009年第1期。

② 《战国策·齐策六》：“王奔莒，淖齿数之曰：‘夫千乘、博昌之间，方数百里，雨血沾衣，王知之乎？’”

博昌有薄姑城。[①] 有贝中聚。[②] 有时水。[③]

博昌西汉属千乘郡，东汉曾经属千乘国、乐安国。《后汉书》卷四《和帝纪》："（永元七年）五月辛卯，改千乘国为乐安国。"[④]

清人胡渭《禹贡锥指》卷四释"潍淄其道"："《传》曰：潍、淄二水，复其故道。《正义》曰：《地理志》云：潍水出琅邪箕屋山[⑤]，北至都昌县入海。过郡三，行五百二十里。淄水出泰山莱芜县原山，东北至博昌县入海。""渭按：都昌属北海郡，博昌属千乘郡。今山东青州府莒州东有箕县故城，益都县西南有莱芜故城，博兴县东南有博昌故城，莱州府昌邑县西有都昌故城，皆汉县也。"[⑥] 可知博昌是汉代齐地重要的入海通道。"博昌习船者"，应是出身博昌的熟练水手。由史籍"博昌习船者"与"齐习船者"互称的情形，可以知道"博昌习船者"应是齐地"习船"技术人员的代表。司马迁使用"齐习船者"称谓，应当自有道理。

"博昌习船者"称谓的出现，应反映两种情形。一、博昌出身的"习船者"的数量可能比较集中；二、博昌出身的"习船者"技能可能相对高超。但是应当考虑到卜式身为齐相只能表态调用属于齐国的航海人才的情形。

我们由司马迁"齐习船者"称谓取得齐地拥有可观数量的航海水手的认识，应当是符合历史真实的。

六　卜式愿与"齐习船者"往死南越的航路

南越国执政者吕嘉反，卜式上书汉武帝，请与"博昌习船者"、"齐习船者"往死南越。卜式时为齐相，应当是比较了解"博昌习船者"、

---

① 刘昭注补："古薄姑氏。杜预曰薄姑地。"

② 刘昭注补："《左传》：齐侯田于贝丘。杜预曰：县南有地名贝丘。"

③ 刘昭注补："《左传》：庄九年，战于乾时。杜预曰：时水在县界岐流，旱则竭涸，故曰乾时。"

④ 李贤注："千乘故城在今淄州高苑县北。乐安故城在今青州博昌县南。"

⑤ 原注："山见《说文》，班《志》无之，此误增。"

⑥ 〔清〕胡渭：《禹贡锥指》，邹逸麟整理，上海古籍出版社 1996 年版，第 98 页。

"齐习船者"的实际技能水准的。通过卜式这一积极表态，我们也可以得知"博昌习船者"、"齐习船者"这些航海人才不仅以他们的实践推动了东亚海路交通进步的历程，也具备远航南海的技术能力。

卜式作为齐地行政长官，以文书形式传递至汉武帝的信息中所谓"临菑习弩、博昌习船者"，必有比较准确可靠的依据。"博昌习船者"的能力，应有确定的航海成功经历以为测定条件。

反映先秦时期齐地与吴越地方实现海上交通的史例，有《左传·哀公十年》：吴大夫徐承"帅舟师将自海入齐，齐人败之，吴师乃还"。[①] 据《史记》卷四一《越王句践世家》，范蠡在灭吴之后，"装其轻宝珠玉，自与其私徒属乘舟浮海以行，终不反"。[②] 另一著名史例，是越王勾践迁都于琅邪。[③] 秦汉时期，齐地航海能力的优势，又得到了进一步扩展的条件。秦始皇、汉武帝对方士海上活动的支持，促成了航海能力的进步和早期海洋学的萌芽。[④] 近海航运能力达到了空前优越的程度。[⑤] 汉武帝时代东洋航线与南洋航线均已开通。[⑥]

以往分析秦汉北方滨海地区与东南地区海上交通联系的实现，人们较多肯定越人的贡献。[⑦] 通过卜式上书"南越反，臣愿父子与齐习船者往死之"，"臣愿与子男及临菑习弩、博昌习船者请行死之"，后人所谓"卜式朴忠，未战而义形于色"[⑧] 故事，可知齐地航海家应当已经具备远航"南越"的实际经验。

东汉末年，多有北人辗转至会稽又浮海南下交州避战乱者。东海郯人王朗，除菑丘长，又任会稽太守，为孙策所败，"浮海至东冶"，后又

---

① 《春秋左传集解》，上海人民出版社 1977 年版，第 1766 页。

② 参看王子今《范蠡"浮海出齐"事迹考》，《齐鲁文化研究》第 8 辑，泰山出版社 2009 年版。

③ 参看辛德勇《越王句践徙都琅邪事析义》，《文史》2010 年第 1 辑。

④ 参看王子今《略论秦始皇的海洋意识》，《光明日报》2012 年 12 月 13 日。

⑤ 参看王子今《秦汉时期的近海航运》，《福建论坛》1991 年第 5 期。

⑥ 参看王子今《秦汉时期的东洋与南洋航运》，《海交史研究》1992 年第 1 期；《汉武帝时代的海洋探索与海洋开发》，《中国高校社会科学》2013 年第 4 期。

⑦ 参看王子今《秦汉闽越航海史略》，《南都学坛》2013 年第 5 期。

⑧ 《旧唐书》卷一八上《武宗纪上》。《史记》卷三〇《平准书》载汉武帝诏作"虽未战，可谓义形于内"。《汉书》卷五八《卜式传》作"虽未战，可谓义形于内矣"。颜师古注："形，见也。"

“自曲阿展转江海”，终于归魏。[①]《后汉书》卷三七《桓荣传》及卷四五《袁安传》记述桓晔、袁忠等人避居会稽，又“浮海客交阯”，“浮海南投交阯”事。《三国志》卷三八《蜀书·许靖传》记载，曾追随王朗的许靖与袁沛、邓子孝等“浮涉沧海，南至交州”，一路“经历东瓯、闽、越之国，行经万里，不见汉地，漂薄风波，绝粮茹草，饥殍荐臻，死者大半”。这一航线于孙吴经营东南之后，航运条件有所改善。《三国志》卷四七《吴书·吴主传》记载，“（嘉禾元年）三月，遣将军周贺、校尉裴潜乘海之辽东。[②] 秋九月，魏将田豫要击，斩贺于成山。冬十月，魏辽东太守公孙渊遣校尉宿舒、阆中令孙综称藩于权，并献貂马。权大悦，加渊爵位”。周贺等“乘海之辽东”和宿舒等“称藩于权，并献貂马”，都反映经历齐地与吴越海域航路的畅通。随后，孙吴政权又曾“遣使浮海与高句骊通，欲袭辽东”。[③] 航程之辽远，表现出体现于航运力量的优势。赤乌二年（239），又“遣使者羊衜、郑胄、将军孙怡之辽东，击魏守将张持、高虑等，虏得男女”。[④] 考察东汉晚期以后航海事业的进步时，对于三百多年前卜式上书所见与“博昌习船者”、“齐习船者”“请行”南越，即纵贯渤海、黄海、东海和南海的远航设想，也应当予以充分关注。

即以汉武帝时代而言，杨仆两任楼船将军出征[⑤]，可以体现以楼船军为主力的南海和渤海两次重要战役中部队编成、装备形式和战争策略的一致性。

秦汉时期是东洋和南洋航路得到空前程度的开发的历史阶段。[⑥] 以往的认识，以为燕齐人对于东洋航运的进步贡献甚大，而发展南洋航运的主要功臣是南越人。这样的认识现在看来尚有待于深化和充实。卜式

---

① 《三国志》卷一三《魏书·王朗传》。

② 据《三国志》卷八《魏书·公孙渊传》裴松之注引《魏略》，孙吴船队越海北航并非一次，“比年以来，复远遣船，越渡大海，多持货物，诳诱边民”，“使周贺浮舟百艘，沈滞津岸，贸迁有无”。船队规模和载运量都相当可观。

③ 《三国志》卷三《魏书·明帝纪》。

④ 《三国志》卷四七《吴书·吴主传》。

⑤ 元鼎五年（前112）楼船将军杨仆击南越事，见《史记》卷一一三《南越列传》、卷一一四《东越列传》。元封二年（前109）楼船将军杨仆击朝鲜事，见《史记》卷一一五《朝鲜列传》。

⑥ 参看王子今《秦汉时期的东洋与南洋航运》，《海交史研究》1992年第1期。

"齐习船者"故事，应当可以拓宽我们考察秦汉航海史的视野，理解齐人对于中国航海事业的历史性进步建立多方面功勋的可能性。齐地"琅邪"地名在南洋的移用[①]，或许也可以看作增进这一认识的有参考价值的历史信息。

① 参看王子今《东海的"琅邪"和南海的"琅邪"》，《文史哲》2012年第1期。

吕母暴动与青州“海贼”

西汉初年，田横率徒属五百余人入海，居岛中，刘邦担心可能“为乱”。田横因刘邦追逼而自杀。[①] 西汉末年琅邪吕母起义也以“海上”作为活动基地。海上反政府武装，东汉以来，普遍称之为“海贼”。“海贼”以较强的机动性，形成了对“缘海”郡县行政秩序的威胁和破坏。航海能力的优越，使得“海贼”的活动区域幅面十分宽广。讨论“海贼”的活动与影响，也有必要注意陈寅恪曾经论述的“天师道与滨海地域之关系”。

一 “海垂”、“海崖”、“海濒”：行政难题

《汉书》卷二五下《郊祀志下》写道，王莽时代变更祭礼，言《周官》天地之祀，包括“祀天神，祭地祇，祀四望，祭山川，享先妣先祖”。王莽对“四望”有所解释：“四望，盖谓日月星海也。三光高而不可得亲，海广大无限界，故其乐同。”由于“海广大无限界”，于是具有与“三光”即“日月星”同样崇高的地位。

但是“海”与“高而不可得亲”的“三光”即“日月星”又有所不同。“海”是可以接触和亲近的。所谓“海广大无限界”，强调“海”以其辽阔而难以确知。因此，战国秦汉文字中“海”与“晦”有密切的关系。

所谓“海广大无限界”，对于高度集权的大一统王朝来说，也构成了行政难题。

---

① 《后汉书》卷二四《马援传》：“田横初自称齐王，汉定天下，横犹以五百人保于海岛，高祖追横，横自杀。”

海上，长期是中原内陆王朝控制力难以企及的空间，而沿海地方的行政机能亦相对比较落后。越接近海滨，则行政控制的实际能力不得不衰减。

《说苑·臣术》记载，越使诸发见梁王，自称“处海垂之际”。《盐铁论·险固》可见文学语：“句践不免为藩臣海崖。”《汉书》卷七二《鲍宣传》记载，汉哀帝时，谏大夫鲍宣上书批评时政，表达了请予接见的意愿：“高门去省户数十步，求见出入，二年未省，欲使海濒仄陋自通，远矣！愿赐数刻之间，极竭毣毣之思，退入三泉，死亡所恨。”所谓“海濒”，颜师古注：“‘濒’，涯也。”鲍宣的意思，是说身为中枢谏议近臣，距离皇帝所居不过数十步，两年未曾见面，“欲使海濒仄陋自通”，那当然就更难以实现了！[①]

所谓“海垂”、“海崖”、“海濒”，都指出滨海地方的边缘化地位。

回顾齐地早期海洋史，可以看到这样的故事。《史记》卷四六《田敬仲完世家》记载：“太公乃迁康公于海上，食一城。”此“海上”，很可能即因“海”所限定的偏僻地方。《韩非子·外储说右上》说到“太公望”杀害“齐东海上”“居士狂矞、华士”的故事：

> 太公望东封于齐，齐东海上有居士曰狂矞、华士，昆弟二人者立议曰：“吾不臣天子，不友诸侯，耕作而食之，掘井而饮之，吾无求于人也。无上之名，无君之禄，不事仕而事力。”太公望至于营丘，使吏执杀之以为首诛。周公旦从鲁闻之，发急传而问之曰：“夫二子，贤者也。今日飨国而杀贤者，何也？”太公望曰：“是昆弟二人立议曰：‘吾不臣天子，不友诸侯，耕作而食之，掘井而饮之，吾无求于人也，无上之名，无君之禄，不事仕而事力。’彼不臣天子者，是望不得而臣也。不友诸侯者，是望不得而使也。耕作而食之，掘井而饮之，无求于人者，是望不得以赏罚劝禁也。且无上名，虽知、不为望功；不仰君禄，虽贤、不为望功。不仕则不治，不任则不忠。且先王之所以使其臣民者，非爵禄则刑罚也。今四者不足以使之，则望当谁为君乎？不服兵革而显，不亲耕耨而名，又所以教于国也。今有

---

① 江淹《石劫赋》：“请去海人之仄陋，充公子之嘉客……”即用此典。〔明〕胡之骥注，李长路、赵威点校：《江文通集汇注》，中华书局1984年版，第23页。

马于此，如骥之状者，天下之至良也。然而驱之不前，却之不止，左之不左，右之不右，则臧获虽贱，不托其足。臧获之所愿托其足于骥者，以骥之可以追利辟害也。今不为人用，臧获虽贱，不托其足焉。已自谓以为世之贤士，而不为主用，行极贤而不用于君，此非明主之所臣也，亦骥之不可左右矣，是以诛之。”

“齐东海上”“居士狂矞、华士”自以为因“海上”的空间条件可以完全坚持面对政治权力的独立性：“吾不臣天子，不友诸侯，耕作而食之，掘井而饮之，吾无求于人也。无上之名，无君之禄，不事仕而事力。”“太公望”却以“望不得而臣也”，“望不得而使也”，“望不得以赏罚劝禁也”，“不为望用”，“不为望用”，“是以诛之”。

至于可以明确离开海岸的空间“海中”，实现行政控制自然异常困难。

二 航海能力与维护独立性的可能

《论语·公冶长》所见孔子“道不行，乘桴浮于海”的感叹，有人以为“寓言”[1]，有人以为“微言”[2]，有人以为“戏言”[3]，有人以为“假设之言”[4]，或说“乘桴浮海，当时发言，有无限酸楚”[5]，或说“浮海居夷，讥天下无贤君也”[6]。确实，孔子的牢骚，也可以读作向主流政治表示独立意志的文化宣言。

《史记》卷四一《越王句践世家》：“范蠡浮海出齐，变姓名，自谓鸱夷子皮，耕于海畔，苦身戮力。”是一例具体的“浮海”流亡事迹。又如《史记》卷八三《鲁仲连邹阳列传》：“聊城乱，田单遂屠聊城。归而言鲁连，欲爵之。鲁连逃隐于海上。”也是同样的在“海上”坚守个人文化立

---

① 〔宋〕张侃：《观海》，《张氏拙轩集》卷一；〔明〕邱濬：《孔侍郎传》，《重编琼台稿》卷二〇，文渊阁《四库全书》本。

② 〔清〕毛奇龄：《论语稽求篇》卷二，文渊阁《四库全书》本。

③ 《朱子语类》卷三六《子欲居九夷章》，文渊阁《四库全书》本。

④ 〔元〕明炳文：《四书通·论语通》卷三，文渊阁《四库全书》本。

⑤ 〔明〕刘宗周：《论语学案》卷三，文渊阁《四库全书》本。

⑥ 《程氏经说》卷七《论语说》，文渊阁《四库全书》本。

场的实例。

有学者曾经指出中国古代“海域圈”与“陆”“保持着独自性”的特征[1]，这自然是以交通条件为背景的。另一“入海”以显示自异于大陆政治文化形态的典型例证，是上文曾经论及的田横及其五百士的事迹。与范蠡、鲁连不同，这是一起武装集团“在海中”与正统王朝相抗争的事件。

田横五百士壮烈表现形成的文化影响，《史记》卷九四《田儋列传》司马贞《索隐述赞》称之为“海岛传声”。所谓“与其徒属五百余人入海，居岛中”，“守海岛中”[2]，《后汉书》卷二四《马援传》李贤注写作“以五百人保于海岛”。田横所居之海岛，后世称“田横岛”，仍有流亡隐居故事。[3]

田横“与其徒属五百余人入海，居岛中”，割据海岛的情形，使得刘邦有“今在海中不收，后恐为乱”的担忧。《汉书》卷一下《高帝纪下》写作“（田横）与宾客亡入海，上恐其久为乱”。刘邦就此专门有军事部署。据《史记》卷九八《傅靳蒯成列传》写道，“（傅宽）为齐右丞相，备齐。”裴骃《集解》：“张晏曰：‘时田横未降，故设屯备。’”

据《史记》卷一〇六《吴王濞列传》，吴楚七国之乱发起时，刘濞集团中也有骨干分子在谋划时说：“击之不胜，乃逃入海，未晚也。”《汉书》卷三五《荆燕吴传・吴王刘濞》：“不胜而逃入海，未晚也。”又《史记》卷一一四《东越列传》记载，闽粤王弟余善面对汉王朝军事压力，与宗族相谋：“今杀王以谢天子。天子听，罢兵，固一国完；不听，乃力战；不胜，即亡入海。”所谓“逃入海”，“亡入海”，其实是另一种武装抗争的形式。

---

① 于逢春：《构筑中国疆域的文明板块类型及其统合模式序说》，《中国边疆史地研究》2006年第3期。

② 张守节《正义》：“按：海州东海县有岛山，去岸八十里。”

③ 《北齐书》卷三四《杨愔传》说杨愔从兄幼卿逃亡事：“遂弃衣冠于水滨若自沉者，变易名姓，自称刘士安，入嵩山……又潜之光州，因东入田横岛，以讲诵为业，海隅之士，谓之刘先生。”事又见《北史》卷四一《杨愔传》。

三　琅邪女子吕母“引兵入海”

王莽专政时期出现的武装反抗势力“盗贼”中，有以“海上”为根据地或者主要活动区域的。《汉书》卷九九下《王莽传下》记述吕母起义情节：

> 临淮瓜田仪等为盗贼，依阻会稽长州，琅邪女子吕母亦起。初，吕母子为县吏，为宰所冤杀。母散家财，以酤酒买兵弩，阴厚贫穷少年，得百余人，遂攻海曲县，杀其宰以祭子墓。引兵入海，其众浸多，后皆万数。

《后汉书》卷一一《刘盆子传》也有相关记载：

> 天凤元年，琅邪海曲有吕母者[①]，子为县吏，犯小罪，宰论杀之。吕母怨宰，密聚客，规以报仇。母家素丰，赀产数百万，乃益酿醇酒，买刀剑衣服。少年来酤者，皆赊与之，视其乏者，辄假衣裳，不问多少。数年，财用稍尽，少年欲相与偿之。吕母垂泣曰：“所以厚诸君者，非欲求利，徒以县宰不道，枉杀吾子，欲为报怨耳。诸君宁肯哀之乎！”少年壮其意，又素受恩，皆许诺。其中勇士自号“猛虎”，遂相聚得数十百人，因与吕母入海中，招合亡命，众至数千。吕母自称“将军”，引兵还攻破海曲，执县宰。诸吏叩头为宰请。母曰：“吾子犯小罪，不当死，而为宰所杀。杀人当死，又何请乎？”遂斩之，以其首祭子冢，复还海中。

吕母作为“盗贼”，“入海中，招合亡命，众至数千”，“引兵入海，其众浸多，后皆万数”，成事后“复还海中”的活动特征是值得注意的。吕母

① 李贤注：“海曲，县名，故城在密州莒县东。”《续汉书·郡国志三》“琅邪国”无“海曲”，有“西海”县。王先谦《后汉书集解》：“钱大昕曰，《前志》无西海，盖‘海曲’之讹。”“引惠栋曰，何焯云疑‘海曲’之讹。”

因此被后世称为“东海吕母”。①

据《后汉书》卷一一《刘盆子传》，赤眉军起事正在海滨地区：

> 后数岁，琅邪人樊崇起兵于莒，众百余人，转入太山，自号“三老”。时青、徐大饥，寇贼蜂起，众盗以崇勇猛，皆附之，一岁间至万余人。崇同郡人逄安，东海人徐宣、谢禄、杨音，各起兵，合数万人，复引从崇。共还攻莒，不能下，转掠至姑幕，因击王莽探汤侯田况，大破之，杀万余人，遂北入青州，所过虏掠。还至太山，留屯南城。初，崇等以困穷为寇，无攻城徇地之计，众既寖盛，乃相与为约：杀人者死，伤人者偿创。以言辞为约束，无文书、旌旗、部曲、号令。其中最尊者号“三老”，次“从事”，次“卒史”，泛相称曰“巨人”。王莽遣平均公廉丹、太师王匡击之。崇等欲战，恐其众与莽兵乱，乃皆朱其眉以相识别，由是号曰“赤眉”。赤眉遂大破丹、匡军，杀万余人，追至无盐，廉丹战死，王匡走。崇又引其兵十余万，复还围莒，数月。或说崇曰：“莒，父母之国，奈何攻之?”乃解去。

而以“海中”作为隐蔽和集结地点的吕母的部队与赤眉军有友军的关系。吕母去世后，其部众并入赤眉等军：“时吕母病死，其众分入赤眉、青犊、铜马中。赤眉遂寇东海，与王莽沂平大尹战，败，死者数千人，乃引去。”

吕母后来虽被称作“东海吕母”，其起事地点则在琅邪海曲，地在今山东日照，与东海郡有一定距离。所谓“东海吕母”者，强调其部众的海上根据地和主要活动地方在东海海域。

---

① 《晋书》卷九六《列女传·何无忌母刘氏》：“何无忌母刘氏，征虏将军建之女也。少有志节。弟牢之为桓玄所害，刘氏每衔之，常思报复。及无忌与刘裕定谋，而刘氏察其举厝有异，喜而不言。会无忌夜于屏风里制檄文，刘氏潜以器覆烛，徐登橙于屏风上窥之，既知，泣而抚之曰：‘我不如东海吕母明矣！既孤其诚，常恐寿促，汝能如此，吾仇耻雪矣。’因问其同谋，知事在裕，弥喜，乃说桓玄必败、义师必成之理以劝勉之。后果如其言。”

四 “海贼”的发生与活跃

主要活动于“海上”、“海中”的反政府武装，通常称为“海贼”。

如《后汉书》卷五《安帝纪》：“（永初三年）秋七月，海贼张伯路等寇略缘海九郡。遣侍御史庞雄督州郡兵讨破之。”四年（110）春正月，“海贼张伯路复与勃海、平原剧贼刘文河、周文光等攻厌次，杀县令。遣御史中丞王宗督青州刺史法雄讨破之”。又《后汉书》卷六《顺帝纪》：阳嘉元年（132）二月，“海贼曾旌等寇会稽，杀句章、鄞、鄮三县长，攻会稽东部都尉。诏缘海县各屯兵戍”。

“海贼”称谓频繁出现于东汉时期，反映当时已经形成了具有较大影响的反政府的海上武装集团。“海贼”遭遇朝廷军队“讨破”，反映这样的武装力量对抗汉王朝的性质。东汉“楼船军”有南海航行的记录[①]，勃海与东海控制能力似有衰减。“楼船军”建设的高潮已成过去。[②]“海贼”势力的兴起，或许也与此有关。

当时勃海、东海、南海海域都有“海贼”活动。

史籍记述“海贼”的活动包括“寇略”地方，“攻”行政机关，“杀”军政长官。如“海贼张伯路等寇略缘海九郡”，对沿海行政秩序的冲击是强烈的。《后汉书》卷三八《法雄传》说，“海贼张伯路等”遭遇多路政府军的联合围攻，“共斩平之，于是州界清静”。可知“海贼”活动对正常的社会秩序的破坏。

《后汉书》卷六《顺帝纪》记载“海贼曾旌等寇会稽，杀句章、鄞、

---

① 《后汉书》卷一下《光武帝纪下》：建武十八年（42）四月，“遣伏波将军马援率楼船将军段志等击交阯贼徵侧等”。《后汉书》卷二四《马援传》：“玺书拜援伏波将军，以扶乐侯刘隆为副，督楼船将军段志等南击交阯。”“援将楼船大小二千余艘，战士二万余人，进击九真贼徵侧余党都羊等。”《后汉书》卷八六《南蛮传》：“十六年，交阯女子徵侧及其妹徵贰反”，“十八年，遣伏波将军马援、楼船将军段志，发长沙、桂阳、零陵、苍梧兵万余人讨之”。又《后汉书》卷一七《岑彭传》，建武九年，岑彭攻公孙述，“装直进楼船、冒突露桡数千艘”。有学者据此以为“水军出征”史例。张铁牛、高晓星：《中国古代海军史》（修订版），第33页。然而此战使用“楼船”，却不是“楼船军”作战。

② 《后汉书》卷一下《光武帝纪下》：建武七年三月丁酉诏，以“今国有众军，并多精勇”，宣布“宜且罢”“楼船士”，“令还复民伍”。参看王子今《秦汉帝国执政集团的海洋意识与沿海区域控制》，《白沙历史地理学报》第3期（2007年4月）。

郧三县长，攻会稽东部都尉”事，《续汉书·天文志中》写作：

> 会稽海贼曾於等千余人烧句章，杀长吏，又杀鄞、郧长，取官兵，拘杀吏民，攻东部都尉。

“曾於”应当就是“曾旌”。与《顺帝纪》不同的是，《续汉书》称其为“会稽海贼”。对其行为的记录也更为具体。所谓“烧句章，杀长吏，又杀鄞、郧长，取官兵，拘杀吏民，攻东部都尉”，反映了其攻击力的强劲。其实，在“会稽海贼曾於”危害地方行政之前，已经有“海贼浮于会稽”的记载。《续汉书·天文志中》刘昭《注补》引《古今注》：

> 六年，彗星出于斗、牵牛，灭于虚、危。虚、危为齐，牵牛吴、越，故海贼浮于会稽，山贼捷于济南。

“海贼”和“山贼”的对应关系所透露的历史行政地理的信息，也值得注意。

《后汉书》卷五《安帝纪》“海贼张伯路复与勃海、平原剧贼刘文河、周文光等攻厌次，杀县令，遣御史中丞王宗督青州刺史法雄讨破之”的记载，更明确说明了“海贼”和陆上“剧贼”联合作战的情形。①

史籍可见“渤海贼”的称谓。清人姚之骃《后汉书补逸》卷二一《司马彪续后汉书第四·渤海贼》：“渤海妖贼盖登等称‘太上皇帝’，有玉印五，皆如白石。”②《后汉书》卷七《桓帝纪》记载延熙六年（163）十一月事：“南海贼寇郡界。”这里“南海贼”之“南海”，是南海郡的意思，似乎并非指说“南海”海域。③《三国志》卷六〇《吴书·吕岱传》：“庐陵贼李桓、路合、会稽东冶贼随春、南海贼罗厉等一时并起。”

---

① 《太平御览》卷八八〇引《后汉书》：“安帝时……郡国九地震。明年，海贼张伯路与平原刘文何、周文光等叛，攻杀令长。”

② 姚之骃原注：“案贼事何必细载，范删为是。”文渊阁《四库全书》本。《后汉书》卷七《桓帝纪》：“勃海妖贼盖登等称‘太上皇帝’，有玉印、珪、璧、铁券，相署置，皆伏诛。”李贤注引《续汉书》曰：“时登等有玉印五，皆如白石，文曰‘皇帝信玺’、‘皇帝行玺’，其三无文字。璧二十二，珪五，铁券十一。开王庙，带王绶，衣绛衣，相署置也。”“皇帝信玺”与姚之骃《后汉书补逸》“皇帝信写”不同。

③ 《晋书》卷一〇《安帝纪》：“（义熙十三年秋七月）南海贼徐道期陷广州，始兴相刘谦之讨平之。”所谓“南海贼”，也应如此理解。

下文又说叛乱平定之后，“三郡晏然”。可知“南海”与“庐陵”、“会稽”同样，也是郡名。然而孙权诏说到“（罗）厉负险作乱”，所谓“负险”，指出其部众利用了“海上”自然地理条件。

《后汉书》卷八一《独行列传·彭脩》记录了这样的故事：“彭脩字子阳，会稽毗陵人也。年十五时，父为郡吏，得休，与脩俱归，道为盗所劫，脩困迫，乃拔佩刀前持盗帅曰：‘父辱子死，卿不顾死邪?’盗相谓曰：‘此童子义士也，不宜逼之。’遂辞谢而去。乡党称其名。”这位“童子义士”后来任地方官，有平定“海贼”的经历。《太平御览》卷四六五引《吴录》：“彭循字子阳，毗陵人。建国二年，海贼丁仪等万人据吴。太守秋君闻循勇谋，以守令。循与仪相见，陈说利害，应时散。民歌之曰：‘时岁仓卒贼纵横，大戟强弩不可当，赖遇贤令彭子阳。’”这里的“彭循”就是“彭脩”，因“脩”、“循”形近而讹。姚之骃《后汉书补逸》卷一一《谢承后汉书第三·彭脩》：“彭脩，字子阳。海贼丁义欲向郡，郡内惊惶，不能捍御。太守闻脩义勇，请守吴令。身与义相见，宣国威德，贼遂解去。民歌之曰：‘时岁仓卒，盗贼从横，大戟强弩不可当，赖遇贤令彭子阳。’”原注：“案脩，会稽毗陵人。时仕郡为功曹。海贼所向，即脩之本郡也。《范书》称贼张子林作乱，郡请脩守吴，脩与太守俱出讨贼，飞矢雨集。脩障扞太守，而为流矢所中，死。太守得全，贼素闻其恩信，即杀弩中脩者，余悉皆降。言曰：‘自为彭君故，降不为太守服也。’与此不同。”①

“会稽海贼曾於等千余人”，“与吕母入海中”的“亡命”，据说“众至数千”，或说“引兵入海，其众浸多，后皆万数”，这些都是体现“海贼”集团规模的史例。②《三国志》卷七《魏书·陈登传》裴松之注引《先贤行状》说：“太祖以登为广陵太守，令阴合以图吕布。登在广陵，明审赏罚，威信宣布。海贼薛州之群万有余户，束手归命。”③“海贼”拥

---

① 今按：《后汉书》卷八一《独行列传·彭脩》：“后州辟从事。时贼张子林等数百人作乱，郡言州，请脩守吴令。脩与太守俱出讨贼，贼望见车马，竞交射之，飞矢雨集。脩障扞太守，而为流矢所中死，太守得全。贼素闻其恩信，即杀弩中脩者，余悉降散。言曰：‘自为彭君故降，不为太守服也。’”

② 《三国志》卷四七《吴书·孙权传》中“会稽妖贼许昌”与“海贼胡玉”事连说，这一武装集团“众以万数”的情形也值得重视。

③ 元人郝经《郝氏续后汉书》卷一四《汉臣列传·陈登》：“登赴广陵，治射阳，明审赏罚，宣布威信。海贼薛州以万户归命。未及期年，政化大行，百姓畏而爱之。”

众竟然至于“万有余户”，规模是相当惊人的。

《后汉书》卷七七《酷吏列传·董宣》记载了北海相董宣以残厉手段镇压大户公孙丹的史例：“董宣字少平，陈留圉人也。初为司徒侯霸所辟，举高第，累迁北海相。到官，以大姓公孙丹为五官掾。丹新造居宅，而卜工以为当有死者，丹乃令其子杀道行人，置尸舍内，以塞其咎。宣知，即收丹父子杀之。丹宗族亲党三十余人，操兵诣府，称冤叫号。宣以丹前附王莽，虑交通海贼，乃悉收系剧狱，使门下书佐水丘岑尽杀之。青州以其多滥，奏宣考岑，宣坐征诣廷尉。在狱，晨夜讽诵，无忧色。及当出刑，官属具馔送之，宣乃厉色曰：‘董宣生平未曾食人之食，况死乎！’升车而去。时同刑九人，次应及宣，光武驰使驺骑特原宣刑，且令还狱。遣使者诘宣多杀无辜，宣具以状对，言水丘岑受臣旨意，罪不由之，愿杀臣活岑。使者以闻，有诏左转宣怀令，令青州勿案岑罪。岑官至司隶校尉。”董宣故事所见沿海郡国主要行政长官对地方豪族“交通海贼”的防范，竟然采用“悉收系剧狱”，“尽杀之”的手段，说明“海贼”势力对沿海地方行政确实形成了严重的威胁。

《三国志》卷一二《魏书·何夔传》：“海贼郭祖寇暴乐安、济南界，州郡苦之。”显示“海贼”活动深入陆地的事实。东汉以后，似乎东南方向的“海贼”危害更为严重。这就是“会稽海贼”活跃以及频繁见于史籍的“海贼……寇会稽”情形。前引《古今注》称之为“海贼浮于会稽”。《三国志》卷五二《吴书·孙休传》：“（永安七年）秋七月，海贼破海盐，杀司盐校尉骆秀。”也体现了“海贼”严重侵害王朝行政的情形。《晋书》卷二六《食货志》：“（咸和）六年，以海贼寇抄，运漕不继，发王公以下余丁，各运米六斛。”“海贼寇抄”导致朝廷“运漕不继”，也就是说，执政王朝的经济命脉也为“海贼”扼控。“海贼浮于会稽”的形势，也与全国经济重心向东南方向转移的历史变化有关。①

① 自两汉之际以来，江南经济得到速度明显优胜于北方的发展。正如傅筑夫所指出的：“从这时起，经济重心开始南移，江南经济区的重要性亦即从这时开始以日益加快的步伐迅速增长起来，而关中和华北平原两个古老的经济区则在相反地日益走向衰退和没落。这是中国历史上一个影响深远的巨大变化，尽管表面上看起来并不怎样显著。”傅筑夫：《中国封建社会经济史》，人民出版社 1982 年版，第 2 卷第 25 页。

五　居延简文所见“临淮海贼”

居延汉简中可以看到出现“海贼”字样的简文：

> ☑书七月己酉下V一事丞相所奏临淮海贼V乐浪辽东
> ☑得渠率一人购钱卌万诏书八月己亥下V一事大（33.8）①

对于简33.8所见“海贼”称谓的意义，研究者以往似重视不够。陈直相关论述未就“海贼”身份进行讨论。大庭脩主持编定的《居延汉简索引》不列“海贼”条。②

在已经发表的居延汉简中，简33.8中出现的“临淮”、“乐浪”、“辽东”郡名，都是仅见的一例。③以东方沿海地区军事行政事务为主题的公文在西北边塞发现，值得我们关注。

简文涉及“诏书”内容，其中“得渠率一人购钱卌万”，悬赏额度之高是十分惊人的。查河西汉简可能属于“购科赏”④、“购赏科条”⑤的简文，“购钱”通常为“十万”、“五万”：

> 购钱十万　居延简EPT22：224，EPT22：225，敦煌简792
> 购钱五万　居延简EPT22：226，EPT22：233，EPT22：234

居延汉简可以看到同时出现两种赏格的简文，例如：

> 群辈贼发吏卒毋大爽宜以时行诛愿设购赏有能捕斩严歆君阑等渠

① 谢桂华、李均明、朱国炤：《居延汉简释文合校》，文物出版社1987年版，上册第51页。

② 関西大学東西学術研究所：《居延漢簡索引》，関西大学出版部1995年版。

③ 可见“乐浪”郡名者，又有敦煌汉简一例，即“戍卒乐浪王谭”（826），吴礽骧、李永良、马建华释校：《敦煌汉简释文》，甘肃人民出版社1991年版，第84—85页。

④ 居延汉简EPF22：231，甘肃省文物考古研究所、甘肃省博物馆、中国文物研究所、中国社会科学院历史研究所：《居延新简：甲渠候官》，中华书局1994年版，上册第217页，下册第511页。

⑤ 额济纳汉简2000ES9SF4：6，魏坚主编：《额济纳汉简》，广西师范大学出版社2005年版，第232页。

率一人购钱十万党与五万吏捕斩强力者比三辅

☑司劾臣谨□如□言可许臣请□☑严歆等渠率一人☑党与五万☑(503.17，503.8)

“渠率”和“党与”的“购钱”，分别是“十万”和“五万”。这里“渠率一人购钱十万”，而简33.8“渠率一人购钱卌万”。数额相差之悬殊，体现出“海贼”活动对当时行政秩序危害之严重。

居延汉简33.8所见“海贼”字样，为我们从词汇史的角度理解“海贼”称谓提供了新的资料。

分析简33.8的年代，不宜忽略简文中“七月己酉”和“八月己亥”两个日期所提供的信息。从简文内容看，“七月己酉”和“八月己亥”应在同一年。据徐锡祺《西周（共和）至西汉历谱》，自汉武帝太始时期至新莽时期，有15个年份有“七月己酉”日和“八月己亥”日：汉武帝太始元年（前96），汉昭帝始元六年（前81），汉宣帝本始三年（前71），汉宣帝本始四年（前70），汉宣帝神爵二年（前60），汉宣帝甘露四年（前50），汉宣帝黄龙元年（前49），汉元帝永光五年（前39），汉成帝阳朔元年（前24），汉成帝永始三年（前14），汉成帝永始四年（前13），汉哀帝建平四年（前3），汉孺子婴居摄三年（8），王莽天凤元年（14），王莽天凤五年（18）。[①] 其中汉宣帝神爵二年（前60）与汉成帝永始四年（前13），得到居延汉简简文的印证。据任步云对居延汉简简文的研究，又有两个年份汉成帝阳朔元年（前24）和永始四年（前13）有“七月己酉”日和“八月己亥”日。[②] 据陈垣《二十史朔闰表》，东汉初年的汉光武帝、汉明帝时代，又有7个年份有“七月己酉”日和“八月己亥”日。即汉光武帝建武十年（34），建武二十年（44），建武二十一年（45），建武三十年（54），建武三十一年（55），汉明帝永平八年（65），永平十三年（70）。[③]

《汉书》卷二八上《地理志上》记载：“临淮郡，武帝元狩六年置。莽曰淮平。”谭其骧指出，“《后书·侯霸传》：王莽时为淮平大尹。”[④]

---

① 徐锡祺：《西周（共和）至西汉历谱》，北京科学技术出版社1997年版。

② 任步云：《甲渠候官汉简年号朔闰表》，《汉简研究文集》，甘肃人民出版社1984年版，第425、443、438、441页。

③ 陈垣：《二十史朔闰表》，中华书局1962年版。

④ 谭其骧：《新莽职方考》，《二十五史补编》，中华书局1955年版，第2册第1741页。

《汉书》卷九九中《王莽传中》说王莽肆意更改地名，事在“莽即真”当年即天凤元年（14）。[1] 有地名学者指出，“‘新朝’建立不久，王莽下令……任意更改各级地名……”[2] 依照这样的说法，似可排除简 33.8 年代为王莽天凤元年（14），王莽天凤五年（18）的可能。陈直《居延汉简综论》讨论这枚简时指出：“木简应为王莽天凤六年诏书残文，《汉书·王莽传》卷下云：‘临淮瓜田仪等为盗贼，依阻会稽长州，琅邪吕母亦起兵’，此天凤四年事。据《二十史朔闰表》，天凤四年八月为癸丑朔，十月为壬子朔。天凤五年八月为丁未朔，十月为丁未朔。皆八月中不得有己亥，十月中不得有乙酉。惟天凤六年八月为辛未朔，廿九日为己亥，十月为庚午朔，十六日为乙酉，皆与本简符合。《后汉书·刘盆子传》，记吕母起义，事在天凤元年，至本简诏书缉捕，已经过六年之久，与《汉书》亦可互相参证……”他的《居延汉简解要》称之为“王莽时名捕临淮海贼诏书”。讨论时引“《汉书·王莽传》卷下”，又举吕母起义故事详细情节：“初吕母子为县吏，为宰所冤杀，母散家财以酤酒，买兵弩，阴厚贫穷少年，得百余人，遂攻海曲县，杀其宰以祭子墓。引兵入海，其众浸多，后皆万数。”以为：“此天凤四年事，与本简所记丞相所奏临淮海贼，完全符合。又《王莽传》，‘地皇二年瓜田仪文降未出而死，莽求其尸，谥曰瓜宁殇男。’瓜田仪自起义至投降，前后达五年之久。又按：《太平御览》卷四百八十一，引《东观汉记》叙述吕母起义事，与《王莽传》略同。《后汉书·刘盆子传》，叙吕母起义事，在天凤元年，数岁吕母病死，其众分入赤眉青犊铜马中。惟李贤注，记吕母子名吕育，为游徼犯罪，则较《汉书·王莽传》为详。”[3] 以为瓜田仪、吕母就是“临淮海贼”，还需要更深入的论证。而居延汉简 33.8 即“王莽天凤六年诏书残文”的判断，则与王莽天凤元年（14）即改“临淮”郡为“淮平”郡的事实不符合。而《汉书》卷九九下《王莽传下》说“临淮瓜田仪等为盗贼，依阻会稽长州，琅邪女子吕母亦起”之所谓“临淮”，是班固的记述，使用的是《汉书》卷九九中《王莽传中》所谓“吏民不能纪，每下诏书，辄系其故名”的“故名”。

---

① 《汉书》卷九九中《王莽传中》：“其后，岁复变更，一郡至五易名，而还复其故。吏民不能纪，每下诏书，辄系其故名。”

② 华林甫：《中国地名学源流》，湖南人民出版社 1999 年版，第 34 页。

③ 陈直：《居延汉简研究》，天津古籍出版社 1986 年版，第 104、200、274 页。

“临淮”郡名的又一次变化，是汉明帝将临淮郡“更为下邳国”，一说将临淮郡地“益下邳国”。《后汉书》卷二《明帝纪》：“（永平）十五年春二月……癸亥，帝耕于下邳。”“夏四月庚子，车驾还宫。改……临淮为下邳国。”封皇子刘衍“为下邳王”。《续汉书·郡国志三》：“下邳国”条：“武帝置为临淮郡，永平十五年更为下邳国。”而《后汉书》卷五〇《孝明八王列传·下邳惠王刘衍》则记载：“下邳惠王衍，永平十五年封。衍有容貌，肃宗即位，常在左右。建初初冠，诏赐衍师傅已下官属金帛各有差。四年，以临淮郡及九江之锺离、当涂、东城、历阳、全椒合十七县益下邳国。”关于“临淮郡”与“下邳国”关系的年代记录略有差异。然而汉明帝以后即不存在“临淮郡”，是可以明确的。

这样说来，简33.8的年代，至迟应在汉明帝永平十三年（70）之前。也就是说，简33.8简文所见“海贼”称谓，至迟也早于正史中最早的“海贼”记录汉安帝永初三年（109）39年。毫无疑问，简33.8提供了有关“海贼”活动之年代最早的明确的历史文化信息。这一资料对于我们研究汉代社会史、行政史、治安史、军事史、航海史，都有非常重要的价值。[①]

简33.8所见“临淮海贼∨乐浪辽东”字样，反映“临淮海贼”的活动区域幅面之广阔，竟然可以至于“乐浪辽东”，冲击辽东半岛和朝鲜半岛的社会生活。以现今航海里程计，连云港至大连339海里（628千米），大连至朝鲜平壤地区的出海口南浦180海里（330千米）。[②]

“临淮海贼”虽然以“临淮”地名作为称谓标号，但是其活动的主要海域应是“临淮”与“乐浪辽东”之间的山东半岛近海。我们讨论齐地的航海能力优势，不能忽略这一在海上航运开发事业中具有优越实力，居于先进地位的力量。

六 “海贼”的海上运动战

“海贼张伯路等寇略缘海九郡”等记载[③]，表明这些海上反政府武装

---

① 参看王子今《居延简文“临淮海贼”考》，《考古》2011年第1期。

② 《中华人民共和国分省地图集》，中国地图出版社1999年版，第65—66、25—26页。

③ 《后汉书》卷三八《法雄传》写作“寇滨海九郡”。《太平御览》卷八七六引《后汉书》曰：“安帝时，京师大风，拔南郊梓树九十六。后海贼张伯路略九郡。”

的机动性是非常强的。《后汉书》卷三八《法雄传》关于法雄镇压“海贼”的内容，

> 永初三年，海贼张伯路等三千余人，冠赤帻，服绛衣，自称“将军”，寇滨海九郡，杀二千石令长。初，遣侍御史庞雄督州郡兵击之，伯路等乞降，寻复屯聚。明年，伯路复与平原刘文河等三百余人称“使者”，攻厌次城，杀长吏，转入高唐，烧官寺，出系囚，渠帅皆称“将军”，共朝谒伯路。伯路冠五梁冠，佩印绶，党众浸盛。乃遣御史中丞王宗持节发幽、冀诸郡兵，合数万人，乃征雄为青州刺史，与王宗并力讨之。连战破贼，斩首溺死者数百人，余皆奔走，收器械财物甚众。会赦诏到，贼犹以军甲未解，不敢归降。于是王宗召刺史太守共议，皆以为当遂击之。雄曰：“不然。兵，凶器；战，危事。勇不可恃，胜不可必。贼若乘船浮海，深入远岛，攻之未易也。及有赦令，可且罢兵，以慰诱其心，埶必解散，然后图之，可不战而定也。”宗善其言，即罢兵。贼闻大喜，乃还所略人。而东莱郡兵独未解甲，贼复惊恐，遁走辽东，止海岛上。五年春，乏食，复抄东莱间，雄率郡兵击破之，贼逃还辽东，辽东人李久等共斩平之，于是州界清静。

法雄注意到“海贼”在海滨作战的机动能力，担心“贼若乘船浮海，深入远岛，攻之未易也”。而事实上“海贼张伯路”的部队果然“遁走辽东，止海岛上”。随后竟然“复抄东莱间”，在战败后又“逃还辽东”，也体现出其海上航行能力之强。而政府军不得不“发幽、冀诸郡兵”围攻，镇压的主力军的首领法雄是“青州刺史”，最终战胜张伯路“海贼”的是“东莱郡兵”和“辽东人李久等”的部队，也说明“海贼”在山东半岛和辽东半岛间往复转战，频繁地“遁走”、“逃还”，是擅长使用海上运动战策略的。

《后汉书》卷六《顺帝纪》在“海贼曾旌等寇会稽，杀句章、鄞、鄮三县长，攻会稽东部都尉”句后记述：

> 诏缘海县各屯兵戍。

也说明“海贼”的攻击，是利用航海力量方面的优势的。

《三国志》卷一《魏书·武帝纪》写道，建安十年（205），“秋八月，公东征海贼管承，至淳于，遣乐进、李典击破之，承走入海岛”。“海贼管承”在被“击破”之后，实际上并没有被彻底剿灭，还可以转移到“海岛”休整。《三国志》卷一七《魏书·乐进传》说，“管承破走，逃入海岛，海滨平”。正如方诗铭所指出的，“管承仍可以‘逃入海岛’，曹操所取得的胜利不过是‘海滨平’，仅是将作为‘黄巾贼帅’的管承赶出青州沿海地区而已”。①

七 “海贼”与陈寅恪所论“天师道与滨海地域之关系”

陈寅恪曾经指出，天师道与滨海地域有密切关系，黄巾起义等反叛可以“用滨海地域一贯之观念以为解释”，“凡信仰天师道者，其人家世或本身十分之九与滨海地域有关”。② 这一文化地理现象的揭示，给予我们重要的启示。

《汉书》卷九九下《王莽传下》所谓“临淮瓜田仪等为盗贼，依阻会稽长州，琅邪女子吕母亦起”，并说空间跨度甚大的沿海武装反抗。《续汉书·天文志中》说，“会稽海贼曾於等千余人烧句章，杀长吏，又杀鄞、鄮长，取官兵，拘杀吏民，攻东部都尉；扬州六郡逆贼章何等称‘将军’，犯四十九县，大攻略吏民”。史家将“会稽海贼曾於等”和“扬州六郡逆贼章何等”事一并记述，也是值得注意的。

《三国志》卷六〇《吴书·吕岱传》：“黄龙三年，以南土清定，召（吕）岱还屯长沙沤口。会武陵蛮夷蠢动，岱与太常潘濬共讨定之。嘉禾三年，权令岱领潘璋士众，屯陆口，后徙蒲圻。四年，庐陵贼李桓、路合、会稽东冶贼随春、南海贼罗厉等一时并起。权复诏岱督刘纂、唐咨等分部讨击，春即时首降，岱拜春偏将军，使领其众，遂为列将，桓、厉等皆见斩获，传首诣都。权诏岱曰：‘厉负险作乱，自致枭首；桓凶狡反

---

① 方诗铭：《曹操·袁绍·黄巾》，上海社会科学院出版社1996年版，第258页。

② 陈寅恪：《天师道与滨海地域之关系》，《金明馆丛稿初编》（陈寅恪文集之二），上海古籍出版社1980年版，第1—40页。

复，已降复叛。前后讨伐，历年不禽，非君规略，谁能枭之？忠武之节，于是益著。元恶既除，大小震慑，其余细类，扫地族矣。自今已去，国家永无南顾之虞，三郡晏然，无怵惕之惊，又得恶民以供赋役，重用叹息。赏不逾月，国之常典，制度所宜，君其裁之。'"所谓"负险作乱"的"南海贼罗厉"与"庐陵贼李桓、路合、会稽东冶贼随春""一时并起"，朝廷军队虽然"分部讨击"，却是统一"规略"，由吕岱一人部署指挥"讨伐"事，事平之后孙权又有"国家永无南顾之虞，三郡晏然，无怵惕之惊"的说法，"会稽东冶贼随春""即时首降"，随即导致"（李）桓、（罗）厉等皆见斩获，传首诣都"，看来庐陵、会稽、南海的反叛，联合行动与彼此策应的关系是明显的。关于"会稽东冶贼"，可以联系《三国志》卷四七《吴书·吴主传》中的记载理解其特征："会稽妖贼许昌起于句章，自称阳明皇帝，与其子诏扇动诸县，众以万数。（孙）坚以郡司马募召精勇，得千余人，与州郡合讨破之。是岁，熹平元年也。"

对于"海贼"的活动，方诗铭曾经以较宽广的历史文化视角进行考察。他特别指出，东汉末年的青州是一个特殊地区。这里有着自然地理上濒临渤海和黄海的特点，又是河北、中原间的交通孔道，因而成为袁绍、公孙瓒、曹操割据势力之间的必争之地。同时，"黄巾"在这个地区结集了大量军事力量，被称为"海贼"的"黄巾贼帅"管承更长期据有滨海之地。[①]《三国志》卷一二《魏书·何夔传》："迁长广太守。郡滨山海，黄巾未平，豪杰多背叛，袁谭就加以官位。长广县人管承，徒众三千余家，为寇害。议者欲举兵攻之。夔曰：'承等非生而乐乱也，习于乱，不能自还，未被德教，故不知反善。今兵迫之急，彼恐夷灭，必并力战。攻之既未易拔，虽胜，必伤吏民，不如徐喻以恩德，使容自悔，可不烦兵而定。'乃遣郡丞黄珍往，为陈成败，承等皆请服。"《三国志》卷一《魏书·武帝纪》则直称"海贼管承"。"为什么讨伐这个'海贼'的战争有必要由曹操亲自指挥，并派出乐进、张郃、李典等大将出击？[②]原因即是，管承是长期雄据长广的'黄巾贼帅'，属于与曹操为敌的黄巾军。"

① 方诗铭：《青州·"青州兵"·"海贼"管承——论东汉末年的青州与青州黄巾》，《史林》1993年第2期。

② 《三国志》卷一《魏书·武帝纪》："公东征海贼管承，至淳于，遣乐进、李典击破之。"方诗铭还指出，又卷一七《魏书·乐进传》、卷一七《魏书·张郃传》、卷一八《魏书·李典传》都说到"征管承"、"讨管承"、"击管承"事。

管承“黄巾贼帅”的身份，见于《太平御览》卷七四引《齐地记》：“崂山东北五里入海有管彦岛，是黄巾贼帅管承后也。”

方诗铭考论的“‘海贼’管承”即青州“海贼”。青州“海贼”的特殊的能动力，是我们考察秦汉时期齐人的海洋探索和海洋开发时必须予以特别关注的。

正如方诗铭所分析的，“管承以‘黄巾’的秘密宗教为纽带，作为他与这些‘徒众’之间的联系”，此外，这样的武装力量，还有更为复杂的政治关系背景。如《三国志》卷一二《魏书·何夔传》关于管承事，除了说到“郡滨山海”的地理形势而外，还指出：“黄巾未平，豪杰多背叛，袁谭就加以官位。”而“被称为‘海贼’的郭祖，也是袁绍所任命的中郎将[①]，同样可以说明这一点”。[②] 方诗铭还指出，“安帝时被称为‘海贼’的张伯路起义，是原始道教形成过程中的重要标志之一，也是黄巾起义的先驱”。“有一点值得注意，即在张伯路起义时使用了‘使者’这一称号。”“‘使者’是原始道教的称号，即‘天帝使者’的简称。”[③]

“滨海地域”形成了具有鲜明个性的特殊的文化区域，当与自勃海至南海漫长的地带南北相互联系的方便的交通条件有关。除了秦汉时期“并海道”的陆路交通条件而外[④]，沿海地方的海上交通的便利也许表现出更重要的意义。[⑤] 而“海贼”们利用了这样的条件，也以自己的政治经济实践，推动海上交通的新的历史进步。探讨中国古代海洋文化的发展，不宜忽视“海贼”的历史作用。

通过对历史记录的分析我们可以发现，有的“海贼”也许并不以反抗执政王朝为目标，仅仅只是以抢掠“财物”为主要活动方式。《三国志》卷四六《吴书·孙破虏讨逆传》中有少年孙坚击杀“海贼”的记载：

> 少为县吏。年十七，与父共载船至钱唐，会海贼胡玉等从匏里上掠取贾人财物，方于岸上分之，行旅皆住，船不敢进。坚谓父曰：

---

① 方诗铭原注：“《三国志·魏志·吕虔传》。”

② 方诗铭：《曹操·袁绍·黄巾》，第254—257页。

③ 同上书，第234—237页。

④ 王子今：《秦汉时代的并海道》，《中国历史地理论丛》1988年第2期。

⑤ 王子今：《秦汉时期的近海航运》，《福建论坛》1991年第5期；《秦汉时期的东洋与南洋航运》，《海交史研究》1992年第1期。

> “此贼可击，请讨之。”父曰：“非尔所图也。”坚行操刀上岸，以手东西指麾，若分部人兵以罗遮贼状。贼望见，以为官兵捕之，即委财物散走。坚追，斩得一级以还；父大惊。由是显闻，府召署假尉。

“海贼”“掠取贾人财物”，只是破坏经济秩序和社会治安的匪徒。从他们“从匏里上掠取贾人财物，方于岸上分之，行旅皆住，船不敢进”等情节透露的行为特征看，“海贼”利用优越的海上航运的能力，也在江河水面作案。

说到这里，似乎亦应提示对汉代出现的“江贼”称谓的注意。《隶释》卷六《国三老袁良碑》有“讨江贼张路等，威震徐方”文句。有学者认为此“张路”就是“张伯路”。[①] 方诗铭说：“张伯路的根据地是在辽东海岛，军事行动所及也只在幽、冀、青三州，未曾到达过徐州。看来，张路不可能是张伯路，而是另一次起义的首领。”[②] 其实，讨论张伯路“军事行动所及”，《后汉书》卷五《安帝纪》“寇略缘海九郡”，卷三八《法雄传》“寇滨海九郡”，都还可以作进一步的分析。“缘海九郡”或“滨海九郡”，自辽东起，有辽西、右北平、渔阳、勃海、乐安、北海、东莱、琅邪。而右北平、渔阳海岸线甚短，如果不计入“缘海”“滨海”郡中，则“九郡”可以包括属于“徐方”的东海郡。我们更为关注的，是“海贼”和“江贼”并出的现象。至少因航运能力提高机动性和攻击力的武装集团能够形成社会影响，毕竟反映了交通史学者瞩目的历史事实。[③]

---

① 曾庸：《汉碑中有关农民起义的一些材料》，《文物》1960年第8、9期。

② 方诗铭：《曹操·袁绍·黄巾》，第235—236页。

③ 参看王子今、李禹阶《汉代的“海贼”》，《中国史研究》2010年第1期。

中　编

说“黄、腄、琅邪负海之郡”

所谓“黄、腄、琅邪负海之郡”，是屡见于史籍的地理概念。“黄、腄、琅邪负海之郡”所指地方，是“负海”的齐地。[①] 汉代人回顾秦史多言“黄、腄、琅邪负海之郡”承担沉重赋役压力和转输任务，是导致秦王朝迅速灭亡的直接因素之一。这一情形体现的历史文化信息，是讨论齐地的自然地理和人文地理面貌时应当认真关注的。

一　秦史记录中的“黄、腄、琅邪负海之郡”

《史记》卷一一二《平津侯主父列传》记载，主父偃谏伐匈奴，有引秦史教训以诫当今的言论：

> 昔秦皇帝任战胜之威，蚕食天下，并吞战国，海内为一，功齐三代。务胜不休，欲攻匈奴，李斯谏曰：“不可。夫匈奴无城郭之居，委积之守，迁徙鸟举，难得而制也。轻兵深入，粮食必绝；踵粮以行，重不及事。得其地不足以为利也，遇其民不可役而守也。胜必杀之，非民父母也。靡弊中国，快心匈奴，非长策也。”秦皇帝不听，遂使蒙恬将兵攻胡，辟地千里，以河为境。地固泽卤，不生五谷。然后发天下丁男以守北河。暴兵露师十有余年，死者不可胜数，终不能逾河而北。是岂人众不足，兵革不备哉？其势不可也。又使天下蜚刍挽粟，起于黄、腄、琅邪负海之郡，转输北河，率三十钟而致一石。男子疾耕不足于粮饟，女子纺绩不足于帷幕。百姓靡敝，孤寡老弱不

① 《战国策·齐策一》：“齐西有强赵，南有韩、魏，负海之国也，地广人众，兵强士勇，虽有百秦将无奈我何。”

能相养，道路死者相望，盖天下始畔秦也。

关于“腄”，裴骃《集解》：“徐广曰：‘腄在东莱。’”司马贞《索隐》：“县名，在东莱。”

所谓“黄、腄、琅邪负海之郡”，应当主要是指山东半岛地区。史念海明确指为“海滨黄、腄、琅邪等地”。[①]《汉书》卷六四上《主父偃传》：“起于黄、腄、琅邪负海之郡，转输北河，率三十钟而致一石。”颜师古注：“黄、腄，二县名也，并在东莱。言自东莱及琅邪缘海诸郡皆令转输至北河也。”“六斛四斗为钟。计其道路所费，凡用百九十二斛乃得一石至。”《资治通鉴》卷一八“汉武帝元朔元年”作“起于东陲琅邪负海之郡，转输北河”。[②]

主父偃指出：“夫务战胜穷武事者，未有不悔者也。”发表反战、反扩张的主张，强调边战对内地的危害。可是，他为什么特别要强调“黄、腄、琅邪负海之郡”所承担的压力呢？

《史记》卷三〇《平准书》讲述汉武帝时形势，有一段著名的话：“至今上即位数岁，汉兴七十余年之间，国家无事，非遇水旱之灾，民则人给家足，都鄙廪庾皆满，而府库余货财。京师之钱累巨万，贯朽而不可校。太仓之粟陈陈相因，充溢露积于外，至腐败不可食。众庶街巷有马，阡陌之间成群，而乘字牝者傧而不得聚会。守闾阎者食粱肉，为吏者长子孙，居官者以为姓号。故人人自爱而重犯法，先行义而后绌耻辱焉。当此之时，网疏而民富，役财骄溢，或至兼并豪党之徒，以武断于乡曲。宗室有土公卿大夫以下，争于奢侈，室庐舆服僭于上，无限度。物盛而衰，固其变也。”于是，汉武帝决意取积极扩张的国策：

---

① 史念海在《论战国时期称雄诸侯各国间的关系及其所受地理环境的影响》一文中写道：“齐亡之后，海滨黄、腄、琅邪等地所产的粟米，还为当世有名的出产。这都可以显示出齐国富庶的一斑。”自注：“《史记》一一二《主父偃传》：‘秦始皇……使天下蜚刍挽粟，起于东腄、琅邪负海之郡，转输北河’，是齐地多粟米之明证。东腄，《汉书》六四《主父偃传》作黄、腄。”《河山集》四集，第361页。今按：史念海引《史记》“使天下蜚刍挽粟，起于东腄、琅邪负海之郡，转输北河”，未知使用版本。中华书局标点本1959年版作“黄、腄”，无“校勘记”。中华书局点校本二十四史修订本2013年版“校勘记”就此未见说明。

② 《太平御览》卷八四〇引《汉书》：“主父偃谏伐匈奴，曰：‘秦皇使天下飞刍挽粟，起于东陲琅邪负海之郡，转致北河。”

> 自是之后，严助、朱买臣等招来东瓯，事两越，江淮之间萧然烦费矣。唐蒙、司马相如开路西南夷，凿山通道千余里，以广巴蜀，巴蜀之民罢焉。彭吴贾灭朝鲜，置沧海之郡，则燕齐之间靡然发动。及王恢设谋马邑，匈奴绝和亲，侵扰北边，兵连而不解，天下苦其劳，而干戈日滋。行者赍，居者送，中外骚扰而相奉，百姓抏弊以巧法，财赂衰秏而不赡。

东南方向的进取，“江淮之间萧然烦费矣”。西南方向的进取，使得“巴蜀之民罢焉”。东北方向的进取，“则燕齐之间靡然发动”。这些都只是使得局部地区的经济形势受到影响。然而“北边”的军事动作则牵动全局，致使“天下苦其劳”。[①]

秦始皇“使蒙恬将兵攻胡”的情形也应当是如此，即使得“天下苦其劳”。主父偃确实也说“使天下蜚刍挽粟”，但是他为什么却只是特别强调齐地承受的负担，即所谓“起于黄、腄、琅邪负海之郡，转输北河，率三十钟而致一石”呢？

二　主父偃说的由来

主父偃指出秦始皇“使蒙恬将兵攻胡，辟地千里”的社会危害，特别强调“起于黄、腄、琅邪负海之郡，转输北河，率三十钟而致一石”，或许与他对于齐地情形的熟悉有关。

据《史记》卷一一二《平津侯主父列传》记载，主父偃出生于齐，早年亦有在齐地活动的经历：

---

① 《史记》卷三〇《平准书》下文的一段话也有相近的意思：“其后汉将岁以数万骑出击胡，及车骑将军卫青取匈奴河南地，筑朔方。当是时，汉通西南夷道，作者数万人，千里负担馈粮，率十余钟致一石，散币于邛僰以集之。数岁道不通，蛮夷因以数攻，吏发兵诛之。悉巴蜀租赋不足以更之，乃募豪民田南夷，入粟县官，而内受钱于都内。东至沧海之郡，人徒之费拟于南夷。又兴十万余人筑卫朔方，转漕甚辽远，自山东咸被其劳，费数十百巨万，府库益虚。乃募民能入奴婢得以终身复，为郎增秩，及入羊为郎，始于此。”说到“汉通西南夷道”，“悉巴蜀租赋不足以更之”，“东至沧海之郡，人徒之费拟于南夷”，而北边经营影响全局，“筑卫朔方，转漕甚辽远，自山东咸被其劳，费数十百巨万，府库益虚”。

> 主父偃者，齐临菑人也。学长短纵横之术，晚乃学《易》、《春秋》、百家言。游齐诸生间，莫能厚遇也。齐诸儒生相与排摈，不容于齐。家贫，假贷无所得，乃北游燕、赵、中山，皆莫能厚遇，为客甚困。孝武元光元年中，以为诸侯莫足游者，乃西入关见卫将军。卫将军数言上，上不召。资用乏，留久，诸公宾客多厌之，乃上书阙下。朝奏，暮召入见。所言九事，其八事为律令，一事谏伐匈奴。

所谓“所言九事”中“一事谏伐匈奴”，就是前引所谓“起于黄、腄、琅邪负海之郡，转输北河，率三十钟而致一石”的进言。

主父偃，“齐临菑人也”，起初，“游齐诸生间，莫能厚遇也。齐诸儒生相与排摈，不容于齐”。于是“乃北游燕、赵、中山”，后来“乃西入关”。也许正是因为身为齐人，对齐文化相对较为熟悉，在齐地秦始皇时代历史记忆的影响下，对于所谓“起于黄、腄、琅邪负海之郡，转输北河，率三十钟而致一石”的情形有比较深刻的感觉。

当然，主父偃此说的由来，很可能也是基于“黄、腄、琅邪负海之郡”当时曾经因开发先进，出产富足，有比较高的经济地位，因而具有比较突出的典型性和代表性。

三　齐地主要经济优势

史念海曾经肯定战国时期齐国的“富庶”。他在考察“战国时期称雄诸侯各国间的关系及其所受地理环境的影响”时论及“海滨富庶的齐国”：“比较战国时期各国的富庶，可以数到东海之滨的齐国了。齐国处于海滨，天然富有鱼盐之利。远在春秋之时，管仲即已提倡开发这项无穷的富源，而造成齐国强盛的基础。齐国又有许多产铁的地方，而铁则是当时富国强兵必备的物品。齐国因为桑麻蔽野，所以临淄附近的纺织业特别发达，而有名于世。”

他特别强调齐国农业的发达：“然而最足以表现齐国富庶的，则是农业的生产。齐国土地的肥沃，使农业得到发展的条件。琅邪（今山东胶南县南）、即墨（今山东即墨县西北）的富饶，早已啧啧人口。齐滑王末年，燕国乐毅攻下齐国70余城，独莒、即墨坚守不下，田单终藉着这一隅之地，以恢复齐国的河山。假如不是这一隅的富庶，田单如何能达到他的志愿？齐亡之后，海滨黄、腄、琅邪等地所产的粟米，还为当世有名的出产。这都可以显示出齐国富庶的一斑，无怪当时后世有人称齐国为‘东秦’了。”①

《战国策·齐策一》记载，苏秦说齐宣王：“临淄之中七万户……甚富而实，其民无不吹竽鼓瑟、击筑弹琴、斗鸡走犬、六博蹋踘者；临淄之途，车毂击，人肩摩，连衽成帷，举袂成幕，挥汗成雨；家敦而富，志高而扬。”史念海据此分析说，“苏秦曾到过各国的首都，仅仅对临淄有这样的称赞，当然可以知道临淄的繁荣，迥非当世各国都城所可及的。临淄为什么这样的繁荣？无疑是因为齐国富庶的缘故”。②

战国秦汉时期齐地的“富庶”毫无疑问。这一经济形势形成的首要条件，应如史念海所指出的，“齐国处于海滨，天然富有鱼盐之利。远在春秋之时，管仲即已提倡开发这项无穷的富源，而造成齐国强盛的基础”。其他因素也许只起次要作用。而由汉初人对秦政的追忆所谓“使天下蜚刍挽粟，起于黄、腄、琅邪负海之郡，转输北河”，是否可以确定地说“齐亡之后，海滨黄、腄、琅邪等地所产的粟米，还为当世有名的出产”，也许还可以再作讨论。

我们看到汉宣帝时言“齐俗奢侈，好末技，不田作”的实例。《汉书》卷八九《循吏传·龚遂》：“遂见齐俗奢侈，好末技，不田作，乃躬率以俭约，劝民务农桑，令口种一树榆、百本䪥、五十本葱、一畦韭，家二母彘、五鸡。民有带持刀剑者，使卖剑买牛，卖刀买犊，曰：‘何为带牛佩犊！’春夏不得不趋田亩，秋冬课收敛，益蓄困实蔆芡。劳来循行，

---

① 原注：“《汉书》一《高祖纪》。”今按：《史记》卷八《高祖本纪》：“田肯贺，因说高祖曰：‘陛下得韩信，又治秦中。秦，形胜之国，带河山之险，县隔千里，持戟百万，秦得百二焉。地埶便利，其以下兵于诸侯，譬犹居高屋之上建瓴水也。夫齐，东有琅邪、即墨之饶，南有泰山之固，西有浊河之限，北有勃海之利。地方二千里，持戟百万，县隔千里之外，齐得十二焉。故此东西秦也。非亲子弟，莫可使王齐矣。’高祖曰：‘善。’赐黄金五百斤。”《汉书》卷一下《高帝纪下》：“田肯贺上曰：‘甚善，陛下得韩信，又治秦中。秦，形胜之国也，带河阻山，县隔千里，持戟百万，秦得百二焉。地势便利，其以下兵于诸侯，譬犹居高屋之上建瓴水也。夫齐，东有琅邪、即墨之饶，南有泰山之固，西有浊河之限，北有勃海之利，地方二千里，持戟百万，县隔千里之外，齐得十二焉。此东西秦也。非亲子弟，莫可使王齐者。’上曰：‘善。’赐金五百斤。”

② 史念海：《论战国时期称雄诸侯各国间的关系及其所受地理环境的影响》，《河山集》四集，第361—362页。

郡中皆有畜积，吏民皆富实。”

四 “秦始皇攻匈奴”“造船和补给基地”说辩议

有治造船史学者曾经指出：“北方的山东半岛和渤海沿岸，早在战国时期即有舟船之盛，是齐国和燕国进行航海活动的基地。秦始皇攻匈奴以及汉代楼船将军杨仆征朝鲜，都曾以山东半岛沿岸为造船和补给基地。”① 所谓“秦始皇攻匈奴”“曾以山东半岛沿岸为造船和补给基地”，可能是对《史记》卷一一二《平津侯主父列传》主父偃语“使天下蜚刍挽粟，起于黄、腄、琅邪负海之郡，转输北河，率三十钟而致一石”的误解。既说“蜚刍挽粟”，应当是指陆运。对于“蜚刍挽粟”的解说，裴骃《集解》引文颖曰：“转刍谷就战是也。”《平津侯主父列传》又载严安上书也说到“蜚刍挽粟”：“使蒙恬将兵以北攻胡，辟地进境，戍于北河，蜚刍挽粟，以随其后。”所谓“以随其后”，也明说陆运。《汉书》卷六四上《主父偃传》“飞刍挽粟”颜师古注：“运载刍稾，令其疾至，故曰‘飞刍’也。‘挽’谓引车船也。”这里“‘挽’谓引车船也”的说法，可能是导致“秦始皇攻匈奴”“曾以山东半岛沿岸为造船和补给基地”误解的原因之一。《通典》卷一〇《食货十·漕运》“飞刍挽粟”注文就明确写道：“‘挽粟’，谓引车两也。”

秦人在战国时即有“水通粮”的交通运输能力方面的优势，以致其他强国以为“不可与战”。② 北河之输，部分运程经由水路的可能性是存在的③，但是秦汉历史资料中似乎还没有看到牵挽海船的史例。“起于黄、

① 席龙飞：《中国造船史》，湖北教育出版社2000年版，第73页。

② 《战国策·赵策一》载赵豹对赵王言：“秦以牛田，水通粮，其死士皆列之于上地，令严政行，不可与战。王自图之。”

③ 明万历年间工科都给事中常居敬《酌议河道善后事宜疏》写道：“窃惟今所称漕河者，南尽瓜仪，北通燕冀，天下所由，飞刍挽粟而通塞之机，所关于国计甚重也。”〔清〕傅泽洪：《行水金鉴》卷三三《河水》，文渊阁《四库全书》本。虽然明代“漕河”形势与秦汉时期完全不同，然而也可以作为思考秦汉“北通燕冀”“飞刍挽粟”运输形式有可能利用水运条件的参考。

腄、琅邪负海之郡，转输北河”[①]，是形容其运程遥远。由“黄、腄、琅邪负海之郡”往“北河”，其实是不需要经历海路的。

汉代政论家批判秦政往往指出“转输”曾经造成的沉重社会负担。《淮南子·人间》：“因发卒五十万，使蒙公、杨翁子将，筑修城，西属流沙，北击辽水，东结朝鲜，中国内郡挽车而饷之。又利越之犀角、象齿、翡翠、珠玑，乃使尉屠睢发卒五十万，为五军，一军塞镡城之岭，一军守九疑之塞，一军处番禺之都，一军守南野之界，一军结余干之水，三年不解甲弛弩，使监禄无以转饷，又以卒凿渠而通粮道，以与越人战，杀西呕君译吁宋。而越人皆入丛薄中，与禽兽处，莫肯为秦虏。相置桀骏以为将，而夜攻秦人，大破之，杀尉屠睢，伏尸流血数十万。乃发適戍以备之。当此之时，男子不得修农亩，妇人不得剡麻考缕，羸弱服格于道，大夫箕会于衢，病者不得养，死者不得葬。”所谓“中国内郡挽车而饷之”，“使监禄无以转饷，又以卒凿渠而通粮道”，以及“羸弱服格于道”等，都说运输压力成为严重社会问题。又如严安言“蜚刍挽粟，以随其后”的同时，指出：“当是时，秦祸北构于胡，南挂于越，宿兵无用之地，进而不得退。行十余年，丁男被甲，丁女转输，苦不聊生，自经于道树，死者相望。”《汉书》卷四九《晁错传》载晁错语，也说“戍者死于边，输者偾于道”。《汉书》卷六三《武五子传》赞曰所谓“头卢相属于道”，笔锋也直指“转输”力役的惨重，一如“自经于道树，死者相望”，以及《淮南子》所谓“道路死人以沟量”[②]，“挽辂首路死者，一日不知千万之数”[③]。主父偃语“使天下蜚刍挽粟，起于黄、腄、琅邪负海之郡，转输北河，率三十钟而致一石”，只是极言“转输”路途的遥远[④]，有如《新书·属远》所谓“输将自海上而来”，其实并不是说通过海上航道运输。元代学者杨维桢《重建海道都漕运万户府碑》说：“秦罢侯置郡，令天下

① 《太平御览》卷八四〇引《汉书》：“主父偃谏伐匈奴曰：‘秦皇使天下飞刍挽粟，起于东唾琅耶负海之郡，转月北河，率三十钟而致一石。’”中华书局用上海涵芬楼影印宋本1960年复制重印版，第3754页。文渊阁《四库全书》本作“起于东陲琅邪负海之郡，转致北河”。

② 《淮南子·氾论》。

③ 《淮南子·兵略》。

④ 《汉书》卷六四上《主父偃传》：“起于黄、腄、琅邪负海之郡，转输北河，率三十钟而致一石。”颜师古注：“言自东莱及琅邪缘海诸郡皆令转输至北河也。”“六斛四斗为钟。计其道路所费，凡用百九十二斛乃得一石至。”主父偃所说，强调“其道路所费”。

飞刍挽粟，负海之郡，转输北河，率三十钟致一石。漕之为役始劳，而泛海之漕亦未讲也。”① 清人胡渭《禹贡锥指》卷六也明确写道：“近世言海运者，皆以《禹贡》为口实，且谓事始于秦。② 今按：主父偃上书言‘秦使天下蜚刍挽粟，起于东腄、琅邪负海之郡，转输北河’，北河在秦九原郡界，与东海无涉。”

至于所谓“汉代楼船将军杨仆征朝鲜”“曾以山东半岛沿岸为造船和补给基地”，应当是确定的史实，可惜论者并没有提出具体的论证。

---

① 〔元〕杨维桢：《东维子集》卷二三《碑》，文渊阁《四库全书》本。

② 〔清〕傅泽洪《行水金鉴》卷一五八《两河总说》即言“海运之说及秦时起琅琊负海之郡之说”，文渊阁《四库全书》本。

齐地"并海"交通

齐地并海交通，其实是说并海道在齐地的路段。

沿渤海、黄海海滨，当时有一条交通大道。这条大道与三川东海道、邯郸广阳道相交，将富庶的齐楚之地与其他地区沟通，用以调集各种物资，具有直接支撑中央专制政权的重要作用。以往关于秦汉交通的论著大多忽视了这条重要道路，几种秦汉交通图中也往往只绘出秦始皇出巡时行经的并海路线，即循黄海海岸和渤海南岸的地段[①]，而忽略了这条道路的北段。由秦二世和汉武帝"并海"而行的记载，可知当时沿渤海西岸亦有大道通行，是为东汉所谓"傍海道"。[②] 以往并海道被忽视的主要原因，在于论者往往从秦帝国中央集权的特点出发，过分强调了所谓以咸阳为中心向四方辐射（或者说向东作折扇式展开）的道路规划方针。[③] 其实，从现有资料看，并海道的通行状况，对于秦汉大一统帝国的生存和发展，具有极其重要的意义。

"并海"交通结构有利于合理实现海陆运输的结合，也有利于海洋资源的开发和海洋航运的进步。而齐地的"并海"道路在沿海交通体系中作用尤其重要。

---

① 《三国志》卷一《魏书·武帝纪》。史念海曾指出："江乘渡江，北即广陵，广陵为邗沟所由始，可循之北越淮水，以达彭城。古时海滨尚未淤积，广陵、彭城之东距海较今为近，史文所言并海北行者，亦犹二十八年东行之时并渤海以至成山、之罘也。平原濒河水，沙丘属巨鹿，其间平坦，当有驰道。"《秦汉时代国内之交通路线》，《文史杂志》3卷1、2期，收入《河山集》四集。

② 参看王子今《秦汉时代的并海道》，《中国历史地理论丛》1988年第2辑。

③ 研究秦汉交通的论著大多持与此类同的见解，一些国外学者也赞同这一观点，例如汤因比《历史研究》一书中就写道："古代中国统一国家的革命的建立者秦始皇帝，就是由他的京城向四面八方辐射出去的公路的建造者。"曹未风等译节录本，上海人民出版社1966年版，下册第25—26页。

一 秦始皇“并海”行迹

《史记》卷六《秦始皇本纪》记载，秦始皇统一天下后凡 5 次出巡，其中 4 次行至海滨。“并海”而行，是秦始皇海滨行迹的特征。

秦始皇二十八年（前 219）第二次出巡，上泰山，“于是乃并勃海以东，过黄、腄，穷成山，登之罘，立石颂秦德焉而去。南登琅邪，大乐之，留三月。乃徙黔首三万户琅邪台下，复十二岁。作琅邪台，立石刻，颂秦德，明得意。”

二十九年（前 218）第三次出巡，“二十九年，始皇东游。至阳武博狼沙中，为盗所惊。求弗得，乃令天下大索十日。登之罘，刻石。”“旋，遂之琅邪，道上党入。”

三十二年（前 215）第四次出巡，“之碣石”，“刻碣石门”。“因使韩终、侯公、石生求仙人不死之药。始皇巡北边，从上郡入。燕人卢生使入海还，以鬼神事，因奏录图书，曰‘亡秦者胡也’。始皇乃使将军蒙恬发兵三十万人北击胡，略取河南地。”

三十七年（前 210）第五次出巡，上会稽，望于南海，“还过吴，从江乘渡，并海上，北至琅邪”。《史记》卷二八《封禅书》：“始皇南至湘山，遂登会稽，并海上，冀遇海中三神山之奇药。”《史记》卷八七《李斯列传》：“始皇三十七年十月行出游会稽，并海上，北抵琅邪。”《史记》卷八八《蒙恬列传》：“始皇三十七年冬，行出游会稽，并海上，北走琅邪。”也都记述了此次“并海”之行。

《史记》卷六《秦始皇本纪》又写道：“始皇梦与海神战，如人状。问占梦，博士曰：‘水神不可见，以大鱼蛟龙为候。今上祷祠备谨，而有此恶神，当除去，而善神可致。’乃令入海者赍捕巨鱼具，而自以连弩候大鱼出射之。自琅邪北至荣成山，弗见。至之罘，见巨鱼，射杀一鱼。遂并海西。至平原津而病。”

据《史记》卷六《秦始皇本纪》，秦二世巡行郡县，曾“到碣石，并海，南至会稽，而尽刻始皇所立刻石”，又“遂至辽东而还”。《史记》卷二八《封禅书》也记载：“二世元年，东巡碣石，并海南，历泰山，至会稽，皆礼祠之，而刻勒始皇所立石书旁，以章始皇之功德。”

秦二世不仅由碣石“并海，南至会稽”，回归时自会稽至辽东的路线，应当也是“并海”行进。

二 汉武帝“并海”行迹

秦汉史籍也有关于汉武帝“并海”巡行的明确记载。

《史记》卷二八《封禅书》写道，“天子既已封泰山，无风雨灾，而方士更言蓬莱诸神若将可得，于是上欣然庶几遇之，乃复东至海上望，冀遇蓬莱焉。奉车子侯暴病，一日死。上乃遂去，并海上，北至碣石，巡自辽西，历北边至九原。五月，反至甘泉。有司言宝鼎出为元鼎，以今年为元封元年”。

《汉书》卷六《武帝纪》记载，元封元年（前110），“行自泰山，复东巡海上，至碣石”。

据《史记》卷二八《封禅书》，元封五年（前106），“冬，上巡南郡，至江陵而东。登礼灊之天柱山，号曰南岳。浮江，自寻阳出枞阳，过彭蠡，礼其名山川。北至琅邪，并海上。四月中，至奉高修封焉。”

《汉书》卷六《武帝纪》关于元封五年（前106）的这次出巡，有这样的记载：“五年冬，行南巡狩，至于盛唐，望祀虞舜于九嶷。登灊天柱山，自寻阳浮江，亲射蛟江中，获之。舳舻千里，薄枞阳而出，作盛唐枞阳之歌。遂北至琅邪，并海，所过礼祠其名山大川。春三月，还至泰山，增封。甲子，祠高祖于明堂，以配上帝，因朝诸侯王列侯，受郡国计。夏四月，诏曰：‘朕巡荆扬，辑江淮物，会大海气，以合泰山。上天见象，增修封禅。其赦天下。所幸县毋出今年租赋，赐鳏寡孤独帛，贫穷者粟。’还幸甘泉，郊泰畤。”

对于汉武帝出巡，以往有研究者给予负面评价。如《汉书》卷七五《夏侯胜传》记载夏侯胜对汉武帝的批评，所谓“奢泰亡度”，或许是包括出巡行为的。司马光“信惑神怪，巡游无度”说，则直接指责汉武帝的频繁出行。[①] 当代史学家对此亦多持批判态度。如张维华《论汉武帝》

① 《资治通鉴》卷二二“汉武帝征和四年”：“臣光曰：孝武穷奢极欲，繁刑重敛，内侈宫室，外事四夷，信惑神怪，巡游无度，使百姓疲敝，起为盗贼，其所以异于秦始皇无几矣。然秦以之亡，汉以之兴者，孝武能尊王之道，知所统守，受忠直之言，恶人欺蔽，好贤不倦，诛罚严明，晚而改过，顾托得人，此其所以有亡秦之失而免亡秦之祸乎！”

写道："（汉武帝）曾相信过李少君和齐人少翁、栾大、公孙卿的话。他曾封少翁为文成将军，栾大为乐臣侯[①]、五利将军，公孙卿为郎，表示极端重视和信任他们。这些人说了许多招神引仙，和使他长生不老的方法，武帝都一一听信了。武帝为此到处巡行，也建筑了许多楼台殿阁，枉费了自己的心力，也耗费了无数的人力和物力。"[②] 林剑鸣《雄才大略的汉武帝》一书中说："（汉武帝）一味追求成仙，妄想长生不老。为此，他多次受到方士的欺骗而长期不悟，所用的财物更是难以计算。在方士中，先后有李少君、谬忌、齐人少翁、游水发根、栾大、公孙卿等都受到过汉武帝的信任，有的还被封为高官，赐以重赏。""更为劳民伤财的是汉武帝频繁出巡，从即位以后直到晚年，几乎每隔几年他都要出巡一次，有时连年出巡。出巡的目的固然有视察军备和民情的意思，但更主要的则是求仙、祭神、或者封禅。花费在这些活动上的财物更是难以计算。汉武帝的挥霍、奢侈达到登峰造极的地步。"[③] 杨生民《汉武帝传》也说："汉武帝在求长生不老、成仙方面与秦始皇酷似。为此他迷信方士，相信方士的胡说八道，一旦发现自己受骗上当时，又诛杀方士。据《史记·封禅书》、《汉书·郊祀志》所载，李少君、齐人少翁、栾大就是当时方士中的代表人物。""武帝也爱好游山玩水。"[④]

金惠《创造历史的汉武帝》一书就"汉武帝是否'信惑神怪巡游无度'?"进行辩议，以为"说汉武帝'巡游无度'"是"妄加评说"。他对于汉武帝巡行的意义给予了肯定的评价，以为"汉书'武帝本纪'内所载'行幸'，确有三十四次之多"，然而指出："巡游底目的，不仅是考察吏治，探求民瘼，而且可访贤能，绥靖地方，原是深入民间，免除上下隔阂，审察各地实际情况，为国家人民兴利除害的必要行动。"所论巡游目的，正面分析已经相当充分，但是对海滨地区的关注，似肯定未足。所附"汉武帝在位期间行幸实况一览表"中，巡行海上仅列 7 例，即元封元年"东巡海上"，元封五年"望祀九嶷，还至泰山"，太初三年"行东巡海上"，天汉二年"行幸东海"，太始三年"行幸东海"，太始四年"行幸

---

① 今按：《汉书》卷一八《外戚恩泽侯表》言"乐通侯栾大"。
② 张维华：《论汉武帝》，上海人民出版社 1957 年版，第 60 页。
③ 林剑鸣：《雄才大略的汉武帝》，陕西人民出版社 1987 年版，第 103—104 页。
④ 杨生民：《汉武帝传》，人民出版社 2001 年版，第 308、460 页。

泰山，幸不其”，征和四年“行幸东莱”。[①] 论者有关汉武帝海上之行的总结并不完整。而对于汉武帝“并海”行进的事迹，似未予充分重视。

其实，关注汉武帝的“并海”行迹以及“宿留海上”[②] 等经历，对于我们认识秦汉时期齐地沿海交通建设及近海航运开发是有重要意义的。对于理解这位政治强势人物对海洋探索的重视和支持，当然也是有重要意义的。

三 “并海”与“并海上”

《史记》卷八八《蒙恬列传》：“始皇三十七年冬，行出游会稽，并海上，北走琅邪。”司马贞《索隐》：“‘并’音白浪反。”《汉书》卷六《武帝纪》：“遂北至琅邪，并海……”颜师古注：“‘并’读曰‘傍’。傍，依也，音步浪反。”《汉书》卷二五上《郊祀志上》：“始皇南至湘山，遂登会稽，并海上，几遇海中三神山之奇药。”对于所谓“并海上”，颜师古注：“附海而上也。‘并’音步浪反。”《郊祀志上》又说：“二世元年，东巡碣石，并海，南历泰山，至会稽……”颜师古注：“‘并’音步浪反。”《郊祀志上》：“天子既已封泰山，无风雨，而方士更言蓬莱诸神若将可得，于是上欣然庶几遇之，复东至海上望焉。奉车子侯暴病，一日死。上乃遂去，并海上，北至碣石，巡自辽西，历北边至九原。”其中“并海上”，颜师古注：“‘并’音步浪反。”《汉书》卷二五下《郊祀志下》：“北至琅邪，并海上。”颜师古注：“‘并’音步浪反。”

---

① 金惠编著：《创造历史的汉武帝》，台湾商务印书馆1984年版，第399—410页。

② 《史记》卷二八《封禅书》：“上遂东巡海上，行礼祠八神。齐人之上疏言神怪奇方者以万数，然无验者。乃益发船，令言海中神山者数千人求蓬莱神人。公孙卿持节常先行候名山，至东莱，言夜见大人，长数丈，就之则不见，见其迹甚大，类禽兽云。群臣有言见一老父牵狗，言‘吾欲见巨公’，已忽不见。上即见大迹，未信，及群臣有言老父，则大以为仙人也。宿留海上，予方士传车及间使求仙人以千数。”《汉书》卷二五上《郊祀志上》：“上遂东巡海上，行礼祠八神。齐人之上疏言神怪奇方者以万数，乃益发船，令言海中神山者数千人求蓬莱神人。公孙卿持节常先行候名山，至东莱，言夜见大人，长数丈，就之则不见，见其迹甚大，类禽兽云。群臣有言见一老父牵狗，言‘吾欲见钜公’，已忽不见。上既见大迹，未信，及群臣又言老父，则大以为仙人也。宿留海上，与方士传车及间使求神仙人以千数。”“钜公”，颜师古注：“郑氏曰：‘天子也。’张晏曰：‘天子为天下父，故曰钜公也。’师古曰：‘钜，大也。’”“宿留海上”，颜师古注：“宿留，谓有所须待也。”

所谓“并海”，应当就是“傍海”、“依”海、“附海”。也就是沿海岸、循海岸的意思。“并海”行进的路线，应当就是“并海道”。[①] 史籍所见“并海”和“并海上”之语义，其实常常并没有实质性的差别。

有学者提出对“并海上”行进的另一种理解，即“只能是乘坐舟船在海面上航行”。论者说到王子今《秦汉时代的并海道》一文对“并海”及“并海道”的讨论，以为“王子今所说‘并海道’上各个经行地点，除秦始皇巡视事外，并没有任何直接证据”。但是论者似乎没有注意到，他所提出的秦始皇“顺着今苏北海岸北行”，“乘坐舟船在海面上航行”的推想，其实也“并没有任何直接证据”。

论者对于“并海”理解的颜师古说是这样否定的，“不知是不是由于太缺乏航海意识，唐人颜师古对此却做出了另外的解释。颜氏是将‘海上’一词拆分开来，谓‘并海上’的意思是‘附海而上’[②]，也就是说，他把‘并海上’读成了‘并海’而‘上’，而这样一来，秦始皇北至琅邪的路线，也就成了沿海而行的陆上通道”。论者对秦始皇此次出巡路线和方式的理解是，“秦始皇从江乘北岸的长江口上船下海后，因希冀找到梦寐以求的海中神山，一直在海面上做长途航行，到琅邪后虽曾上岸稍事休息，但紧接着重又乘船几乎环绕整个今山东半岛，幸亏在之罘附近射杀一条‘巨鱼’而略微有所慰藉，才改而上岸乘车陆行。嬴政生长西北内陆，在此之前从未有过乘坐海船的经历，初次在海上旅行，就经历如此漫长的航程，风涛颠簸，必然要对他的身体造成严重损耗，所以，上岸未久，就一病不起，命丧道端，而秦始皇如此不顾一切地急迫寻找长生不死的仙药，则显然与前一年华阴平舒道上有人传言‘今年祖龙死’具有直接关系。《史记》记载秦始皇在听到这句话后，‘默然良久’，并通过占卜寻求破解的方法……”论者又进行了自己的推想，“再联系此前在秦始皇二十八年嬴政即迫不及待而派遣徐市等人相继入海求取不死之药，说明这位千古一帝，由于从少年即位时起即一直擘画经天纬地的治国大政，身心劳顿，已经显露出严重的疲态。在这种情况下贸然出宫做长途巡视，特别是长时间置身于他从未经历过的海上生活，后果自可想而知”。

---

① 参看王子今《秦汉时代的并海道》，《中国历史地理论丛》1988 年第 2 期。

② 原注：“《汉书》卷二三上《郊祀志上》唐颜师古注，第 1205 页。”今按：应作“卷二五上”。

以为“并海上”即“顺着今苏北海岸北行”，“在海面上做长途航行”的意见，认识基础在于“‘海上’是指海岸之上的陆地”，“‘海上’一词与‘海滨’、‘海畔’的语义大体相当”。据此甚至以为“《史记·吴太伯世家》记吴国伐齐事云‘……乃从海上攻齐’”是所谓“疏误”，“又如南朝萧梁人陶弘景在纂录《真诰》一书时引述《史记·秦始皇本纪》‘并海上，北至琅邪’的记载，书作‘并北海，至琅邪’，也应当是混淆了‘海’与‘海上’的涵义”。[①] 其实，“海上”除了“与‘海滨’、‘海畔’的语义大体相当”的意义以外，也有“海中”、“海面上”的意思。[②] 否则秦始皇与众臣“议于海上”、汉武帝“宿留海上”，就没有必要特别申明。他们的东海巡行，应当已经多日在“‘海滨’、‘海畔’”议政和“宿留”了。

对颜师古注“谓‘并海上’的意思是‘附海而上’”的驳议，似乎也缺乏说服力。持“顺着今苏北海岸北行”，“乘坐舟船在海面上航行”意见者说到两宋间人王观国论“并”字用在这里，“‘其义与‘旁’字、‘遵’字同”，并以为论据。王观国所论至确，他的分析，是包括对“并海上，北至琅邪”的理解的。王观国将“并海”与“并海上”一同讨论，并没有指出两者的不同。他写道：“《史记·秦始皇纪》曰：‘并海上，北至琅邪。’又曰：‘遂并海西至平原津。’又曰：‘并海，南至会稽。’《封禅书》曰：‘上乃遂去，并海上，北至碣石。’又《大宛传》曰：‘留岁余，还，并南山，欲从羌中归。’《前汉·郊祀志》曰：‘始皇南至湘江，遂登会稽，并海上。’又曰：‘二世元年，东巡碣石，并海。’又曰：‘皆在齐北，并渤海。’又《沟洫志》曰：‘并北山，东至洛三百余里。’又《薛宣传》曰：‘三辅赋敛无度，酷吏并缘为奸。’以上并字，颜师古注曰：‘并，步浪反。’《列子》曰：‘孔子使人并涯止之。’《唐书·李适传》曰：‘春幸梨园，并渭水祓除。’此并字亦皆读音步浪反者也。并音步浪反者，其义与旁字、遵字同。《前汉·扬雄传》曰：‘武帝广开上林。

---

① 辛德勇：《越王勾践徙都琅邪事析义》，《文史》2010 年第 1 辑。

② 多种辞书对“海上”的解释，均列说此两义。如《汉语大词典》：“【海上】①海边；海岛。《吕氏春秋·恃君》：‘柱厉叔事莒敖公，自以为不知，而去居于海上，夏日为食菱芡，冬日则食橡栗。’《史记·平津侯主父列传》：‘〔公孙弘〕家贫，牧豕海上。’《后汉书·荀爽传》：‘〔荀爽〕后遭党锢，隐于海上，又南遁汉滨。’……②海面上。《汉书·郊祀志上》：‘及秦始皇至海上，则方士争言之。’……”汉语大词典出版社 1990 年版，第 1218 页。

旁南山而西，至长杨、五柞。'《孟子》曰：'吾欲观于转附、朝儛，遵海而南，放于琅邪。'是也。字书并字无步浪反之音，古人借音用之耳。《前汉·地理志》，牂牁郡有同并县。应劭注曰：'并音伴。'字书亦无此音，亦借音也。"① 又应当注意到，据王观国引录"《封禅书》曰：'上乃遂去，并海上，北至碣石'"，言汉武帝元封元年（前110）事，而《汉书》卷六《武帝纪》的记载则是"行自泰山，复东巡海上，至碣石"。如此，则《封禅书》"并海上"说"在海面上做长途航行"，《武帝纪》"东巡海上"说巡行"'海滨'、'海畔'"，岂不两相矛盾？《封禅书》此后又有元封五年（前106）"北至琅邪，并海上"的记载，同一事《武帝纪》则写道"北至琅邪，并海"，似乎又出现了论者所谓"混淆了'海'与'海上'的涵义"的问题。凡此现象，如果均如论者以"人们在实际书写时偶尔也会出现疏误"解释，恐怕是没有说服力的。

论者否定秦二世"不存在在今苏北海岸'并海'南行的事情"，据"《史记·封禅书》""东巡碣石，并海南，历泰山，至会稽"，认为"可见秦二世一行应该是从琅邪一带离开海岸，西向泰山，然后才转趋会稽"。但是《史记》卷六《秦始皇本纪》记载："二世东行郡县，李斯从。到碣石，并海，南至会稽，而尽刻始皇所立刻石，石旁著大臣从者名，以章先帝成功盛德焉。"明确说"并海，南至会稽"。② "历泰山"应当只是短暂"离开海岸"。史念海曾经写道："始皇崩后，二世继立，亦尝遵述旧绩，东行郡县，上会稽，游辽东。然其所行，率为故道，无足称者。"③ 秦二世的出行目的，是效法"先帝巡行郡县，以示强，威服海内"，因此"遵述旧绩"，"所行，率为故道"，如果秦始皇当年"只能是沿着海岸行船"，则秦二世"并海，南至会稽"似乎又可以看作司马迁的记述出现了论者所谓"混淆了'海'与'海上'的涵义"的问题。

讨论《汉书》卷二五上《郊祀志上》"始皇南至湘山，遂登会稽，并海上"颜师古注"附海而上也"的解说是否合理，应当注意"上"的字义。在战国秦汉时期，"上"已有在平面空间中指示方向的意义。"北

---

① 〔宋〕王观国：《学林》卷一〇"并"条，田瑞娟点校，中华书局1988年版，第349页。

② 论者认为秦二世"从琅邪一带离开海岸"，据原注："《史记》卷六《秦始皇本纪》，第267页。"但是与中华书局标点本"并海，南至会稽"不同，引作"并海南，至会稽"。

③ 史念海：《秦汉时期国内之交通路线》，《河山集》四集，第546页。

上”、“南下”的说法见于史籍。《文选》卷一三宋玉《风赋》：“……然后徜徉中庭，北上玉堂，跻于罗帷，入于洞房，乃得为大王之风也。”《三国志》卷三八《蜀书·许靖传》：“靖与曹公书曰：……既济南海……欲北上荆州。”《华阳国志·后贤志》：“安东将军王浑表孙皓欲北上，边戍警戒。”《史记》卷六《秦始皇本纪》载录贾谊《过秦论》：“胡人不敢南下而牧马。”《后汉书》卷七四上《袁绍传》：“绍客逢纪谓绍曰：‘夫举大事，非据一州，无以自立。今冀部强实，而韩馥庸才，可密要公孙瓒将兵南下……’”“北上”、“南下”之说，应与当时人地理意识“其地势西北高而东南下也”[①] 有关。所谓“江南下湿”[②]，也体现了同样的理念。另一可能，或与君王居北南面的政治文化现象有一定关系。

按照王观国《学林》“并音步浪反者，其义与旁字、遵字同”的说法，元人郝经《续后汉书》卷八三下《录第一下》“仙”条说：“至秦始皇使人赍童男女入海求之而卒不至，乃欲尽驱琅邪海滨山石为桥而亲往求之。遂游碣石，考方士，南至湘山，登会稽，并海上，遵海而北，冀遇海中三神山之奇药以不死。不得，而还死于沙丘。”“并海上，遵海而北”的说法是正确的。

现在看来，史念海“古时海滨尚未淤积，广陵、彭城之东距海较今为近，史文所言并海北行者，亦犹二十八年东行之时并渤海以至成山、之罘也”[③]，章巽“渡淮水后，沿东海岸北至琅邪”[④] 的判断，是正确的。批评者提出的意见，显然尚未足予以动摇其合理性。

---

① 《汉书》卷二九《沟洫志》载齐人延年语。

② 《后汉书》卷二四《马防传》。

③ 史念海：《秦汉时期国内之交通路线》，《河山集》四集，第546页。

④ 章巽：《秦帝国的主要交通线及对外交通》，《章巽集》，海洋出版社1986年版，第229页。

齐人的海洋航运

《禹贡》说冀州贡道："岛夷皮服，夹右碣石入于海。"可知战国时期渤海沿岸及海上居民已利用航海方式实现经济往来。[①] 山东半岛沿岸居民也较早开通近海航线，齐建国初，即重视海洋资源的开发，"便鱼盐之利"，以致"人民多归齐，齐为大国"。[②] 又利用沿海交通较为优越的条件发展经济，力求富足，于是有"海王之国"的执政理想。[③]

秦汉时期，经济与文化的统一促进了交通事业的发展。秦汉交通发展的一个重要方面，是近海航运的进步。

一 "少海"和"幼海"

《孟子·梁惠王下》："昔者齐景公问于晏子曰：'吾欲观于转附朝儛，遵海而南，放于琅邪。"劳榦曾经指出："燕齐人向来长于航海的，孟子称齐景公'导海而南放于琅邪'，可见当时环绕个胶东半岛并不算什么了不得的事。"[④] 据说这位君主曾游于海上而乐之，曾经逾时六月不归。《说苑·正谏》："齐景公游于海上而乐之，六月不归，令左右曰：'敢有先言归者致死不赦！'"《韩非子·十过》则以为田成子事："昔者田成子游于海而乐之，号令诸大夫曰：'言归者死！'"

齐国政治权力者"游于海上而乐之"，甚至"六月不归"的故事，反

---

① 关于《禹贡》成书年代，本文取史念海说。参看史念海《论〈禹贡〉的著作年代》，《河山集》二集，生活·读书·新知三联书店1981年版。

② 《史记》卷三二《齐太公世家》。

③ 《管子·海王》。

④ 劳榦：《两汉户籍与地理之关系》，《劳榦学术论文集甲编》，台北：艺文印书馆1976年版，第25页。

映齐人在中国早期航海事业中先行者的地位。

《韩非子·外储说左上》则说到"齐景公游少海"，《外储说右上》作"景公与晏子游于少海"。陈奇猷以为"少海"，当即《十过》所谓"海"，"'少海'、'海上'、'海'当为一地"。"《晏子外篇》作菑。"[①]《山海经·东山经》："无皋之山，南望幼海"，郭璞注："即少海也。《淮南子》曰：'东方大渚曰少海。'"

或以为"少海"、"幼海""指渤海"，或以为"渚名"。[②]

其实，以近海释"少海"、"幼海"，或许也是可行的。

二　齐人"海上""败吴"

居于东海之滨，所谓"以船为车，以楫为马，往若飘风，去则难从"[③]的吴越人，也较早掌握了航海技术。吴王夫差曾"从海上攻齐，齐人败吴，吴王乃引兵归"[④]，开创了海上远征的历史纪录。

而所谓"齐人败吴"，体现齐国海上作战能力的优越。

夫差与晋公会盟黄池，"越王句践乃命范蠡、舌庸率师沿海泝淮以绝吴路"。[⑤]越人此次军事行动，不排除调用海上机动能力的可能。据《越绝书》卷八《越绝外传记地传》和《吴越春秋·勾践伐吴外传》记载，其武装部队的主力为"东海死士八千人，戈船三百艘"。[⑥]明人黄尊素说，

---

① 陈奇猷：《韩非子集解》，上海人民出版社1974年版，下册第659、728页，上册第192—193页。

② 汉语大词典编辑委员会、汉语大词典编纂处编纂《汉语大词典》第2卷释"少海"："【少海】①指渤海，也称幼海。《山海经·东山经》'南望幼海'晋郭璞注：'即少海也。'《韩非子·外储说左上》：'齐景公游少海。'《淮南子·墬形训》：'东方曰大渚，曰少海。'高诱注：'东方多水，故曰少海，亦泽名也。'唐骆宾王《秋日饯陆道士陈文林序》：'加以山接太行，耸羊肠而飞盖。河通少海，疏马颊以开澜。'"汉语大词典出版社1988年版，第1652—1653页。然而《汉语大词典》第4卷释"幼海"："【幼海】渚名。《山海经·东山经》：'又南水行五百里，流沙三百里，至于无皋之山，南望幼海。'郭璞注：'即少海也。《淮南子》曰，东方有渚曰少海。'"汉语大词典出版社1989年版，第430页。

③ 袁康、吴平辑录：《越绝书》卷八《外传记地传》，上海古籍出版社1985年版，第58页。

④ 《史记》卷三一《吴太伯世家》。

⑤ 《国语》卷一九《吴语》，上海古籍出版社1978年版，第604页。

⑥ 〔明〕钱希言《雅琴奏剑》作"东淮死士八千人"。《剑荚》卷八《柔武篇》，明陈吁谟翠幄草堂刻本。

“昔越之败吴，习流二千人，戈船三百艘”。[①] 以“习流”更突出强调了水军战斗力的重要。而《越绝书》和《吴越春秋》所谓“东海死士”之“东海”二字，特别值得注意。

春秋战国时期，诸强国逐渐崛起，曾经出现外围地区强势集团压迫中原的新的局面。这一历史变化，正如《荀子·王霸》所说，“虽在僻陋之国，威动天下，五伯是也。”“齐桓、晋文、楚庄、吴阖闾、越勾践，是皆僻陋之国也，威动天下，强殆中国。”中原周边地方的兴起，使得政治格局发生了变化。中原文明有渐次衰颓的趋势。李学勤将东周时代列国划分为7个文化圈，即中原文化圈、北方文化圈、齐鲁文化圈、楚文化圈、吴越文化圈、巴蜀滇文化圈和秦文化圈。又指出，“夏、商和西周，中原文化对周围地区有很大影响，到东周业已减弱……”[②] 有学者论说，因楚、吴、越的兴起，“重心开始南移”，“中国国都的精神，也开始钟灵于南部”。[③] 战国时期多数强国都有都城迁徙的历史。考察相关现象可以看到，列国都城的迁徙又出现了一种与前说“僻陋之国”崛起的历史现象呈反向的趋势，就是向中原地方的靠拢。以楚国为例，楚都起初在江陵郢城（今湖北江陵），楚顷襄王迁至陈（今河南淮阳）。于是其统治中心由江滨向北移动，迁到淮滨。其地临鸿沟，已经处于方城以外。此后，楚都又迁至巨阳（今安徽阜阳北），楚考烈王又迁都至寿春（今安徽寿县）。楚都沿淮河向东移动的迹象是非常明显的。人们可以察觉，这一态势，与楚文化向北扩张，向北进取，方向是大体一致的。[④] 趋向共同的历史现象，是赵国都城从晋阳南移[⑤]，魏都由安邑迁至大梁，秦都自雍城移至咸阳。[⑥] 燕国在蓟都之后，燕下都成为国家行政中心，也体现出往中原移动

① 〔明〕黄尊素：《浙江观潮赋》，《黄忠端公集》文略卷二，清康熙十五年许三礼刻本。清嵇曾筠撰雍正《浙江通志》卷二七〇《艺文十二·赋下》引文同，提名“明黄宗羲”，文渊阁《四库全书》本。

② 李学勤：《东周与秦代文明》，文物出版社1984年版，第11—12页。

③ 姜渭水：《中国都城史》，和平出版社1957年版，第136—137页。

④ 参看王子今《战国秦汉时期楚文化重心的移动——兼论垓下的“楚歌”》，《北大史学》第12辑，北京大学出版社2007年版。

⑤ 参看王子今《公元前3世纪至公元前2世纪晋阳城市史料考议》，《晋阳学刊》2010年第1期。

⑥ 参看王子今《秦定都咸阳的生态地理学与经济地理学分析》，《人文杂志》2003年第5期；《从鸡峰到凤台：周秦时期关中经济重心的移动》，《咸阳师范学院学报》2010年第3期。

的趋向。列国都城趋向中原的转移，显示了占有文明之根基的意向和争夺政治之正统的雄心。[①] 趋向中原迁都动幅最大的，是越国自山阴迁都至琅邪。有学者指出，这一举措，与“句践灭吴后急于争霸关东的心态”有关。[②] 历史文献的相关遗存，有《吴越春秋》卷六《越王伐吴外传》：“越王既已诛忠臣，霸于关东，从琅邪起观台，周七里，以望东海。”《越绝书》卷八《外传记地传》：“句践伐吴，霸关东，从琅琊起观台，台周七里，以望东海。”《水经注·潍水》：“琅邪，山名也，越王句践之故国也。句践并吴，欲霸中国，徙都琅邪。”[③]

越徙都琅邪，也包括大规模的航海行动。据说“初徙琅琊，使楼船卒二千八百人伐松柏以为桴”。[④]

通过近海航运能力优势表现的越国霸业的基础，是在齐地琅邪得以显示的。而诸多迹象，更突出地反映了齐人航海技术的领先地位。

三 “海北”朝鲜航路

朝鲜半岛南部有称作“三韩”的国家，东为辰韩，西为马韩，南为弁辰。《山海经》关于朝鲜的记述，有“海北山南”及“东海之内，北海之隅”语，[⑤] 看来中原人对这一地区的早期认识，起初是越过大海而实现

---

① 参看王子今《上古中原文明领先优势及其复兴的历史合理性》，《黄河文明与可持续发展》第6辑，河南大学出版社2013年版。

② 曲英杰：《先秦都城复原研究》，黑龙江人民出版社1991年版，第411页。

③ 或说勾践所迁琅邪在吴越间。已有学者驳议。徐文靖《管城硕记》卷一九《史类二》：“《笔丛》曰：《竹书》：‘贞定王元年，于越徙都琅邪。’《吴越春秋》文颇与此合。然非齐之琅邪，或吴越间地名有偶同者。按：《山海经》琅邪台在渤海间琅邪之东。郭璞曰：‘琅邪者，越王勾践入霸中国之所都。’《越绝书》曰：‘句践徙琅邪，起观台，台周七里，以望东海。’何谓非齐之琅邪？”顾颉刚予相关历史记录以特殊重视。《林下清言》写道：“琅邪发展为齐之商业都市，奠基于勾践迁都时”，“滨海之转附（之罘之转音）、朝儛、琅邪均为其商业都会，而为齐君所愿游观。《史记》，始皇二十六年‘南登琅邪，大乐之，留三月，乃徙黔（今按：应为黔）首三万户琅邪台下’，正以有此大都市之基础，故乐于发展也。司马迁作《越世家》乃不言勾践迁都于此，太疏矣！”《顾颉刚读书笔记》，第10卷第8045—8046页。辛德勇《越王勾践徙都琅邪事析义》就越“徙都琅邪”事有具体考论，《文史》2010年第1辑。

④ 袁康、吴平辑录：《越绝书》卷八《外传记地传》，第58、62页。

⑤ 《山海经·海内北经》：“朝鲜在列阳东，海北山南。列阳属燕。”《海内经》：“东海之内，北海之隅，有国名曰朝鲜。”

的。根据《后汉书》卷八五《东夷列传·三韩》的记载,“辰韩,耆老自言秦之亡人,避苦役,适韩国,马韩割东界地与之。其名国为邦,弓为弧,贼为寇,行酒为行觞,相呼为徒,有似秦语,故或名之为秦韩”。由中国经至朝鲜半岛南部,大抵当经由海道,而渤海航线可能是“秦之亡人”远行的路径。①

《汉书》卷六《武帝纪》记载,汉武帝元朔元年(前128),“东夷薉君南闾等口二十八万人降,为苍海郡”。“薉”即“秽”。颜师古注引服虔曰:“秽貊在辰韩之北,高句丽、沃沮之南,东穷于大海。”秽貊(或谓薉貊)地望,在东朝鲜湾西岸,朝鲜江原道及咸镜南道南部地区。《汉书》卷六《武帝纪》还记载:元朔三年(前126)春,“罢苍海郡”。仅存在1年多的苍海郡之建置,或可看作西汉海洋开发事业取得进步的标志之一。《史记》卷三〇《平准书》写道:“彭吴贾灭朝鲜,置沧海之郡,则燕齐之间靡然发动”。又说:“东至沧海之郡,人徒之费拟于南夷。”

《汉书》卷二四下《食货志下》则谓“彭吴穿秽貊、朝鲜,置沧海郡,则燕齐之间靡然发动。”“东置沧海郡,人徒之费疑于南夷。”燕、齐地区与苍海郡的经济文化联系,前者多由陆路,后者当主要由渤海海路。

汉武帝时代,更有庞大舰队击朝鲜的浮海远征。元封二年(前109),“朝鲜王攻杀辽东都尉,乃募天下死罪击朝鲜”,“遣楼船将军杨仆、左将军荀彘将应募罪人击朝鲜”。② 颜师古注引应劭曰:“楼船者,时欲击越,非水不至,故作大船,上施楼也。”《史记》卷一一五《朝鲜列传》记载,“其秋,遣楼船将军杨仆从齐浮渤海”。③ 杨仆军启航地点可能在东莱

① 王子今:《略论秦汉时期朝鲜“亡人”问题》,《社会科学战线》2008年第1期。

② 《汉书》卷六《武帝纪》,第193—194页。

③ 《史记》卷一一五《朝鲜列传》还记述,另有“兵五万人,左将军荀彘出辽东”,而“楼船将齐兵七千人先至王险。右渠城守,窥知楼船军少,即出城击楼船,楼船军败散走”。后楼船将军杨仆“坐兵至洌口,当待左将军,擅先纵,失亡多,当诛,赎为庶人”。是知楼船载兵有限,正如司马迁所谓“楼船将狭,及难离咎”,然而其进军速度,则显然优于陆路行军的左将军荀彘部。

郡,[1] 登陆地点是洌口（或作列口）。[2] 洌口即今朝鲜黄海南道殷栗附近。杨仆“楼船军”“从齐浮渤海”可能性较大的出发港，应当是烟台、威海、龙口。以现今航海里程计，烟台港至大连 90 海里（167 千米），威海港至大连 94 海里（174 千米），龙口港至大连 140 海里（259 千米），大连至朝鲜平壤地区的出海口南浦 180 海里（330 千米）。[3] 就现有信息而言，我们已经可以为汉武帝时代的这一大型舰队的航海记录深感惊异了。[4]

朝鲜平壤南郊大同江南岸土城里的乐浪郡遗址和黄海北道凤山郡石城里的带方郡[5]遗址，都保留有丰富的汉代遗物。信川郡凤凰里有汉长岑县遗址，曾出土“守长岑县王君，君讳乡，年七十三，字德彦，东莱黄人也，正始九年三月廿日，壁师王德造”的长篇铭文，由此也可以推想，汉魏时通往乐浪的海上航路的起点，可能确实是东莱郡黄县。[6]

四 “渤海贼”与“渤海妖贼”

“海贼”称谓频繁出现于东汉时期，反映当时已经形成了具有较大影响的反政府的海上武装集团。“海贼”“寇略”地方，杀行政长官，致使“缘海县各屯兵戍”，最终遭遇朝廷军队“讨破”，反映这样的武装力量激烈对抗汉王朝的性质。

史籍可见“渤海贼”的称谓。清人姚之骃《后汉书补逸》卷二一《司马彪续后汉书第四 · 渤海贼》：“渤海妖贼盖登等称‘太上皇帝’，

---

① 黄盛璋在《中国港市之发展》一文中考证，“汉征朝鲜从莱州湾人海，地点或在东莱”。《历史地理论集》，人民出版社 1982 年版，第 89 页。

② 《史记》卷一一五《朝鲜列传》：“楼船将军亦坐兵至洌口，当待左将军，擅先纵，失亡多，当诛，赎为庶人。”《汉书》卷九五《朝鲜传》作“列口”。《汉书》卷二八下《地理志下》乐浪郡属县有“列口”。

③ 《中华人民共和国分省地图集》，第 105—107、48—49 页。

④ 王子今：《论杨仆击朝鲜楼船军“从齐浮渤海”及相关问题》，《鲁东大学学报》（哲学社会科学版）2009 年第 1 期。

⑤ 汉献帝建安九年（204），割乐浪郡南部为带方郡。

⑥ 王子今：《秦汉交通史稿》（增订版），中国人民大学出版社 2013 年版，第 197—198 页。

有玉印五，皆如白石。文曰‘皇帝信写’、‘皇帝行玺’，其三无文字。璧二十二，珪五，铁券十一，开王庙，带玉绶，衣绛衣，相署置也。”① 司马彪写作“渤海妖贼”，姚之骃作“渤海贼”。司马彪原意，可能只是指出盖登出身及主要活动地域是渤海郡。

《后汉书》卷七七《酷吏列传·董宣》记载，北海相董宣曾以残厉手段镇压大户公孙丹：“收丹父子杀之。丹宗族亲党三十余人，操兵诣府，称冤叫号。宣以丹前附王莽，虑交通海贼，乃悉收系剧狱，使门下书佐水丘岑尽杀之。”可见沿海郡国主要行政长官防备地方豪族“交通海贼”，竟然采用“悉收系剧狱”，“尽杀之”的极端手段。这一情形，应与“海贼”势力对沿海地方形成严重威胁有关。《三国志》卷一二《魏书·何夔传》：“海贼郭祖寇暴乐安、济南界，州郡苦之。”则显示“海贼”活动深入内陆的事实。

“海贼张伯路等寇略缘海九郡”等记载，② 也表明这些海上反政府武装的机动性是非常强的。

五 早期东洋交通

《汉书》卷二八下《地理志下》中已经出现关于“倭人”政权的记述，可以反映东洋交通的早期开发：

> 乐浪海中有倭人，分为百余国，以岁时来献见云。

颜师古注引如淳曰：“在带方东南万里。”又谓“《魏略》云倭在带方东南大海中，依山岛为国，度海千里，复有国，皆倭种”。所谓“百余国”者，可能是指以北九州为中心的许多规模不大的部落国家。自西汉后期

---

① 姚之骃原注：“案贼事何必细载，范删为是。”文渊阁《四库全书》本。《后汉书》卷七《桓帝纪》：“勃海妖贼盖登等称‘太上皇帝’，有玉印、珪、璧、铁券，相署置，皆伏诛。”李贤注引《续汉书》曰：“时登等有玉印五，皆如白石，文曰‘皇帝信玺’、‘皇帝行玺’，其三无文字。璧二十二，珪五，铁券十一。开王庙，带王绶，衣绛衣，相署置也。”

② 《后汉书》卷三八《法雄传》写作“寇滨海九郡”。《太平御览》卷八七六引《后汉书》曰：“安帝时，京师大风，拔南郊梓树九十六。后海贼张伯路略九郡。”

起，它们与中国中央政权间，已经开始了正式的往来。[①]

《后汉书》卷八五《东夷列传》中为“倭”列有专条，并明确记述自汉武帝平定朝鲜起，倭人已有三十余国与汉王朝通交：

> 倭在韩东南大海中，依山岛为居，凡百余国。自武帝灭朝鲜，使驿通于汉者三十许国。

所谓“乐浪海中”、“带方东南”、“韩东南大海中”以及武帝灭朝鲜后方使驿相通，都说明汉与倭人之国的交往，大都经循朝鲜半岛海岸的航路。与“乐浪”海路交通比较便利的齐地居民很可能与“倭人”有所交往。“倭人”之国“使驿通于汉”，“以岁时来献见”，亦不能排除经行齐地的可能。

成书年代更早，因而史料价值高于《后汉书·东夷列传》的《三国志》卷三〇《魏书·东夷传》中，关于倭人的内容多达两千余字，涉及三十余国风土物产方位里程，记述相当详尽。这些记载，很可能是根据曾经到过日本列岛的使者——带方郡建中校尉梯儁和塞曹掾史张政等人的报告[②]，也可能部分采录“以岁时来献见”的倭人政权的使臣的介绍。

《后汉书》卷八五《东夷列传·倭》记述，光武帝建武中元二年(57)，“倭奴国奉贡朝贺，使人自称大夫，倭国之极南界也。光武赐以印绶”。1784年在日本福冈市志贺岛发现的“汉委奴国王”金印，显然已可以证实这一记载。一般认为“委（倭）奴国”地望，在北九州博多附近的傩县一带。

通过与“倭”的外交，中原人又获得了有关其他海上诸国的文化信息。《三国志》卷三〇《魏书·东夷传》说，“自郡至女王国万二千余里”，而“女王国东渡海千余里，复有国，皆倭种。又有侏儒国在其南，

---

① 日本学者角林文雄认为此所谓“倭人”指当时朝鲜半岛南部居民（《倭人傳考證》，佐伯有清編《邪馬台国基本論文集》第3輯，創元社1983年版），沈仁安《“倭”、“倭人”辨析》一文否定此说，《历史研究》1987年第2期。

② 《三国志》卷三〇《魏书·东夷传》：“正始元年，太守弓遵遣建中校尉梯儁等奉诏书印绶诣倭国，拜假倭王，并赍诏赐金、帛、锦罽、刀、镜、采物”，八年，“遣塞曹掾史张政等因赍诏书、黄幢，拜假难升米为檄告喻之”。

人长三四尺，去女王四千余里。又有裸国、黑齿国复在其东南，船行一年可至。参问倭地，绝在海中洲岛之上，或绝或连，周旋可五千余里”。有人认为“黑齿国”方位与《梁书·诸夷列传·扶桑》中沙门慧深所述扶桑国情形相合，其所在远至太平洋彼岸的美洲。[①] 而又有学者指出，所谓扶桑国若确有其地，“其地应在中国之东，即东北亚某地离倭国不太远之处”。[②] 今考裸国、黑齿国所在，应重视“南”与“东南”的方位指示，其地似当以日本以南的琉球诸岛及台湾等岛屿为是。[③]

《太平御览》卷三七三引《临海异物志》所谓“毛人洲”，卷七九〇引《土物志》所谓“毛人之洲”，以及《山海经·海外东经》郭璞注所谓“去临海郡东南二千里”的“毛人”居地，其实大致与《三国志·魏书·东夷传》所谓“裸国、黑齿国”方位相近。这些生活在大洋之中海岛丛林的文明程度较落后部族的文化状况，中国大陆的居民通过海上交通已经逐渐有所了解。而对于这一地区文化面貌的最初的认识，是以秦汉时期航海事业的发展为条件而实现的。

六　青、兖“大作海船”

《三国志》卷三《明帝纪》记载：魏明帝景初元年（237），“诏青、兖、幽、冀四州大作海船”。也就是说，环渤海地区进行了大规模的发展海上航运的准备。齐地的造船业的发展自然因此受到了鼓励和支持。其背景，是孙权“浮海”对辽东形成威胁，为了强化战备，征大司马、乐浪公公孙渊部。公孙渊部反叛，辽东局势紧张。毌丘俭进军讨伐，因水害退军。公孙渊自立为燕王：

> 初，权遣使浮海与高句骊通，欲袭辽东。遣幽州刺史毌丘俭率诸军及鲜卑、乌丸屯辽东南界，玺书征公孙渊。渊发兵反，俭进军讨

---

① 赵评春：《中国先民对美洲的认识》，《未定稿》1987年第14期。

② 罗荣渠：《扶桑国猜想与美洲的发现》，原载《历史研究》1983年第2期，1984年修订稿载《北京大学哲学社会科学优秀论文选》第2辑，北京大学出版社1988年版。

③ 云南傣族、佤族、布朗族、基诺族等族，古称黑齿民，至今仍有染齿风习，或称与服食槟榔的传统习俗有关。海上黑齿国亦应为槟榔产地，清人陈伦炯《海国闻见录》中《东西详记》关于台湾风习，也有“文身黑齿”的记载。

> 之，会连雨十日，辽水大涨，诏俭引军还。右北平乌丸单于寇娄敦、辽西乌丸都督王护留等居辽东，率部众随俭内附。己卯，诏辽东将吏士民为渊所胁略不得降者，一切赦之。辛卯，太白昼见。渊自俭还，遂自立为燕王，置百官，称绍汉元年。

在这样的情形下，“青、兖、幽、冀四州大作海船”，应当有发起海上攻击，以平定公孙渊军事割据的计划。

所谓“会连雨十日，辽水大涨”，于是不得不“诏俭引军还”。是自然力影响了战争进程。

据《三国志》卷八《魏书·公孙渊传》记载，第二年，景初二年(238)，司马懿率军征公孙渊，围襄平城（今辽宁辽阳），“会霖雨三十余日，辽水暴长，运船自辽口径至城下”。此次天变，同样是水灾，却帮助了曹魏军队的进攻。

也许，前一年“诏青、兖、幽、冀四州大作海船”，使得这次进攻能够调用水上作战力量，使得战事顺利解决。

七　经行齐海域的南北交通

事先公孙渊与孙权集团有过秘密往来。据《三国志》卷八《魏书·公孙渊传》记载：

> 初，（公孙）恭病阴消为阉人，劣弱不能治国。太和二年，渊胁夺恭位。明帝即拜渊扬烈将军、辽东太守。渊遣使南通孙权，往来赂遗。权遣使张弥、许晏等，齎金玉珍宝，立渊为燕王。渊亦恐权远不可恃，且贪货物，诱致其使，悉斩送弥、晏等首，明帝于是拜渊大司马，封乐浪公，持节、领郡如故。使者至，渊设甲兵为军陈，出见使者，又数对国中宾客出恶言。景初元年，乃遣幽州刺史毌丘俭等赍玺书征渊。渊遂发兵，逆于辽隧，与俭等战。俭等不利而还。渊遂自立为燕王，置百官有司。遣使者持节，假鲜卑单于玺，封拜边民，诱呼鲜卑，侵扰北方。

所谓“渊遣使南通孙权，往来赂遗”，裴松之注引《吴书》载渊表权曰：

“今魏家不能采录忠善，褒功臣之后，乃令谗讹得行其志，听幽州刺史、东莱太守诳误之言，猥兴州兵，图害臣郡。臣不负魏，而魏绝之。”其中涉及“东莱太守”的情节，可以与魏明帝“诏青、兖、幽、冀四州大作海船”事联系起来理解。

裴松之注引《魏略》曰：“国家知渊两端，而恐辽东吏民为渊所误。故公文下辽东，因赦之曰：‘告辽东、玄菟将校吏民：逆贼孙权遭遇乱阶，因其先人劫略州郡，遂成群凶，自擅江表，含垢藏疾。冀其可化，故割地王权，使南面称孤，位以上将，礼以九命。权亲叉手，北向稽颡。假人臣之宠，受人臣之荣，未有如权者也。狼子野心，告令难移，卒归反覆，背恩叛主，滔天逆神，乃敢僭号。恃江湖之险阻，王诛未加。比年已来，复远遣船，越渡大海，多持货物，诳诱边民。边民无知，与之交关。长吏以下，莫肯禁止。至使周贺浮舟百艘，沈滞津岸，贸迁有无。既不疑拒，赍以名马，又使宿舒随贺通好。……’”其中说到孙吴“复远遣船，越渡大海”事。而所谓“使周贺浮舟百艘，沈滞津岸，贸迁有无。既不疑拒，赍以名马”，也是海上贸易史的珍贵资料。裴松之注又引《魏略》载渊表对于孙权军北上船队具体情形的描述比较详尽：“臣前遣校尉宿舒、郎中令孙综，甘言厚礼，以诱吴贼。幸赖天道福助大魏，使此贼虏暗然迷惑，违戾群下，不从众谏，承信臣言，远遣船使，多将士卒，来致封拜。臣之所执，得如本志，虽忧罪衅，私怀幸甚。贼众本号万人，舒、综伺察，可七八千人，到沓津。伪使者张弥、许晏与中郎将万泰、校尉裴潜将吏兵四百余人，赍文书命服什物，下到臣郡。泰、潜别赍致遗货物，欲因市马。军将贺达、虞咨领余众在船所。臣本欲须凉节乃取弥等，而弥等人兵众多，见臣不便承受吴命，意有猜疑。惧其先作，变态妄生，即进兵围取，斩弥、晏、泰、潜等首级。其吏从兵众，皆士伍小人，给使东西，不得自由，面缚乞降，不忍诛杀，辄听纳受，徙充边城。别遣将韩起等率将三军，驰行至沓。使领长史柳远设宾主礼诱请达、咨，三军潜伏以待其下，又驱群马货物，欲与交市。达、咨怀疑不下，使诸市买者五六百人下，欲交市。起等金鼓始震，锋矢乱发，斩首三百余级，被创赴水没溺者可二百余人，其散走山谷，来归降及藏窜饥饿死者，不在数中。”孙吴船队北至辽河流域的直接目的似乎仍然是“交市”。“贼众本号万人，舒、综伺察，可七八千人”，说明了船队的规模。所谓“使周贺浮舟百艘，沈滞津岸，贸迁有无。既不疑拒，赍以名马”，由“浮舟百艘”，可知航运有一定的贸易量刺激其积极性。[1]

据裴松之注引《魏书》，公孙渊“令官属上书自直于魏”，说道：“吴虽在远，水道便利，举帆便至，无所隔限。”这应当是对于当时东海航路畅通的真实表述。但是这一航线是必然经过齐海域的。裴松之注引《魏略》载渊表言及吴军北上“来为寇害”的威胁时有这样的内容：“徐州诸屯及城阳诸郡，与相接近，如有船众后年向海门，得其消息，乞速告臣，使得备豫。”城阳郡治在今山东诸城。所管辖海岸，北至胶州湾，南至海州湾。所谓“城阳诸郡”，应当包括东莱郡和乐安郡。东莱郡治在今山东黄县东，乐安郡治在今山东临淄西北。东莱郡和乐安郡控制着山东半岛大部分沿海地区。

① 《三国志》卷四七《吴书·吴主传》：嘉禾元年（232），“遣将军周贺、校尉裴潜乘海之辽东”。次年，“使太常张弥、执金吾许晏、将军贺达等将兵万人，金宝珍货、九锡备物，乘海授渊。”赤乌二年（239），又“遣使者羊衜，郑胄、将军孙怡之辽东，击魏守将张持、高虑等，虏得男女”。相关行为的经济目的，又有虏取人口等。

齐人的浮海迁徙

秦汉时期，齐人浮海迁徙史例层出不穷。其中尤以流徙渡海前往辽东半岛者最多。前往朝鲜的“亡人”，有些也来自齐地。

一 王仲“浮海东奔乐浪山中”

据《后汉书》卷七六《循吏列传·王景》记载，汉文帝三年（前177），济北王刘兴居反，欲委兵琅邪不其人王仲，王仲惧祸，于是“乃浮海东奔乐浪山中”情形：

> 王景字仲通，乐浪䛁邯人也。八世祖仲，本琅邪不其人。好道术，明天文。诸吕作乱，齐哀王襄谋发兵，而数问于仲。及济北王兴居反，欲委兵师仲，仲惧祸及，乃浮海东奔乐浪山中，因而家焉。父闳，为郡三老。更始败，土人王调杀郡守刘宪，自称大将军、乐浪太守。建武六年，光武遣太守王遵将兵击之。至辽东，闳与郡决曹史杨邑等共杀调迎遵，皆封为列侯，闳独让爵。帝奇而征之，道病卒。

可见汉初琅邪与乐浪间航海往来已不很困难，已经有移民由琅邪“浮海东奔”，定居乐浪。这样的情形显然不是特例。

葛剑雄等认为，如王仲“浮海”至乐浪事，“这在山东半岛大概是比较普遍的现象”。①

劳榦指出：“他一去就能到乐浪山中，可见当时确有中国的居民留

① 葛剑雄、曹树基、吴松弟：《简明中国移民史》，第94页。

止，不然决不会孤立在一个异民族社会，八世而不改汉风。”①

王仲事迹为嘉庆《大清一统志》列入卷一七五《莱州府二·人物》之中。据卷一七四《莱州府·建置沿革》，“领州二县五”：掖县、平度州、潍县、昌邑县、胶州、高密县、即墨县。莱州府“形势”：“土疏水阔，山高海深。《寰宇记》。罗山亘其东，潍水阻其西，神山距其南，渤海枕其北，内屏青齐，外控辽碣。《旧志》。”②

二　辽东“浮海”移民

大概最常见的，还是“浮海”至于辽东的移民现象。

《后汉书》卷八三《逸民列传·逢萌》说，北海都昌人逢萌曾就学于长安，王莽专政，“即解冠挂东都城门，归，将家属浮海，客于辽东”。“及光武即位，乃之琅邪劳山。”当时隔海可以互通信息，渡海似乎也可以轻易往返。“浮海，客于辽东”，显示出当时齐地主要的移民方向是隔渤海相对的另一个半岛。

东汉末年，辽东与齐地间的海上交通往来不绝。当时多有所谓“遭王道衰缺，浮海遁居”，③“隐身遁命，远浮海滨”④的情形。避战乱入海至于辽东的事迹屡见于史籍。例如东莱黄人太史慈，北海朱虚人邴原、管宁，乐安盖人国渊，平原人王烈，等等，都曾经以“浮海”经历成为辽东移民：

1. 太史慈

> （太史慈）为州家所疾，恐受其祸，乃避之辽东。……慈从辽东还。⑤

---

① 劳榦：《两汉户籍与地理之关系》，《劳榦学术论文集甲编》，第26页。

② 《四部丛刊续编》景旧钞本。

③ 《三国志》卷一一《魏书·管宁传》。

④ 《后汉书》卷五三《姜肱传》。

⑤ 《三国志》卷四九《吴书·太史慈传》。

2. 邴原

> 黄巾起，（邴）原将家属入海，住郁洲山中。时孔融为北海相，举原有道。原以黄巾方盛，遂至辽东。①

3. 管宁

> 天下大乱，（管宁）闻公孙度令行于海外，遂与（邴）原及平原王烈等至于辽东。……文帝即位，征宁，遂将家属浮海还郡。……中平之际，黄巾陆梁，华夏倾荡，王纲弛顿。遂避时难，乘桴越海，羁旅辽东三十余年。②

> 会董卓作乱，避地辽东。③

> 乃将家属乘海即受征。宁在辽东，积三十七年乃归。④

4. 国渊

> （国渊）与邴原、管宁等避乱辽东。⑤

5. 王烈

> （王烈）遭黄巾、董卓之乱，乃避地辽东。⑥

《汉书》卷四〇《周勃传》记述击卢绾事，“破绾军上兰，后击绾军沮阳。追至长城，定上谷十二县，右北平十六县，辽东二十九县，渔阳二

① 《三国志》卷一一《魏书·邴原传》。
② 《三国志》卷一一《魏书·管宁传》。
③ 《三国志》卷一一《魏书·管宁传》裴松之注引《先贤行状》。
④ 《三国志》卷一一《魏书·管宁传》裴松之注引《傅子》。
⑤ 《三国志》卷一一《魏书·国渊传》。
⑥ 《后汉书》卷八一《独行列传·王烈》。

十二县。”可知汉初辽东郡29县。而西汉后期辽东郡18县，东汉则11城。《汉书》卷二八下《地理志下》记载：“辽东郡，户五万五千九百七十二，口二十七万二千五百三十九。县十八。”《续汉书·郡国志五》：“辽东郡，十一城，户六万四千一百五十八，口八万一千七百一十四。”《续汉书·郡国志》提供的东汉辽东郡户口数字，户均不过1.2736人，显然过低。中华书局标点本《后汉书》“校勘记”写道：“户六万四千一百五十八口八万一千七百一十四。按：张森楷《校勘记》谓案如此文，则户不能二口矣，非情理也，疑‘八万’上有脱漏。”①

有学者以为，“口数记载失实的可能性不能排除，但与之相比，户数记载失实的可能性似乎更大”，并且分析了社会动荡导致民众死亡、辽东辖县省并或划出、周边少数民族的寇掠等可能导致“辽东郡在东汉初期的户口基数肯定减少很多”的因素。② 不过，这样的分析没有注意到主要来自齐地的“浮海”移民在复杂的社会背景下维持其“户口基数”甚至促使其有所增长的可能。如果不考虑口数，比较两汉辽东户数，增长率为14.625%。对照全国户口负增长的形势，③ 这一增长数字是相当可观的。考虑到两汉辽东郡辖地的变化，这样的户口变化尤其值得关注。劳榦分析《续汉书·郡国志五》辽东郡户口资料时说，“至于口数减少，大抵由于数目字的错误”。“（辽西与辽东）两个相邻的郡，在同一个时期，人口数目完全相同，天下决没有如此十分凑巧的事。其中数目字有误，大概是可以断定的。我们从户数的增加来看，口数也一定是增加的。”他在“辽东两汉比较”一栏写道：“此数有误”。于是在“两汉东北人口表”中我们看到，辽西、辽东、玄菟、乐浪四郡，只有辽东的户数是增长的。而且正如劳榦所说，辽东的数字，还有“辽东属国户口未计入”。④

---

① 《后汉书》，第12册第3550页。

② 论者还注意到《续汉书·郡国志五》所见辽东郡和辽西郡人口数完全相同：“《续汉书·郡国志》记载的同时期辽西郡的人口数与辽东郡竟然完全相同，均为81714人，这是一种纯粹的巧合，还是由于后人在传抄时出现失误而造成的‘巧合’呢？受限于资料，我们只能暂且存疑。”参见王海《〈汉书·郡国志〉户口数谬误辨析》，《湖南科技学院学报》2008年第7期。

③ 据《续汉书·郡国志》提供的汉顺帝永和五年（140）全国户口数与《汉书》卷二八《地理志》提供的汉平帝元始二年（2）全国户口数相比，呈负增长形势，分别为-20.7%与-17.5%。

④ 劳榦：《两汉户籍与地理之关系》，《劳榦学术论文集甲编》，第28页。

有的人口史专著分析说，“幽州辽东郡口户比低达一·二七，其口数‘八万一千七百一十四’竟与辽西郡口数一字不差，显系‘二十八万一千七百一十四’，漏写了‘二十’两字。改正之后口户比达四·三九，即与平均口户比接近了”。[①] 有学者赞同这一看法，又说：“果如此，辽东郡的户口为：户 64158，口 281714。每户平均 4.39 口，基本接近正常”[②]。

有学者指出，“总的看来，东汉末年时的人口流向是由青州（今山东东北）、徐州（今山东南部、江苏北部）向幽州（河北北部及辽宁西部）迁移；由山东半岛渡海向辽东转移；再由幽州、冀州（河北中部）、向北迁入鲜卑地（今内蒙古的广大地区）”。论者又指出：“今天的辽宁、内蒙等省区是当时主要的人口迁移区域。”[③] 这样的判断，似乎忽略了人口向江南转移的更显著的移民潮流。[④] 但是就向北方的移民而言，辽东受纳的数量确实比较大。

《三国志》卷一四《魏书·刘晔传》：“辽东太守公孙渊夺叔父位，擅自立，遣使表状。晔以为公孙氏汉时所用，遂世官相承，水则由海，陆则阻山，故胡夷绝远难制，而世权日久。今若不诛，后必生患。”其中所谓“水则由海”，体现了辽东地方的海路交通条件。

三 “从辽东还”“浮海还郡”现象

不仅“避地辽东”，“浮海，客于辽东”表现出齐地移民的主要方向，所谓“从辽东还”，“浮海还郡”，则反映了反方向流徙的情形。

同一方向的军事行动，则有辽东军阀公孙度据辽东“越海”占领东莱事。《三国志》卷八《魏书·公孙度传》记载：“分辽东郡为辽西、中辽郡，置太守。越海收东莱诸县，置营州刺史。自立为辽东侯、平州

---

① 赵文林、谢淑君：《中国人口史》，人民出版社 1988 年版，第 71 页。

② 袁延胜：《中国人口通史》（东汉卷），人民出版社 2007 年版，第 45 页。

③ 论者以为，“而到了三国鼎立形成之际，人口流向则为之一变”。“由长江以北向江南迁移是这一时期人口迁移的主流向。”参见石方《中国人口迁移史》，黑龙江人民出版社 1990 年版，第 157 页。实际上，自两汉之际至东汉前期，以江南地区为目的地的南向移民已经成为历史潮流。参看王子今《试论秦汉气候变迁对江南经济文化发展的意义》，《学术月刊》1994 年第 9 期；《汉代“亡人”“流民”动向与江南地区的经济文化进步》，《湖南大学学报》2007 年第 5 期。

④ 葛剑雄、曹树基、吴松弟：《简明中国移民史》，第 130—141 页。

牧。”又《后汉书》卷七四下《袁谭传》写道：“初平元年，（公孙度）乃分辽东为辽西、中辽郡，并置太守，越海收东莱诸县，为营州刺史，自立为辽东侯、平州牧。”

公孙度的“营州”、“平州”，似欲跨海为治。

魏明帝景初三年（239），“以辽东东沓县吏民渡海居齐郡界，以故纵城为新沓县以居徙民”。[①] 魏齐王曹芳正始元年（240），又“以辽东汶、北丰县民流徙渡海，规齐郡之西安、临菑、昌国县界为新汶、南丰县，以居流民”。[②] 都反映了渤海海面航运与“流民”“流徙渡海”史事。[③]

辽东民众回流，“吏民渡海居齐郡界”，在某种意义上或许可以看作辽东户口饱和的反映。这一时期辽东百姓大规模自发“流徙渡海”南至齐郡，是移民史研究者应当注意的。我们以为尤其不宜忽略的，是这种流徙的航海形式。

四　孙吴船队“虏得男女”

辽东曾经是民族关系复杂的地区。所谓“辽东外徼”、“辽东故塞”，[④] 说明这里长期是民族战争的前沿。西汉初期，“匈奴日已骄，岁入边，杀略人民畜产甚多”，而“辽东最甚”。[⑤] 东汉时，仍有“北匈奴入辽东”事。[⑥] 而所谓“辽东乌桓”[⑦]、“辽东鲜卑”[⑧]、“辽东貊人”[⑨] 等称谓，都反映了区域民族构成的复杂。我们这里所讨论的主要来自齐地的“浮海”移民对于充实辽东汉人户口的意义，其实也是民族问题探讨不宜

---

① 《三国志》卷四《魏书·三少帝纪·齐王芳》。

② 同上。

③ 劳榦《两汉户籍与地理之关系》写道：“《魏志》青龙二年及正始元年辽东流民渡海入齐郡，此虽较后之事，但亦可证黄海交通之易也。”《劳榦学术论文集甲编》，第26页。今按：“青龙二年”似是“景初三年”之误，又“黄海交通之易”似应为“渤海交通之易”。

④ 《史记》卷一一五《朝鲜列传》。

⑤ 《史记》卷一一〇《匈奴列传》。

⑥ 《后汉书》卷五一《陈禅传》。

⑦ 《汉书》卷五六《昭帝纪》，《后汉书》卷五六《种暠传》。

⑧ 《后汉书》卷五《安帝纪》，卷八五《东夷列传·高句骊》、《鲜卑传》，附《续汉书·天文志中》。

⑨ 《后汉书》附《续汉书·天文志中》。

忽视的内容。

辽东人口构成的复杂性引人注目。这些来自海路的移民的能动性或者说不稳定性同样也引人注目。

孙权嘉禾元年（232），曾“遣将军周贺、校尉裴潜乘海之辽东”，[1]舰队规模至于“浮舟百艘”。[2] 同年，公孙渊与孙权联络。次年，“使太常张弥、执金吾许晏、将军贺达等将兵万人，金宝珍货、九锡备物，乘海授渊”。[3] 又曾“遣使浮海与高句骊通，欲袭辽东”。[4] 赤乌二年（239），又“遣使者羊衜、郑胄、将军孙怡之辽东，击魏守将张持、高虑等，虏得男女”。[5] 所谓“虏得男女”，或许可以看作辽东“浮海”移民另一种方式的南下流动。当然，这是在强制方式下被迫的移动，与自发的流徙不同。

被孙吴船队所“虏”辽东“男女”，有可能本来即来自齐地。他们随孙吴人“浮海”南下，又来到新的社会生活环境中。

五　朝鲜“亡人”问题

西汉初年，一位出身燕地的“亡命”者逃避到朝鲜，后来竟然成为“朝鲜王”。《史记》卷一一五《朝鲜列传》记载：“朝鲜王满者，故燕人也。自始全燕时尝略属真番、朝鲜，为置吏，筑鄣塞。秦灭燕，属辽东外徼。汉兴，为其远难守，复修辽东故塞，至浿水为界，属燕。燕王卢绾反，入匈奴，满亡命，聚党千余人，魋结蛮夷服而东走出塞，渡浿水，居秦故空地上下鄣，稍役属真番、朝鲜蛮夷及故燕、齐亡命者王之，都王险。”所谓“汉兴，为其远难守，复修辽东故塞，至浿水为界”，当是由秦王朝“地东至朝鲜”的版图有所退缩。所谓“满亡命”以及役属“故燕、齐亡命者”，都说明这一政权的最高首领和主要骨干都是“故燕、齐”的“亡人”。《汉书》卷九五《朝鲜传》：“朝鲜王满，燕人。自始燕时，尝略属真番、朝鲜，为置吏筑障。秦灭燕，属辽东外徼。汉兴，为远

---

① 《三国志》卷四七《吴书·吴主传》。

② 《三国志》卷八《魏书·公孙渊传》裴松之注引《魏略》。

③ 《三国志》卷四七《吴书·吴主传》。

④ 《三国志》卷八《魏书·公孙渊传》。

⑤ 《三国志》卷四七《吴书·吴主传》。

难守，复修辽东故塞，至浿水为界，属燕。燕王卢绾反，入匈奴，满亡命，聚党千余人，椎结蛮夷服而东走出塞，度浿水，居秦故空地上下障，稍役属真番、朝鲜蛮夷及故燕、齐亡在者王之，都王险。”《史记》“亡命者”，《汉书》作“亡在者”。颜师古注：“燕、齐之人亡居此地，及真番、朝鲜蛮夷皆属满也。”“亡在者”，颜师古解释为“亡居此地”者。《盐铁论·论功》：“朝鲜之王，燕之亡民也。”“亡民”是“亡人”的另一种表述形式。

据《史记》卷一一五《朝鲜列传》，在汉惠帝和吕后时代，朝鲜与汉王朝保持了良好的关系，国力有所扩张：“会孝惠、高后时天下初定，辽东太守即约满为外臣，保塞外蛮夷，无使盗边；诸蛮夷君长欲入见天子，勿得禁止。以闻，上许之，以故满得兵威财物侵降其旁小邑，真番、临屯皆来服属，方数千里。”朝鲜吸引了诸多“汉亡人”：“传子至孙右渠，所诱汉亡人滋多，又未尝入见；真番旁众国欲上书见天子，又拥阏不通。”所列“右渠”罪责有三条：1. “所诱汉亡人滋多”；2. “又未尝入见”；3. “真番旁众国欲上书见天子，又拥阏不通”。其中“所诱汉亡人滋多”列为第一条。引诱“汉亡人”偷渡越境归附，会直接损害相邻的辽东郡以及隔海的齐郡、东莱郡等地的户口控制及行政效能。所谓“滋多”，又说明这种现象更有愈演愈烈的趋势。《汉书》卷九五《朝鲜传》“所诱汉亡人滋多”，颜师古注：“滋，益也。”

司马迁在《史记》卷一三〇《太史公自序》中总结《朝鲜列传》的主要记述重点时，这样写道：“燕丹散乱辽间，满收其亡民，厥聚海东，以集真藩，葆塞为外臣。作《朝鲜列传》第五十五。”所谓“满收其亡民”，上承“燕丹散乱辽间”说，似乎表明朝鲜接收燕地“亡人”，其实自秦代已经开始。《后汉书》卷八五《东夷列传》：“陈涉起兵，天下崩溃，燕人朝鲜，因王其国。”说“满亡命”并聚集“故燕、齐亡命者”、“故燕、齐亡在者”立国，事在秦末。

《汉书》卷一〇〇下《叙传下》：“爰泊朝鲜，燕之外区。汉兴柔远，与尔剖符。皆恃其岨，乍臣乍骄，孝武行师，诛灭海隅。”“诱汉亡人”事，体现出朝鲜之“骄”，使得汉帝国的行政和经济受到损害，也是导致战争征服的因素之一。

葛剑雄先生指出，“秦末汉初，朝鲜半岛未受战争影响。‘燕、齐、赵人往避者数万口'[①]。移民的来源大致即今山东、河北、辽宁等地，路线也有海上和陆上两方面"。[②] 汉武帝部署征伐朝鲜的楼船军的进军路线[③]，告知我们齐地与朝鲜之间的渤海航线已经通行。[④] 而更多的民间流亡行为，是齐地与辽东的往来。北海都昌人逢萌曾就学于长安，王莽专政，"即解冠挂东都城门，归，将家属浮海，客于辽东"。"及光武即位，乃之琅邪劳山。"[⑤] 当时隔海能够互通消息，渡海似乎也可以轻易往返。

"亡人"利用海上航路，使得其活动的社会影响面空前扩大。

也有"浮海"直接抵达朝鲜的"亡人"。前引《后汉书》卷七六《循吏列传·王景》记载王景家族的事迹，就说明了这一情形。王仲流亡朝鲜，即所谓"浮海东奔乐浪山中，因而家焉"，王闳由乐浪往京师"道病卒"，我们不知道他是陆行还是浮海。而海上行旅的艰难我们通过《史记》卷一一五《朝鲜列传》所谓"楼船将齐卒，入海，固已多败亡"可以得知。

《汉书》卷二八下《地理志下》记载的"玄菟郡"的户口数字为："户四万五千六，口二十二万一千八百四十五。""乐浪郡"户口数字为："户六万二千八百一十二，口四十万六千七百四十八。"葛剑雄判断，"其中绝大部分应是燕、赵、齐的移民及其后裔"。[⑥]《续汉书·郡国志五》提供的户口统计资料，"玄菟郡"为："户一千五百九十四，口四万三千一百六十三。""乐浪郡"则为："户六万一千四百九十二，口二十五万七千五十。"玄菟郡户数的可疑[⑦]，削弱了作为统计依据的可信度。这里以乐浪郡为分析对象，以汉平帝元始二年（2）和汉顺帝永和五年（140）两个数据作比较，可知 138 年之间，乐浪郡户数减少了 2.1015%，而口数

---

① 原注："《后汉书》卷 85《东夷传》。"

② 葛剑雄、曹树基、吴松弟：《简明中国移民史》，第 93 页。

③ 《史记》卷一一五《朝鲜列传》："天子募罪人击朝鲜。其秋，遣楼船将军杨仆从齐浮渤海；兵五万人。""楼船将军将齐兵七千人先至王险。""楼船将齐卒，入海，固已多败亡。""楼船将军亦坐兵至洌口，当待左将军，擅先纵，失亡多，当诛，赎为庶人。"

④ 《盐铁论·地广》："左将伐朝鲜，开临洮，燕、齐困于秽貉。"齐地承受的战争压力，是因为海运的缘故。

⑤ 《后汉书》卷八三《逸民列传·逢萌》。

⑥ 葛剑雄、曹树基、吴松弟：《简明中国移民史》，第 93 页。

⑦ "户一千五百九十四，口四万三千一百六十三。"户均人口多达 27.0784 人。

减少了 36.8036% 。口数减少的程度，超过了全国平均数，而户数则保持了较高的水准。[①] 户均人口由 6.4756 下降到 4.1802。户数较为稳定的情形，值得注意。口数的减少，则应考虑行政区域大幅度缩小的因素。[②]

乐浪郡户口数字的变化，是否与“亡人”的活动有关呢？如果分析“亡人”在这一历史变化中可能起的作用，应当对来自齐地的“亡人”有所关注。

《焦氏易林》卷二《大畜·大畜》：“朝鲜之地，姬伯所保，宜人宜家，业处子孙，求事大喜。”《焦氏易林》卷三《咸·革》：“朝鲜之地，姬伯所保，宜家宜人，业处子孙。”所谓“宜人宜家”、“宜家宜人”，都隐约体现了前往朝鲜移民动机的心理背景。[③] 朝鲜“宜人宜家”、“宜家宜人”的居住条件，当如葛剑雄所说，“秦末汉初……由于当时朝鲜法律简易，民风淳朴，对大陆汉人具有吸引力”，“武帝平朝鲜”后，“汉朝在四郡的统治毕竟不如内地严酷，加上地广人稀，当地民族‘天性柔顺’，内地移民还会大量涌入，在发生天灾人祸时尤其如此”。[④]

两汉乐浪郡与玄菟郡户口数字的比较，体现出相对稳定的情形，可以说明移民由北而南的趋势。《后汉书》卷八五《东夷列传·三韩》保留了反映朝鲜半岛流民方向的史料：“初，朝鲜王准为卫满所破，乃将其余众数千人走入海，攻马韩，破之，自立为韩王。准后灭绝，马韩人复自立为辰王。建武二十年，韩人廉斯人苏马諟等诣乐浪贡献。光武封苏马諟为汉廉斯邑君，使属乐浪郡，四时朝谒。灵帝末，韩、涉并盛，郡县不能制，百姓苦乱，多流亡入韩者。”这已经涉及另外的讨论主题。但是人们会考

---

① 汉顺帝永和五年（140）全国户口数与汉平帝元始二年（2）相比，呈负增长形势，分别为 -20.7% 与 -17.5% 。

② 参看谭其骧主编《中国历史地图集》，第 2 册第 27—28、61—62 页。

③ 汉器“富贵昌宜人洗”（《汉金文录》卷五）、汉印“貉宜家”（《汉印文字征》九·十四）、“貉宜家印”（《汉印文字征补遗》九·六），以及镜铭“多贺宜家受大福”（《河南襄城县出土西汉晚期四神规矩镜》，《文物》1992 年第 1 期）等，是当时“宜人宜家”、“宜家宜人”观念普及的文物例证。又常见汉代社会习用语“宜民宜人”，可与“宜人宜家”、“宜家宜人”对照读。汉印文字可见“宜民和众”（《汉印文字征补遗》七·四，十二·六）。《汉书》卷二是《刑法志》：“《诗》云：‘宜民宜人，受禄于天。’《书》曰：‘立功立事，可以永年。’言为政而宜于民者，功成事立，则受天禄而永年命。”《北堂书钞》卷一五引贾谊《新书》：“宜民宜人，民宜其寿。”蔡邕也曾经重申“宜民宜人，受禄于天”的说法，《蔡中郎集》卷二《上始元服与群臣上寿》。居延汉简可见“魏郡内黄宜民里”（E. P. T59：7），是“宜民”用于地名一例。

④ 葛剑雄、曹树基、吴松弟：《简明中国移民史》，第 93—94 页。

虑到如果“流亡入韩者”继续南流，则与齐地航海交通条件相对便利的乐浪可能成为中转中继的地点。

《三国志》卷三〇《魏书·东夷传·韩》中关于“辰韩”的记录也有珍贵的历史语言学资料，有助于说明“亡人”对于文化交往的意义：“辰韩在马韩之东，其耆老传世，自言古之亡人避秦役来适韩国，马韩割其东界地与之。有城栅。其言语不与马韩同，名国为‘邦’，弓为‘弧’，贼为‘寇’，行酒为‘行觞’。相呼皆为‘徒’，有似秦人，非但燕、齐之名物也。名乐浪人为‘阿残’；东方人名我为‘阿’，谓乐浪人本其残余人。今有名之为‘秦韩’者。始有六国，稍分为十二国。”“古之亡人避秦役来适韩国”，使得中原古语遗存在当地民间语汇中。《后汉书》卷八五《东夷列传·三韩》采用了这一记载，写道：“辰韩，耆老自言秦之亡人，避苦役，适韩国，马韩割东界地与之。其名国为‘邦’，弓为‘弧’，贼为‘寇’，行酒为‘行觞’，相呼为‘徒’，有似秦语，故或名之为‘秦韩’。”此说“避秦役”，“避苦役”，自然会使人联想到秦政批判中影响最大的主父偃的言论：“使天下蜚刍挽粟，起于黄、腄、琅邪负海之郡，转输北河，率三十钟而致一石。男子疾耕不足于粮饷，女子纺绩不足于帷幕。百姓靡敝，孤寡老弱不能相养，道路死者相望，盖天下始畔秦也。”

战国秦汉即墨形势与齐人的海洋开发

即墨与临淄、平陆曾经并称“三齐”，史籍可见“临淄”、“即墨”并说，“琅邪”、“即墨”并说情形，也显示出即墨在齐区域文化格局中的重要。战国秦汉人言齐地资源与经济实力，有“东有琅邪、即墨之饶”的说法。就此有“二地近海，财用之所出”的解释。即墨“实表东海”，是依托海洋条件取得“三齐”形胜的地位的。即墨的优越地位和特殊形势，体现出齐人海洋开发的成就。

一 “三齐”说与即墨的地位

《史记》卷七《项羽本纪》记载项羽灭秦后分封十八诸侯事，对于齐地的控制，采取如下措施：

> 徙齐王田市为胶东王。齐将田都从共救赵，因从入关，故立都为齐王，都临菑。①

“徙齐王田市为胶东王”句下，裴骃《集解》：“徐广曰：‘都即墨。’”可

① 《史记》卷七《项羽本纪》十八诸侯中只有三王未言“都”某地，即：“徙赵王歇为代王”，“徙燕王韩广为辽东王”，“徙齐王田市为胶东王”。《汉书》卷一上《高帝纪上》则又有：“故齐王建孙田安为济北王”，“赵相张耳为常山王”。而《史记》卷七《项羽本纪》相关信息是明确的：“立安为济北王，都博阳”，“立耳为常山王，王赵地，都襄国”。对于十八诸侯不言其“都”的情形，王先谦《汉书补注》写道：“济北、辽东、胶东、代、常山都阙。”又据《月表》，指出“济北王都博阳”，“辽东都无终”，“代都代”，常山“都襄国”。关于胶东王执政中心，“先谦曰：《月表》‘都即墨’。案：胶东县也。在今莱州府平度州东南”。中华书局影印清光绪二十六年虚受堂刊本1983年版，上册第40页。

知即墨有与临菑相近的地位。张守节《正义》："《括地志》云：'即墨故城在莱州胶水县南六十里。古齐地，本汉旧县。'胶音交。在胶水之东。"《项羽本纪》又记载：

> 田荣闻项羽徙齐王市胶东，而立齐将田都为齐王，乃大怒，不肯遣齐王之胶东，因以齐反，迎击田都。田都走楚。齐王市畏项王，乃亡之胶东就国。田荣怒，追击杀之即墨。荣因自立为齐王，而西击杀济北王田安，并王三齐。①

田荣随即据"三齐"实力发起变乱，冲击项羽主宰天下的地位。"荣与彭越将军印，令反梁地。陈余阴使张同、夏说说齐王田荣曰：'项羽为天下宰，不平。今尽王故王于丑地，而王其群臣诸将善地，逐其故主赵王，乃北居代，余以为不可。闻大王起兵，且不听不义，愿大王资余兵，请以击常山，以复赵王，请以国为扞蔽。'齐王许之，因遣兵之赵。陈余悉发三县兵，与齐并力击常山，大破之。张耳走归汉。陈余迎故赵王歇于代，反之赵。赵王因立陈余为代王。是时，汉还定三秦。项羽闻汉王皆已并关中，且东，齐、赵叛之：大怒。乃以故吴令郑昌为韩王，以距汉。令萧公角等击彭越。彭越败萧公角等。汉使张良徇韩，乃遗项王书曰：'汉王失职，欲得关中，如约即止，不敢东。'又以齐、梁反书遗项王曰：'齐欲与赵并灭楚。'楚以此故无西意，而北击齐。征兵九江王布。布称疾不往，使将将数千人行。项王由此怨布也。汉之二年冬，项羽遂北至城阳，田荣亦将兵会战。田荣不胜，走至平原，平原民杀之。遂北烧夷齐城郭室屋，皆坑田荣降卒，系虏其老弱妇女。徇齐至北海，多所残灭。齐人相聚而叛之。于是田荣弟田横收齐亡卒得数万人，反城阳。项王因留，连战未能下。"在这一形势下，"春，汉王部五诸侯兵，凡五十六万人，东伐楚。""四月，汉皆已入彭城，收其货宝美人。"项羽不得不"即令诸将击齐，而自以精兵三万人南从鲁出胡陵"回救。

---

① 《史记》卷九四《田儋列传》："项王既归，诸侯各就国，田荣使人将兵助陈余，令反赵地，而荣亦发兵以距击田都，田都亡走楚。田荣留齐王市，无令之胶东。市之左右曰：'项王强暴，而王当之胶东，不就国，必危。'市惧，乃亡就国。田荣怒，追击杀齐王市于即墨，还攻杀济北王安。于是田荣乃自立为齐王，尽并三齐之地。"对于"三齐之地"的解说，司马贞《索隐》："田市王胶东，田都王齐，田安王济北。"

“三齐”地方的实力，曾经可以与项羽抗衡。

注意“三齐”的说法，可以理解“即墨”的重要地位。

关于“三齐”，裴骃《集解》：“《汉书音义》曰：‘齐与济北、胶东。’”对于所谓“三齐”，又有其他的理解，如张守节《正义》：“《三齐记》云：‘右即墨，中临淄，左平陆，谓之“三齐”。’”① 清人朱鹤龄《禹贡长笺》卷三写道：“愚按古称‘三齐’者，右即墨，中临淄，左平陆。”取张守节《正义》说。虽然对“三齐”的解说或有不同，“即墨”往往位列其首。

二 “临菑、即墨”并说的意义

《战国策·齐策一》记载张仪对齐王施行恐吓的言辞，其中说到了齐地都市“临淄、即墨”：

> 大王不事秦，秦驱韩、魏攻齐之南地，悉赵涉河关，指抟关，临淄、即墨非王之有也。国一日被攻，虽欲事秦，不可得也。是故愿大王熟计之。

前引《史记》卷七《项羽本纪》“齐将田都从共救赵，因从入关，故立都为齐王，都临菑”。司马贞《索隐》：“按：《高纪》及《田儋传》云‘临济’，此言‘临菑’，误。”张守节《正义》：“菑，侧其反。《括地志》云：‘青州临菑县也。即古临菑地也。一名齐城，古营丘之地，所封齐之都也。少昊时有爽鸠氏，虞、夏时有季崱，殷时有逢伯陵，殷末有薄姑氏，为诸侯，国此地。后太公封，方五百里。’”

清人曹学诗《拟蠲免钱粮谢表》有“问风俗于临淄、即墨，有鱼盐表海之雄”句②，应是体会到了“临淄、即墨”“有鱼盐表海之雄”的特殊的经济实力。清人徐震《乐田演义》也写道：“齐乃大国，临淄、即

---

① 〔元〕于钦《齐乘》卷一《沿革》：“秦亡，齐分为三。齐王田都据临淄，济北王安据博阳，胶东王市据即墨。故号‘三齐’。刘贡父云‘益都为天齐，济南为中齐，沂海为南齐’。非是。”文渊阁《四库全书》本。

② 〔清〕曹学诗：《香雪文钞》，清乾隆刻本。

墨，兵甲众多，不易剪灭。"[①] 则强调了其政治军事地位的重要。

"临淄、即墨"并说，后来成为语言习惯，亦反映两地形成鲜明文化共性的情形，如所谓"海以东多逋逃，渠耽耽临淄、即墨之饶而狡焉思逞者为忧"[②] 言其地之"饶"，又如所谓"夫临淄、即墨，诸枪手、矿人多奸侠亡命伍也"[③]，则言地方治安隐患。

三 "琅邪、即墨"并说的意义

《史记》卷八《高祖本纪》、《汉书》卷一下《高帝纪下》均"琅邪、即墨"并说。亦见《前汉纪》卷三《高祖三》、《宋书》卷三六《州郡志二·青州》、《资治通鉴》卷一一"汉高祖六年"等。

唐人柳宗元《贺中书门下分淄青诸州为三道节度状》："遂使琅邪、即墨，田生无虑其异谋；聊、摄、姑、尤，晏子但闻其善祝。"[④] 同样并列"琅邪"和"即墨"。

"琅邪、即墨"的表述方式，体现"即墨"和"琅邪"曾经具有相近的地理形势和经济水准。

《汉书》卷一下《高帝纪下》："夫齐东有琅邪、即墨之饶。"颜师古注："二县近海，财用之所出。"指出"琅邪、即墨"作为相互邻近地方，形成了能够以"近海"地缘关系为国家提供"财用"条件的经济优越地位。

越王勾践曾经徙治琅邪。[⑤] "琅邪"作为"四时祠所"所在，秦汉时期曾经是"东海"大港，也是东洋与南洋交通线上的名都。秦始皇东巡海上，在"琅邪"有特殊的表现。"琅邪"被看作"东海"重要的出航

---

① 〔清〕徐震：《乐田演义》卷一，清乾隆十八年刻本。

② 〔明〕刘理顺：《乐陵令张公荣荐序》，《刘文烈公全集》卷八，清顺治刻康熙印本。

③ 〔明〕王世贞：《答虚斋王中丞书》，《弇州四部稿》卷一二六《文部》，明万历刻本。

④ 〔唐〕柳宗元：《柳河东集》卷二九。题注："元和十四年次前代裴中丞贺分淄青为三道节度表作"。

⑤ 《竹书纪年》卷下："（周）贞定王元年癸酉，于越徙都琅琊。"《太平御览》卷一六〇引《吴越春秋》："越王勾践二十五年，徙都琅琊，立观台，周旋七里，以望东海。"《越绝书》卷八《外传记地传》："亲以上至句践凡八君，都琅琊，二百二十四岁。"《后汉书》卷八五《东夷列传》："越迁琅邪。"辛德勇《越王勾践徙都琅邪事析义》就越"徙都琅邪"事有具体考论，《文史》2010年第1辑。

起点。[1] 关注“琅邪、即墨”并说的情形，有益于理解“即墨”的地位。

四 关于“琅邪、即墨之饶”

《史记》卷八《高祖本纪》：“人有上变事告楚王信谋反，上问左右，左右争欲击之。用陈平计，乃伪游云梦，会诸侯于陈，楚王信迎，即因执之。是日，大赦天下。田肯贺。”又为刘邦分析形势：

> 陛下得韩信，又治秦中。秦，形胜之国，带河山之险，县隔千里，持戟百万，秦得百二焉。地埶便利，其以下兵于诸侯，譬犹居高屋之上建瓴水也。夫齐，东有琅邪、即墨之饶，南有泰山之固，西有浊河之限，北有勃海之利。地方二千里，持戟百万，县隔千里之外，齐得十二焉。故此东西秦也。非亲子弟，莫可使王齐矣。

田肯的意见得到刘邦赞同。“高祖曰：‘善。’赐黄金五百斤。”

《汉书》卷一下《高帝纪下》“琅邪、即墨之饶”，颜师古注：“二县近海，财用之所出。”《资治通鉴》卷一一“汉高祖六年”：“夫齐，东有琅邪、即墨之饶”，胡三省注也采用此说：“师古曰：二县近海，财用之所出。”可见，历代史家多以为“琅邪”和“即墨”的富足，经济基础在于“近海”的地理优势，便利了海洋资源的开发。

宋代学者王应麟《通鉴地理通释》卷一〇《七国形势考下·齐》也赞同这一意见：

> 田肯谓“琅邪、即墨之饶”，颜氏云：“二县近海，财用所出。”

原注：“苏秦说赵曰：‘齐必致鱼盐之海。’”则更明确地指出了“琅邪、即墨”地方经济的先进条件，主要是开发利用了海产“鱼盐”。

所谓“苏秦说赵曰：‘齐必致鱼盐之海’”，应出自《史记》卷六九《苏秦列传》：“至赵，而奉阳君已死，即因说赵肃侯曰：‘……君诚能听臣，燕必致旃裘狗马之地，齐必致鱼盐之海，楚必致橘柚之园，韩、魏、

① 参看王子今《东海的“琅邪”和南海的“琅邪”》，《文史哲》2012年第1期。

中山皆可使致汤沐之奉，而贵戚父兄皆可以受封侯。夫割地包利，五伯之所以覆军禽将而求也；封侯贵戚，汤武之所以放弑而争也。今君高拱而两有之，此臣之所以为君愿也。”

“苏秦说赵”之辞所谓“齐必致鱼盐之海”，《战国策·赵策二》的记载文字略异，写作：

齐必致海隅鱼盐之地。

又《战国策·齐策二》苏秦说赵王语，也可见“齐必致海隅鱼盐之地”。《战国策·赵策二》又有张仪策动连横说赵王曰：“今楚与秦为昆弟之国，而韩、魏称为东蕃之臣，齐献鱼盐之地，此断赵之右臂也。”《太平御览》卷九六六引《史记》，则苏秦所说对象不同：“《史记》曰：苏秦说燕文侯曰：‘君诚能听臣，齐必致鱼盐之海，楚必致橘柚之园。’”关于齐的“鱼盐之地”，又可见《战国策·齐策一》：“齐王曰：‘齐僻陋隐居，托于东海之上，未尝闻社稷之长利。今大客幸而教之，请奉社稷以事秦。’献鱼盐之地三百于秦也。”齐王献地，是屈从于张仪的恐吓。前段文字叙说了缘由，其中说到“即墨”：“大王不事秦，秦驱韩、魏攻齐之南地，悉赵涉河关，指抟关，临淄、即墨非王之有也。国一日被攻，虽欲事秦，不可得也。是故愿大王熟计之。”

五　田单据即墨抗燕的海洋地理学理解

田单抗击燕军进犯，据即墨一城，最终扭转战局，成功复国。《史记》卷三四《燕召公世家》：“齐田单以即墨击败燕军，骑劫死，燕兵引归，齐悉复得其故城。”《史记》卷四六《田敬仲完世家》：“田单以即墨攻破燕军，迎襄王于莒，入临菑。齐故地尽复属齐。齐封田单为安平君。”《史记》卷八〇《乐毅列传》：“齐田单后与骑劫战，果设诈诳燕军，遂破骑劫于即墨下，而转战逐燕，北至河上，尽复得齐城，而迎襄王于莒，入于临淄。”《史记》卷八二《田单列传》：“东保即墨。燕既尽降齐城，唯独莒、即墨不下。”“燕引兵东围即墨，即墨大夫出与战，败死。城中相与推田单……立以为将军，以即墨距燕。”田单用火牛阵破敌，“燕军大骇，败走。齐人遂夷杀其将骑劫。燕军扰乱奔走，齐人追亡逐北，所过城邑皆畔燕而归田单，兵日益多，乘胜，燕日败亡，卒至河上，而齐七十余城皆复为齐。乃迎襄王于莒，入临菑而听政”。

田单以即墨持久抗战取胜，应有多种条件。如果从海洋地理学思路理解，或可从三个方面总结：

（1）即墨应有多年“鱼盐之利”经营而积累的充足的军需物资和生活物资储备。

（2）即墨面对燕军的强攻，以背水的形势持久守备，应利用了自身海上运输和海上转战能力方面的优势。

（3）即墨很可能有外岛武装策应以助支撑。

《史记》卷四〇《楚世家》记录了楚顷襄王时代一则有关楚扩张的政治寓言：“十八年，楚人有好以弱弓微缴加归雁之上者，顷襄王闻，召而问之。对曰：‘小臣之好射鶀雁，罗鸗，小矢之发也，何足为大王道也。且称楚之大，因大王之贤，所弋非直此也。昔者三王以弋道德，五霸以弋战国。故秦、魏、燕、赵者，鶀雁也；齐、鲁、韩、卫者，青首也；驺、费、郯、邳者，罗鸗也。外其余则不足射者。见鸟六双，以王何取？王何不以圣人为弓，以勇士为缴，时张而射之？此六双者，可得而囊载也。其乐非特朝昔之乐也，其获非特凫雁之实也。’”这位“好射”者与楚顷襄王谈到对齐地的进取：“若王之于弋诚好而不厌，则出宝弓，碆新缴，射噣鸟于东海，还盖长城以为防，朝射东莒，夕发浿丘，夜加即墨，顾据午道，则长城之东收而太山之北举矣。”此言“长城”，应是指齐长城。[①] 同时说到的“东莒”和“即墨”，正是燕军伐齐，所谓“城之不拔者二耳”[②]，“唯独莒、即墨未服”[③] 之最后两处得以成功坚守的军事据点。田单复国即因即墨，《史记》卷八〇《乐毅

---

① 裴骃《集解》引徐广曰：“噣，一作‘独’。还音宦。盖，一作‘益’。益县在乐安，盖县在泰山。济北卢县有长城，东至海也。”司马贞《索隐》：“噣音昼，谓大鸟之有钩喙者，以比齐也。还音患，谓绕也。盖者，覆也。言射者环绕盖覆，使无飞走之路，因以长城为防也。徐以盖为益县，非也。长城当在济南。”张守节《正义》：“《太山郡记》云：‘太山西北有长城，缘河径太山千余里，至琅邪台入海。’《齐记》云：‘齐宣王乘山岭之上筑长城，东至海，西至济州千余里，以备楚。’《括地志》云：‘长城西北起济州平阴县，缘河历太山北冈上，经济州淄川，即西南兖州博城县北，东至密州琅邪台入海。’《蓟代记》云：‘齐有长城巨防，足以为塞也。’”

② 《史记》卷八三《田单列传》。

③ 《史记》卷八〇《乐毅列传》。张守节《正义》：“即墨今莱州。”

列传》："齐田单后与骑劫战，果设诈诳燕军，遂破骑劫于即墨下，而转战逐燕，北至河上，尽复得齐城，而迎襄王于莒，入于临淄。"《史记》卷一三〇《太史公自序》也写道："湣王既失临淄而奔莒，唯田单用即墨破走骑劫，遂存齐社稷。作田单列传第二十二。"①

清代学者陈景云《通鉴胡注举正》写道："《史记》：田横入海居岛中。张守节《正义》曰：海州东海县有岛，山去岸八十里。杜佑《通典》云：海州东海县田横所保鬱洲，亦曰郁洲，汉赣榆县是。唐人皆以横所居海岛在海州。胡氏注既引《史记正义》之文，又曰《北史·杨愔》避谗东入田横岛。是岛以横居之得名，且并以愔亦尝匿此地矣。按《北齐书》及《北史》皆云愔潜之光州，东入田横岛。齐神武令光州刺史搜访以礼，发遣光州。隋改东莱郡。《隋志》云，东莱郡即墨县有田横岛。是愔匿即墨海岛。史文明甚。至海州之地，此时方南属萧梁，愔不得越境至此。合《齐书》、《北史》及《隋志》考之，则田横所居海岛，自当以三《史》为是。""田横岛"在即墨，可能正是由于有田单救亡复国史迹以为前鉴，刘邦对田横居海岛形式的武装独立，不得不心存疑惧。

六　胶东王都即墨

《史记》卷一一《孝景本纪》记载汉景帝三年（前154）"吴楚七国之乱"爆发，导致西汉王朝面临严重政治危局：

> 三年正月乙巳，赦天下。长星出西方。天火燔雒阳东宫大殿城室。吴王濞、楚王戊、赵王遂、胶西王卬、济南王辟光、菑川王贤、胶东王雄渠反，发兵西乡。天子为诛晁错，遣袁盎谕告，不止，遂西围梁。上乃遣大将军窦婴、太尉周亚夫将兵诛之。

关于齐地四国，"胶西王卬"，张守节《正义》："高祖孙，齐悼惠王子，

① 《战国策·齐策六》："田单以即墨之城，破亡余卒，破燕兵，绐骑劫，遂以复齐，遽迎太子于莒，立之以为王。""齐田单以即墨破燕，杀骑劫。""安平君以惴惴之即墨，三里之城，五里之郭，敝卒七千，禽其司马，而反千里之齐，安平君之功也。"

故平昌侯，十年反，都密州高密县。”“济南王辟光”，张守节《正义》：“高祖孙，齐悼惠王子，故扐侯，立十一年反。《括地志》云：‘济南故城在淄川长山县西北三十里。’”“菑川王贤”，张守节《正义》：“高祖孙，齐悼惠王子，故武城侯，立十一年反，都剧。《括地志》云：‘菑州县也。故剧城在青州寿光县南三十一里，故纪国。’”“胶东王雄渠”，张守节《正义》：“高祖孙，齐悼惠王子，故白石侯，立十一年反，都即墨。《括地志》云：‘即墨故城在密州胶水县东南六十里，即胶东国也。’”

宋王应麟《通鉴地理通释》卷一〇《七国形势考下·齐》“即墨”条写道：“《郡县志》：故城在莱州胶水县东南六十里，本汉旧县。田单守即墨，破燕军，尽复齐地。项羽徙齐王田市为胶东王都此。汉属胶东，北齐并入胶水，隋复置，属莱州。城临墨水，故曰‘即墨’。”

汉武帝被立为太子之前，封胶东王。《史记》卷一一《孝景本纪》：“四年夏，立太子。立皇子彻为胶东王。”“（七年）四月乙巳，立胶东王太后为皇后。丁巳，立胶东王为太子。名彻。”《史记》卷一二《孝武本纪》：“孝武皇帝者，孝景中子也。母曰王太后。孝景四年，以皇子为胶东王。孝景七年，栗太子废为临江王，以胶东王为太子。孝景十六年崩，太子即位，为孝武皇帝。”裴骃《集解》：“张晏曰：‘武帝以景帝元年生，七岁为太子，为太子十岁而景帝崩，时年十六矣。’”少年刘彻为胶东王时，应当未曾就国。

七 即墨“实表东海”“流光千载”

元人于钦《齐乘》卷一《沿革》“大小二劳山”条写道：“即墨东南六十里岸海名山也。又名劳盛山。《四极明科》云‘轩皇一登劳盛山’是也。《齐记》云：泰山自言高，不如东海劳。”即墨劳山是东海海滨显著的地标。这座在航海者看来也许在某种意义上超过泰山的山峰，也象征着即墨在海洋开发史中的崇高地位。

乾隆《山东通志》卷二三《风俗志》：“即墨县樵苏为业，鱼盐为利，澹泊自足，不尚文饰，士好经术，人务耕织，礼义之风，有足称者。”“鱼盐为利”是其经济生活的主要特点。

元人秦裕伯《即墨先贤祠记》写道：“即墨古城，实表东海。有美多贤，流光千载。"[①]"表"有濒临的字义[②]，也有徽识、标记的意思。[③]

古代文献中所见称"实表东海"的还有其他地方，如：

> 廪丘（《水经注》卷二四《瓠子河》引王隐《晋书·地道记》）、郓（《王荆公诗注》卷二五《律诗》《送郓州知府宋谏议》[④]）、营丘（明黄洪宪《碧山学士集》别集卷四《山东青州府莒州知州王纪时》[⑤]）。

即墨以其在战国秦汉时期的重要地位，与这些地方相比，丝毫并不逊色。

即墨确实"实表东海"。其"三齐"形胜的地位的取得，依托海洋地理条件和海洋资源优势，也借助历史悠久的海洋开发的成就。

即墨以"实表东海"的形势，成为战国秦汉时代齐人海洋开发的纪念性标志，在中国古代海洋探索史和海洋开发史上，也因此具有了重要的位置。

① 《山东通志》卷三五之一九上《艺文志十九·记上》。

② 《子华子·晏子问党》："齐之为国也，表海而负嵎。"

③ 《周礼·春官·肆师》："祭之日，表齍盛。"郑玄注："表，谓徽识也。"《荀子·大略》："水行者表深，使人无陷；治民者表乱，使人无失。"杨倞注："表，标志也。"

④ 清文渊阁《四库全书》本。

⑤ 明万历刻本。

琅邪的地位

据《史记》卷二八《封禅书》记载，秦始皇即帝位不久，即出巡远方，曾经"东游海上，行礼祠名山大川及八神，求仙人羡门之属"。这里所说的"八神"，即一曰"天主"，祠天齐；二曰"地主"，祠泰山梁父；三曰"兵主"，祠蚩尤；四曰"阴主"，祠三山；五曰"阳主"，祠之罘；六曰"月主"，祠之莱山；七曰"日主"，祠成山；第八处，则祀所在"琅邪"："八曰'四时主'，祠琅邪。琅邪在齐东方，盖岁之所始。"司马贞《索隐》："案：《山海经》云'琅邪台在勃海间'。案：是山如台。《地理志》琅邪县有四时祠也。"[①] 汉武帝东巡海上，同样"行礼祠'八神'"。进行这样的仪式似不止一次："至如他名山川诸鬼及八神之属，上过则祠。"[②] 这一行为，体现出来自西部高原的帝王对东方神学传统的全面承认和充分尊重。[③] 而"琅邪"受到特殊重视，不仅在于作为"四时

---

① 所谓"琅邪台在勃海间"，《汉书》卷五七上《司马相如传上》颜师古注引张揖曰也有同样的说法："琅邪，台名也，在勃海间。"不仅"'四时主'祠琅邪"，在滨海方术文化体系中，琅邪还另有特殊地位。《史记》卷二八《封禅书》："公玊带曰：'黄帝时虽封泰山，然风后、封巨、岐伯令黄帝封东泰山，禅凡山，合符，然后不死焉。'天子既令设祠具，至东泰山，东泰山卑小，不称其声，乃令祠官礼之，而不封禅焉。"《史记》卷一二《孝武本纪》相同的记载，对于"东泰山"，裴骃《集解》："徐广曰：'在琅邪朱虚县，汶水所出。'"对于"凡山"，裴骃《集解》："徐广曰：'凡山亦在朱虚。'"《汉书》卷二五下《郊祀志下》颜师古注："臣瓒曰：'东泰山在琅邪朱虚界，中有小泰山是。'"据《汉书》卷二八上《地理志上》"琅邪郡"条，琅邪郡有多处祠所："不其，有太一、仙人祠九所，及明堂，武帝所起。""朱虚，凡山，丹水所出，东北至寿光入海。东泰山，汶水所出，东至安丘入维。有三山、五帝祠。""琅邪，越王句践尝治此，起馆台。有四时祠。""长广，有莱山莱王祠。""昌，有环山祠。"颜师古注："五帝祠在汶水之上。""《山海经》云琅邪台在琅邪之东。"又《汉书》卷二五下《郊祀志下》："祠四时于琅邪。"

② 《史记》卷二八《封禅书》。

③ 王子今：《泰山：秦汉时期的文化制高点》，《光明日报》2010年12月2日。

主”祀所，“在齐东方，盖岁之所始”，还由于作为“东海”大港的地位。“琅邪”被看作“东海”重要的出航起点。南海海港以“琅邪”地名为称的说法如得以证实，亦可以指示当时海上航路开拓的路径，应当看作早期中外文化交流的纪念。

一 越王勾践“治琅邪”

《汉书》卷二八上《地理志上》“琅邪郡”条关于属县“琅邪”写道：“琅邪，越王句践尝治此，起馆台。有四时祠。”《史记》卷六《秦始皇本纪》说到“琅邪台”，张守节《正义》引《括地志》云：“密州诸城县东南百七十里有琅邪台，越王句践观台也。台西北十里有琅邪故城。《吴越春秋》云：‘越王勾践二十五年，徙都琅邪，立观台以望东海，遂号令秦、晋、齐、楚，以尊辅周室，歃血盟。’即句践起台处。”所引《吴越春秋》，《太平御览》卷一六〇引异文：“越王句践二十五年，徙都琅琊，立观台，周旋七里，以望东海。”

今本《吴越春秋》卷一〇《勾践伐吴外传》记载：“越王既已诛忠臣，霸于关东，从琅邪起观台，周七里，以望东海。”又写道：“越王使人如木客山，取元常之丧，欲徙葬琅邪。三穿元常之墓，墓中生熛风，飞砂石以射人，人莫能入。勾践曰：‘吾前君其不徙乎！’遂置而去。”勾践以后的权力继承关系是：勾践—兴夷—翁—不扬—无强—玉—尊—亲。“自勾践至于亲，共历八主，皆称霸，积年二百二十四年。亲众皆失，而去琅邪，徙于吴矣。”“尊、亲失琅邪，为楚所灭。”可知“琅邪”确实是越国后期的政治中心。

历史文献所见勾践都琅邪事，有《竹书纪年》卷下：“（周）贞定王元年癸酉，于越徙都琅琊。”《越绝书》卷八《外传记地传》：“亲以上至句践凡八君，都琅琊，二百二十四岁。”《后汉书》卷八五《东夷列传》：“越迁琅邪。”《水经注》卷二六《潍水》：“琅邪，山名也。越王句践之故国也。句践并吴，欲霸中国，徙都琅邪。”又卷四〇《渐江水》：“句践都琅邪。”顾颉刚予相关历史记录以特殊重视。他在《林下清言》中写道：“琅邪发展为齐之商业都市，奠基于勾践迁都时”，“《孟子·梁惠王下》：‘昔者齐景公问于孟子曰：吾欲观于转附、朝儛，遵海而南，放于琅邪。吾何修而可以比于先王观也？’以齐手工业之盛，‘冠带衣履天下’，又加以海道之通（《左》哀十年，‘徐承帅舟师，将自海入齐’，吴既能自海入齐，齐亦必能自海入吴），故滨海之转附（之罘之转音）、朝儛、琅邪均为其商业都会，而为齐君所愿游观。《史记》，始皇二十六年‘南登琅邪，大乐之，留三月，乃徙黥（今按：应为黔）首三万户琅邪台下’，正以有此大都市之基础，故乐于发展也”。他甚至就此对司马迁发表了这样的意见：“司马迁作《越世家》乃不言勾践迁都于此，太疏矣！”[①] 辛德勇著文《越王勾践徙都琅邪事析义》就越“徙都琅邪”事有深入具体的考论[②]，说明了这一历史事件的过程和影响。

越国建设都城的工程中，传说“琅琊东武海中山”“一夕自来”[③]，这一神异故事，暗示当时勾践、范蠡谋划的复国工程，是对“琅邪”曾经予以特别关注。而后来不仅勾践有“琅邪”经营，《史记》卷四一《越王句践世家》记载：“范蠡浮海出齐，变姓名，自谓鸱夷子皮，耕于海畔，苦身戮力，父子治产。居无几何，致产数十万。齐人闻其贤，以为相。范蠡喟然叹曰：‘居家则致千金，居官则至卿相，此布衣之极也。久受尊名，不祥。’乃归相印，尽散其财，以分与知友乡党，而怀其重宝，间行以去，止于陶，以为此天下之中，交易有无之路通，为生可以致富矣。”[④] 虽然史籍记录没有明确指出范蠡“浮海出齐”、“耕于海畔”的具体地点，但是可以看到，他北上的基本方向和勾践控制“琅邪”的努力，其思路可以说是大体一致的。

二　秦皇汉武“琅邪”之行

秦实现统一，“琅邪”列为“三十六郡”之一。[⑤] 秦始皇二十八年（前219）“东行郡县”，“上泰山”、“禅梁父”之后，“于是乃并勃海以

---

① 《顾颉刚读书笔记》，第10卷第8045—8046页。

② 《文史》2010年第1辑。

③ 周生春：《吴越春秋辑校汇考》，第176—179、131页。

④ 参看王子今《关于“范蠡之学”》，《光明日报》2007年12月15日；《“千古一陶朱”：范蠡兵战与商战的成功》，《河南科技大学学报》（社会科学版）2008年第1期；《范蠡“浮海出齐”事迹考》，《齐鲁文化研究》第8辑（2009年），泰山出版社2009年版。

⑤ 《史记》卷六《秦始皇本纪》“分天下以为三十六郡”裴骃《集解》。据辛德勇《秦始皇三十六郡新考》，“综合诸家考证，得到大多数人认同的”，“确实可信”的“三十六郡”名单中，都包括“琅邪”。《秦汉政区与边界地理研究》，中华书局2009年版，第5、59页。

东，过黄、腄，穷成山，登之罘，立石颂秦德焉而去”。随后，“南登琅邪，大乐之，留三月。乃徙黔首三万户琅邪台下，复十二岁。作琅邪台，立石刻，颂秦德，明得意”。刻石内容明确说到“琅邪”：“维秦王兼有天下，立名为皇帝，乃抚东土，至于琅邪。”① 秦始皇“南登琅邪，大乐之，留三月”，是在咸阳以外地方居留最久的记录，在出巡途中尤其异常。“徙黔首三万户琅邪台下，复十二岁”，在秦强制移民的行为中，是组织向东方迁徙的唯一一例。其规模，也仅次于“徙天下豪富于咸阳十二万户”。而“复十二岁”者②，也是仅见于秦史的优遇。

秦始皇二十九年（前218），“始皇东游”，于“登之罘，刻石”之后，“旋，遂之琅邪，道上党入。”③ 再一次来到琅邪。

秦始皇三十七年（前210），“还过吴，从江乘渡。并海上，北至琅邪。④ 方士徐市等入海求神药，数岁不得，费多，恐谴，乃诈曰：‘蓬莱药可得，然常为大鲛鱼所苦，故不得至，愿请善射与俱，见则以连弩射之。’始皇梦与海神战，如人状。问占梦，博士曰：‘水神不可见，以大鱼蛟龙为候。今上祷祠备谨，而有此恶神，当除去，而善神可致。’乃令入海者赍捕巨鱼具，而自以连弩候大鱼出射之。自琅邪北至荣成山，弗见。至之罘，见巨鱼，射杀一鱼。遂并海西。”⑤ 这是秦始皇最后一次出行，也是他海洋探索的热忱和海洋挑战的意志体现最充分的表演。“自琅邪北至荣成山”，似可理解为航海记录。“琅邪”作为出发点，是值得重视的。

《史记》卷二八《封禅书》记载汉武帝六次行至海滨的经历，除了《封禅书》的记录外，《汉书》卷六《武帝纪》还记载了晚年汉武帝四次出行至于海滨的情形。秦始皇统一天下后凡五次出巡，其中四次行至海滨。汉武帝则远远超过这一纪录，一生中至少十次至于海上。他最后一次

---

① 《史记》卷六《秦始皇本纪》。《史记》卷一五《六国年表》：“（二十八年）帝之琅邪，道南郡入。”

② 《史记》卷六《秦始皇本纪》。《史记》卷一五《六国年表》：“（二十九年）帝之琅邪，道上党入”。《史记》卷二八《封禅书》：“始皇复游海上，至琅邪，过恒山，从上党归。”

③ 《史记》卷六《秦始皇本纪》。

④ 《史记》卷一五《六国年表》：“（三十七年）十月，帝之会稽、琅邪，还至沙丘崩。”《史记》卷八七《李斯列传》：“始皇三十七年十月，行出游会稽，并海上，北抵琅邪。”《史记》卷八八《蒙恬列传》：“始皇三十七年冬，行出游会稽，并海上，北走琅邪。”

⑤ 《史记》卷六《秦始皇本纪》。

行临东海，已经是六十八岁的高龄。其中两次：（1）元封五年（前106），“北至琅邪，并海上”。（2）太始三年（前94），“行幸东海，获赤雁，作《朱雁之歌》。幸琅邪，礼日成山。登之罘，浮大海”。是明确的到达“琅邪”的记录。另外尚有一次：（3）“（太始四年）夏四月，夏四月，幸不其，祠神人于交门宫，若有乡坐拜者。作《交门之歌》”。对于“祠神人于交门宫”，颜师古注：“应劭曰：‘神人，蓬莱仙人之属也。’晋灼曰：‘琅邪县有交门宫，武帝所造。’”如果晋灼曰不误，则又是一条汉武帝来到琅邪的记录。而汉武帝在琅邪造交门宫，亦体现了对这一地方的特殊重视。

三 “入海求蓬莱安期生之属”的出发港

秦始皇二十八年（前219）第一次东巡时来到琅邪，有一非常特殊的举动，即与随行权臣“与议于海上”。琅邪刻石记录：“维秦王兼有天下，立名为皇帝，乃抚东土，至于琅邪。列侯武城侯王离、列侯通武侯王贲、伦侯建成侯赵亥、伦侯昌武侯成、伦侯武信侯冯毋择、丞相隗林、丞相王绾、卿李斯、卿王戊、五大夫赵婴、五大夫杨樛从，与议于海上。曰：‘古之帝者，地不过千里，诸侯各守其封域，或朝或否，相侵暴乱，残伐不止，犹刻金石，以自为纪。古之五帝三王，知教不同，法度不明，假威鬼神，以欺远方，实不称名，故不久长。其身未殁，诸侯倍叛，法令不行。今皇帝并一海内，以为郡县，天下和平。昭明宗庙，体道行德，尊号大成。群臣相与诵皇帝功德，刻于金石，以为表经。”张守节《正义》：“言王离以下十人从始皇，咸与始皇议功德于海上，立石于琅邪台下，十人名字并刻颂。”秦始皇为什么集合十数名文武权臣“与议于海上”，发表陈明国体与政体的政治宣言呢？对照《史记》卷二八《封禅书》汉武帝“宿留海上”的记载，可以推测这里“与议于海上”之所谓“海上”，很可能并不是指海滨，而是指海面上。“海上”与“琅邪台下”并说，应当也可以支持此“海上”是指海面上的意见。这里所谓“与议于海上”，已经显现出“琅邪”作为海港的意义。

秦始皇三十七年（前210）“北至琅邪。方士徐市等入海求神药，数岁不得，费多，恐谴”，以“大鲛鱼”诈语相欺，于是“始皇梦与海神战”，又“自以连弩候大鱼出射之”，然而，“自琅邪北至荣成山，弗见。

至之罘，见巨鱼，射杀一鱼”。所谓“射杀”“巨鱼”情节发生于海上，“自琅邪北至荣成山”又“至之罘”，应是秦始皇亲行航路，“琅邪”则是启航的港口。

据《史记》卷二八《封禅书》：“自威、宣、燕昭使人入海求蓬莱、方丈、瀛洲。此三神山者，其傅在勃海中，去人不远；患且至，则船风引而去。盖尝有至者，诸仙人及不死之药皆在焉。其物禽兽尽白，而黄金银为宫阙。未至，望之如云；及到，三神山反居水下。临之，风辄引去，终莫能至云。世主莫不甘心焉。及至秦始皇并天下，至海上，则方士言之不可胜数。始皇自以为至海上而恐不及矣，使人乃赍童男女入海求之。船交海中，皆以风为解，曰未能至，望见之焉。其明年，始皇复游海上，至琅邪，过恒山，从上党归。后三年，游碣石，考入海方士，从上郡归。后五年，始皇南至湘山，遂登会稽，并海上，冀遇海中三神山之奇药。不得，还至沙丘崩。”《史记》卷一五《六国年表》：“（三十七年）十月，帝之会稽、琅邪，还至沙丘崩。”可知他“冀遇海中三神山之奇药”的最后一次出行，也经过琅邪。方士们对海上“蓬莱、方丈、瀛洲”“三神山”情状和“且至，则船风引而去”，“临之，风辄引去，终莫能至”的描述，以及得秦始皇指令“船交海中，皆以风为解，曰未能至，望见之焉”的新的探索，都体现方士群体可以称作海上航行事业的先行者。而“琅邪”，应是自齐威王、齐宣王至秦始皇时代入海寻求“三神山”的出发港之一。

《史记》卷二八《封禅书》：“少君言上曰：‘祠灶则致物，致物而丹沙可化为黄金，黄金成以为饮食器则益寿，益寿而海中蓬莱仙者乃可见，见之以封禅则不死，黄帝是也。臣尝游海上，见安期生，安期生食巨枣，大如瓜。安期生仙者，通蓬莱中，合则见人，不合则隐。’于是天子始亲祠灶，遣方士入海求蓬莱安期生之属，而事化丹沙诸药齐为黄金矣。”①而记述相同史事的《史记》卷一二《孝武本纪》，司马贞《索隐》：“服虔曰：‘古之真人。’案：《列仙传》云：‘安期生，琅邪人，卖药东海边，时人皆言千岁也。’”张守节《正义》引《列仙传》云：“安期生，琅邪阜乡亭人也。卖药海边。秦始皇请语三夜，赐金数千万，出，于阜乡亭，

① 《史记》又记载：“居久之，李少君病死。天子以为化去不死，而使黄锤史宽舒受其方。求蓬莱安期生莫能得，而海上燕齐怪迂之方士多更来言神事矣。”

皆置去，留书，以赤玉舄一量为报，曰‘后千岁求我于蓬莱山下。’”可以“通蓬莱中”的“海上”、“真人”、“仙者”安期生传说出身“琅邪”，也暗示“琅邪”在当时滨海地区方术文化中的地位，以及“琅邪”是此类航海行为重要出发点之一的事实。

四 “填夷”命名与“亶洲”、“东夷”航路

《史记》卷六《秦始皇本纪》张守节《正义》引《括地志》说到琅邪与“东海中”亶洲的海上联系：

> 亶洲在东海中，秦始皇使徐福将童男女入海求仙人，止在此州，共数万家。至今洲上人有至会稽市易者。吴人《外国图》云亶洲去琅邪万里。①

指出“亶洲”的航路自“琅邪”启始。②

又《汉书》卷二八上《地理志上》：

> 琅邪郡，秦置。莽曰填夷。

而关于琅邪郡属县临原，又有这样的文字：

> 临原，侯国。莽曰填夷亭。

以所谓“填夷”即“镇夷”命名地方，亦体现其联系外洋的交通地理地位。

《后汉书》卷八五《东夷列传》说到“东夷”“君子、不死之国”。对于“君子”国，李贤注引《外国图》曰：

> 去琅邪三万里。

---

① 《史记》卷六《秦始皇本纪》。

② 同上。

也指出了“琅邪”往“东夷”航路开通，已经有相关里程记录。

对于“琅邪”与朝鲜半岛之间的航线，《后汉书》卷七六《循吏列传·王景》提供了“琅邪不其人”王仲“浮海”故事的线索：“王景字仲通，乐浪䛁邯人也。八世祖仲，本琅邪不其人。好道术，明天文。诸吕作乱，齐哀王襄谋发兵，而数问于仲。及济北王兴居反，欲委兵师仲，仲惧祸及，乃浮海东奔乐浪山中，因而家焉。”王仲“浮海东奔乐浪山中”，不能排除自“琅邪”直航“乐浪”的可能。

五 “秦东门”与琅邪的空间关系

前引《汉书》卷二八上《地理志上》“琅邪郡”条言“琅邪，越王句践尝治此，有馆台”。《史记》卷六《秦始皇本纪》记载秦始皇二十八年（前219）“东行郡县”，“并勃海”行，“南登琅邪，大乐之，留三月。乃徙黔首三万户琅邪台下，复十二岁。作琅邪台，立石刻，颂秦德，明得意”。刻石内容明确说到“琅邪”：“维秦王兼有天下，立名为皇帝，乃抚东土，至于琅邪。”显然，秦始皇当时是以“琅邪”作为“东土”的重要地理坐标予以特殊重视的。

然而，秦始皇三十五年（前212）对关中秦中枢地方宫殿区进行重新规划之后，确立了“秦东门”：

> 三十五年，除道，道九原抵云阳，堑山堙谷，直通之。于是始皇以为咸阳人多，先王之宫廷小，吾闻周文王都丰，武王都镐，丰镐之间，帝王之都也。乃营作朝宫渭南上林苑中。先作前殿阿房，东西五百步，南北五十丈，上可以坐万人，下可以建五丈旗。周驰为阁道，自殿下直抵南山。表南山之颠以为阙。为复道，自阿房渡渭，属之咸阳，以象天极阁道绝汉抵营室也。阿房宫未成；成，欲更择令名名之。作宫阿房，故天下谓之阿房宫。隐宫徒刑者七十余万人，乃分作阿房宫，或作丽山。发北山石椁，乃写蜀、荆地材皆至。关中计宫三百，关外四百余。于是立石东海上朐界中，以为秦东门。因徙三万家丽邑，五万家云阳，皆复不事十岁。

显然，秦直道和“秦东门”的设计，都在以咸阳为中心的宏大规划之中。思考这一规划，可以参考有的学者提出的“超长建筑基线”说。[①] 当时远距离人文地理景观之间有一定规律性关系的情形，看来是存在的。

《秦始皇本纪》记述“秦王初并天下”时事：“徙天下豪富于咸阳十二万户。诸庙及章台、上林皆在渭南。秦每破诸侯，写放其宫室，作之咸阳北阪上，南临渭，自雍门以东至泾、渭，殿屋复道周阁相属。所得诸侯美人钟鼓，以充入之。”张守节《正义》：“《三辅旧事》云：‘始皇表河以为秦东门，表汧以为秦西门，表中外殿观百四十五，后宫列女万余人，气上冲于天。’”可知“秦东门”的设定是有先后变化的。“秦东门”由“河”至“海”，直接看来，当然与秦的迅速扩张有关。而另一理解，是“表河以为秦东门，表汧以为秦西门”，所划定的是秦以“殿观”、“后宫”为标志的政治重心地区。此“秦东门”与后来“立石东海上朐界中，以为秦东门”意义不同。而据秦始皇二十八年（前 219）“南登琅邪”时的特殊表现，似乎秦王朝的最高主宰者有以“琅邪”作为“东海”海岸之中心的设想。而“琅邪”作为东海大港，是适宜这一出于当时海洋政治地理观念给予的重要地位的。

我们推想，所以在 7 年之后正式设定的“秦东门”在“琅邪”以南的“东海上朐界中”，与秦王朝在南海的扩张有关。[②] 当时统一政权实际控制的海岸线已经大大延长了，因而其中心自然应当向南移动。

六　南洋“琅邪”说

上文说到琅邪得“填夷”之名，或许可以看作与“亶洲”、“东夷”较早实现海上联系的信息。也有文化迹象似乎透露琅邪也许在南洋早期航路的开通方面也发挥过历史作用。

《左传·昭公十二年》说到周穆王“周行天下”的事迹。《竹书纪

---

① 秦建明、张在明、杨政：《陕西发现以汉长安城为中心的西汉南北向超长建筑基线》，《文物》1995 年第 3 期。

② 秦始皇“灭六国”之后随即开始了进军岭南的军事成功。战争的结局，是《史记》卷六《秦始皇本纪》和卷一一三《南越列传》所记载的桂林、南海、象郡的设立。按照贾谊《过秦论》的表述，即“南取百越之地，以为桂林、象郡，百越之君俯首系颈，委命下吏”。王子今：《秦统一局面的再认识》，《辽宁大学学报》（哲学社会科学版）2013 年第 1 期。

年》也有周穆王西征的明确记载。司马迁在《史记》卷五《秦本纪》和卷四三《赵世家》中，也记述了造父为周穆王驾车西行巡狩，见西王母，乐而忘归的故事。关于周穆王西行事迹记录最详尽、最生动的，是《穆天子传》。《穆天子传》记载周穆王率领有关官员和七萃之士，驾乘八骏，由最出色的驭手造父等御车，由伯夭担任向导，从处于河洛之地的宗周出发，经由河宗、阳纡之山、西夏氏、河首、群玉山等地，西行来到西王母的邦国，与西王母互致友好之辞，宴饮唱和，并一同登山刻石纪念，又继续向西北行进，在大旷原围猎，然后千里驰行，返回宗周的事迹。许多研究者认为，周穆王西巡行程的终极，按照这部书的记述，大致已经到达中亚吉尔吉斯斯坦的草原地区。有的学者甚至认为，穆天子西行可能已经在欧洲中部留下了足迹。①

顾实研究《穆天子传》，在论证“上古东西亚欧大陆交通之孔道”时，曾经提到孙中山与他涉及“琅邪”的交谈：

> 犹忆先总理孙公告余曰：“中国山东滨海之名胜，有曰琅邪者，而南洋群岛有地曰琅琊（Langa），波斯湾有地亦曰琅琊（Linga），此即东西海道交通之残迹，故三地同名也。”

他回忆说，孙中山当时“并手一册英文地图，一一指示余”。顾实感叹道：“煌煌遗言，今犹在耳，勿能一日忘。”他说：“上古东西陆路之交通，见于《穆传》者，既已昭彰若是。则今言东西民族交通史者，可不郑重宝视之乎哉！”顾实随即又指出：“然上古东西海道之交通，尚待考证。”②

南洋“琅邪”地名可能即“东西海道交通之残迹”，这一提示，值得“东西民族交通史”研究者重视。

---

① 顾实《穆天子传西征讲疏》写道，《穆天子传》记述周穆王西行至于“羽岭”，“惟此羽岭以下文东归所经今地而证之，当在今波兰 Poland 华沙 Warsaw 之间乎？穆王逾春山而西，有两大都会，第一都会在鄄韩氏，今中亚细亚也。第二都会在此，今欧洲大平原也。此亦天然之形势，古今不变者也。”中国书店1990年版，第175页。

② 《穆天子传西征讲疏》，第24页。

齐地的盐产与盐政

汉初经济恢复时期，滨海地区曾以其盐业发展而首先实现富足。“煮海水为盐，国用富饶”①，“而富商大贾或蹛财役贫，转毂百数”，“冶铸煮盐，财或累万金”②，倚恃其生产能力和运输能力的总和而形成经济优势。

“煮盐”、“煮海水为盐”的产业发展，齐地有优越的条件。有学者指出，“山东地处沿海，自古以来‘多鱼盐’③，煮海盐工业非常发达。自周初封姜太公于齐，‘太公至国，修政，因其俗，简其礼，通商工之业，便鱼盐之利，而人民多归齐，齐为大国’④ 以来，山东煮盐业在全国一直占有最重要的地位。春秋时期，齐桓公任用管仲为相，设轻重九府掌财币之官，发展鱼盐之利。煮盐业成为齐国‘九合诸侯，一匡天下’⑤ 的重要的物质基础之一。战国时期，齐国是海盐煮造的最发达的地区之一。两汉时期，随着大一统的封建专制集权制国家的形成，山东煮盐业在春秋战国煮盐发达的基础上，又获得了进一步的发展”。⑥ 而所谓“蹛财役贫，转毂百数”的盐运贸易方式，齐地也继承了自管子“海王之国”建设以来的悠久传统。

---

① 《史记》卷一〇六《吴王濞列传》。

② 《史记》卷三〇《平准书》。

③ 原注：《史记·货殖列传》卷129。

④ 原注：《史记·齐太公世家》卷32。

⑤ 原注：《史记·齐太公世家》卷32。

⑥ 逄振镐：《汉代山东煮盐业的发展》，《秦汉经济问题探讨》，华龄出版社1990年版，第129页。

一　齐地私营盐业

秦代盐业生产的具体情形尚未可确知。一些学者根据《商君书·垦令》“壹山泽”，“重关市之赋”的政策原则，以及《汉书》卷二四上《食货志上》所载董仲舒关于秦“用商鞅之法”，“颛川泽之利，管山林之饶”，“盐铁之利，二十倍于古”诸语，又《盐铁论·非鞅》引大夫言“昔商君相秦也……外设百倍之利，收山泽之税，国富民强……盐铁之利，所以佐百姓之急，足军旅之费，务蓄积以备乏绝，所给甚众，有益于国，无害于人”，推定施行“盐业生产的官府专营”。[①] 或说：“秦有‘山泽之禁’，私人煮盐，必须先经政府批准，并交纳重税，方可煮盐。”[②] 其说缺乏论证，但是齐地曾经十分发达的盐业在秦时不能自由发展，大概是历史的真实。

汉初经济恢复时期，盐业管理政策明显松动。应当确如有的学者所说，“汉初采取了与秦不同的、放任私人自由经营的煮盐政策”。[③]《史记》卷一二九《货殖列传》：“汉兴，海内为一，开关梁，弛山泽之禁。”《盐铁论·错币》：“昔文帝之时，无盐铁之利而民富。”“文帝之时，纵民得铸钱、冶铁、煮盐。”滨海地区曾以其盐业发展而首先实现富足。有的诸侯国“煮海水为盐，国用富饶”。[④]“而富商大贾……冶铸煮盐，财或累万金”[⑤]，私人经营者可以倚恃“煮盐”的生产能力形成经济优势。在“纵民得铸钱、冶铁、煮盐”的政策推行时，对于齐地来说，最简易的资源开发路径，最便捷的财富积聚形式，就是“煮盐”。

齐涛《汉唐盐政史》写道：“在这种形势下，盐业生产与流通都处在相对自由之中，既出现了刀间那样的盐商巨富，又出现了吴王濞为代表的王侯逐盐利者。”[⑥]《史记》卷一二九《货殖列传》记述：

---

① 齐涛：《汉唐盐政史》，山东大学出版社1994年版，第59—60页。

② 逄振镐：《汉代山东煮盐业的发展》，《秦汉经济问题探讨》，第129页。

③ 同上。

④ 《史记》卷一〇六《吴王濞列传》。

⑤ 《史记》卷三〇《平准书》。

⑥ 齐涛：《汉唐盐政史》，第61页。

齐俗贱奴虏，而刀间独爱贵之。桀黠奴，人之所患也，唯刀间收取，使之逐渔盐商贾之利，或连车骑，交守相，然愈益任之。终得其力，起富数千万。故曰“宁爵毋刀”，言其能使豪奴自饶而尽其力。

所谓“使之逐渔盐商贾之利”，“能使豪奴自饶”，似说“桀黠奴”、“豪奴”也能通过“渔盐”经营获取“利”、“饶”。我们在这里不讨论人才“收取”和人才激励的问题，而更多关注当时民间“逐渔盐商贾之利”，“自饶”“起富”的可能性。《史记》卷三〇《平准书》说到另一位著名的经营“煮盐”的市场成功者，即被汉武帝任命为“大农丞”主管“盐铁事”的东郭咸阳：

……于是以东郭咸阳、孔仅为大农丞，领盐铁事；桑弘羊以计算用事，侍中。咸阳，齐之大煮盐[①]，孔仅，南阳大冶，皆致生累千金，故郑当时进言之。弘羊，雒阳贾人子，以心计，年十三侍中。故三人言利事析秋豪矣。

像东郭咸阳这样的“齐之大煮盐”之所以能够致富，“致生累千金”，除了利用政策条件之外，其经营才能即所谓“言利事析秋豪”[②]，也是重要的因素。

汉文帝时代，“民得占租鼓铸煮盐之时，盐与五谷同贾，器利而中用”。[③] 有学者以为此即“盐业放任政策对西汉社会的巨大影响”的表现。[④]

汉武帝实行盐铁官营之后，齐地私营盐业被压抑，被扼杀。“直到西汉末，私营煮盐遭到严厉禁止。私人煮盐业基本不复存在。”不过，“东汉初，煮盐政策有了改变。政府不再推行官营专卖政策”，《后汉书》卷四《和帝纪》记载，汉和帝即位之初，章和二年（88）夏四月在“谒高庙”、“谒世祖庙”之后即颁布诏书，宣布变更盐铁政策：

---

① 司马贞《索隐》：“东郭，姓；咸阳，名也。按：《风俗通》东郭牙，齐大夫，咸阳其后也。”可知东郭咸阳世代齐人。

② 司马贞《索隐》：“按：言百物毫芒至秋皆美细。今言弘羊等三人言利事纤悉，能分析其秋毫也。”

③ 《盐铁论·水旱》。

④ 齐涛：《汉唐盐政史》，第63页。

> 戊寅，诏曰："昔孝武皇帝致诛胡、越，故权收盐铁之利，以奉师旅之费。自中兴以来，匈奴未宾，永平末年，复修征伐。先帝即位，务休力役，然犹深思远虑，安不忘危，探观旧典，复收盐铁，欲以防备不虞，宁安边境。而吏多不良，动失其便，以违上意。先帝恨之，故遗戒郡国罢盐铁之禁，纵民煮铸，入税县官如故事。其申敕刺史、二千石，奉顺圣旨，勉弘德化，布告天下，使明知朕意。"

所谓"权收盐铁之利"，李贤注："武帝使孔仅、东郭咸阳乘传举行天下盐铁，作官府收利，私家更不得铸铁煮盐。"

正如有的学者所说，"这样，在全国范围内废除了盐铁专营政策，重新实行了征税制。从此至东汉末，盐业政策未再有大的变化"。"终东汉一代，盐业放任政策一直占据主导地位。"① 既然是"在全国范围内废除了盐铁专营政策"，齐地私营盐业自然也获得了新的发展条件。有的学者分析，"在这一政策下，除官府继续经营一部分煮盐业外，又允许私人经营煮盐业。对私营煮盐，实行征收盐税的政策。这样，东汉时期，山东私营煮盐业又继续发展。"②

二　齐地官营盐业

汉武帝时代，最高执政集团清醒地认识到盐业对于国计民生的重要意义，有识见的政治家强烈主张盐业官营，"以为此国家大业，所以制四夷，安边足用之本，不可废也"。③

《禹贡》说九州贡品贡道："海岱惟青州"，"海滨广斥"，"厥贡盐絺"，"浮于汶，达于济"。显然东海盐业早已对于中原经济形成影响。齐桓公时，管子曾主持推行所谓"官山海"，"正盐筴"的政策④，有的学者认为，"所言盐政，不仅由国家专卖而已，实则生产亦归国家经营"。⑤ 其产、运、销统由国家管理。

① 齐涛：《汉唐盐政史》，第112页。
② 逄振镐：《汉代山东煮盐业的发展》，《秦汉经济问题探讨》，第130页。
③ 《汉书》卷二四下《食货志下》。
④ 《管子·海王》。
⑤ 马非百：《管子轻重篇新诠》，中华书局1979年版，第193页。

汉武帝继承了这一政策，开创了推行全国的官营盐铁制度。官营盐铁，是使西汉帝国的经济基础得以空前强固的有效的经济政策之一。官营盐铁，就是中央政府在盐、铁产地设置盐官和铁官，实行统一生产和统一销售，利润为国家所有。

《盐铁论·轻重》记录了关于盐政的辩论。其中载御史语："昔太公封于营丘，辟草莱而居焉。地薄人少，于是通利末之道，极女工之巧。是以邻国交于齐，财畜货殖，世为强国。管仲相桓公，袭先君之业，行轻重之变，南服强楚而霸诸侯。今大夫君修太公、桓、管之术，总一盐、铁，通山川之利而万物殖。是以县官用饶足，民不困乏，本末并利，上下俱足，此筹计之所致，非独耕桑农也。"文学则说："礼义者，国之基也，而权利者，政之残也。孔子曰：'能以礼让为国乎？何有。'伊尹、太公以百里兴其君，管仲专于桓公，以千乘之齐，而不能至于王，其所务非也。故功名隳坏而道不济。当此之时，诸侯莫能以德，而争于公利，故以权相倾。今天下合为一家，利末恶欲行？淫巧恶欲施？大夫君以心计策国用，构诸侯，参以酒榷，咸阳、孔仅增以盐、铁，江充、杨可之等，各以锋锐，言利末之事析秋毫，可为无间矣。非特管仲设九府，徼山海也。然而国家衰耗，城郭空虚。故非特崇仁义无以化民，非力本农无以富邦也。"辩论双方，都承认"管仲相桓公，袭先君之业，行轻重之变"，"管仲专于桓公"，"设九府，徼山海"，对于汉武帝盐业管理政策的启示性的影响。

汉武帝时代盐业官营的形式，是由在产盐区设置的盐官备置煮盐用的"牢盆"，募人煮盐，产品由政府统一收购发卖。铁业官营的形式，是由在产铁区设置的铁官负责采冶铸造，发卖铁器。

官营盐铁的实施，使国家独占了于国计民生意义最为重要的手工业和商业的利润，可以供给皇室消费以及巨额军事支出。当时，人民的赋税负担并没有增加，国家的用度却得以充裕。

官营盐铁，又不可避免地给社会经济和民众生活带来了一些消极的影响。例如官盐价高而味苦，农具粗劣不合用等。

三　齐地"盐官"设置

汉武帝时代实行严格的禁榷制度，盐业生产和运销一律收归官营。"募民自给费，因官器作煮盐，官与牢盆。"对"欲擅管山海之货，以致富羡，役利细民”的“浮食奇民”予以打击，敢私煮盐者，“钛左趾，没入其器物。”[①] 当时于产盐区各置盐业管理机构“盐官”。《汉书》卷二八《地理志》载各地盐官35处，即：

河东郡：安邑；太原郡：晋阳；南郡：巫；钜鹿郡：堂阳；勃海郡：章武；千乘郡；北海郡：都昌，寿光；东莱郡：曲城，东牟，𢄼，昌阳，当利；琅邪郡：海曲，计斤，长广；会稽郡：海盐；蜀郡：临邛；犍为郡：南安；益州郡：连然；巴郡：朐忍；陇西郡；安定郡：三水；北地郡：弋居；上郡：独乐，龟兹；西河郡：富昌；朔方郡：沃壄；五原郡：成宜；雁门郡：楼烦；渔阳郡：泉州；辽西郡：海阳；辽东郡：平郭；南海郡：番禺；苍梧郡：高要。

所载录盐官其实并不足全数，严耕望曾考补2处：西河郡：盐官；雁门郡：沃阳。[②] 杨远又考补6处：越巂郡：定莋；巴郡：临江；朔方郡：朔方，广牧；东平国：无盐；广陵国。又写道：“疑琅邪郡赣榆、临淮郡盐渎两地，也当产盐，尤疑东海郡也当产盐，姑存疑。”[③] 亦有文献透露出其他“盐官”的存在。[④] 如此西汉盐官可知位于30郡国，共43处。其中

---

① 《史记》卷三〇《平准书》。

② 严耕望：《中国地方行政制度史》上编“秦汉地方行政制度史”，“中研院”历史语言研究所专刊之四十五，1961年。

③ 杨远：《西汉盐、铁、工官的地理分布》，《香港中文大学中国文化研究所学报》第9卷上册，1978年。

④ 如西河郡盐官以“盐官”名县。《汉书》卷二八下《地理志下》：雁门郡沃阳，“盐泽在东北，有长丞，西部都尉治。”《水经注·河水三》：“沃水又东北流，注盐池。《地理志》曰‘盐泽在东北’者也。”“池西有旧城，俗谓之‘凉城’也。”“《地理志》曰‘泽有长丞’，此城即长丞所治也。”《汉书》卷二八上《地理志上》：越巂郡定莋“出盐”。《华阳国志·蜀志》：定笮县“有盐池，积薪以齐水灌，而后焚之，成盐。汉末，夷皆锢之”。张嶷往争，夷帅不肯服，“嶷禽，挞杀之，厚赏赐余类，皆安，官迄有之”。当地富产盐，元置闰盐州，明置盐井卫，清置盐源县。“汉末，夷皆锢之”，西汉时则有可能为官有。《水经注·江水一》：“江水又东径临江县南，王莽之盐江县也。《华阳记》曰：‘县在枳东四百里，东接朐忍县，有盐官，自县北入盐井溪，有盐井营户。’”《汉书》卷二八下《地理志下》：朔方郡朔方，“金连盐泽、青盐泽皆在南”。《水经注·河水三》：“县有大盐池，其盐大而青白，名曰青盐，又名戎盐，入药分，汉置典盐官。”《汉书》卷二八下《地理志下》：朔方郡广牧，“东部都尉治，莽曰盐官。”东平国无盐，“莽曰有盐亭。”《史记》卷一〇六《吴王濞列传》说，吴王刘濞“煮海水为盐”致“国用富饶”，《史记》卷一二九《货殖列传》也说广陵“有海水之饶”。《后汉书》卷二四《马棱传》：“章和元年，迁广陵太守，时谷贵民饥，奏罢盐官，以利百姓。”是广陵也有盐官。

滨海地区19处，占44.18%。《史记》卷一二九《货殖列传》："山东食海盐，山西食盐卤，领南、沙北，固往往出盐，大体如此矣。"沿海盐业出产实际上满足了东方人口极其密集地区的食盐消费需求。海盐西运，与秦汉时期由东而西的货运流向的基本趋势是大体一致的。由于海盐生产方式较为简单，在其生产总过程中运输生产的比重益发显著。

属于齐地的盐官有：

千乘郡；
北海郡：都昌，寿光；
东莱郡：曲城，东牟，㡉，昌阳，当利；
琅邪郡：海曲，计斤，长广。

多至11处，占已知盐官总数的25.58%。[①]在滨海地区盐官中，齐地占57.89%。齐人通过海盐生产体现的海洋资源开发方面的优势，因此有突出的历史表现。

四 徐偃矫制

盐铁官营制度推行之后，齐地发生了一起冲击这一制度的严重事件。《汉书》卷六四下《终军传》记载了其事原委：

> 元鼎中，博士徐偃使行风俗。偃矫制，使胶东、鲁国鼓铸盐铁。还，奏事，徙为太常丞。御史大夫张汤劾偃矫制大害，法至死。偃以为《春秋》之义，大夫出疆，有可以安社稷，存万民，颛之可也。汤以致其法，不能诎其义。

张汤以为徐偃"矫制，使胶东、鲁国鼓铸盐铁""大害，法至死"，徐偃

① 有学者统计，"据《汉书·地理志》所记，全国共设盐官三十六处，其中山东十一处。""山东所设盐官占全国盐官的百分之三十点六，几乎占全国盐官的三分之一。""这个事实，充分说明汉代山东出盐之多，也说明汉代山东煮盐业在全国所占之重要地位。"逄振镐：《汉代山东煮盐业的发展》，《秦汉经济问题探讨》，华龄出版社1990年版，第131—132页。

则以“《春秋》之义，大夫出疆，有可以安社稷，存万民，颛之可也”辩解，张汤只能以“法”“劾”，然而“不能诎其义”，未能折伤徐偃据“《春秋》之义”在理论上占据的上风地位。汉武帝于是诏令终军参与辩论：

> 有诏下军问状，军诘偃曰：“古者诸侯国异俗分，百里不通，时有聘会之事，安危之势，呼吸成变，故有不受辞造命颛己之宜；今天下为一，万里同风，故《春秋》‘王者无外’。偃巡封域之中，称以出疆何也？且盐铁，郡有余臧，正二国废，国家不足以为利害，而以安社稷存万民为辞，何也？”又诘偃：“胶东南近琅邪，北接北海，鲁国西枕泰山，东有东海，受其盐铁。偃度四郡口数田地，率其用器食盐，不足以并给二郡邪？将势宜有余，而吏不能也？何以言之？偃矫制而鼓铸者，欲及春耕种赡民器也。今鲁国之鼓，当先具其备，至秋乃能举火。此言与实反者非？偃已前三奏，无诏，不惟所为不许，而直矫作威福，以从民望，干名采誉，此明圣所必加诛也。‘枉尺直寻’，孟子称其不可；今所犯罪重，所就者小，偃自予必死而为之邪？将幸诛不加，欲以采名也？”

于是，“偃穷诎，服罪当死。军奏：‘偃矫制颛行，非奉使体，请下御史征偃即罪。’奏可。上善其诘，有诏示御史大夫”。

有学者以为，“徐偃一个小小博士何能矫制，大概是胶东、鲁国仍在鼓铸盐铁，徐作了替死鬼”。[①] 这样的分析只是出于猜测。如果确实如此，则徐偃不能不申诉。我们以为值得注意的，是徐偃所言盐业经营对于“胶东、鲁国”“存万民”的意义。而终军诘徐偃所谓“胶东南近琅邪，北接北海，鲁国西枕泰山，东有东海，受其盐铁”体现的盐业供求关系和储运路径，也是应当重视的。

五　“皓皓乎若白雪之积，鄂鄂乎若景阿之崇”

《北堂书钞》卷一四六“皓皓乎若白雪之积，鄂鄂乎若景阿之崇”条

---

① 曾延伟：《两汉社会经济发展史初探》，中国社会科学出版社 1989 年版，第 42 页。

引徐幹《齐都赋》生动地形容了齐地盐业生产的繁荣景象：

> 若其大利，则海滨博者，溲盐是钟，皓皓乎云云。

有注家以为，“溲：淘洗。此指海滨晒盐”。[①] 这样的理解，与有的学者提出的“宋代以前的海盐制造，全出于煎炼”，“从北宋开始，海盐出现晒法，由于技术的原因，效果并不太好，所以煎盐仍多于晒盐”的对于采盐技术的认识存在矛盾。论者指出，“到了清末，海盐各产区大都改用晒制之法，技术逐渐完善起来”。就山东地方而言，“崂山青盐迟到清光绪二十七年（1901），盐民才用沟滩之法，改煎为晒，从而结束了煎盐的历史”。“那些沿海岸架设的燃烧了几千年的烧锅煎盐设备，自然成了历史的陈迹。”[②] 如果此说确实，则以为“溲”即“指海滨晒盐”的解说可以商榷。

又《北堂书钞》卷一四六“佥赖是肤”条引徐幹《齐都赋》曰：

> 若其大利，则海滨博诸，溲盐是钟。

光绪十四年南海孔氏刊本校注：“今案：陈本脱。俞本删‘若其’以下。严辑《徐幹集》据旧钞引同，惟无‘佥赖’四字。”[③]

费振刚、胡双宝、宗明华辑校《全汉赋》引作：

> 若其大利，则海滨博者溲盐是钟，皓皓乎若白雪之积，鄂鄂乎若景阿之崇。[④]

而费振刚、仇仲谦、刘南平校注《全汉赋校注》则引作：

---

① 费振刚、仇仲谦、刘南平校注：《全汉赋校注》，广东教育出版社2005年版，下册第993页。

② 王仁湘、张征雁：《盐与文明》，辽宁人民出版社2007年版，第9页。

③ 《北堂书钞》，中国书店1989年据光绪十四年南海孔氏刊本影印版，第616页。今按：文渊阁《四库全书》本明陈禹谟补注《北堂书钞》无“佥赖是肤”条。

④ 费振刚、胡双宝、宗明华辑校：《全汉赋》，北京大学出版社1993年版，第623页。

> 若其大利，则海滨博诸，溲盐是钟，佥赖是肤。皓皓乎若白雪之积，鄂鄂乎若景阿之崇。[1]

均言“本段录自《书钞》卷一四六”[2]，“此段录自《书钞》卷一四六”[3]，而文句有所不同。但大致理解文意，已经可以体会临淄海滨盐业生产的繁荣。《全汉赋校注》解释“佥赖是肤”：“肤，人体之表层，这里指盐滩。”[4] 也坚持了“海滨晒盐”之说。

《北堂书钞》卷一四六又引刘桢《鲁都赋》：

> 又有咸池漭沆，煎炙赐春。燋渍沫，疏盐自殷。挹之不损，取之不动。

> 其盐则高盆连冉，波酌海臻。素鹾凝结，皓若雪氛。

> 汤盐池东西长七十里，南北七里，盐生水内，暮取朝复生。

这些文句，都可以说明齐鲁海盐生产的盛况。有注家解释说：“汤盐池：犹今言晒盐场。高盆：此指巨大的浸盐场。高，巨大。盆，盛物之器，这里指盐场聚海水的低洼处。连冉：此指浸盐场与大海紧紧相连。”[5] 有关“晒盐”的分析，涉及制盐技术史的知识，似乎需要论证。所谓“挹之不损，取之不动”，“暮取朝复生”，都体现出运输实际上是海盐由生产走向流通与消费的重要的转化形式，又是其生产过程本身的最关键的环节。

参考汉代齐地盐业生产的相关信息，也有助于理解作为其基础的大一统政治形势实现之前齐人海洋资源开发的成就。

---

① 费振刚、仇仲谦、刘南平校注：《全汉赋校注》，下册第 990 页。

② 费振刚、胡双宝、宗明华辑校：《全汉赋》，第 624 页。

③ 费振刚、仇仲谦、刘南平校注：《全汉赋校注》，下册第 993 页。

④ 同上

⑤ 同上书，下册第 1127 页。

六 盐运及其管理

贾谊为长沙王太傅，意不自得，及渡湘水，为赋以吊屈原，其辞有所谓“骥垂两耳兮服盐车”。[①] 司马贞《索隐》引《战国策》曰：“夫骥服盐车上太山中阪，迁延负辕不能上，伯乐下车哭之也。”[②] 看来，盐运是人皆以为艰难鄙下的最为普遍的运输活动。王莽诏曰：“夫盐，食肴之将”，“非编户齐民所能家作，必卬于市，虽贵数倍，不得不买。”[③] 卫觊与荀彧书也写道：“夫盐，国之大宝也，自乱来散放，宜如旧置使者监卖。”[④] 强有力的中央政府总理盐政，往往同时对盐运也施行严格的统一管理。自汉武帝时代开始推行的这一政策，对于稳定汉王朝的经济基础发挥了重要的作用。[⑤] 这一政策又体现出久远的历史影响，历代专制政府多以此作为其基本经济政策的主要内容之一。

对于秦代的盐运，有学者分析说：“官府特许的业盐者所产之盐，可能经一般商人之手流入各地，但要缴纳很重的商税，也就是‘重关市之税’。”[⑥] 而西汉前期取盐业放任政策，而盐业生产往往“其势咸远而作剧”[⑦]，盐利的谋求，往往借用交通实力，而政府的税收管理制度，亦未必宽松。盐铁官营之后的情形，盐产与盐运曾经紧密结合。

---

① 《史记》卷八四《屈原贾生列传》。

② 今本《战国策·楚策四》：“夫骥之齿至矣，服盐车而上太行。蹄申膝折，尾湛胕溃，漉汁洒地，白汗交流，中阪迁延，负辕不能上。伯乐遭之，下车攀而哭之，解纻衣以幂之。骥于是俯而喷，仰而鸣，声达于天，若出金石声。”“服盐车而上太行”，似亦可作为河东郡安邑盐池产盐流通范围的例证之一。

③ 《汉书》卷二四下《食货志下》。

④ 《三国志》卷二一《魏书·卫觊传》。

⑤ 例如汉武帝时代政府面临经济困难时，如《史记》卷三〇《平准书》所说，“大农以均输调盐铁助赋，故能赡之”。据《汉书》卷九《元帝纪》，汉元帝初元五年（前44）夏四月诏令罢“盐铁官”，然而时仅3年，永光三年（前41）冬，即“以用度不足”“复盐铁官”。有关汉代盐官设置的文物资料有上海博物馆藏印“琅盐左丞”及《封泥考略》“楗盐左丞”、《封泥汇编》“琅邪左盐”等。又《凝清室古官印存》“莲勺卤咸督印”，陕西省博物馆藏印“莲勺卤督印”及“石蕥盐督”印，则反映曹魏盐官制度。参看王子今《两汉盐产与盐运》，《盐业史研究》1993年第3期。

⑥ 齐涛：《汉唐盐政史》，山东大学出版社1994年版，第59—60页。

⑦ 《盐铁论·禁耕》。

《史记》卷一二九《货殖列传》关于盐产资源的分布这样写道："夫天下物所鲜所多，人民谣俗，山东食海盐，山西食盐卤，领南、沙北固往往出盐，大体如此矣。"所谓"山东食海盐，山西食盐卤"，大体说明了秦汉时期盐业的产销区划。"盐卤"，张守节《史记正义》："谓西方咸地也。坚且咸，即出石盐及池盐。"不过，"山东食海盐，山西食盐卤"并不宜作绝对的理解，史籍中还可以看到南阳地区食用河东池盐的实例，如《后汉书》卷一七《贾复传》记述"南阳冠军人"贾复的事迹："王莽末，为县掾，迎盐河东，会遇盗贼，等比十余人皆放散其盐，复独完以还县，县中称其信。"[①]《说文·卤部》："鹽，河东盐池也。袤五十一里，广七里，周百十六里。"[②]《太平御览》卷八六五引作"袤五十里，广六里，周一百十四里"，又附注："戴延之《西京记》曰：盐生水中，夕取朝复，千车万驴，适意多少。"也说运输实际上是"盐卤"生产的关键环节。《后汉书》卷四一《第五伦传》说，第五伦"将家属客河东，变名姓，自称王伯齐，载盐往来太原、上党，所过辄为粪除而去，陌上号为道士，亲友故人莫知其处"。[③]《续汉书·郡国志一》：河东郡安邑"有盐池"，刘昭注补引杨佺期《洛阳记》："河东盐池长七十里，广七里，水气紫色。有别御盐，四面刻印如印齿文章，字妙不可述。"左思《魏都赋》有"墨井盐池，玄滋素液"句，李善注："河东猗氏南有盐池。"或可理解为反映东汉末年盐业经济的信息。结合前述贾复"迎盐河东"故事，可知中原政治文化重心地区邺、洛阳、南阳皆仰仗河东安邑盐产。而太原郡晋阳有盐官，第五伦仍由河东"载盐往来太原"，说明河东安邑盐池出产丰饶且交通条件便利，其市场范围之扩展可以形成对其他盐官的冲击。尽管有若干史例可以说明河东"盐卤"满足部分"山

---

① 《太平御览》卷八六五引《东观汉记》："贾复为县掾，迎盐河东，会盗贼起，等辈放散其盐，复独完还致县中。"

② 段玉裁注："《左传正义》、《后汉书注》所引同。惟《水经注·涑水》篇引作'长五十一里，广六里，周一百一十四里'为异。《魏都赋》注：'猗氏南盐池，东西六十四里，南北七十里。'《郡国志》裴松之注引杨佺期《洛阳记》：'河东盐池，长七十里，广七里。'《水经注》曰：'今池水东西七十里，南北七十里。'参差乖异，盖随代有变。"除池沼水面随代变迁外，历代尺度有异，可能也是导致记述"参差乖异"的原因之一。

③ 《太平御览》卷一九五引《东观汉记》："第五伦自度仕宦牢落，遂将家属客河东，变易姓名，自称王伯齐，常与奴载盐北至太原贩卖，每所止客舍，去辄为粪除，道上号曰道士，开门请求，不复责舍宿直。"

东”地方食盐消费需要的情形，但是司马迁“山东食海盐”一定并非没有根据的空言。“山东”广大地方应当是以齐地为主产地的“海盐”的主要市场。

下　编

南洋通道与齐文化

自汉武帝时代起，汉帝国开始打通了东南海上航路，推进了南洋交通的发展。《汉书》卷二八下《地理志下》记述了西汉时期初步开通的南洋航路的交通状况："自日南障塞、徐闻、合浦船行可五月，有都元国；又船行可四月，有邑卢没国；又船行可二十余日，有谌离国；步行可十余日，有夫甘都卢国。自夫甘都卢国船行可二月余，有黄支国，民俗略与珠厓相类。其州广大，户口多，多异物，自武帝以来皆献见。"这些地区与汉王朝间海上商运相当繁忙："有译长，属黄门，与应募者俱入海市明珠、璧流离、奇石异物，赍黄金杂缯而往。所至国皆禀食为耦，蛮夷贾船，转送致之。亦利交易，剽杀人。又苦逢风波溺死，不者数年来还。大珠至围二寸以下。"王莽专政时，还曾经利用南洋航运进行政治宣传："平帝元始中，王莽辅政，欲耀威德，厚遗黄支王，令遣使献生犀牛。"由黄支国还可以继续前行："自黄支船行可八月，到皮宗；船行可二月，到日南、象林界云。黄支之南，有已程不国，汉之译使自此还矣。"关于都元国、邑卢没国、谌离、夫甘都卢国、皮宗等国家或部族的具体位置，学者多有异议，而对于黄支国即印度康契普腊姆，已程不国即师子国亦今斯里兰卡，中外学者的基本认识是一致的。

具有世界史意义的南洋航运很可能有齐人航海家的积极参与。南洋文化交流也影响了齐文化的风格。

一　齐人航海家参与南洋航道开通的可能性

前说汉代"楼船"军在战争中多次表现出来的积极作用，不能完全否定齐人海上航运经验运用于南海的可能。

汉武帝时，吕嘉策动南越国的反叛。卜式上书，表示愿与"博昌习船者"、"齐习船者"赴南越参与平叛战争。卜式时任齐相，应当是比较了解"博昌习船者"、"齐习船者"的航海技能的实际水准的。卜式作为齐地行政长官，在以文书形式传递至汉武帝的信息中说到的"博昌习船者"、"齐习船者"，一定有比较确切可靠的依据。"博昌习船者"、"齐习船者"所谓"习船"的能力，应以航海成功经历以为测定条件得以确认。

通过卜式"往死南越"的积极表态，我们也可以大致推知"博昌习船者"、"齐习船者"等航海经验在实践中的应用，不仅可以推进东洋航运的发展，诸多信息表明，很可能也体现同时具备了远航南洋的技术能力。

《北堂书钞》卷一三七"渤海习舟"条引王粲《为荀彧与孙权檄》，说到在渤海水面"演习舟楫"的情形："昨令将帅战士就渤海七八百里演习舟楫，四年之内，无日休解，今已击棹若飞，回柁若环。"曹魏向孙吴炫耀"习舟"的能力，应当确实获得了"就渤海七八百里演习舟楫"的成功。《三国志》卷一《魏书·武帝纪》记载："（建安）十三年春正月，公还邺，作玄武池以肄舟师。"裴松之注引《三苍》曰："肄，习也。"可知"肄舟师"可以与"令将帅战士""习舟"联系起来理解。《三国志》卷一《魏书·武帝纪》又记载："十四年春三月，军至谯，作轻舟，治水军。秋七月，自涡入淮，出肥水，军合肥。"曹魏军人操演水军起初以内陆江湖为场地，后来则"就渤海七八百里演习舟楫"，应有与孙吴军人以"舟师"于海面交战的战略考虑。

当时幽州地方仍为与孙权军事集团暗自联络的公孙氏集团控制，此所谓"渤海七八百里"的水军演习场地，应当临渤海南岸的齐地。

面对善于"泛舟举帆"[①] 的吴人，王粲敢于书写"今已击棹若飞，回柁若环"等文句，应当胸怀在南海敢于与吴水军较量的充分自信。这种自信自然是建立在"就渤海七八百里演习舟楫"实现了航海技术的确定进步的基础上的。

二　南海的"琅玡"

上文说到顾实研究《穆天子传》，分析总结周穆王"周行天下"史事

---

① 《三国志》卷五四《吴书·周瑜传》裴松之注引《江表传》。

时说到孙中山有关琅邪在“东西海道交通”中的历史地位的意见：“犹忆先总理孙公告余曰：‘中国山东滨海之名胜，有曰琅邪者，而南洋群岛有地曰琅琊（Langa），波斯湾有地亦曰琅琊（Linga），此即东西海道交通之残迹，故三地同名也。”他回忆说，孙中山当时“并手一册英文地图，一一指示余”。顾实深切感叹：“煌煌遗言，今犹在耳，勿能一日忘。”他说：“上古东西陆路之交通，见于《穆传》者，既已昭彰若是。则今言东西民族交通史者，可不郑重宝视之乎哉！”顾实认为：“然上古东西海道之交通，尚待考证。”①

南洋是否有“琅邪”地名遗存，这样的文化现象是否即“东西海道交通之残迹”，确实值得研究者注意。

印度尼西亚的林加港（Lingga），或有可能是孙中山与顾实说到的“南洋群岛有地曰琅玡（Langa）”。而菲律宾又有林加延港（Lingayen），或许也有可能是“琅玡（Langa）”的音转。

“大约写于九世纪中叶到十世纪初”的“阿拉伯作家关于中国的最早著作之一”《中国印度见闻录》说到“朗迦婆鲁斯岛（Langabalous）”。中译者注：“Langabalous 中前半部 Langa 一词，在《梁书》卷五四作狼牙修；《续高僧传·拘那罗陀传》作棱加修；《隋书·赤土传》作狼牙须；义静《大唐西域求法高僧传》作朗迦戍；《岛夷志略》作龙牙犀角；印度尼西亚古代碑铭中作 Llangacogam，或 Lengkasuka Balus 即贾耽书中的婆露国。”② 有学者说，“《梁书》之狼牙修，自为此国见于我国著录最早之译名。次为《续高僧传·拘那罗陀（Gunarata）传》之棱加修。次为《隋书》狼牙须，义静书之朗迦戍，《诸蕃志》之凌牙斯加，《事林广记》与《大德南海志》之凌牙苏家。《苏莱曼东游记》作 Langsakā，则为此国之阿拉伯名”。这就是《岛夷志略》作“龙牙犀角”者。然而《岛夷志略》又有“龙牙门”。苏继庼《岛夷志略校释》写道：“《诸蕃志》与《事林广记》二书三佛齐条皆有凌牙门一名。格伦维尔以其指林加海峡（Notes, p. 99，n. 2）。夏德与柔克义亦以其指林加海峡与林加岛（Chao Ju-kua, p. 63，n. 2）。案：林加岛，《东西洋考》作龙雅山，以凌牙当于 Lingga，对音自极合。惟鄙意凌牙门或亦一汉语名，而非音译。疑龙牙门一名，宋

① 《穆天子传西征讲疏》，第 24 页。

② 《中国印度闻见录》，穆根来、汶江、黄倬汉译，中华书局 1983 年版，第 1、5、36 页。

代即已有之，讹作凌牙门也。”又说：“龙牙门一名在元明时又成为新加坡岛与其南之广阔海峡称。至于本书龙牙门一名，殆指新嘉坡岛。”论者以为“凌牙犀角”地名有可能与《马可波罗行纪》“载有 Locac 一名”或“Lochac”，及“《武备志·航海图》之狼西加”有关[①]，也是值得注意的意见。论者以为“凌牙门或亦一汉语名，而非音译”，其来自“汉语”的推想，或许比较接近历史真实。

有学者解释《西洋朝贡典录》卷上《满剌加国》之“龙牙山门”：“《岛夷志略》作龙牙门，云：‘门以单马锡番两山相交若龙牙状，中有水道以间之。’龙牙门在今新加坡南海峡入口处，今称石叻门，此为沿马来半岛东部至马六甲海峡所必经，故曰‘入由龙牙山门’。”[②] 所谓“两山相交若龙牙状”，“龙牙”是神话传说境象，无有确定形式，以“龙牙”拟状似不合乎情理。“龙牙”来自汉地地名的可能性，似未可排除。

也许“林加”地名是我们考虑南洋地方与“琅玡（Langa）”或“琅玡（Linga）”之对应关系时首先想到的。陈佳荣、谢方、陆峻岭《古代南海地名汇释》“Lingga”条写道：“名见《Pasey 诸王史》，谓为满者伯夷之诸国。《南海志》龙牙山，《东西洋考》两洋针路条之龙雅山、龙雅大山，《顺风相送》龙雅大山，《指南正法》之龙牙大山，皆其对音，即今印度尼西亚之林加岛（Lingga Ⅰ.）。《海路》之龙牙国，亦指此岛。”[③] 冯承钧《中国南洋交通史》说：“龙牙门，《诸蕃志》作凌牙门（Linga），星加坡之旧海岬也。”又《诸蕃志》卷上“三佛齐国”条所见“凌牙门”，冯承钧又写作“凌牙（Linga）门”。[④] 关于其国情，《诸蕃志》说，“经商三分之一”，“累甓为城，周数十里。国王出入乘船”。其情形似与古“琅邪”颇类似。

向达整理《郑和航海图》就“狼西加”言：“据图，狼西加在孙姑那与吉兰丹之间，或谓此应作狼牙西加，为 Langka-suka 对音，即为大泥地方。”[⑤] 所谓“狼牙西加”之“狼牙”，确实与“琅邪”音近。

① 〔元〕汪大渊原著，苏继庼校释：《岛夷志略校释》，中华书局 1981 年版，第 181—182、184、215 页。

② 〔明〕黄省曾著，谢方校注：《西洋朝贡典录》，中华书局 1982 年版，第 38 页。

③ 陈佳荣、谢方、陆峻岭：《古代南洋地名汇释》，中华书局 1986 年版，第 983 页。

④ 冯承钧：《中国南洋交通史》，谢方导读，上海古籍出版社 2005 年版，第 62、118 页。

⑤ 向达整理：《郑和航海图》，中华书局 1961 年版，第 30 页。

另一能够引起我们联想的是《隋书》卷八二《南蛮传·真腊》的记载："近都有陵伽钵婆山，上有神祠，每以兵五千人守卫之。城东有神名婆多利，祭用人肉。其王年别杀人，以夜祀祷，亦有守卫者千人。其敬鬼如此。多奉佛法，尤信道士，佛及道士并立像于馆。"冯承钧《中国南洋交通史》引文作"每以兵二千人守卫之"，"陵伽钵婆山"作"陵伽钵婆（Lingaparvata）山"。[①] 其中关于"神祠"及"信道士"等信息，也使人想到与战国秦汉"琅邪"的相近之处。

寻找波斯湾地区的"Linga"或"Langa"，只有伊朗的伦格港（Lingah）或称作林格港（Lingoh）比较接近。这一港口，有的地图上标注的名称是"Bandar lengeh"。Bandar 即波斯语"港口"。然而这处海港是否孙中山所指"琅琊（Linga）"，同样尚不能确定。

移民将家乡的地名带到新居住地，是很普遍的情形。[②] 航海者也往往习惯以旧有知识中的地名为新的地理发现命名。"琅邪"地名在秦代已经十分响亮。不能排除"琅邪"地名在秦代起就因这里启航的船队传播至远方的可能。对于南海"琅邪"的讨论虽然尚未能提出确定的结论，但还是应当肯定相关探索对于说明自秦汉时期形成重要影响的海上航运和中外文化交流之历史进步的意义。[③]

三 "东海"、"琅邪"与佛教的早期文化介入

西汉时代，中国远洋舰队已经开通了远达南印度及斯里兰卡的航线。东汉时代，中国和天竺（印度）之间的海上交通相当艰难，然而仍大致保持着畅通，海路于是成为佛教影响中国文化的第二条通道。江苏连云港孔望山发现佛教题材摩崖造像，其中又多有"胡人"形象[④]，

① 《中国南洋交通史》，第 90 页。

② 参看王子今、高大伦《说"鲜水"：康巴草原民族交通考古札记》，《中华文化论坛》2006 年第 4 期；王子今：《客家史迹与地名移用现象——由杨万里〈竹枝词〉"大郎滩""小郎滩"、"大姑山""小姑山"说起》，《客家摇篮赣州》，江西人民出版社 2004 年版。

③ 参看王子今《东海的"琅邪"和南海的"琅邪"》，《文史哲》2012 年第 1 期。

④ 朱江：《海州孔望山摩崖造像》，《文物参考资料》1958 年第 6 期；连云港市博物馆：《连云港市孔望山摩崖造像调查报告》，《文物》1981 年第 7 期；俞伟超、信立祥：《孔望山摩崖造像的年代考察》，《文物》1981 年第 7 期；阎文儒：《孔望山佛教造像的题材》，《文物》1981 年第 7 期。

结合徐州东海地区佛教首先炽盛的记载，则可以理解海上交通的历史文化作用。

《后汉书》卷四二《光武十王传·楚王英》：刘英“学为浮屠斋戒祭祀”，“尚浮屠之仁祀，絜斋三月，与神为誓”，诏令“其还赎，以助伊蒲塞桑门之盛馔”。又《后汉书》卷七三《陶谦传》：陶谦使笮融督广陵、下邳、彭城运粮，“遂断三郡委输，大起浮屠寺，上累金盘，下为重楼，又堂阁周回，可容三千许人，作黄金涂像，衣以锦采。每浴佛，辄多设饮饭，布席于路，其有就食及观者且万余人”。李贤注引《献帝春秋》曰：“融敷席方四五里，费以巨万。”《三国志》卷四九《吴书·刘繇传》：陶谦使笮融督广陵、彭城运漕，“遂放纵擅杀，坐断三郡委输以自入。乃大起浮图祠，以铜为人，黄金涂身，衣以锦采，垂铜槃九重，下为重楼阁道，可容三千余人，悉课读佛经，令界内及旁郡人有好佛者听受道，复其他役以招致之，由此远近前后至者五千余人户。每浴佛，多设酒饭，布席于路，经数十里，民人来观及就食且万人，费以巨亿计”。

“东海”与齐地有密切的关系。前引《汉书》卷六四下《终军传》载终军“鲁国西枕泰山，东有东海，受其盐铁”语，反映了鲁地与“东海”海洋开发在资源共享方面实现的联系。理解所谓“鲁国西枕泰山，东有东海，受其盐铁”，可以参看《北堂书钞》卷一四六引《吴时外国传》说到“海州”盐产的文字：“海州有湾，湾内常出自然白盐，峄峄如细石子。每岁以一车输王国用。”[①] 光绪十四年南海孔氏刊本“海州”作“张海州”。校注：“今案：陈、俞本脱‘张’字。《御览》八百六十五引《外国传》‘张’作‘涨’，余同。本钞下文引亦作‘张’。”[②] 今按：“张”应是衍字。海州湾出“峄峄如细石子”的“自然白盐”，应是优质食盐，所以有“输王国用”的说法。[③]

说到“东海”与“鲁”的密切关系的，又有《汉书》卷二八下《地

① 文渊阁《四库全书》本明陈禹谟补注《北堂书钞》。

② 《北堂书钞》，中国书店 1989 年 7 月据光绪十四年南海孔氏刊本影印版，第 616 页。

③ 至于《鲁都赋》所言“高盆连冉，波酌海臻；素鹾凝结，皓若雪氛”，以及“咸池漭沆”及“汤盐池”等，应是鲁地可以更为直接地获取的盐产资源。

理志下》："汉兴以来，鲁、东海多至卿相。"[①] 又如《汉书》卷五一《枚乘传》载枚乘说吴王语："今大王还兵疾归，尚得十半。不然，汉知吴之有吞天下之心也，赫然加怒，遣羽林黄头循江而下，袭大王之都；鲁、东海绝吴之饷道；梁王饬车骑，习战射，积粟固守，以备荥阳，待吴之饥。大王虽欲反都，亦不得已。"在论者所分析战略形势中，"鲁、东海绝吴之饷道"，构成对叛军的严重威胁。[②] 而"鲁、东海"作为一个特殊区域联合体的情形，也因此体现。[③]

据《续汉书·郡国志三》，"东海"、"琅邪"都属"徐州"。两地在一行政区划之内，应当联系频繁。很难想象徐州其他地方"尚浮屠之仁祀"形成社会文化的潮流时，琅邪等地完全不受影响。

四　山东汉画象所见"璧流离"

南洋海上交通的发展，在东南亚及南亚诸国留下了大量来自中原的文化遗物。除出土地域分布甚广的五铢钱而外，在印度尼西亚苏门答腊、爪哇和加里曼丹的一些古墓中曾出土中国汉代陶器。苏门答腊还曾出土底部有汉元帝初元四年（前45）纪年铭文的陶鼎。

秦汉时期南洋海路的开通，亦多有中国沿海地方出土的文物资料以为证明。广州及广西贵县、梧州等地的西汉墓葬多出土形象明显异于汉人的陶俑。这类陶俑或托举灯座或头顶灯座，一般头形较短，深目高鼻，颧高唇厚，下颔突出，体毛浓重，有人认为其体征与印度尼西亚的土著居民"原始马来人"接近。这些陶俑的服饰特征是缠头、绾髻、上身裸露或披纱。另有下体着长裙的女性侍俑。这些特征也与印度尼西亚某些土著民族相似。然而从深目高鼻的特点来看，则又可能以南亚及西亚人作为模拟对

---

① 纬焯《邹鲁守经学》写道："邹之入于鲁久矣，而合为鲁分，离为鲁、东海则自汉始。凡以名见于二汉儒林之士而号'鲁、东海'之儒者，皆邹鲁之经学也。"林子长笺解："《前汉·儒林传》：孟喜，东海兰陵人。申公，鲁人。后苍，东海郯人。孟卿，东海人。严彭祖，东海下邳人。颜安乐，鲁国薛人。"文渊阁《四库全书》本。

② 《文选》卷三九枚叔《上书重谏吴王》"鲁、东海绝吴之饷道"，李善注："吴饷自海入河，故命鲁国入东海郡以绝其道也。"良注："鲁、东海二都也，使之绝吴人饷馈之道。"

③ 《后汉书》卷六一《黄琬传》："（刁韪）在朝有鲠直节，出为鲁、东海二郡相。性抗厉，有明略，所在称神。常以法度自整，家人莫见惰容焉。"刁韪彭城人，曾"出为鲁、东海二郡相"的情形，或许也可以在思考这一问题时引为参考。

象。这些形象特异的陶俑的发现，反映当时岭南社会普遍使用出身南洋的奴隶，也说明西汉时期南洋海路的航运活动已经相当频繁。广州汉墓还曾出土陶制象牙、犀角模型等随葬品。这些随葬品的象征意义，也体现出南洋贸易对当时社会意识的普遍影响。广州地区西汉中期以后的墓葬中还常常出土玻璃、水晶、玛瑙、琥珀等质料的装饰品，并曾出土叠嵌眼圈式玻璃珠和药物蚀花的肉红石髓珠。经过化验的4个玻璃珠样品，含钾5%—13.72%，而铅和钡的成分仅有微量甚至根本没有，这与中国古代铅钡玻璃系统制品截然不同，应是由南洋输入。①

《汉书》卷九六上《西域传上》说到罽宾宝物有“珠玑、珊瑚、虎魄、璧流离”。颜师古注：“孟康曰：‘流离青色如玉。’师古曰：‘《魏略》云大秦国出赤、白、黑、黄、青、绿、缥、绀、红、紫十种流离。孟言青色，不博通也。此盖自然之物，采泽光润，逾于众玉，其色不恒。今俗所用，皆销冶石汁，加以众药，灌而为之，尤虚脆不贞，实非真物。”按照《魏略》的说法，“璧流离”原出“大秦国”。《汉书》卷二八下《地理志下》则说来自南海：

> 自日南障塞、徐闻、合浦船行可五月，有都元国；又船行可四月，有邑卢没国；又船行可二十余日，有谌离国；步行可十余日，有夫甘都卢国。自夫甘都卢国船行可二月余，有黄支国，民俗略与珠厓相类。其州广大，户口多，多异物，自武帝以来皆献见。有译长，属黄门，与应募者俱入海市明珠、璧流离、奇石异物，赍黄金杂缯而往。所至国皆禀食为耦，蛮夷贾船，转送致之。

所谓入海交易的奇物之一“璧流离”，在汉代画象中也有体现。最明确的例证，发现于山东地方。

清王昶《金石萃编》卷二一“武氏石室祥瑞图题字”：“画象共二石，今在嘉祥县武宅山。”“第二石高三尺六寸广九尺七止画三层题字者二层共二十三榜。”其中榜题文字有：

① 广州市文物管理委员会、广州市博物馆：《广州汉墓》，文物出版社1981年版。

璧流离，王者不隐过则至。[①]

又清人毕沅《山左金石志》卷七“武氏石室祥瑞图二石”条，言“无年月，题字皆八分书，在嘉祥县武氏祠”，又写道：

次一璧，中作圆孔，面有方罫文。左题一行云：璧流离，王者不隐过则至。凡十字。“流离”同“琉璃”。

可见“璧流离”被当时社会普遍视为宝物。这一意识有较为长久的影响。《宋书》卷二九《符瑞志下》可以看到这样的说法：

璧流离，王者不隐过则至。

明人徐应秋《玉芝堂谈荟》卷一“帝王瑞应”条也可见这样的内容：“王者不隐过，则璧流离见。”[②]

“璧流离”语源，日本学者藤田丰八以为即梵文俗语 Verulia 或巴利文 Veluriya。汉译又作吠琉璃、毗琉璃、鞞琉璃等。[③] 其实，段玉裁《说文解字注》已经指出此称西来的渊源。《说文・玉部》：“珋，石之有光者。璧珋也。出西胡中。”段玉裁注：“此当作‘璧珋，石之有光者也’。恐亦后人倒之。璧珋，即璧流离也。《地理志》曰：‘入海市明珠、璧流离。’《西域传》曰：‘罽宾国出璧流离。’‘璧流离’三字为名，胡语也。犹珣玗琪之为夷语。汉武梁祠堂画有‘璧流离’。曰：‘王者不隐过则至。’《吴国山碑纪》符瑞亦有‘璧流离’。梵书言‘吠琉璃’。‘吠’与‘璧’音相近。《西域传》注：‘孟康曰：璧流离青色如玉。’今本《汉书

① 清嘉庆十年刻同治钱宝传等补修本。

② 文渊阁《四库全书》本。

③ ［日］藤田丰八：《前汉时代西南海上交通之记录》，《中国南海古代交通丛考》，何建民译，商务印书馆 1936 年版，第 116—117 页。〔宋〕王观国《学林》卷五“流离”条说，“《旄邱》诗曰：‘琐兮尾兮，流离之子。’《毛氏传》：‘……流离，鸟也。’”“流离又为宝玉名。《前汉・西域传》，罽宾国出珠玑、珊瑚、虎魄、璧流离，光润逾于众玉。扬子云《羽猎赋》曰：‘推夜光之流离。’五臣注《文选》曰：‘流离，玉也。’左太冲《吴都赋》曰：‘流离与珂珹。’五臣注《文选》曰：‘流离，宝也。’凡此言流离，本同琉璃，亦借用流离耳。”田瑞娟点校，中华书局 1988 年版，第 181—182 页。

注》无‘璧’字。读者误认正文‘璧’与‘流离’为二物矣。今人省言之曰‘流离’。改其字为‘琉璃’。古人省言之曰‘璧珋’。‘珋’与‘流’‘琉’音同。杨雄《羽猎赋》:‘椎夜光之流离。’是古亦省作‘流离’也。”《说文》言其物“出西胡中”段说其称来自“胡语”、“梵书”。对于所谓“出西胡中”,段玉裁说:“西胡,西域也。班固曰:西域三十六国皆在匈奴之西。故《说文》谓之西胡。凡三见。《魏略》云:‘大秦国出赤白黑黄青绿缥绀红紫十种流离。’师古曰:‘此盖自然之物,采泽光润,逾于众玉,其色不恒。今俗所用,皆销洽石汁,加以众药,灌而为之,尤虚脃不贞实。”

清人胡绍煐笺证《文选笺证》卷一一扬子云《羽猎赋》“方椎夜光之流离”句下写道:“绍煐按:‘璧流离’长言之‘璧珋’,短言之今人径省呼‘流离’矣。”① 李慈铭《越缦堂读史札记》卷六《后汉书札记》解释《文苑传第七十上》“椎蛤蛑碎琉璃”,也写道:“慈铭案:《前书·地理志》:‘入海市明珠、璧流离、奇石异物。’《西域传》曰:‘罽宾国出璧流离。’《说文》:‘珋,石之有光,璧也,出西胡中。’盖正字作‘珋离’,假借作‘流离’,俗作‘琉璃’。”

如果确实如段玉裁所说,“璧流离”名称来自“梵书”,则这一古印度名称得以长期沿用,说明由黄支等地输入的海路保持畅通,使得人们未能淡忘这种宝物在原产地的称谓。

如果将“璧流离”看作汉代“入海市”的追求目标,看作反映海上航路开通的纪念品,则嘉祥汉代画象所见“璧流离”画面,可以使人们联想到齐地与南洋航线的文化关系。

也有对“璧流离”作其他解释的。如黄遵宪《人境庐诗草》卷九《己亥杂诗》中有这样一首:“略买胭脂画折枝,明窗护以璧琉璃。物从中国名从主,绿比波稜红荔支。”自注:“绛藤、丹砂菊,皆德意志种植之甚盛。余考中国花果从海外来者,如蒲萄、苜蓿,人所共知。此外名无定字,字从音译,如波罗蜜、波罗之类,大抵皆是荔支,或作离支,又作利支。知非华产。然今西南洋无此物。余询之西人,乃知本阿剌伯种也。今之玻璃,《汉书·西域传》作‘璧流离’,《说文》作‘璧琉’,亦译音之名。”以为“璧流离”是“今之玻璃”。亦有解作“钻石”者。三民书

① 清光绪《聚轩丛书》第五集本。

局《大辞典》的解释就是："璧流离，钻石。古代自'西域'传来'中国'的宝石。"[①] 虽然对"璧流离"的性质判断不一，但是均认定"非华产"，"从海外来"，"自'西域'传来'中国'"。

清代学者吴大澂《古玉图考》将"璧流离"定义为"夷玉"[②]，也明确其来自海外。他写道："是环玉，色金黄，明如琥珀，而不拾芥，世所罕，觏之宝，制作亦奇。古边之凹凸处土斑尚存，决非三代后物。其古之珣玗琪与？按《周书·顾命》'大玉夷玉'，疏引王肃云：'夷玉，东夷之美玉。'郑康成云：'大玉，华山之球也。夷玉，东北之珣玗琪也。'《尔雅·释地》：'东方之美者，有医无闾之珣玗琪焉。'郭注：'医无闾，山名。今在辽东。珣玗琪，玉属。'《说文》'珣'下云：'医无闾之珣玗璂，《周书》所谓夷玉也，一曰玉器也。'"吴大澄说他"前赴吉林"，"道出奉天锦州之广宁县，曾得医无闾山所厪之玉，琢以为佩。大小不过寸许，未见有大者，俗名'锦州石'，不甚贵重之。此环玉质与'锦州石'相类，特有古今之别，入土阮久，色泽迥异常玉耳。或曰'此古之璧流离也'。《说文》：'珋，石之有光者，璧珋也。出西胡中。'段注云：'璧珋即璧流离也。《地理志》曰：入海市明珠、璧流离。《西域传》曰：罽宾国出璧流离。汉武梁祠堂画石有璧流离，题曰：王者不隐过则至。《吴国山碑纪》符瑞亦有璧流离。《魏略》云：大秦国出赤白黑黄青绿缥绀红紫十种流离。师古曰：此盖自然之物，采泽光润，逾于众玉。其色不恒，今俗所用，皆销洽石汁加以众药灌而为之，尤虚脆不贞实。'是璧温润而有光采，其即大秦国所出之黄流离与？段氏云'璧流离'三字为名，胡语也，犹'珣玗琪'之为夷语。今人省言之曰'流离'，改其字为'瑠璃'。古人省言之曰'璧珋'。今日中国所罕见者，即西域亦非恒有之物。故汉时以为祥瑞也。此亦可备一说，以俟博物君子考正焉。"[③]

"夷玉，东夷之美玉"的说法，"夷"，言其外来。"辽东"地方与齐地均为环渤海地区，亦不排除来自海外的可能。名从"胡语"、"夷语"，都提示了海上文化交流的迹象。

---

① 三民书局大辞典编辑委员会编辑：《大辞典》，台北：三民书局 1985 年版，中册第 3075 页。

② 题注："或云'璧流离'，制作与璇玑同。"

③ 清光绪十五年上海同文书局石印本。

“东海黄公”：齐学·滨海巫术·滨海艺术

“东海黄公”是秦汉时期比较成熟的民间“百戏”表演节目，后来又进入宫廷。考察中国戏剧起源的学者，多注意到“东海黄公”的演出形式。除了与中国早期戏剧的关系以外，“东海黄公”所透露的文化信息，对于认识当时的社会历史，也有多方面的意义。

一 东海黄公，赤刀粤祝

王国维《戏曲考源》说，“戏曲一体，崛起于金元之间，于是有疑其出自异域而与前此之文学无关系者，此又不然。”他指出：

> 戏曲者，谓以歌舞演故事也。古《乐府》中如《焦仲卿妻诗》、《木兰辞》、《长恨歌》等，虽咏故事而不被之歌舞，非戏曲也。《柘枝》、《菩萨蛮》之队，虽合歌舞，而不演故事，亦非戏曲也。唯汉之角抵于鱼龙百戏外，兼演古人物。张衡《西京赋》曰：“东海黄公，赤刀粤祝。冀厌白虎，卒不能救。”又曰：“总会仙倡，戏豹舞罴。白虎鼓瑟，苍龙吹篪。女娥坐而长歌，声清畅而蝼蛇。洪涯立而指麾，被毛羽之襳褷。度曲未终，云起雪飞。”则所搬演之人物且自歌舞，然所演者实仙怪之事，不得云故事也。

王国维认为，“演故事者，始于唐之《大面》、《拨头》、《踏摇娘》等戏”。[1]

关于“东海黄公”表演，是否可以看作“仙怪之事，不得云故事”，

① 《王国维遗书》第15册，上海古籍书店1983年版。

因而被判定与“戏曲”之“源”无关，似乎有讨论的必要。

《文选》卷二张衡《西京赋》薛综注及李善注曾数次说到“东海黄公”故事。例如：

> 1. “吞刀吐火，云雾杳冥。”
>
> 李善注：“《西京杂记》曰：‘东海黄公，立兴云雾。’”
>
> 2. “画地成川，流渭通泾。”
>
> 李善注：“《西京杂记》曰：‘东海黄公，坐成山河。’”
>
> 3. “东海黄公，赤刀粤祝。”
>
> 薛综注：“（祝）音呪。东海有能赤刀禹步，以越人祝法厌虎者，号黄公。又于观前为之。”
>
> 4. “冀厌白虎，卒不能救。”
>
> 李善注：“《西京杂记》曰：‘东海人黄公，少时能幻，制蛇御虎，常佩赤金刀。及衰老，饮酒过度，有白虎见于东海，黄公以赤刀往厌之，术不行，遂为虎所食。故云不能救也。皆伪作之也。’”

所谓“立兴云雾”，“坐成山河”，“制蛇御虎”，看起来是多能的“仙怪”，然而实际上，“东海黄公”似乎已经成为擅长各种魔幻之术的表演艺术家的一种代号了。

今本《西京杂记》卷三可以看到有关“东海黄公”的事迹，为“术”以“制蛇御虎”：

> 余所知有鞠道龙，善为幻术，向余说古时事，有东海人黄公，少时为术，能制蛇御虎，佩赤金刀，以绛缯束发，立兴云雾，坐成山河。及衰老，气力羸惫，饮酒过度，不能复行其术。秦末有白虎见于东海，黄公乃以赤刀往厌之。术既不行，遂为虎所杀。三辅人俗用以为戏，汉帝亦取以为角抵之戏焉。

“三辅人俗用以为戏，汉帝亦取以为角抵之戏焉”，说“东海黄公”实际上已经成为早期“戏”的主角。

“百戏”在汉代已经成为乐舞杂技的总称，“其种类虽很繁复，但并非全无头绪。其命名百戏，盖为总称。中国戏剧之单称为‘戏’，似乎也是从这个总称支分出来，而成为专门名词。其中确也有不少的东西，在戏剧的形式上有相当的帮助。”正如周贻白所指出的，这是“汉代文化程度有了高速的进境的表见”。“百戏”的名目，“包括甚广”，“我们但知汉代对于这个‘戏’字的使用，把意义扩大得极为宽泛，几乎凡系足以娱悦耳目的东西，都可以用‘戏’来作代称”。[①] 当然，“东海黄公”这种“戏”和现今所说“戏曲”的关系，还需要认真的澄清。但是讨论中国“戏曲”之“源”时应当注意到“东海黄公”的表演，则是没有疑义的。

二　戏剧萌芽，戏剧雏形

周贻白在有关中国戏剧史的研究论著中指出，“东海黄公”表演，“颇与后世戏剧有关”。“角抵之戏，本为竞技性质，固无须要有故事的穿插。东海黄公之用为角抵，或即因其最后须扮为与虎争斗之状。即此，正可说明故事的表演，随在都可以插入。各项技艺，已借故事的情节，由单纯渐趋于综合。后世戏剧，实于此完成其第一阶段。”[②] 所谓“东海黄公”表演“颇与后世戏剧有关”的说法，周贻白后来又改订为“与后世戏剧具有直接渊源”。[③] 所谓“后世戏剧，实于此完成其第一阶段”的说法，则改订为“后世戏剧，实于此发端”。[④] 语气更为肯定。

张庚、郭汉城主编《中国戏曲通史》在论述汉代“角抵戏剧化”的过程时，也说到“东海黄公”表演，并强调这一表演“已经有了一个故事了”，已经有了“故事的预定”：“这《东海黄公》的角抵戏，主要的部分乃是人与虎的搏斗，它不出角抵的竞技范围，但已经有一个故事了。其中的两个演员也都有了特定的服装和化妆：去黄公的必须用绛缯束发，手持赤金刀，他的对手却必须扮成虎形。而在这个戏中的竞技，也已经不是凭双方的实力来分胜负，而是按故事的预定，最后黄公必须被虎所杀

① 周贻白：《中国戏剧史》，中华书局 1953 年版，第 36—37 页；《中国戏剧史长编》，人民文学出版社 1960 年版，第 23—24 页。“高速的进境”，《长编》改称“高速的进展”。

② 周贻白：《中国戏剧史》，第 37 页。

③ 周贻白：《中国戏剧史长编》，第 24 页。

④ 同上书，第 25 页。

死。因此，这戏虽然仍是以斗打为兴趣的中心，却已具有一定的故事了。"① 唐文标《中国古代戏剧史》在"自汉迄唐宋的古剧"一章中，一即为"《东海黄公》的故事"。他认为，在由汉迄唐的"戏剧发展"中，"《东海黄公》的故事是一个很好的源流例子"。"张衡把这个故事夹杂在百戏表演中描写，显然是一个装扮故事取笑的小戏，内容虽简单，但代言体之意明朗，故后人每以为是中国戏剧的原型。"②

廖奔、刘彦君著《中国戏曲发展史》在关于"初级戏剧雏形——秦汉六朝百戏形态"的论述中，也专有"《东海黄公》"一节，论证更为详尽。论者以为"东海黄公"可以看作"完整戏剧表演"："《东海黄公》具备了完整的故事情节：从黄公能念咒制服老虎起始，以黄公年老酗酒法术失灵而为虎所杀结束，有两个演员按照预定的情节发展进行表演，其中如果有对话一定是代言体。从而，它的演出已经满足了戏剧最基本的要求：情节、演员、观众，成为中国戏剧史上首次见于记录的一场完整的初级戏剧表演。它的形式已经不再为仪式所局限，演出动机纯粹为了观众的审美娱乐，情节具备了一定的矛盾冲突，具有对立的双方，发展脉络呈现出一定的节奏性，这些都表明，汉代优戏已经开始从百戏杂耍表演里超越出来，呈现新鲜的风貌。"③ 有的学者指出，"禳鬼的'傩'仪与戏剧同样有着密切的联系。如汉代的角抵戏《东海黄公》便是从傩仪中派生出来的"。而在中国古代，"以傩为代表的宗教社火中，有不少戏剧性表演，有的可以归入戏剧"。④ 也有学者指出，从"东海黄公"可知，"当时之角抵为戏，已在演述故事"。"如果根据此角抵戏中已有中心人物（黄公）、戏剧情节（人与虎斗）、化装（绛缯束发）、表演（行其术），且已流行于京城与畿辅，而称之为中国古代戏剧的原始胚胎，亦并非全然没有道理。但究竟有无台词，有无说唱，却未可遽断。"⑤ 有的研究者指出，"东海黄公"等几种百戏表演，"都是化装的歌舞表演"，"特别是'东海黄公'，其中的两名演员，已有特定的服装和化妆，并有规定的故事情

---

① 张庚、郭汉城主编：《中国戏曲通史》，中国戏剧出版社 1980 年版，上册第 17—18 页。

② 唐文标：《中国古代戏剧史》，中国戏剧出版社 1985 年版，第 47 页。

③ 廖奔、刘彦君：《中国戏曲发展史》，山西教育出版社 2000 年版，第 1 卷第 60—61 页。

④ 李修生：《元杂剧史》，江苏古籍出版社 1996 年版，第 75 页。

⑤ 徐振贵：《中国古代戏剧统论》，山东教育出版社 1997 年版，第 26 页。

节，因此戏剧因素是更强的。”①

黄卉《元代戏曲史稿》也肯定“东海黄公”已经“有了一定故事内容”，“与后世的戏曲有直接渊源关系”，应当看作“重要的戏剧萌芽”，“是当前发现的最早的，以表现故事为特征的戏剧的开端”。② 也有学者将其定位为“悲剧”，称之为“最早的戏剧雏型”。③

看来，“东海黄公”作为“一个故事性较强的剧目”“引起了戏剧史学家的关注”④，是显著的事实。

对于王国维关于“东海黄公”“所演者实仙怪之事，不得云故事也”的意见，周贻白认为，“王氏未免过于拘执，如古希腊悲剧，其本事多半取材神话，甚至神人不分，鬼魔杂出，不见得即被否认其戏剧地位。按所谓故事，在戏剧方面言之，只要是有情节，有意义，不必定为历史故事或人类故事，始可表演于舞台。否则古今中外，不乏敷演天堂地狱，神仙鬼怪的戏剧，岂能一一为之甄别?”“东海黄公，且作揶揄巫觋的演出，更不得与仙怪之事视同一例了。”⑤ 对于王国维“不得云故事也”的理解，有学者也以为，“这种理解是偏狭的。这种看法在后来的《宋元戏曲史》中有所改变”。王国维《宋元戏曲史》关于“上古至五代之戏剧”的论证时说，“‘东海黄公，赤刀粤祝；冀厌白虎，卒不能救’，则且敷衍故事矣”。至于所谓“有所改变”，论者指出：“这里不将东海黄公传说排除于‘故事’之外，立论比起《戏曲考原》，是更为通达了。”⑥ 其实，从字面看，此说“敷衍故事”，似乎与前说“实仙怪之事，不得云故事也”有所不同，然而只是“故事”辞义的使用“有所改变”，前已强调“仙怪之事”不同于世间“故事”，因而就“戏曲”之“源”的理解，似乎未必较前明显“有所改变”。

有论者分析“东海黄公”故事的“本事来源”，指出，“这是一个古代方士以术厌兽遭致失败的故事，被陕西民间敷衍成小戏，又被汉朝宫廷

---

① 赵山林:《中国戏剧学通论》，安徽教育出版社 1995 年版，第 68 页。

② 黄卉:《元代戏曲史稿》，天津古籍出版社 1995 年版，第 17—19 页。

③ 傅起凤、傅腾龙:《中国杂技》，天津科学技术出版社 1983 年版，第 9 页。

④ 卜键:《角抵考》，胡忌主编:《戏史辨》，中国戏剧出版社 1999 年版，第 169 页。

⑤ 周贻白:《中国戏剧史》，第 39 页，《中国戏剧史长编》，第 25—26 页。“揶揄”，《长编》误排为“挪揄”。

⑥ 赵山林:《中国戏剧学通论》，第 68 页。今按:《戏曲考原》为《戏曲考源》之误。

吸收进来，它之所以成为角抵戏表演之一种，大概正由于其中人兽相斗的形式吧?”[①] 此说将“三辅人俗用以为戏”理解为“被陕西民间敷衍成小戏”，似乎并不十分准确。西汉“三辅”作为政治文化地域，以今陕西关中地方为主，并不能够全括“陕西”。有人将“三辅”理解为“陕西中部”[②]，然而当时“三辅”其实又是包容了陇东和豫西的局部地区的。

三 海上方士的表演

有学者论定“东海黄公”出现于西汉，以事见葛洪采集西汉刘歆之说所成的《西京杂记》为证[③]，其实《西京杂记》托名刘歆不足为据，而所谓“三辅人俗用以为戏”的说法，却以“三辅”这一标志时代特征的地名，似乎可以为“东海黄公”起初流行于西汉的说法提供助证。

廖奔、刘彦君指出“东海黄公”演出所以受到欢迎，与取“人兽相斗的形式”有关，并引汉代画象斗兽的画面为证，应当说是有重要价值的发现。汉代游乐习俗，有从斗兽到驯兽的演变。[④] 作为反映当时社会风习的文化迹象，“东海黄公”故事也有特殊的意义。以为“东海黄公”仅仅只“是一个装扮故事取笑的小戏”的看法[⑤]，或许是低估了这一演出的文化价值。

有人在分析“东海黄公”表演的意义时曾经说：“这段故事是喜剧，还是悲剧？是赞颂为民除害的英雄，还是嘲谑装神弄鬼的方士？从张衡简简几笔的叙述中似乎能读出一点批判意识。”[⑥] 有的学者发表的意见又有更多的肯定：“《东海黄公》是一个包涵着批判意识的戏剧，嘲弄的矛头直指方士或巫师的黄公。这是对汉武帝时期迷信方士巫师行为的反讽，这表明中国戏剧从产生之日起，就关注社会人生，整个演出充溢着喜剧精神。”[⑦] 我们固然不能明确断定“东海黄公”的表演者以及张衡主观方面

① 廖奔、刘彦君:《中国戏曲发展史》，第1卷第60—61页。
② 吴国钦:《汉代角抵戏〈东海黄公〉与“粤祝”》，《中山大学学报》2003年第6期。
③ 赵山林:《中国戏剧学通论》，第68页。
④ 参看王子今《汉代的斗兽和驯兽》，《人文杂志》1982年第5期。
⑤ 唐文标:《中国古代戏剧史》，第47页。
⑥ 卜键:《角抵考》，《戏史辨》，第170页。
⑦ 吴国钦:《汉代角抵戏〈东海黄公〉与“粤祝”》，《中山大学学报》2003年第6期。

是否有意表达所谓“批判意识”，但是所谓“赞颂”，所谓“嘲谑”，这样的评价，则似乎是以今人的“批判”遮蔽古人的“批判”，又不免过度拔高之嫌。

有人曾经强调，“东海黄公”表演“反映了时人同自然灾害、毒蛇猛兽英勇斗争的社会现实”①，这样的分析是有说服力的。也有人说，“我更愿意把《东海黄公》看作是对人（与自然之对峙中）的命运的悲悯和感叹”。② 推想“东海黄公”少能“御虎”而“及衰老”又“为虎所杀”的故事，应当是与汉代“虎患”曾经盛行的历史现象有一定关系的。③ 汉以后诗文中回顾“东海黄公”故事的篇什，也常突出与“虎患”的联系④，说明这种历史记忆有着长久的影响。

对于“东海黄公”故事，《搜神记》卷二也有一段文字遗存：

> 鞠道隆善为幻术。尝云：“东海人黄公，善为幻，制蛇御虎。常佩制金刀。及衰老，饮酒过度。秦末，有白虎见于东海，诏遣黄公以赤刀往厌。术既不行，遂为虎所杀。”

是“东海黄公”事与所谓“善为幻术”及“善为幻”的人士有关。

将“东海黄公”表演与方士巫术联系起来分析的思路，是有一定的合理性的。《后汉书》卷八二下《方术列传下·徐登》写道：“徐登者，闽中人也。本女子，化为丈夫。善为巫术。又赵炳，字公阿，东阳人，能为越方。时遭兵乱，疾疫大起，二人遇于乌伤溪水之上，遂结言约，共以其术疗病。各相谓曰：‘今既同志，且可各试所能。’登乃禁溪水。水为不流，炳复次禁枯树，树即生荑，二人相视而笑，共行其道焉。”李贤注：“越方，善禁咒也。”“闽中地，今泉州也。”“东阳，今婺州也。”都

① 徐振贵：《中国古代戏剧统论》，第26页。

② 姚珍明：《从人虎相斗开始……——汉代“百戏”与中国最早的剧目〈东海黄公〉》，《东方艺术》1996年第5期。

③ 参看王子今《东汉洛阳的“虎患”》，《河洛史志》1994年第3期；《秦汉虎患考》，《华学》第1期，中山大学出版社1995年版。

④ 如〔唐〕李贺《猛虎行》，《昌谷集》卷四；〔元〕耶律铸《猎北平射虎》，《双溪醉隐集》卷三；〔明〕杨慎《射虎图为箬溪都宪题》，《升庵集》卷二三；王世贞《黑虎岩》，《弇州四部稿》卷四六；《戏为册虎文》，《弇州四部稿》卷一一三；〔清〕施闰章《梦杀虎》，《学余堂诗集》卷一五。

是通行“粤祝”即“越人祝法”之“越方”的越地。李贤又引《抱朴子》:

> 道士赵炳，以气禁人，人不能起。禁虎，虎伏地，低头闭目，便可执缚。以大钉钉柱，入尺许，以气吹之，钉即跃出射去，如弩箭之发。

又引《异苑》云:“赵侯以盆盛水，吹气作禁，鱼龙立见。”所说“禁虎”之术，似与“东海黄公”“御虎”之术、“厌虎”之术有某种关联。

宋人罗濬《宝庆四明志》卷二〇《叙祠·神庙》说到“黄公祠”:“黄公祠在东海中。晋天福三年建。旧图经虽有之，其实未详。按晋贾充问会稽于夏统，统曰:‘其人循循有大禹之遗风，太伯之义逊，严光之抗志，黄公之高节。’而《会稽典录》亦称人材则有‘黄公’,‘洁已暴秦之世’,然则四皓之一也。至《西京杂记》乃曰东海人黄公，少能幻制蛇虎，尝佩赤金刀。及老，饮酒过度，有白虎见于东海。黄公以赤刀厌之。术不行，为虎所食。故张平子《西京赋》曰:‘东海黄公，赤刀奥祝。冀厌白虎，卒不能救。挟邪作蛊，于是不售。’按据不同，今两存之。”东海“黄公祠”以及所谓会稽人才“黄公之高节”等等，都是和“越方”“粤祝”的说法相一致的。

有学者又指出以道教信仰为意识基底的炼丹术中，“铅”的隐语化、符号化的第一个阶段就是以“铅”为“虎”[①],由这一思路是否可以增进对“东海黄公”故事的理解，似乎还有待进一步的讨论。

四 《肥致碑》“海上黄渊”

有人将“东海黄公”的身份定位为“被迫卖艺而惨死的”“驯虎”的“艺人”、“驯兽艺人”。[②] 其说似不可取。

有学者认为,“东海黄公”表演“是从傩仪中派生出来的”。“这位表

① [日]中野美代子:《〈西游记〉的秘密》,王秀文等译，中华书局2002年版，第535—537页。

② 傅起风、傅腾龙:《中国杂技》,第8—9页。

演伏虎不成，为虎所杀的黄公，便是一位巫师。"① "巫师" 身份，与方士有接近之处，亦有不同。"东海黄公" 所行法术，似有早期道教的神秘主义色彩。

而汉《肥致碑》说受皇帝 "礼娉"，能够 "应时发筭，除去灾变"，因而 "与道逍遥，行成名立，声布海内，群士钦仰，来集如云" 的方士肥致，据说曾经 "君师魏郡张吴，斋（齐）晏子、海上黄渊、赤松子与为友"。②

其中说到的曾经和方士肥致 "与为友" 的 "海上黄渊"，有可能就是我们讨论的 "东海黄公"。③

就此邢义田有所论说。他在《东汉的方士与求仙风气——肥致碑读记》一文中写道："……海上黄渊亦不明为何人。私意以为可能是张衡《西京赋》中的东海黄公。""东海黄公是一位能立致云雾、坐成山河的方士，也是带有悲剧性的知名人物。三辅人以他的故事为戏，皇帝也以他的故事入角抵戏，可见他受欢迎的程度。" 邢义田又说："为什么推测东海黄公可能是海上黄渊呢？第一，汉代 '东海' 和 '海上' 两词有时可以互用。《史记·齐太公世家》：'太公望吕尚者，东海上人。' 所谓东海上人，是指东海之滨的人。《史记·齐世家》：'（康公）十九年，田常曾孙田和……迁康公海滨'，《史记·田敬仲完世家》则谓：'太公乃迁康公于海上。' 这里的海上、海滨都指的是东海之滨。王利器注《颜氏家训·书训》引《史记·始皇本纪》'二十八年，丞相隗林、丞相王绾等，议于海上' 一句，即云：'海上，东海之滨。' 东海和海上两词互用，一个更直接的证据见《后汉书·方术传》。"《后汉书》卷八二下《方术列传·费长房》：

> 后东海君来见葛陂君，因淫其夫人，于是长房劾系之三年，而东海大旱。长房至海上，见其人请雨，乃谓之曰："东海君有罪，吾前系于葛陂，今方出之使作雨也。" 于是雨立注。

① 李修生：《元杂剧史》，第 75 页。

② 河南省偃师县文物管理委员会：《偃师县南蔡庄乡汉肥致墓发掘简报》，《文物》1992 年第 9 期；虞万里：《东汉〈肥致碑〉考释》，《中原文物》1997 年第 4 期。

③ 王子今、王心一：《"东海黄公" 考论》，《陕西历史博物馆馆刊》第 11 辑，三秦出版社 2004 年版。

邢义田写道："长房至海上，见东海人请雨，则所谓海上即东海，甚明。其次，黄公为尊称，其名曰渊。传说中或称黄渊，或称黄公而不名，这是常见的习惯。因此，虽缺少更明确的证据，却不妨假设海上黄渊即东海黄公。"①

《肥致碑》的年代，为汉灵帝建宁二年（169）。②

五 "东海黄公"、"安期生"与"青徐滨海妖巫"

明人刘基曾经将"东海黄公"故事予以演绎，与东海神仙安期生的传说相互结合：

> 安期生得道于之罘之山，持赤刀以役虎，左右指使，进退如役小儿。东海黄公见而慕之，谓其神灵之在刀焉。窃而佩之。行遇虎于路，出刀以格之，弗胜，为虎所食。郁离子曰：今之若是者众矣。蔡人渔于淮，得符文之玉，自以为天授之命，乃往入大泽，集众以图大事，事不成而赤其族。亦此类也。於乎，枚叔、邹生眷眷然为吴王画自全之策，见及此矣。③

明代学者重视这一故事，李光瑨《两汉萃宝评林》卷上引《郁离子集》有所引述。④郑仲夔《玉麈新谭·偶记》卷四"赤刀役虎"又有这一故事的缩写本："安期生在之罘山持赤刀役虎，左右指使，进退如役小儿。东海黄公见而慕之，谓其神灵在刀。遂窃佩之。行遇虎于路，出刀以相格，弗胜，为虎所食。"⑤虽然所说简略，"安期生"、"之罘山"、"东海黄公"等基本要素都是完整的。

---

① 邢义田：《东汉的方士与求仙风气——肥致碑读记》，原刊《大陆杂志》94卷2期（1997年），2007年3月27日增订，收入《天下一家：皇帝、官僚与社会》，中华书局2011年版。

② 刘昭瑞：《汉魏石刻文字系年》，新文丰出版公司2001年版，第70—71页。

③ 《太师诚意伯刘文成公集》卷四，《四部丛刊》景明本。

④ 明万历二十年刻本。

⑤ 明刻本。

所谓“东海”、“之罘”、“越”、“闽中”、“婺州”等方位提示，告诉我们相关巫术的发生地域，正在滨海地区。陈寅恪在著名论文《天师道与滨海地域之关系》中曾经指出，汉时所谓“齐学”，“即滨海地域之学说也”。他认为，神仙学说之起源及其道术之传授，必然与滨海地域有关，自东汉顺帝起至北魏太武帝、刘宋文帝时代，凡天师道与政治社会有关者，如黄巾起义、孙恩作乱等，都可以“用滨海地域一贯之观念以为解释”，“凡信仰天师道者，其人家世或本身十分之九与滨海地域有关”。陈寅恪引《世说新语·言语》“王中郎令伏玄度、习凿齿论青、楚人物”刘孝标注：“寻其事，则未有赤眉、黄巾之贼。此何如青州邪?”于是指出，“若更参之以《后汉书·刘盆子传》所记赤眉本末，应劭《风俗通义》玖《怪神篇》‘城阳景王祠’条，及《魏志》壹《武帝纪》注引王沈《魏书》等，则知赤眉与天师道之祖先复有关系。故后汉之所以得兴，及其所以致亡，莫不由于青徐滨海妖巫之贼党。殆所谓‘君以此始，必以此终’者欤?”陈寅恪还强调，两晋南北朝时期，“多数之世家其安身立命之秘，遗家训子之传，实为惑世诬民之鬼道”，“溯其信仰之流传多起于滨海地域，颇疑接受外来之影响。盖二种不同民族之接触，其关于武事之方面者，则多在交通阻塞之点，即山岭险要之地。其关于文化方面者，则多在交通便利之点，即海滨湾港之地”。“海滨为不同文化接触最先之地，中外古今史中其例颇多。”[①] 自战国以来燕齐方士的活跃，已经反映了滨海地区神秘主义文化的区域特色。[②] “东海黄公”传说，更充实了我们的相关认识。

有的学者注意到“东海黄公”表演与“越巫、越祠”对中原的影响有一定关系[③]，应当说是符合历史真实的见解。

而“黄公”故事与“安期生”故事相互糅合，又以“之罘”为表演场地，突出提示了齐地沿海方术与“东海黄公”传说的密切关系。

① 陈寅恪：《天师道与滨海地域之关系》，《中央研究院历史语言研究所集刊》第3本第4分册，收入《金明馆丛稿初编》，上海古籍出版社1980年版。

② 参看王子今《秦汉区域文化研究》，四川人民出版社1998年版，第76—84页。

③ 吴国钦：《汉代角抵戏〈东海黄公〉与“粤祝”》，《中山大学学报》2003年第6期。

六　"黄公"与"黄神"、"黄神使者"

吴荣曾曾经指出反映汉代关于黄神的迷信的实物，有"属于黄神的印章"，如"黄神"、"黄神之印"、"黄神越章"、"黄神使者印章"、"黄神越章天帝神之印"等，以为"都是人们驱鬼辟邪所用之物"。[①]

相关文物又有"天帝使黄神越章"等。

方诗铭指出，作法的巫术之士"也是原始道教的道徒，巫与道教徒这时难于区分"，"吴荣曾文称为'道巫'，是很有见地的"。[②]

当时"道巫"对于自己的信仰突出强调"黄"字，是引人注目的。这使人不能不猜想，"东海黄公"的"黄"和"黄神"、"黄神使者"信仰的"黄"之间，是不是存在着某种文化联系呢？

要说明"黄公"与"黄神"、"黄神使者"的神秘关系，尚需进行认真的考察工作。我们注意到，《抱朴子·登涉》又言"佩'黄神越章'之印"可以"辟虎"：

> 或问："为道者多在山林，山林多虎狼之害也，何以辟之？"抱朴子曰："古之人入山者，皆佩'黄神越章'之印，其广四寸，其字一百二十，以封泥著所住之四方各百步，则虎狼不敢近其内也。行见新虎迹，以印顺印之，虎即去；以印逆印之，虎即还；带此印以行山林，亦不畏虎狼也。不但只辟虎狼，若有山川社庙血食恶神能作福祸者，以印封泥，断其道路，则不复能神矣。"

这样的说法，或许也有助于我们认识"东海黄公"故事的意识史背景。除了"辟虎"以外，所谓"行见新虎迹，以印顺印之，虎即去；以印逆印之，虎即还"，则分明是驯虎的形式。借用"'黄神越章'之印"施行的这一法术再予提升，或许也可以实现前引《郁离子》书中"安期生得道于之罘之山"之后所谓"役虎"："持赤刀以役虎，左右指使，进退如

---

① 吴荣曾：《镇墓文中所见到的东汉道巫关系》，《先秦两汉史研究》，中华书局1995年版，第372页。

② 方诗铭：《曹操·袁绍·黄巾》，第231页。

役小儿。"

七　关于"有白虎见于东海"

"戏""剧"（"戲""劇"）两字，字形皆可见"虍"，是耐人寻味的。有学者对其字义的分析，指出或许与"虎"有关。① 有的学者分解"戲"字，认为其中的三个主要符号，在甲骨文中已经出现。"虍"是虎头部的侧象形，"豆"是鼓的象形和鼓声的会意的结合，"戈"是手执兵器的象形。② 于是，"戏"被解释为"拟兽的仪式舞蹈"。③ 也有学者说，"戲、劇两字，均从虍，两字都是一边拟兽，一边持刀或戈"。④

以"虎"为主要角色的"东海黄公"表演，被研究者看作"中国古代戏剧的原始胚胎"⑤，"中国戏剧的原型"⑥，"与后世戏剧具有直接渊源"，"后世戏剧，实于此发端"⑦，"是当前发现的最早的，以表现故事为特征的戏剧的开端"⑧，"中国戏剧史上首次见于记录的一场完整的初级戏剧表演"⑨，"我国早期出现的一个戏剧实体"⑩，"后世戏剧，实于此完成其第一阶段"⑪，是有一定道理的。

分析中国戏剧的早期形态，或许应当注意原始信仰的深远的文化背景和复杂的表现形式。有学者曾经关注"云南民族民间戏剧"中"虎"的突出地位。"如彝族的'跳虎节'，从当地彝民尊虎为'虎祖'来看，它是比较典型的图腾崇拜；从'虎祖'们表演交媾的情节来看，又具有祖

---

① 姚华《说戏剧》指出，"䖒"当是瓦豆而作虎文。豆为祭器而虎绝有力，上古之民，敬天祀祖而事鬼神，好勇斗狠而尚有力。"豦"有斗意，斗则用力甚，所以示武也。见叶长海：《曲学与戏剧学》，学林出版社 1999 年版，第 158—159 页。

② 参看康殷《文字源流浅释》，荣宝斋 1979 年版；温少峰、袁庭栋《古文字中所见的古代舞蹈》，《成都大学学报》1981 年第 2 期。

③ 周华斌：《戏·戏剧·戏曲》，胡忌主编：《戏史辨》，第 82—84 页。

④ 徐振贵：《中国古代戏剧统论》，第 10 页。

⑤ 同上书，第 26 页。

⑥ 唐文标：《中国古代戏剧史》，第 47 页。

⑦ 周贻白：《中国戏剧史长编》，第 24—25 页。

⑧ 黄卉：《元代戏曲史稿》，第 17—19 页。

⑨ 廖奔、刘彦君：《中国戏曲发展史》，第 1 卷第 60—61 页。

⑩ 吴国钦：《汉代角抵戏〈东海黄公〉与"粤祝"》，《中山大学学报》2003 年第 6 期。

⑪ 周贻白：《中国戏剧史》，第 37 页。

先崇拜、生殖崇拜的特点;彝人认为'虎祖'教会了他们进行耕作,表演中遂有'虎驯牛'、'虎栽秧'、'虎打谷'等关于生产的段落,表明其间杂糅了农神崇拜的因素;同时,当地人又将虎视为保护神,在上演'跳虎节'时要到各家各户去'斩扫祸祟',这一节目又与英雄崇拜相合……我们认为,之所以形成如此复杂的情况,其根本原因就在于'跳虎节'是真正体现原始信仰的文化产物,各种信仰的杂糅、交叉及叠加的现象,恰好可以说明它代表着原始先民的一种更为宏观的思想观念。"①研究者的以下分析,也许是我们在考察"东海黄公"故事时应当注意的:"人作为大自然中的一个物种,必然与所处之环境构成关系。这种关系通常表现为对立。""具体表现在戏剧方面,就是在狩猎时代所形成的人与兽的对立关系。后世的戏剧文学常常将这一现象表述为'冲突'。这种冲突或可称之为结构模式或集体情结、甚或是物种记忆。并以此作为主线不断地发展、绵延下去。从戏剧特质来看,这种对立的情结是戏剧特性得以成立的根源之一。"研究者指出,"基于人类初年的原始信念,狩猎行为或其他对立的戏剧,并不一定永远是以人的胜利而结束"。"关于这一点,汉代的'东海黄公'是极有价值的例证。同时也应强调,'东海黄公'的结构形态仍是狩猎戏剧的变体。只不过,取胜的是老虎而失败的是猎手(黄公)罢了。"②

在中国传统剧目中,后世作品仍然可以看到以"伏虎"为主要情节者。

如《剧品》、《读书楼目录》著录的明代杂剧张大谌《诛雄虎》,亦见于《读书楼目录》的元明阙名杂剧《打虎报怨》,《录鬼簿续编》著录的元明阙名杂剧《雁门关存孝打虎》,《今乐考证》著录的元明阙名杂剧《杨香跨虎》和明代传奇黄伯羽《蛟虎记》等。《录鬼簿》著录元代杂剧红字李二《折担儿武松打虎》"为《水浒传》第二十三回景阳冈打虎蓝本",所说故事更是人们所熟悉的。③

《杨香跨虎》本事出《异苑》。《太平御览》卷四一五引《异苑》曰:

---

① 王胜华:《中国戏剧的早期形态》,胡忌主编:《戏史辨》,第149—150页。

② 同上书,第159—160页。

③ 庄一拂:《古典戏曲存目汇考》,上海古籍出版社1982年版,上册第521页,中册第553、625、637、891、1134页,上册第301页。

“顺阳南乡县杨丰与息女香于田获粟，丰因获为虎所噬。香年甫十四，手无寸刃，乃扼虎颈，丰因获免。香以诚孝至感猛兽为之逡巡。太守平昌孟肇之赐贷谷，旌其门闾焉。”[①] 又《太平御览》卷八九二引《孝子传》曰：“杨香父为虎噬，忿愤搏之，父免害。”《蛟虎记》则说周处杀虎故事。[②]“伏虎”情节在中国古代戏剧源流中前后继递，长久不歇，反映了社会生活史中人与自然关系之古往今来若干共同的特征。民间文化切近实际生活的特色，由此可以体现。

传统戏曲中的“伏虎”故事，有时又似乎可以使人体会到某种特殊的文化象征意义。

中国宗教仪式剧中，多表现“擒妖逐魅”的主题。有研究者总结，其情节定式，往往是凶煞经过一番斗争后，最终由法力高强的神灵予以降服或驱逐，从此不能再作祟人间。粤剧的除煞性质例戏（又称“破台戏”）《祭白虎》表演的是玄坛伏虎的故事。[③]“凶煞”以“虎”作为外在形象，值得我们注意。

研究者对演出《祭白虎》的原因和背景有如下叙述：“假若一个神功戏棚搭建于一块从未用作同样用途的地方，粤剧行内叫这种演出场地为‘新台’，戏班成员要在《祭白虎》的仪式后才能演出其他例戏或正本戏。相传白虎每年在惊蛰节令期间和之后开口，借昆虫和人畜之口伤害人畜。戏班成员尤其相信，白虎借人口说话伤害别人，或间接引起火灾及疾病等祸害。在《祭白虎》之前，戏班成员间只用动作沟通讯息，而避免开口说话，因为白虎可以利用说话伤人，答话的人每每受到伤害。”粤剧破台

① 又远山堂《曲品》著录明清阙名传奇《感虎记》亦说“孙山纯孝感虎”事。庄一拂：《古典戏曲存目汇考》，上海古籍出版社1982年版，下册第1660页。

② 《世说新语·自新》：“周处年少时，凶强侠气，为乡里所患。又义兴水中有蛟，山中有邅迹虎，并皆暴犯百姓，义兴人谓为三横，而处尤剧。或说处杀虎斩蛟，实冀三横唯余其一。处即刺杀虎，又入水击蛟，蛟或浮或没，行数十里，处与之俱。经三日三夜，乡里皆谓已死，更相庆，竟杀蛟而出。闻里人相庆，始知为人情所患，有自改意。”

③ 玄坛神即财神赵玄坛，亦称赵公明或赵元帅。清人顾禄《清嘉录》卷三写道：“俗以三月十五日为玄坛神诞，谓神司财，能致人富，故居人多塑像供奉。或谓神回族，不食猪肉，每祀以烧酒牛肉，俗谓斋玄坛。”神话学者吕微指出，《清嘉录》描述的只是清代苏州的地方民俗，但同样以财神为回民或伊斯兰教徒的说法也流传于京、津、沪等大城市。以财神及其侍者为回族人，暗示了财神信仰的背后隐含着中西交往的文化背景。吕微：《隐喻世界的来访者：中国民间财神信仰》，学苑出版社2000年版，第22—53页。

戏《祭白虎》的演出，反映了镇压场内邪魔妖魅的仪式空间观念。"戏班演出《祭白虎》，是为了净台出煞——肃清戏台上的凶星恶煞，使之不能伤害戏班成员，以确保演出无碍。"演出开始，后台工作人员燃放鞭炮，扮演玄坛的演员从右边"虎度门"冲出前台[①]，并立即从左边"虎度门"奔回后台，然后再一次从右边"虎度门"走出前台，方才"扎架亮相，继续演出"。《祭白虎》演至白虎吃过台上猪肉，玄坛手持钢鞭从象征一座高山的木桌跃下，与白虎打斗。经过一番追逐对打，玄坛将白虎制服，并骑在虎背上。这时，后台工作人员将一条铁链交给扮演玄坛的演员，并把铁链捆过白虎口部。玄坛用左手拉着铁链，右手高举钢鞭（行内称这姿势为"公明架"），象征白虎已被降服。[②] 研究者认为，"《祭白虎》中缚紧白虎嘴巴的铁链"有特殊的"象征功能"，"表示白虎嘴巴已被锁紧，不能再伤害戏班成员"。[③]

所谓"虎度门"，容世诚有这样的解释："'虎度门'，又称'虎道门'，粤剧术语，指戏台上演员出场之处，亦即前台和后台的分界处。"容志诚又指出，这名演出者（既是一名演员，同时也可以说是一名巫师，在进行除煞的仪式）在戏台上的前台后台往返奔驰，是要驱赶台上前后左右、东南西北不同方位的凶煞，将仪式的效力伸展到戏台区域的每个部位。仪式中所呈现的空间观念，和《周礼》中记载方相氏在丧葬仪式里"先柩，及墓，入圹，以戈击四隅，驱方良"的象征意义是十分接近的。[④]

《祭白虎》的巫术色彩是浓重的。然而我们以为更值得重视的，是"虎"在这种表演中的地位和作用。以"伏虎"作为破台戏的主题，"戏班成员要在《祭白虎》的仪式后才能演出其他例戏或正本戏"，很容易使人联想到"东海黄公"演出被看作"后世戏剧，实于此发端"的情形。

---

① 容世诚注："'虎度门'，又称'虎道门'，粤剧术语，指戏台上演员出场之处，亦即前台和后台的分界处。"

② 陈守仁：《香港粤剧研究》，香港：中国戏曲研究计划，1990年，下卷第39—46页；《仪式、信仰、演剧：神功粤剧在香港》，香港：香港中文大学粤剧研究计划，1996年，第39—56页。

③ 容世诚：《戏曲人类学初探：仪式、剧场与社群》，广西师范大学出版社2003年版，第122页。

④ 同上书，第11—12页。

一种是“新台”演出的“发端”，一种是中国戏剧史的发端，这中间是否存在着某种内在的联系呢？也许，在《祭白虎》表演所寄托的意义之中，依然片断保留着“东海黄公”时代久远的历史记忆。

“东海黄公”当年“冀厌白虎，卒不能救”，而粤剧戏班成员为了保证“演出场地”的安全，所祭也是“白虎”。这种“巧合”，也是发人深思的。

认识“虎”在中国巫术传统中的角色形象以及在中国民俗文化中的象征意义，对于我们理解“东海黄公”故事的文化背景，是有必要的。有人注意到，十八罗汉中的第十八位被看作玄奘。而在一般情况下，这位第十八罗汉被塑造为伏虎的形态。有学者于是推想：“在唐朝末期，是否有关于第十八罗汉玄奘驯服虎的传说呢？”

论者在对《西游记》进行文化考察时还注意到，第十四回《心猿归正，六贼无踪》说，孙行者初随三藏，“在前面，背着行李，赤条条，拐步而行。不多时，过了两界山，忽然见一只猛虎，咆哮剪尾而来。”“行者在路旁欢喜道：‘师父莫怕他。他是送衣服与我的。’”“你看他拽开步，迎着猛虎，叫道：‘业畜！那里去！’那只虎蹲着身，伏在尘埃，动也不敢动动。”孙行者打死猛虎，剥下虎皮，“围在腰间”。论者分析说，“反体制的猴子脱胎换骨，再生为顺从体制的猴子，并且成了三藏取经的侍者，这种变化的具体象征就是虎皮。”也许，孙行者腰间的虎皮并不是一件简单的道具，而真的具有某种象征意义。

论者还提醒人们注意，“在佛教图像中，称为乾闼婆的神是身披狮子皮”。在出土于敦煌莫高窟藏经洞的绘画中，有一幅画面可以看到作为毗沙门天侍者的乾闼婆。“然而，这位乾闼婆披的不是狮子皮，而是虎皮。”《西游记》第十三回记述三藏“初出长安第一场苦难”就是遇“老虎精”“寅将军”，形容其凶恶的诗句，有“锦绣围身体，文斑裹脊梁”，“东海黄公惧，南山白额王”等。其中“东海黄公惧”句，可以发人深思。三藏又于双叉岭遭遇山中猛虎。第三十回“黄袍怪”竟然用妖术将三藏变成了虎。第四十五和第四十六回，又有“虎力大仙”与孙悟空较量法术的情节。[①] 研究者关于《西游记》中神秘的“虎”迹的联想，或许也对

① ［日］中野美代子：《〈西游记〉的秘密》，王秀文等译，第526、522—523页。

我们有关"东海黄公"的讨论有一定的启示意义。[①]

《说文·虎部》:"虎,山兽之君。"《太平御览》卷八九一引《抱朴子》:"山林,虎狼之室。"那么,为什么会发生"有白虎见于东海"的故事呢?应当注意到,"白虎"是神异之虎。《汉书》卷八《宣帝纪》:"南郡获白虎、威凤为宝。"《太平御览》卷八九一引《抱朴子》:"虎及鹿、兔皆寿千岁。满五百岁者,其色皆白。"而"白虎"又与"水"有神秘关系。《说文·虎部》:"虪,白虎也。从虎,昔省声。读若鼏。"段玉裁注:"昔,当作冥,字之误也。《水部》曰:汨,从水,冥省声。《玉篇》曰:虪,俗虪字。可证也。又按《汉书》金日磾,说者谓密低二音。然则日声可同密。蚰部蠠、蜜同字。《礼》古文鼏皆为密。则鼏、密音同也。今音虪莫狄切。"《太平御览》卷八九一引《括地图》曰:"越俚之民,老者化为虎。"又引《述异记》:"扶南王范寻常畜生虎","若有讼未知曲直",便投与虎,"虎不噬则为有理。"说到对"虎"的崇拜。又引《吴越春秋》:"吴王葬昌门外,金玉精上为白虎。"则明说"白虎"地位的崇高。滨海文化区的这些文化迹象,是我们理解"有白虎见于东海"事可以参考的。

---

① 参看王子今、王心一《"东海黄公"考论》,《陕西历史博物馆馆刊》第11辑,三秦出版社2004年版。

“北海出大鱼”：海洋史的珍贵记录

《汉书》可见渤海“出大鱼”的记录，应当是关于鲸鱼往往死于海滩这种海洋生物现象的最早的记载。这一记载有明确的时间、地点以及死亡鲸鱼的测量尺度，对于海洋史研究有重要的价值。

一 成哀时代渤海“出大鱼”事件

《汉书》卷二七中之下《五行志中之下》可以看到有关发现“大鱼”、“巨鱼”死于海岸这种特殊的海洋生物现象的记载：

> 成帝永始元年春，北海出大鱼，长六丈，高一丈，四枚。哀帝建平三年，东莱平度出大鱼，长八丈，高丈一尺，七枚，皆死。京房《易传》曰：“海数见巨鱼，邪人进，贤人疏。”

永始元年（前16）和建平三年（前4）“出大鱼”事，从“大鱼”的体型看，应当都是鲸鱼。前者所谓“北海”，应当是指北海郡所属滨海地区。

北海郡郡治在今山东安丘西北。当时“出大鱼”的“北海”海岸，大致在今山东寿光东北25公里至今山东昌邑北20公里左右的地方。

哀帝建平三年“出大鱼”事，所谓“东莱平度”，颜师古注：“平度，东莱之县。”其地在今山东掖县西南。

事实上，汉成帝和汉哀帝时期发生的这两起“出大鱼”事，地点都在今天人们所谓渤海莱州湾的南海岸。由于入海河流携带泥沙的淤积，古今海岸相距已经相当遥远。但是当时的海滩地貌，是可以大致推定的。

二　最早的鲸鱼生命现象记录

"成帝永始元年春，北海出大鱼，长六丈，高一丈"，以汉尺相当于现今尺度0.231米计，长13.86米，高2.31米；"哀帝建平三年，东莱平度出大鱼，长八丈，高丈一尺"，则长18.48米，高2.53米。体长与体高的尺度比例，大致合乎我们有关鲸鱼体态的生物学知识。

当时的尺度记录，应是粗略估算或者对"大鱼"一枚的实测，当然不大可能"四枚"、"七枚"尺寸完全一致。

《前汉纪》卷二六《孝成三》记"永始元年春"事，写作：

> 春正月癸丑，太官凌室灾。戊午，戾太后园阙灾。北海出大鱼，长六丈，高一丈，四枚。

明确指出其事在"春正月"。这一对《汉书》的补记，或许自有实据。卷二八《孝哀一》的记录，不言"平度"，而京房《易传》文字稍异："京房《易传》曰：'……海出巨鱼，邪人进，贤人疏。"

《说苑·谈丛》："吞舟之鱼，荡而失水，制于蝼蚁者，离其居也。"体现了对相关现象的理解。明人杨慎《异鱼图赞》卷三据《说苑》语有"嗟海大鱼，荡而失水，蝼蚁制之，横岸以死"的说法，所谓"横岸以死"，描述尤为具体真切。杨慎又写道："东海大鱼，鲸鲵之属。大则如山，其次如屋。时死岸上，身长丈六。膏流九顷，骨充栋木。"据潘岳《沧海赋》"吞舟鲸鲵"，左思《吴都赋》"长鲸吞航"，可知通常所谓"吞舟之鱼"是指鲸鱼。《晋书》卷一〇七《石季龙载记下》"沈航于鲸"，也可以作同样的理解。

现在看来，关于西汉晚期"北海出大鱼"、"东莱平度出大鱼"的记载，是世界上最早的关于今人所谓"鲸鱼集体搁浅"、"鲸鱼集体自杀"情形的比较明确的历史记录。

三　《续汉书》："东莱海出大鱼"

记载东汉史事的文献也可以看到涉及"出大鱼"的内容。《续汉书·

五行志三》“鱼孽”题下写道:

灵帝熹平二年,东莱海出大鱼二枚,长八九丈,高二丈余。明年,中山王畅、任城王博并薨。

刘昭《注补》:

京房《易传》曰:“海出巨鱼,邪人进,贤人疏。”臣昭谓此占符灵帝之世,巨鱼之出,于是为征,宁独二王之妖也!

清代学者姚之骃《后汉书补逸》卷二一《司马彪〈续后汉书〉第四》“大鱼”条写道:“东莱北海海水溢时出大鱼二枚,长八九丈,高二丈余。”又有考论:“案今海滨居民有以鱼骨架屋者,又以骨节作臼舂米,不足异也。”《四库全书总目提要》这样评价姚之骃书:“是编搜辑《后汉书》之不传于今者八家,凡班固等《东观汉记》八卷,谢承《后汉书》四卷,薛莹《后汉书》、张璠《汉记》、华峤《后汉书》、谢沈《后汉书》、袁崧《后汉书》各一卷,司马彪《续汉书》四卷,捃拾细琐,用力颇勤。惟不著所出之书,使读者无从考证,是其所短。”

关于灵帝熹平二年(173)“东莱海出大鱼二枚”事,姚著《后汉书补逸》所说“长八九丈,高二丈余”,与《续汉书·五行志三》说同,然而所谓“东莱北海海水溢时出大鱼二枚”指出“东莱北海海水溢时”,虽然“不著所出之书,使读者无从考证”,然而“海水溢”的条件符合涨潮退潮情形,应当是大体符合历史真实的。

四 《淮南子》:“鲸鱼死”

其实,人们对于海中“出大鱼”的认识,可能在汉成帝永始元年春之前,也有历史文化表现。京房活跃在元成时代。据《汉书》卷七五《京房传》,“初元四年,以孝廉为郎”,当时即参与政事,此后热心行政文化咨询。京房《易传》所谓“海数见巨鱼”,很有可能包括汉元帝在位16年间的鲸鱼发现。

《淮南子·天文》关于天文和人文的对应,有“人主之情,上通于天，故诛暴则多飘风，枉法令则多虫螟，杀不辜则国赤地，令不收则多淫雨"语，同时也说到其他自然现象的对应关系，包括"鲸鱼死而彗星出"，值得海洋学史研究者注意。推想当时人们尚没有猎鲸能力，如果"鲸鱼死"在海中，也少有可能为人们观察记录，"鲸鱼死"，很可能一如成帝永始元年春、哀帝建平三年、灵帝熹平二年"出大鱼"情形。

《淮南子·览冥》也写道："东风至而酒湛溢，蚕咡丝而商弦绝，或感之也；画随灰而月运阙，鲸鱼死而彗星出，或动之也。"对于所谓"鲸鱼死"，高诱的解释就是"鲸鱼，大鱼，盖长数里，死于海边"。大概在《淮南子》成书的时代，人们已经有了关于鲸鱼"死于海边"的经验性知识。而《太平御览》卷九三五引《星经》曰："天鱼一星在尾后河中，此星明，则河海出大鱼。"清人胡世安《异鱼图赞笺》卷三引《星经》则作"此星明，则海出大鱼"，随文写道："又《淮南子》：鲸魚死而彗星出。"理解《星经》之"海出大鱼"就是鲸鱼。这一说法如果可信，则应当是更早的海中"出大鱼"的记录了。

《白孔六帖》卷九八引《庄子》曰："吞舟之鱼失水，则蝼蚁而能制之。"也可以对早期相关情形的理解有所助益。

《史记》卷六《秦始皇本纪》有秦始皇"夜出逢盗兰池"的记载。据张守节《正义》引《括地志》："《秦记》云'始皇都长安，引渭水为池，筑为蓬、瀛，刻石为鲸，长二百丈'。逢盗之处也。"《元和郡县图志》卷一《关内道·京兆府一》写道，秦始皇引渭水为兰池，"东西二百里，南北二十里，筑为蓬莱山，刻石为鲸鱼，长二百丈"。兰池的规模和石鲸的尺寸可能都是传说。《三辅黄图》卷四《池沼》说，汉武帝作昆明池，池中有"石鲸"，"刻石为鲸鱼，长三丈，每至雷雨常鸣吼，鬣尾皆动"。《初学记》卷七引《汉书》及《西京杂记》，也有"刻石为鲸鱼"的说法。出土于汉昆明池遗址的石鲸实物，现存于西安碑林博物馆。石鲸的雕制，应当有对于真实鲸鱼体态的了解以为设计的基础。这种知识，很可能来自对"海出大鱼"的观察和记录。

五 《论衡》:"鲸鱼死"

《淮南子》"鲸鱼死而彗星出"的说法为纬书所继承，其神秘主义色彩得以进一步渲染。《太平御览》卷七及卷九三八引《春秋考异邮》都说到“鲸鱼死而彗星出”，卷八七五引《春秋考异邮》作“鲸鱼死彗星合”，原注：“鲸鱼，阴物，生于水。今出而死，是为有兵相杀之兆也。故天应之以妖彗。”

其中“出而死”的说法值得注意。

《论衡·乱龙》：“夫东风至酒湛溢，鲸鱼死彗星出，天道自然，非人事也。”这些有关“鲸鱼死”的观念史的映象或者自然史的解说，都反映当时人们对这一现象是熟悉的。张衡《西京赋》所谓“鲸鱼失流而蹉跎”，则是文学遗产中保留的相关信息。

《史记》卷六《秦始皇本纪》记载，秦始皇陵中“以人鱼膏为烛，度不灭者久之”。裴骃《集解》引徐广曰：“人鱼似鲇，四脚。”《太平御览》卷九三八引徐广语则说：“人鱼似鲇而四足，即鲵鱼也。”同卷引崔豹《古今注》：“鲸，海鱼也，大者长千里，小者数十丈。”“其雌曰鲵，大者亦长千里。”《太平御览》卷八七〇引《三秦记》则直接说：“始皇墓中燃鲸鱼膏为灯。”很可能体现了对“死于海边”的鲸鱼形体有所利用的记录，

又有《太平御览》卷九三八引《魏武四时食制》：

> 东海有大鱼如山，长五六丈，谓之鲸鲵。次有如屋者，时死岸上，膏流九顷。其须长一丈，广三尺，厚六寸。瞳子如三升碗。大骨可为矛矜。

又木玄虚《海赋》：

> 其鱼则横海之鲸……颅骨成邱，流膏为渊。

曹毗《观涛赋》形容“神鲸来往，乘波跃鳞”情形，也说到“骸丧成岛屿之墟，目落为明月之珠”。任昉《述异记》：“南海有珠，即鲸鱼目瞳，夜可以鉴，谓之夜光。”此说鲸鱼目瞳珠出南海，而《新唐书》卷二一九《北狄列传·黑水靺鞨》记载：“拂涅，亦称大拂涅，开元、天宝间八来，献鲸睛……”则说北海事。也许鲸鱼“死岸上”情形，在许多沿海地方都曾经发生。

六 大鱼"暍岸侧"记录

正史中所见汉代以后鲸鱼集体搁浅的记录，又有《南齐书》卷一九《五行志》的记载：

> 永元元年四月，有大鱼十二头入会稽上虞江，大者近二十余丈，小者十余丈，一入山阴称浦，一入永兴江，皆暍岸侧，百姓取食之。

又如《新唐书》卷三六《五行志三》：

> 开成二年三月壬申，有大鱼长六丈，自海入淮，至濠州招义，民杀之。

前者言"暍岸侧"，后者说"民杀之"。大概所谓"民杀之"者，也是在"大鱼"生命力微弱时才能实现。

这两例被传统史家看作"鱼孽"的事件，都是鲸鱼闯入内河死亡，有鲜明的特殊性。或许沿海地方的类似发现，已经不被视作异常情形为史籍收录。也可能在历代史书《五行志》作者的心目中，曾经发生的此类现象没有对应的天文现象与人文事件可以合构为历史鉴诫的组合。

如果确实如此，则《汉书》卷二七中之下《五行志中之下》"北海出大鱼"和"东莱平度出大鱼"的记录，更值得研究者珍视。[①]

人们自然会注意到，这两则重要的海洋生物史料，应当是齐人所发现，也应当是齐人所记录。

---

① 参看王子今《鲸鱼死岸：〈汉书〉的"北海出大鱼"记录》，《光明日报》2009年7月21日。

齐地“海溢”灾害的历史记忆

在汉代灾异史的文献遗存中，可以看到关于海洋灾害的记录。例如“海溢”。这一文化迹象，体现汉代人的海洋意识有了新的觉醒。也反映早期海洋学出现了新的时代气息。

考察汉代“海溢”灾害史可以发现，在诸多此类海洋灾害的历史记忆中，全数导致齐地灾情。所有的记录以齐地以北的“勃海海溢”最为集中。“勃海海溢”危及环渤海广大地区，包括今辽宁、河北地方，但是就文献所见主要的灾情记录看，齐地承受的危害最为沉重。我们有理由推定，“勃海海溢”灾害的观测、体验和记录，应多由齐人承担。

一 “勃海水大溢”:“目前所知最早的海啸”

《汉书》卷二六《天文志》写道：

> 元帝初元元年四月，客星大如瓜，色青白，在南斗第二星东可四尺。占曰：“为水饥。”其五月，勃海水大溢。六月，关东大饥，民多饿死，琅邪郡人相食。

有学者认为，这是中国古代“目前所知最早的海啸”，也是“最早的地震海啸”。[①]“五月，勃海水大溢”之后关东地区的“大饥”，不知道是否存在一定的联系。而“琅邪郡人相食”事，虽发生在沿海，不过不是“勃海”海滨，而是当时的“东海”海滨。《汉书》卷九《元帝纪》对于相关事件有如下记载：

---

① 宋正海等：《中国古代海洋学史》，海洋出版社1989年版，第291、297页。

(初元二年)六月，关东饥，齐地人相食。秋七月，诏曰：“岁比灾害，民有菜色，惨怛于心。已诏吏虚仓廪，开府库振救，赐寒者衣。今秋禾麦颇伤，一年中地再动，北海水溢，流杀人民。阴阳不和，其咎安在？公卿将何以忧之？其悉意陈朕过，靡有所讳。”

所谓“一年中地再动，北海水溢，流杀人民”，指出了这次“海溢”导致的直接的灾难。初元二年（前47）七月诏所说“一年中”，则不应指初元元年五月“勃海水大溢”事。如此，初元元年五月“勃海水大溢”和初元二年“北海水溢，流杀人民”，看来是两次灾害。

二 新莽时代“勃海”“海水溢”

王莽时代，有人在有关水利工程决策的讨论中说到以往一次“海水溢”事件。《汉书》卷二九《沟洫志》记载：

大司空掾王横言：“河入勃海，勃海地高于韩牧所欲穿处。往者天尝连雨，东北风，海水溢，西南出，寖数百里，九河之地已为海所渐矣。”

其事虽说“往者”，然而与“天尝连雨，东北风”连说，与“一年中地再动，北海水溢，流杀人民”体现的地震“海溢”不同，因而不大可能是回述50多年前的初元元年“海溢”。

谭其骧推测，“发生海侵的年代约当在西汉中叶，距离王横时代不过百年左右。沿海人民对于这件往事记忆犹新，王横所说的，就是根据当地父老的传述”。谭其骧还写道，这次海侵，可以在地貌资料方面得到证明①，还可以在考古资料方面得到证明。② 对于王横所说，谭其骧指出，

① ［希腊］克雷陀普：《华北平原的形成》，《中国地质学会志》第27卷，1947年；王颖：《渤海湾西部贝壳堤与古海岸线问题》，《南京大学学报》（自然科学）第8卷第3期。

② 李世瑜：《古代渤海湾西部海岸遗迹及地下文物的初步调查研究》，《考古》1962年第12期；天津市文化局考古发掘队：《渤海湾西岸古文化遗址调查》，《考古》1965年第2期。

“他把海侵的原因说成是‘天尝连雨，东北风’，更显然是不科学的。按之实际，暴风雨所引起的海啸，只能使濒海地带暂时受到海涛袭击，不可能使广袤数百里的大陆长期‘为海所渐’”。①

后来，关于这次渤海湾西岸“为海所渐”的现象，相关考古工作的新发现，使得人们的认识又有所深入。而对这一地区汉代遗存分布的认真考察，使以往的若干误见得以澄清。② 现在看来，这次“海水溢”“应是发生在局部地区、升降幅度小的短期海平面变动”③，其年代，大约在西汉末期。也就是说，王横所谓“往者”云云，应是对年代较近的“海溢”灾难的回顾。

三　东汉“勃海海溢”及灾情记录

关于东汉时期发生的“海溢”之灾，我们又看到《后汉书》卷六《质帝纪》的记载：

> （本初元年五月）海水溢。戊申，使谒者案行，收葬乐安、北海人为水所漂没死者，又禀给贫羸。

说派“谒者”前往灾区施行赈救，是在“戊申”日，却没有说灾害发生的日子。不过，在“海水溢”前句写道：“五月庚寅，徙乐安王为勃海王。”如果“海水溢”发生在“庚寅”日，那么，皇帝派出救灾专员，是在灾害发生的第18天。“海水溢”的发生更可能是在“庚寅”日之后的某一天，如此朝廷的应急措施则体现出更高的行政效率。对于这次灾害，《续汉书·五行志三》也写道：“质帝本初元年五月，海水溢乐安、北海，

---

① 谭其骧：《历史时期渤海湾西岸的大海侵》，《人民日报》1965年10月8日，收入《长水集》，人民出版社1987年版。

② 参看天津市文化局考古发掘队《渤海湾西岸考古调查和海岸线变迁研究》，《历史研究》1966年第1期；韩嘉谷《西汉后期渤海湾西岸的海侵》，《考古》1982年第3期；陈雍《渤海湾西岸东汉遗存的再认识》，《北方文物》1994年第1期；韩嘉谷《再谈渤海湾西岸的汉代海侵》，《考古》1997年第2期。

③ 陈雍：《渤海湾西岸汉代遗存年代甄别——兼论渤海湾西岸西汉末年海侵》，《考古》2001年第11期。

溺杀人物。”

《后汉书》卷七《桓帝纪》记载：

> （永康元年秋八月）勃海海溢。

《续汉书·五行志三》“水变色”条下记载此事，写道：

> 勃海海溢，没杀人。

补充了灾情记录。《续汉书·五行志六》“日蚀”条下也记载：永康元年（167）“其八月，勃海海溢”。

汉灵帝时代又曾经发生两次与地震相联系的“海水溢”灾难。时间在建宁四年（171）和熹平二年（173），仅仅相隔两年。《后汉书》卷八《灵帝纪》记载：

> （建宁四年）二月癸卯，地震，海水溢，河水清。
> （熹平二年）六月，北海地震。东莱、北海海水溢。

建宁四年事，“地震，海水溢”，没有说明地点。《后汉纪》卷二三《孝灵皇帝纪上》“建宁四年”条：“二月癸卯，地震，河水清。”不言“海水溢”。① 明彭大翼撰《山堂肆考》卷二〇《海溢》说：“‘海溢’一曰‘海啸’。”举列历代“海溢”事件11例，包括汉代3例，即：“东汉质帝本初元年夏四月，海水溢；桓帝永康元年八月，海溢；灵帝建宁四年二月，海溢。”则对建宁四年（171）“海溢”予以重视。

对于熹平二年（173）事，李贤注引《续汉志》曰：

> 时出大鱼二枚，各长八九丈，高二丈余。

这种“各长八九丈，高二丈余”的“大鱼”，很可能是在“地震”和

① 《文献通考》卷二九六《物异考·水灾》：“灵帝建宁四年二月，河水清。”甚至略去“地震”事。

"海水溢"发生的时候遇难的鲸鱼。[1]《后汉书》卷八《灵帝纪》没有说到这次"海溢"对民众的伤害，《续汉书·五行志三》则写道：

> 熹平二年六月，东莱、北海海水溢出，漂没人物。

所谓"漂没人物"，可知是造成了民众伤亡的。

四　海溢—海啸

就现有资料看，汉代"海溢"现象，史籍记载计有：

（1）元帝初元元年（前48）五月，勃海水大溢。（《汉书》卷二六《天文志》）

（2）元帝初元二年（前47）七月诏：一年中地再动，北海水溢，流杀人民。（《汉书》卷九《元帝纪》）

（3）西汉末年，海水溢，西南出，寖数百里，九河之地已为海所渐矣。（《汉书》卷二九《沟洫志》）

（4）质帝本初元年（146）五月，海水溢乐安、北海，溺杀人物。（《后汉书》卷六《质帝纪》，《续汉书·五行志三》）

（5）桓帝永康元年（167）秋八月，勃海海溢，没杀人。（《后汉书》卷七《桓帝纪》，《续汉书·五行志三》《五行志六》）

（6）灵帝建宁四年（171）二月癸卯，地震，海水溢。（《后汉书》卷八《灵帝纪》）

（7）灵帝熹平二年（173）六月，北海地震，东莱、北海海水溢出，漂没人物。（《后汉书》卷八《灵帝纪》，《续汉书·五行志三》）

如《山堂肆考》卷二〇《海溢》所谓"'海溢'一曰'海啸'"，这些"海溢"、"海水溢"、"海水大溢"现象，按照传统理解，也被看作"海啸"。清人张伯行《居济一得》卷七写道："潘印川先生曰：'海啸'之说，未之前闻。愚按：'海啸'之说，自古有之。或潘先生偶未之见耳。"张伯行的说法看来是正确的。"海啸"之称虽然出现较晚，然而此

---

① 〔清〕姚之骃撰《后汉书补逸》卷二一"大鱼"条："东莱、北海海水溢，时出大鱼二枚，长八九丈，高二丈余。案：今海滨居民有以鱼骨架屋者，又以骨节作臼舂米，不足异也。"

前对于“海啸”现象的记录，可以说确实“自古有之”。古代史籍记载的“海溢”、“海水溢”、“海潮溢”、“海水大溢”、“潮水大溢”、“海潮涌溢”、“海水翻上”、“海涛奔上”、“海水翻潮”、“海水泛滥”、“大风架海潮”、“海水日三潮”等现象，其实就往往反映了“海啸”灾害。大约在元代，已经可以看到明确以“海啸”作为这种灾害定名的实证。①

以上汉代“海溢”诸例，宋正海等《中国古代海洋学史》第二十二章《海啸》中说到（1）（2）。② 宋正海总主编《中国古代重大自然灾害和异常年表总集》中《海洋象》“海洋大风风暴潮”条录有（1），“海啸”条录有（2）（4）（7）。③ 宋正海等《中国古代自然灾异相关性年表总汇》第三编《水象》“大水—海溢”条录有（4），“地震—海啸”条录有（2）（6）（7）。④ 同一位学者领衔或主持完成的研究成果，对汉代“海溢”现象的认识却有所不同，是一件有意思的事。陆人骥《中国历代灾害性海潮史料》则录有（1）（2）（4）（5）（6）（7）。⑤《中国古代重大自然灾害和异常年表总集》中《海洋象》“海啸”条题注写道：“现代海洋学已明确定义海啸是由水下地震、火山爆发或水下塌陷和滑坡所激起的巨浪。按此定义，中国古代史料中，符合现代定义的海啸很少。因此我们把古代虽记载有‘海啸’二字，但明显可确定为风暴潮的条目放入‘海洋大风风暴潮’等年表中。”⑥

对于“海啸”定义的理解，似乎各有不同。《现代汉语词典》：“由海底地震或风暴引起的海水剧烈波动。海水冲上陆地，往往造成灾害。”⑦《汉语大词典》：“由风暴或海底地震造成的海面恶浪并伴随巨响的现

---

① 例如〔元〕刘埙《隐居通议》卷二九《地理》有“恶溪沸海”条，其中写道：“郭学录又言：尝见海啸，其海水拔起如山高。”

② 宋正海等：《中国古代海洋学史》，第 291 页。

③ 宋正海总主编：《中国古代重大自然灾害和异常年表总集》，广东教育出版社 1992 年版，第 383、393 页。今按：该书所录（2），竟然将康熙《青州府志》卷二一记录置于《前汉书·元帝纪》之前，可见编者对史学常识的无知。

④ 宋正海等：《中国古代自然灾异相关性年表总汇》，安徽教育出版社 2002 年版，第 462、468 页。

⑤ 陆人骥：《中国历代灾害性海潮史料》，海洋出版社 1984 年版，第 1—3 页。

⑥ 宋正海总主编：《中国古代重大自然灾害和异常年表总集》，第 393 页。

⑦ 商务印书馆 1996 年修订第 3 版，第 492 页。

象。"[①] 也有学者指出，"海啸的成因有海底地震、海底火山和海洋风暴等原因"。[②]《中文大辞典》的定义，则借用了中国古籍中的解释："海啸(Tidal bore)，因海底发生地震或火山破裂、暴风突起，致海水上涌，卷入陆地，其声或大或小，若远若近，是为海啸，亦曰海吼。"[③] 清人施鸿保《闽杂记》卷三正是这样说的："近海诸处常闻海吼，亦曰'海唑'，俗有'南唑风，北唑雨'之谚，亦曰'海啸'。其声或大或小，小则如击花鼓，点点如撒豆声，乍近乍远，若断若续，逾一二时即止；大则汹涌澎湃，虽十万军声未足拟也；久则或逾半月，日夜罔间，暂则三四日或四五日方止。"《中文大字典》"其声或大或小，若远若近"，即用施说"其声或大或小……乍近乍远"。这些理解，"海啸"成因都包括"风暴"、"暴风"。《简明不列颠百科全书》的解释如下："海啸 tsunami，亦称津波，是一种灾难性的海浪，通常由震源在海底下 50 公里以内、里氏震级 6.5 以上的海底地震所引起。水下或沿岸山崩或火山爆发也可能引起海啸。"[④] tsunami，即日语"津波"（つなみ）译音。诸桥辙次等著《广汉和辞典》解释"津波"为"因地震和暴风雨引起的突然上涌的巨浪"。[⑤]《国语大辞典》则写道："つなみ，【津波・津浪・海嘯】因地震和海底变动形成波长的传播甚远、震荡期也相当长的海浪。"[⑥] 也排除了"暴风雨"的成因。

我们看到，以上列举的汉代"海溢"资料中，(1)(2)和地动有关，(6)同一天"地震，海水溢"，(7)"北海地震，东莱、北海海水溢"，这四次"海溢"，应当都是由海底地震引起的。也就是说，是严格意义上的"海啸"。

汉代由海底地震或者火山爆发引起的"海啸"占"海溢"总记录的 57.14%。如果按照谭其骧的意见，对于(3)排除与"天尝连雨，东北风"的关系，则也是因"海底变动"引发的"海啸"。那么，这种"海啸"占"海溢"总记录的比率达到 71.43%。即使以 57.14% 计，如果对

---

① 汉语大词典出版社 1990 年版，第 5 卷第 1232 页。
② 宋正海等：《中国古代海洋学史》，第 297 页。
③ 中国文化研究所 1962—1968 年版，第 19 册第 307 页。
④ 中国大百科全书出版社 1985 年版，第 3 册第 660 页。
⑤ 大修館書店，昭和五十七年二月版，中册第 851 页。
⑥ 小学館，昭和五十六年十二月版，第 1676 页。

中国古代的“海溢”记录进行总体的分析比较，这一比率也是相当高的。有人认为，由海底地震或火山爆发等所激起的“海啸”，“在中国是很少见的”①，就汉代的情形而言，事实可能并非如此。

汉代“海溢”资料例（3），历史文献本来的记载是“天尝连雨，东北风，海水溢，西南出，寖数百里，九河之地已为海所渐矣”，谭其骧先生说，“（王横）把海侵的原因说成是‘天尝连雨，东北风’，更显然是不科学的。按之实际，暴风雨所引起的海啸，只能使濒海地带暂时受到海涛袭击，不可能使广袤数百里的大陆长期‘为海所渐’”。然而，如果我们尊重考古学者基于科学发掘资料的判断，对“海侵”的说法进行慎重的再思索，似乎可以认真看待“东北风，海水溢，西南出”之说，于是得出这可能是一次由风暴引起的“海溢”的推测。海水漫上，能够“寖数百里，九河之地已为海所渐”，与这一地区特殊的地形特征有关。有人认为，“在中国古代丰富的潮灾记载中，最早记载风暴与潮灾关系的比地震海啸晚得多”，其最早“大风，海溢”资料，是公元228年的记录，所依据的资料，竟然是“乾隆《绍兴府志》”。而“正史记载的风暴潮则是公元251年（三国吴太元元年），‘秋八月朔，大风，江海涌溢，平地水深八尺’（《三国志·吴志》）”。② 论者似乎没有注意到《汉书》卷二九《沟洫志》记录的王横所说“东北风，海水溢”事。

后世地方志有说“东汉灵帝建宁三年六月，海水溢北海郡，溺杀人物”者，如明嘉靖十二年《山东通志》卷三九《灾祥》，在前说汉代史籍记载的7例“海溢”灾情之外，未知所据，似不足取信。③

汉代“海溢”灾害见于史籍者，都在“勃海”、“北海”，只有（1）“（初元元年）五月，勃海水大溢”又涉及“六月，关东大饥，民多饿死，

① 宋正海等：《中国古代自然灾异动态分析》，安徽教育出版社2002年版，第324页。

② 宋正海等：《中国古代自然灾异群发期》，安徽教育出版社2002年版，第233页。今按：《三国志》卷四七《吴书·吴主传》原文为：“秋八月朔，大风，江海涌溢，平地深八尺。”引文衍“水”字。又宋正海等《中国古代自然灾异相关性年表总汇》引此例，引“《晋书·五行志》”及“乾隆《海宁府志》卷16”（第399页），却不引《三国志》，也明显违背史学常识。《晋书》卷二九《五行志下》：“吴孙权太元元年八月朔，大风，江海涌溢，平地水深八尺，拔高陵树二千株，石碑蹉动，吴城两门飞落。”

③ 陆人骥编《中国历代灾害性海潮史料》关于汉代的部分多引用明清以至民国地方志文字，不符合史学规范。此事列为汉代第5条，依据只有嘉靖《山东通志》卷三九《灾祥》一例，第3页。

琅邪郡人相食”。而这段文字前面说到“占曰：‘为水饥。’”“水”与“饥”连说，不知琅邪郡饥馑是否也与海事有关。即使当时也称“东海”的黄海也曾发生“海溢”，也在北部中国沿海，和后世“海溢”记录以东海、南海更为密集的情形显然不同。分析其原因，首先应当注意到当时中国北方是经济文化的重心地区。

五 “陨石—海啸”现象

有研究者指出，根据史料记载，“有大陨石引起的海啸”。[①] 宋正海等《中国古代自然灾异相关性年表总汇》中被列入“陨石—海啸”现象者，仅有光绪《镇海县志》卷三七所载同治元年（1862）一例：“七月二十二日夜，东北有彗星流入海中，光芒闪烁，声若雷鸣，潮为之沸。”[②] 其实，可能汉代已经有类似现象发生。

《开元占经》卷七六《杂星占·星陨占五》：“《文曜钩》曰：‘镇星坠，海水溢。’《考异邮》曰：‘黄星骋，海水跃。’《运斗枢》曰：‘黄星坠，海水倾。’《淮南子》曰：‘奔星坠而渤海决。’”[③]《文献通考》卷二八一《象纬考四·星杂变》：“……又曰：‘填星坠，海水溢’；‘黄星骋，海水跃’；又曰：‘黄星坠，海水倾’；亦曰：‘贲星坠，而渤海决。’”[④] 似乎说的都是“陨石引起的海啸”。参看安居香山、中村璋八《纬书集成》，《春秋文曜钩》“镇星坠，海水溢”，《春秋运斗枢》“黄星坠，海水倾”，“出典”均为《开元占经》卷七六，“资料”为清赵在翰辑《七纬》、黄奭辑《汉学堂丛书》、黄奭撰《黄氏逸书考》。而四库全书本《开元占经》卷七六引《春秋考异邮》“黄星骋，海水跃”，《纬书集成》则作“黄星坠，海水跃”，“出典”亦为《开元占经》卷七六，“资料”为清马国翰辑《玉堂山房辑佚书》、黄奭辑《汉学堂丛书》、黄奭撰《黄

---

① 宋正海等：《中国古代自然灾异群发期》，第232页。

② 宋正海等：《中国古代自然灾异相关性年表总汇》，第470页。

③〔唐〕瞿昙悉达编：《开元占经》，李克和校点，岳麓书社1994年版，下册第807页。“奔星坠而渤海决”，原注：“许慎曰：奔星，流星也。”

④〔元〕马端临撰：《文献通考》，中华书局1986年9月据“万有文库”《十通》本影印版，下册第2233页。“贲星”，应即《开元占经》所引“奔星”。

氏逸书考》。[1] 张衡曾说，"图谶成于哀、平之际"。[2] 王先谦《后汉书集解》引阎若璩说："读班书《李寻传》，成帝元延中，寻说王根曰：'五经六纬，尊术显士'，则知成帝朝已有纬名矣。"李学勤说，"成帝时已有整齐的六纬，同五经相提并论，足证纬书有更早的起源。近年发现的长沙马王堆汉墓帛书，埋藏于文帝前期，有的内容已有与纬书相似处。哀、平之际，不过是纬书大盛的时期而已。"[3]《开元占经》卷七六将三种纬书所见"星坠"与"海水"、"溢"、"跃"、"倾"的关系，与"《淮南子》曰：'奔星坠，而渤海决'"并列，文句内容风格相互十分接近，也暗示其年代不迟。《淮南子·天文》："贲星坠而勃海决。"高诱注："决，溢也。"而前句"鲸鱼死而彗星出"，使人联想到《后汉书》卷八《灵帝纪》："（熹平二年）六月，北海地震。东莱、北海海水溢。"李贤注引《续汉志》曰："时出大鱼二枚，各长八九丈，高二丈余。"

六 灾难史视野中的齐地"海溢"

汉代"海溢"是被作为严重灾害记录在史册的。

除前引（1）初元元年"五月，勃海水大溢"与"六月，关东大饥，民多饿死，琅邪郡人相食"事的逻辑关系尚嫌模糊外，直接的灾情，可见（2）初元二年"流杀人民"，（3）"海水溢，西南出，寖数百里，九河之地已为海所渐矣"，（4）本初元年"海水溢"，"乐安、北海人"有"为水所漂没死者"，又多有"贫羸"待救助，或说"海水溢乐安、北海，溺杀人物"，（5）永康元年"勃海海溢，没杀人"，（7）熹平二年"东莱、北海海水溢出，漂没人物"等，都造成了民众生命财产的严重损失。[4]

① 安居香山、中村璋八辑：《纬书集成》，河北人民出版社 1994 年版，中册第 703、729、798 页。

② 《后汉书》卷五九《张衡传》。

③ 李学勤：《〈纬书集成〉序》，《纬书集成》，上册第 4 页。

④ 参看王子今《中国古代的海啸灾害》，《光明日报》2005 年 1 月 18 日；《汉代"海溢"灾害》，《史学月刊》2005 年第 7 期。

在有关汉代灾害的学术研究成果中，除了少数论著涉及“海溢”[1]以外，似乎往往忽略了这种自然灾变的危害。就此进行更为深入的研究，可以补足这种缺憾，也有益于更全面地理解两汉时期社会和自然环境的关系。而考察齐人在海洋探索和海洋学知识积累中的作用，也必须重视有关齐地“海溢”的灾难史记录。

① 如陈业新的论文《地震与汉代荒政》说到因地震引起的“海溢”，《中南民族学院学报》1997年第3期。他的学术专著《灾害与两汉社会研究》所附《两汉灾害年表》中，记录了我们讨论的“海溢”史例（1）（4）（5）（6）（7）。上海人民出版社2004年版，第383、417、421—422页。

齐人与海:《史记》的海洋视角

《史记》作为史学经典，班彪有“今之所以知古，后之所以视前，圣人之耳目也”之称誉。①司马迁于史学建设多所创制，梁启超因称“司马迁以前，无所谓史学也”，“史界太祖，端推司马迁”，“迁以后史学开放”，“迁出后，续者蜂起”，然而“二千年来所谓正史者，莫能越其范围”。②对于海洋的关注，表现出司马迁特殊的文化眼光和学术视角，也值得关心《史记》的人们注意。

《史记》海洋纪事中多涉及齐地的“海”，应与齐人在开发海洋事业中的先进地位有关，也与司马迁本人在行历齐地时亲自参与了对“海”的观察和体验的生活实践有关。

一　先古圣王的“东海”行迹与司马迁“东渐于海”的史学考察

在对于许多学者称作古史传说时代的记述中，《史记》最早明确突出地强调了先古圣王有关“海”的事迹。《史记》卷一《五帝本纪》记述黄帝“迁徙往来无常处”：“东至于海，登丸山，及岱宗。西至于空桐，登鸡头。南至于江，登熊、湘。北逐荤粥，合符釜山。”首先称颂黄帝至于东海的行迹。而据司马贞《索隐》引郭子横《洞冥记》称东方朔云“东海大明之墟有釜山”，则黄帝获“王者之符命”的地方，也在“东海”。

黄帝“东至于海，登丸山，及岱宗”。丸山，裴骃《集解》引徐广

---

①　《后汉书》卷四〇上《班彪传上》。

②　梁启超：《中国历史研究法》，东方出版社1996年版，第18—19页。

曰："丸，一作'凡'。"又写道："骃案：《地理志》曰丸山在郎邪朱虚县。"司马贞《索隐》注："丸，一作'凡'。"张守节《正义》："丸音桓。《括地志》云：'丸山即丹山，在青州临朐县界朱虚故县西北二十里，丹水出焉。'丸音纨。守节案：地志唯有凡山，盖凡山丸山是一山耳。诸处字误，或'丸'或'凡'也。《汉书·郊祀志》云'禅丸山'，颜师古云'在朱虚'，亦与《括地志》相合，明丸山是也。"据注文，有"丸山"、"凡山"、"丹山"诸说，但均言在山东沿海。岱宗，张守节《正义》："泰山，东岳也。在兖州博城县西北三十里也。"则黄帝"东至于海"所临海域应即山东半岛所面对的海面。

司马迁说，黄帝"举风后、力牧、常先、大鸿以治民"，取得行政成功。裴骃《集解》引《帝王世纪》说，黄帝"得风后于海隅，登以为相"。裴骃《集解》引郑玄曰："风后，黄帝三公也。"这位成为黄帝高级助手的人才，是在"海隅"发现的。

关于舜的成就，司马迁有"四海之内咸戴帝舜之功"的说法。而自战国至秦汉，"四海之内"或说"海内"，已经成为与"天下"对应的语汇。《史记》卷一一八《淮南衡山列传》所谓"临制天下，一齐海内"就是典型的例证。当时以大一统理念为基点的政治理想的表达，已经普遍取用涉及海洋的地理概念。政治地理语汇"四海"与"天下"，"海内"与"天下"的同时通行，在某种意义上反映了中原居民的世界观和文化观已经初步表现出对海洋的重视。司马迁就是在这样的文化环境中留下了有关秦汉社会海洋意识与海洋探索的诸多历史记录的。

司马迁说他考察黄帝、尧、舜事迹，曾经进行实地调查，"西至空桐，北过涿鹿，东渐于海，南浮江淮矣，至长老皆各往往称黄帝、尧、舜之处"。[①] 特别说到"东渐于海"。司马迁所行历的海岸，应当就在齐地。司马迁记述的"东海"地方的早期文明史以及人才史和行政史，应当包括了齐人海洋开发的成就。

---

① 《史记》卷一《五帝本纪》。

二　秦皇汉武“入海”故事与司马迁的“海上”体验

秦始皇统一后五次出巡，四次行至海滨。《史记》卷六《秦始皇本纪》记录了他“梦与海神战”并亲自持连弩射杀海中大鱼的故事。燕齐海上方士借助秦始皇提供的行政支持，狂热地进行以求仙为目的的海上航行。这种航海行为，客观上促进了对海上未知世界的探求。《史记》卷一一八《淮南衡山列传》第一次记录了徐福出海“止王不来”的情形。秦始皇陵墓中制作海洋模型，体现出这位帝王对海洋的深厚情感至死亦未削减。这些情节，均因司马迁的生动写叙成为珍贵的历史记忆。

《史记》卷六《秦始皇本纪》出现“海”字 38 次。而以汉武帝的历史表现作为记述主体内容的《史记》卷二八《封禅书》中，“海”字出现多达 39 次。汉武帝至少 10 次东巡海上，超过了秦始皇的记录。他最后一次行临东海，已经是 68 岁的高龄。在汉武帝时代，“入海求蓬莱”的航海行为更为密集，所谓“乃益发船，令言海中神山者数千人求蓬莱神人”，“予方士传车及间使求仙人以千数”，又说明其规模也超过前代。

汉武帝基于“冀遇蓬莱”的偏执心理，多次动员数以千计的“言海中神山者”驶向波涛。虽然当时就直接的目的而言“其效可睹”，但是汉武帝内心的冀望客观上刺激了航海行为的发起，促成了航海经验的积累，推动了航海能力的提升。《史记》的这些记录，成为中国航海史上多有闪光点的重要篇章。

有人说司马迁著《封禅书》意在批评汉武帝“求神仙狂侈之心”，“迁作《封禅书》，反复纤悉，皆以著求神仙之妄”①，“子长为《封禅书》，意在讽时”。② 也有人说，“此书有讽意，无贬词，将武帝当日希冀神仙长生，一种迷惑不解情事，倾写殆尽”。③ 也许后人看作“狂侈”“之妄”事，当时人们只是“迷惑不解”。而即使有“讽时”之意，所记述方士这些对于早期海洋学有积极贡献的知识分子航海实践的情节则是客

① 〔明〕黄震:《黄氏日抄》卷四六《史记》，文渊阁《四库全书》本。

② 〔明〕郝敬:《史汉愚按》卷二，明崇祯间郝氏刻山草堂集本。

③ 〔清〕高嵣:《史记抄》卷二《封禅书》，乾隆五十三年广郡永邑培元堂杨氏刊本。

观的。有人认为“以徐福赍童男女及针织工艺辈数千，漂流海外”是导致秦末政治危机的因由[1]，然而从文化传播史的视角看，徐福东渡可能对东亚史的进程产生了有益的影响。

司马迁曾经以太史令身份从汉武帝出游。这位帝王“东巡海上”、“东至海上望”，“宿留海上”，“并海上”[2]，甚至“浮大海”[3] 等海上交通行为，司马迁很可能都曾亲身参与。

有研究者认为，元封元年（前110），汉武帝封禅泰山，司马迁“侍从东行”。“武帝到了山东，先东巡海上”，又往泰山行封禅之礼。司马迁在《史记》卷二八《封禅书》中写道：“余从巡祭天地诸神名山川而封禅焉。”论者说，“可见《封禅书》对武帝的愚蠢、昏庸之讽刺笑骂，并非偶然，而是从实际考察中得来。并且由于东巡海上，对齐就有了更深刻的认识，他说，‘吾适齐，自泰山属之琅邪，北被于海，膏壤二千里，其民阔达多匿知，其天性也。’（《齐太公世家》）认为齐地人民的特性是地理环境决定的。又《史记》中关于驺衍、公孙弘和一些方士如少翁、栾大、公孙卿、丁公、公玉等齐人的行迹的记载，也大都是侍从东巡时所得而形成文字的了”。汉武帝“登泰山封禅”后，“乘兴又‘东至海上，冀遇蓬莱焉。’不料奉车都尉子侯（即霍去病子霍嬗）暴病死，武帝便由东海北到碣石”，“司马迁此次从巡”，“又游历了海上”。[4] 另有一种司马迁传也写道：“司马迁随驾东行，到了海上”，汉武帝封禅泰山之后，“又东至海上，希望有可能遇到神仙，看到蓬莱仙岛。不料奉车都尉霍嬗暴病而死，武帝一时扫兴，只好沿海北上到了碣石”，“司马迁随同汉武帝巡行”，“又游历了海上”。[5]

从这一认识基点判断司马迁对于汉武帝“东巡海上”行为的一系列记录的客观性，应当基本予以肯定。而司马迁通过亲自体验记载的齐人对于这一时期得到行政权力空前支持的海上航运事业的贡献，应当是真切可信的。当然，司马迁随汉武帝至于“海上”的经历，也许并不限于元封

---

① 〔清〕沈湛钧：《知非斋古文录·书史记封禅书后》，清光绪三十一年刘明祺刻本。

② 《史记》卷二八《封禅书》。

③ 《汉书》卷六《武帝纪》。

④ 聂石樵：《司马迁论稿》，北京师范大学出版社1987年版，第22—23页。

⑤ 许凌云：《司马迁评传——史家绝唱，无韵离骚》，广西教育出版社1994年版，第25页。

元年这一次。

三 “伏波”“横海”事业的记录

《史记》书中有关“海”的文字，除了《秦始皇本纪》、《封禅书》以及与《封禅书》多有雷同的《史记》卷一二《孝武本纪》以外，最为密集的就是《史记》卷一一四《东越列传》了。越地是居于边缘地位的区域，越人是居于边缘地位的族群。司马迁并没有轻视反映越人优越航海能力的史事，专心以细致生动的笔调记录于《史记》中。

据记载，“至元鼎五年，南越反，东越王余善上书，请以卒八千人从楼船将军击吕嘉等。兵至揭阳，以海风波为解，不行”。这是有关“海风波”可以导致海上航路阻断的最早的记录。司马迁又记述了闽越与汉王朝的直接的军事冲突，战事包括“横海”情节。“元鼎六年秋，余善闻楼船请诛之，汉兵临境，且往，乃遂反，发兵距汉道。”汉王朝给予强硬的回应，诸军并进合击，有“横海将军韩说出句章，浮海从东方往；楼船将军杨仆出武林”。汉军远征，“浮海从东方往”的“横海将军”部应是主力。这是闽越海面行驶汉军大型船队的有代表性的史例。数支南下部队中，“横海将军先至”，说明海上进攻的一路承担了主攻任务，且及时实现了战役目标。横海将军部成功受降，而战后“横海将军”、“横海校尉”封侯，其他“诸将皆无成功，莫封”，可知汉王朝海路主攻部队能够独力控制战局，实现了平定余善叛乱的主要目的。

秦始皇征服岭南置“南海”诸郡，是统一进程中的重要战略步骤。据《史记》卷一一二《平津侯主父列传》记载主父偃入见汉武帝谏伐匈奴时所言，“屠睢将楼船之士南攻百越”。“楼船”作为军事建置，这是较早的史例。汉武帝派遣楼船将军杨仆从海路出击朝鲜，是东方航海史上的一件大事。《史记》卷一一五《朝鲜列传》记载，楼船将军杨仆率军“从齐浮渤海”，“楼船将军将齐兵七千人”较“出辽东”的“左将军荀彘”的部队“先至王险”，与前说“横海将军先至”情形相同。杨仆楼船军有学者认为有五万军人。有的研究论著写道：“楼船将军杨仆率领楼船兵5万人”进攻朝鲜。[1] 渡海远征楼船军的规模，体现出航海能力的优越。秦

---

① 张炜、方堃主编：《中国海疆通史》，第65页。

始皇在岭南置南海郡，汉武帝的朝鲜置沧海郡。《史记》称“楼船”“横海”的这两个方向为“南海”[①] 和“海东”[②]。司马迁笔下中原人面对神秘的海洋所表现的英雄主义和进取精神，应当看作我们民族宝贵的精神遗产。

司马迁游踪甚广，但是他没有到过南越地方。王国维说到司马迁的行旅经历，“是史公足迹殆遍宇内，所未至者，朝鲜、河西、岭南诸初郡耳”[③]。然而司马迁是有行历越地的经历的。他最早的一次出行，据《史记》卷一三〇《太史公自序》的回顾，“二十而南游江、淮，上会稽，探禹穴，窥九疑，浮于沅、湘；……”《史记》卷二九《河渠书》也说，他曾经“至于会稽太湟”。司马迁的“会稽”之行，已走到越人长期经营的海滨地方。

司马迁虽然没有到过朝鲜和岭南，但是《史记》有关秦汉开拓“南海”和“海东”的记述，使得读史者深受其益。他对于在南越战争中卜式上言愿与“齐习船者”往死南越的表态，以及杨仆击朝鲜楼船军“从齐浮渤海”事的记录，都提供了齐人航海技能优越的具体信息。

四　司马迁“海上”行旅体验与《史记》的“奇气”

苏辙说：“太史公行天下，周览四海名山大川……故其文疏荡，颇有奇气。”[④] 指出司马迁行旅生活中“周览四海”的体验，成就了其文气之“奇”。这当然包括司马迁对于“东海”的文化感觉的作用。马存所谓“尽天下之观以助吾气，然后吐而为书”，“见狂澜惊波，阴风怒号，逆走而横击，故其文奔放而浩漫”[⑤]，也大致有同样的意思。梁启超言《史记》成就于“波澜壮阔”，而后“恬波不扬”[⑥] 的时代，司马迁“制作之规模”，“文章之佳妙”，“其影响所被之广且远”应与此有关。

---

① 《史记》卷一一三《南越列传》。

② 《史记》卷一三〇《太史公自序》。

③ 王国维：《太史公行年考》，《观堂集林》卷一一，中华书局1956年版，第487页。

④ 《栾城集》卷二三《上枢密韩太尉书》，文渊阁《四库全书》本。

⑤ 马子才：《子长游赠盖邦式序》，〔宋〕祝穆：《古今事文类聚》别集卷二五，文渊阁《四库全书》本。

⑥ 梁启超：《中国历史研究法》，第18—19页。

桓谭说，“通才著书以百数，惟太史公为广大”。[①] 王充曾经说，“汉著书者多”，司马迁堪称“河、汉”，其余不过“泾、渭”而已。[②] 其实，以司马迁才学之“广大”，是可以以“海”来比拟的。

而《史记》书中有关“海”的文字，即直接体现了他学术视野的“广大”。陈继儒形容“《史记》之文”所谓“洞庭之鱼龙怒飞”，“山海之鬼怪毕出”，“史家以体裁义例掎摭之，太史公不受也”[③]，其说自有深刻意境，可以体现史学演进史中《史记》的新异和奇伟。

《史记》特殊的文化风采，应与司马迁的海洋感知有关。这种非同寻常的史学风格，亦表现于他关于海洋探索和海洋开发的值得珍视的历史记录中。[④]

① 《太平御览》卷六〇二引《新论》。

② 《论衡·案书》。

③ 陈继儒:《新刻史记定本序》,《陈太史评阅史记》,明黄嘉惠刻本。

④ 参看王子今《〈史记〉的海洋视角》,《博览群书》2013年第12期。

齐人与海:《汉书》的海洋纪事

《汉书》作为记录西汉和新莽历史的史学经典，有关海洋的纪事反映了当时执政集团和社会各层次对于海洋的认识以及这一时期海洋开发的历史。海洋学的早期成就亦因《汉书》的记载保留了文献学的遗存。《汉书》可以看作中国史学论著中较早、较充分的重视海洋纪事的典籍。其中有关齐人海洋探索和海洋开发多种努力的记述，有重要的文化史价值。

一　“天下”与“海内”

战国以来，政论家频繁使用“海内”这一政治地理学概念。《孟子·梁惠王下》：“海内之地，方千里者九。”《墨子·辞过》亦有“四海之内”的说法。《非攻下》则谓“一天下之和，总四海之内”。《荀子·不苟》：“总天下之要，治海内之众。”《韩非子·奸劫弑臣》“明照四海之内”，《六反》“富有四海之内”，《有度》“独制四海之内”等，更集中地体现了在宣传政治理念时对“海”的关注。较早如《论语·颜渊》子夏言“四海之内皆兄弟也”，也自有政治文化内涵。

出身齐鲁地方的学者较早对于这种政治理念的宣传有提示作用，是值得我们注意的。

“海内”与“天下”地理称谓的同时通行，说明当时中原居民海洋意识的初步觉醒。西汉时期政治语汇中，“海内”与“天下”对应关系的表现更为明朗。《新语·慎微》：“诛逆征暴，除天下之患，辟残贼之类，然后海内治，百姓宁。”又《新书·数宁》：“大数既得，则天下顺治，海内之气，清和咸理，则万生遂茂。”同书《时变》也有“威振海内，德从天下”的说法。《汉书》比较客观地表现了当时人包括海洋观念在内的多层次多色彩的社会思想。对于“天下”和“海内”的关系的意识，也可见具有典型意义的记述。

《汉书》卷一下《高帝纪下》记载刘邦即皇帝位故事，有诸侯王劝进，汉王辞让而终于接受的过程：

> 诸侯上疏曰："楚王韩信、韩王信、淮南王英布、梁王彭越、故衡山王吴芮、赵王张敖、燕王臧荼昧死再拜言，大王陛下：先时秦为亡道，天下诛之。大王先得秦王，定关中，于天下功最多。存亡定危，救败继绝，以安万民，功盛德厚。又加惠于诸侯王有功者，使得立社稷。地分已定，而位号比儗，亡上下之分，大王功德之著，于后世不宣。昧死再拜上皇帝尊号。"汉王曰："寡人闻帝者贤者有也，虚言亡实之名，非所取也。今诸侯王皆推高寡人，将何以处之哉?"诸侯王皆曰："大王起于细微，灭乱秦，威动海内。又以辟陋之地，自汉中行威德，诛不义，立有功，平定海内，功臣皆受地食邑，非私之也。大王德施四海，诸侯王不足以道之，居帝位甚实宜，愿大王以幸天下。"汉王曰："诸侯王幸以为便于天下之民，则可矣。"于是诸侯王及太尉长安侯臣绾等三百人，与博士稷嗣君叔孙通谨择良日二月甲午，上尊号。汉王即皇帝位于汜水之阳。

对于中国古代政治体制史中这样一个重要情节，《汉书》的记载远较《史记》详尽。① 这段文字出现"海内"两次，"天下"四次。由文意可知"天下"与"海内"含义相近。《史记》"平定四海"，《汉书》作"平定海内"，"德施四海"，也体现出当时的文化倾向。

《汉书》多见"天下"与"海内"并说的情形，如卷三一《项籍传》："分裂天下而威海内。"卷三九《萧何曹参传》赞："天下既定，因民之疾秦法，顺流与之更始，二人同心，遂安海内。"卷四八《贾谊传》："天下顺治，海内之气清和咸理。"卷四九《晁错传》："为天下兴利除害，变法易故，以安海内。"卷五六《董仲舒传》："今陛下并有天下，海内莫

---

① 《史记》卷八《高祖本纪》："正月，诸侯及将相相与共请尊汉王为皇帝。汉王曰：'吾闻帝贤者有也，空言虚语，非所守也，吾不敢当帝位。'群臣皆曰：'大王起微细，诛暴逆，平定四海，有功者辄裂地而封为王侯。大王不尊号，皆疑不信。臣等以死守之。'汉王三让，不得已，曰：'诸君必以为便，便国家。'甲午，乃即皇帝位汜水之阳。"《史记》"平定四海"，《汉书》作"平定海内"。

不率服。”卷六四上《严助传》：“汉为天下宗，操杀生之柄，以制海内之命。”卷七二《贡禹传》：“海内大化，天下断狱四百。”卷九九上《王莽传上》：“事成，以传示天下，与海内平之。”“海内”即“四海之内”，有时又只写作“四海”。如《汉书》卷六四上《严助传》：“号令天下，四海之内莫不向应。”卷七二《贡禹传》：“四海之内，天下之君，微孔子之言亡所折中。”

“海内”和“天下”形成严整对应关系的文例，《汉书》中可以看到：

> 贞天下于一，同海内之归。（卷二一上《律历志上》）
>
> 临制天下，壹齐海内。（卷四五《伍被传》）①
>
> 天下少双，海内寡二。（卷六四上《吾丘寿王传》）
>
> 威震海内，德从天下。（卷四八《贾谊传》）
>
> 海内为一，天下同任。（卷五二《韩安国传》）
>
> 海内晏然，天下大洽。（卷六五《东方朔传》）

“海内”和“天下”对仗往往颇为工整。卷四九《晁错传》：“德泽满天下，灵光施四海。”则是“天下”和“四海”对应的例证。

《汉书》反映的，看来是当时社会的语言习惯。《淮南子·要略》：“天下未定，海内未辑……”《盐铁论·轻重》可见“天下之富，海内之财”，同书《能言》也以“言满天下，德覆四海”并说。又《世务》也写道：“诚信著乎天下，醇德流乎四海。”在这种语言形式背后，是社会对海洋的关心。

讨论汉代社会的“天下”观和海疆意识，不应忽略《汉书》等文献所见有关“天下”与“海内”、“四海”文字遗存透露的思想史信息。

---

① 亦见《史记》卷一一八《淮南衡山列传》。作“临制天下，一齐海内”。

在进行这样的考察时，自然不能忽略秦始皇东巡海上刻石中涉及相关政治背景的内容，如二十八年琅邪刻石：“东抚东土，以省卒士。事已大毕，乃临于海。”“普天之下，抟心揖志。”“皇帝之明，临察四方。”“皇帝之德，存定四极。”“六合之内，皇帝之土。西涉流沙，南尽北户。东有东海，北过大夏。人迹所至，无不臣者。”空间的控制，以“东有东海”为界。“天下”与“海内”的直接对应，可见所谓“今皇帝并一海内，以为郡县，天下和平”。又如二十九年之罘刻石：“皇帝东游，巡登之罘，临照于海。”随即说到“周定四极”，“经纬天下”，“宇县之中，承顺圣意”。关于“宇县”，裴骃《集解》：“宇，宇宙。县，赤县。”刻石言“振动四极”、“阐并天下”、“经营宇内”的同时，又有如下内容：“维二十九年，皇帝春游，览省远方。逮于海隅，遂登之罘，昭临朝阳。”

在关于郡县制与分封制的廷前辩论中，周青臣所谓“赖陛下神灵明圣，平定海内”，“博士齐人淳于越”所谓“今陛下有海内”，争辩双方都已经习惯使用“海内”这一语汇。“海内”与随即李斯所言“古者天下散乱，莫之能一”，“今天下已定，法令出一”，“今皇帝并有天下，别黑白而定一尊”[①] 的所谓“天下”其实是同义的。李斯的这番话，三言“天下”，皆与“一”对应。李斯言论表露的政治倾向与上文引录的“贞天下于一，同海内之归”，“海内为一”，当然是一致的。

二 “削之会稽”,“夺之东海”：削藩战略的重要主题

汉景帝削藩，极其重视对沿海地方统治权的回收，突出表现在吴楚七国之乱平定之后对于沿海区域的控制，创造了对于高度集中的中央集权空前有利的形势。

《盐铁论·晁错》：“晁生言诸侯之地大，富则骄奢，急即合从。故因吴之过而削之会稽，因楚之罪而夺之东海，所以均轻重，分其权，而为万世虑也。”所谓“削之会稽”，“夺之东海”，指出削藩战略的重要主题之

① 《史记》卷六《秦始皇本纪》。

一，或者说削藩战略的首要步骤，就是夺取诸侯王国的沿海地方。①

汉武帝时代除强制性实行推恩令使诸侯国政治权力萎缩，而中央权力空前增长，对原先属于诸侯国的沿海地区实现了全面的控制之外，又于元鼎六年（前111）灭南越、闽越，置南海、郁林、苍梧、合浦、儋耳、珠崖、交趾、九真、日南郡，其中多数临海，就区域划分来说，均属于沿海地区。《汉书》卷六《武帝纪》记述元鼎六年事："行东，将幸缑氏，至左邑桐乡，闻南越破，以为闻喜县。春，至汲新中乡，得吕嘉首，以为获嘉县。……遂定越地，以为南海、苍梧、郁林、合浦、交阯、九真、日南、珠厓、儋耳郡。"颜师古注："应劭曰：'二郡在大海中崖岸之边。出真珠，故曰珠厓。儋耳者，种大耳。渠率自谓王者耳尤缓，下肩三寸。'张晏曰：'《异物志》二郡在海中，东西千里，南北五百里。珠厓，言珠若崖矣。儋耳之云，镂其颊皮，上连耳匡，分为数支，状似鸡肠，累耳下垂。'臣瓒曰：'《茂陵书》珠崖郡治瞫都，去长安七千三百一十四里。儋耳去长安七千三百六十八里，领县五。'"可知这是对遥远的海上陌生世界的征服。当年，"秋，东越王余善反，攻杀汉将吏。遣横海将军韩说、中尉王温舒出会稽，楼船将军杨仆出豫章，击之"。这是又一次利用海上军事优势的远征。随后，"元封元年冬十月，诏曰：'南越、东瓯咸伏其辜……'"宣布开始专心对"西蛮北夷"用兵。

《史记》卷三〇《平准书》："齐相卜式上书曰：'臣闻主忧臣辱。南越反，臣愿父子与齐习船者往死之。'"《汉书》卷五八《卜式传》："会吕嘉反，式上书曰：'臣闻主媿臣死。群臣宜尽死节，其驽下者宜出财以佐军，如是则强国不犯之道也。臣愿与子男及临菑习弩博昌习船者请行死之，以尽臣节。'"《史记》所谓"齐习船者"，《汉书》更具体地说到"博昌习船者"，博昌，在今山东广饶西。卜式的动议，体现了齐人航海力量参与南越战争的实际可能性。

三 "楼船"远征

汉武帝元封三年（前108）灭朝鲜及其附庸，置乐浪、真番、临屯、

① 参看王子今《秦汉帝国执政集团的海洋意识与沿海区域控制》，《白沙历史地理学报》第3期（2007年4月）。

玄菟四郡，进一步扩展了汉王朝面对海洋的视野。朝鲜原本与中原有比较密切的文化联系。[①] 然而汉武帝时代朝鲜置郡，形势又发生了变化。汉武帝派遣楼船将军杨仆从海路出击朝鲜。《史记》卷一一五《朝鲜列传》："天子募罪人击朝鲜。其秋，遣楼船将军杨仆从齐浮渤海；兵五万人，左将军荀彘出辽东：讨右渠。"此据中华书局标点本，"兵五万人"与"楼船将军杨仆从齐浮渤海"分断，可以理解为"兵五万人"随"左将军荀彘出辽东"。其实，也未必不可以"遣楼船将军杨仆从齐浮渤海，兵五万人"连读。[②] 有的研究论著就写道："楼船将军杨仆率领楼船兵 5 万人"进攻朝鲜。[③]《汉书》卷九五《朝鲜列传》即作："天子募罪人击朝鲜。其秋，遣楼船将军杨仆从齐浮勃海，兵五万，左将军荀彘出辽东，诛右渠。"

汉武帝以楼船军远征朝鲜，是东方航海史上的一件大事。[④] 杨仆的楼船部队"从齐浮渤海"，出发地点的明确记载，体现了齐人航海能力的优越。

四 汉武帝"海上"之行的历史记录

汉武帝与秦始皇同样，是一位对海洋世界充满好奇的帝王。他多次巡行海上，行程超过了秦始皇。《汉书》对相关历史迹象保留了珍贵的记述。

对于汉武帝的海上之行，《史记》卷三〇《封禅书》记载：元封元年（前 110）"东巡海上，行礼祠八神"。"宿留海上，与方士传车及间使求仙人以千数。"封泰山后，再次至海上，"复东至海上望，冀遇蓬莱焉"。"遂去，并海上，北至碣石，巡自辽西，历北边至九原。"元封

---

① 参看王子今《略论秦汉时期朝鲜"亡人"问题》，《社会科学战线》2008 年第 1 期。

② 荀悦《汉纪》一四"汉武帝元封二年"："遣楼船将军杨仆、左将军荀彘将应募罪人击朝鲜。"中华书局 2002 年版，上册第 237 页。《资治通鉴》卷二一"汉武帝元封三年"："上募天下死罪为兵，遣楼船将军杨仆从齐浮渤海，左将军荀彘出辽东以讨朝鲜。"中华书局 1956 年版，第 2 册第 685 页。都不说"兵五万人"事。《汉书》卷六《武帝纪》的记载正是："遣楼船将军杨仆、左将军荀彘将应募罪人击朝鲜。"

③ 张炜、方堃主编：《中国海疆通史》，第 65 页。

④ 参看王子今《论杨仆击朝鲜楼船军"从齐浮渤海"及相关问题》，《鲁东大学学报》（哲学社会科学版）2009 年第 1 期。

二年（前109），“至东莱，宿留之数日”。元封五年（前106），“北至琅邪，并海上”。太初元年（前104），“东至海上，考入海及方士求神者，莫验，然益遣，冀遇之”。“临渤海，将以望祠蓬莱之属，冀至殊庭焉。”太初三年（前102），汉武帝又有海上之行：“东巡海上，考神仙之属，未有验者。”除了《史记》卷三〇《封禅书》中这5年中6次行临海上的记录外，《汉书》卷六《武帝纪》还记载了晚年汉武帝4次出行至海滨的情形：

> （天汉）二年春，行幸东海。
>
> （太始三年）行幸东海，获赤雁，作《朱雁之歌》。幸琅邪，礼日成山。登之罘，浮大海。
>
> （太始四年）夏四月，幸不其，祠神人于交门宫，若有乡坐拜者。作《交门之歌》。
>
> （征和）四年春正月，行幸东莱，临大海。

秦始皇统一天下后凡五次出巡，其中四次行至海滨。这一表现已经在历代帝王行迹史中占据特殊的地位。然而汉武帝又远远超过了这一记录。他一生中至少10次至于海上。征和四年（前89）春正月，68岁的汉武帝最后一次行临东海，这距离他的人生终点只有两年的时间。

《汉书》比较好地保留了相关资料，使得我们可以看到应理解为社会文化面貌重要表现的汉武帝对于海洋的特殊热忱。

五　建章宫“海中神山”模型

《史记》卷六《秦始皇本纪》：“齐人徐市等上书，言海中有三神山，名曰蓬莱、方丈、瀛洲，仙人居之。请得斋戒，与童男女求之。于是遣徐市发童男女数千人，入海求仙人。”张守节《正义》：“《汉书·郊祀志》云：‘此三神山者，其传在渤海中，去人不远，盖曾有至者，诸仙人及不死之药皆在焉。其物禽兽尽白，而黄金白银为宫阙。未至，望之如云；及至，三神山乃居水下；临之，患且至，风辄引船而去，终莫能至云。世主莫不甘心焉。’”看来，《汉书》的记载可以帮助我们理解秦始皇时代的“海中”“三神山”崇拜。

《史记》卷一二《孝武本纪》:“上遂东巡海上,行礼祠八神。齐人之上疏言神怪奇方者以万数,然无验者。乃益发船,令言海中神山者数千人求蓬莱神人。”关于“八神”,司马贞《索隐》:“用事八神。案:韦昭云‘八神谓天、地、阴、阳、日、月、星辰主、四时主之属’。今案《郊祀志》,一曰天主,祠天齐;二曰地主,祠太山、梁父;三曰兵主,祠蚩尤;四曰阴主,祠三山;五曰阳主,祠之罘;六曰月主,祠东莱山;七曰日主,祠盛山;八曰四时主,祠琅邪也。”《史记》卷三〇《封禅书》所谓“三山”,司马贞《索隐》:“小颜以为下所谓三神山。顾氏案:《地理志》东莱曲成有参山,即此三山也,非海中三神山也。”则又成一说。而《汉书》卷二五上《郊祀志上》颜师古注:“‘三山’,即下所谓三神山。”作为“《汉书》学”的成果,也是值得重视的。

汉武帝追求海中神山的行为,明确见于《汉书》卷二五上《郊祀志上》:“上遂东巡海上,行礼祠八神。齐人之上疏言神怪奇方者以万数,乃益发船,令言海中神山者数千人求蓬莱神人。”

据《史记》卷三〇《封禅书》,太初元年(前104)作建章宫,特意设计了仿拟“海中神山”的模型:“其北治大池,渐台高二十余丈,命曰‘太液池’,中有蓬莱、方丈、瀛洲、壶梁,象海中神山龟鱼之属。”《汉书》卷二五下《郊祀志下》的对应记述是:“作建章宫,度为千门万户。前殿度高未央。其东则凤阙,高二十余丈。其西则商中,数十里虎圈。其北治大池,渐台高二十余丈,名曰‘泰液’,池中有蓬莱、方丈、瀛州、壶梁,象海中神山龟鱼之属。”颜师古注:“《三辅故事》云:池北岸有石鱼,长二丈,高五尺,西岸有石鳖三枚,长六尺。”

王莽事败,就是在这里结束了他的人生和事业。《汉书》卷九九下《王莽传下》记载:“莽就车,之渐台,欲阻池水,犹抱持符命、威斗,公卿大夫、侍中、黄门郎从官尚千余人随之。王邑昼夜战,罢极,士死伤略尽,驰入宫,间关至渐台,见其子侍中睦解衣冠欲逃,邑叱之令还,父子共守莽。军人入殿中,呼曰:‘反虏王莽安在?’有美人出房曰:‘在渐台。’众兵追之,围数百重。台上亦弓弩与相射,稍稍落去。矢尽,无以复射,短兵接。王邑父子、𨚗恽、王巡战死,莽入室。下餔时,众兵上台,王揖、赵博、苗䜣、唐尊、王盛、中常侍王参等皆死台上。商人杜吴杀莽,取其绶。”《汉书》卷八七上《扬雄传上》说,“营建章、凤阙、神明、驭娑,渐台、泰液象海水周流方丈、瀛洲、蓬莱。”颜师古注:

“渐台在泰液池中。渐，浸也，言为池水所浸也。”“服虔曰：‘海中三山名。法效象之。’”

王莽垂死挣扎，选择渐台顽抗，除了控制制高点的动机之外，或许还有其他心理背景。

六 田肯论齐地“近海”之“饶”

田肯为刘邦分析天下形势，强调齐地的重要：“夫齐，东有琅邪、即墨之饶，南有泰山之固，西有浊河之限，北有勃海之利，地方二千里，持戟百万，县隔千里之外，齐得十二焉。”这一记载先见于《史记》卷八《高祖本纪》。而《汉书》卷一下《高帝纪下》所谓“东有琅邪、即墨之饶”，颜师古注：“二县近海，财用之所出。”可知秦汉时期海洋资源开发，已经在经济先进地区显见成效。

在“削藩”政治过程中，皇帝与诸侯王对沿海地方控制权力的争夺，应当首先出自一种政治目标的追求。当时社会观念中，对于“海”的控制，是据有“天下”的一种象征。贾谊《过秦论》有“贵为天子，富有四海”的说法。而《汉书》卷五六《董仲舒传》和《汉书》卷六五《东方朔传》两见“贵为天子，富有四海”，都透露出执政集团上层值得重视的政治理念。“削藩”之“削之会稽”，“夺之东海”，不仅仅是贪求“海盐之饶”[1]，即针对个别的盐产地的争夺。也就是说，并非主要出于对经济利益的考虑，以力争对食盐生产基地的掌控。

然而汉帝国中央执政集团又不可能没有看到沿海开发的利益。争取强有力地控制沿海区域的战略策划，有“富有四海”政治理念的因素，然而可能也有经济利益的图谋。晁错对吴王刘濞的指控，首先即考虑经济方面：“即山铸钱，煮海为盐，诱天下亡人谋作乱逆。”[2]

《盐铁论·刺权》也指责诸侯王“以专巨海之富而擅鱼盐之利也”，在经济生活方面与中央政权分庭抗礼。所谓“巨海鱼盐”是重要的资源。

---

① 《史记》卷一二九《货殖列传》。

② 《汉书》卷三五《荆燕吴传·吴王刘濞》。《史记》卷一一八《淮南衡山列传》：“夫吴王赐号为刘氏祭酒，复不朝，王四郡之众，地方数千里，内铸消铜以为钱，东煮海水以为盐……”

《盐铁论》中所谓“山海之货”[1]、“山海之财”[2]、“山海之利”[3]，“山海者，财用之宝路也”[4] 等等，也反复强调海产收益的经济意义。《汉书》卷三五《荆燕吴传》赞曰明确说“山海之利”：“吴王擅山海之利，能薄敛以使其众，逆乱之萌，自其子兴。”与《盐铁论·复古》的口径完全一致。而《汉书》卷二四下《食货志下》言“山海之货”：“浮食奇民欲擅斡山海之货，以致富羡。”亦与《盐铁论·力耕》同。《汉书》同样重视所谓“巨海之富”、“鱼盐之利”的经济利益的眼光，也是值得注意的。这样的史学意识的形成，应是以当时社会逐渐重视海洋资源开发的情形为背景的。

七 班固《览海赋》疑问

《汉书》的主要作者班固是否有行旅至海滨的经历呢？

有学者写道：“从现有记载来看，东汉以前，出巡次数较多的皇帝，莫过于秦始皇、汉武帝二人了。”“东汉皇帝之中，巡狩次数之多，可以和秦皇、汉武相比的，就是章帝了。章帝在位仅 13 年，即出巡 8 次之多。”“从建初七年（公元 82 年）到章和元年（公元 87 年），6 年之中，章帝先后 8 次出巡，所至之处，北到长城，南过长江，东临泰岱，西抵关中，几乎走遍了大半个中国。其中最隆重、规模最大的一次，是元和二年（公元 85 年）的东巡。”但是这次东巡，汉章帝巡视至于齐地，却没有到达海滨。班固曾经“随从皇帝出巡”。据《后汉书》卷四〇下《班固传》，“每行巡狩，辄献上赋颂”。“班固在侍从巡狩时写的赋颂，现在所知道的只有《南巡赋》和《东巡赋》两篇。（见《班兰台集》）”在“上《东巡赋》”的这一年，班固 54 岁。[5] 就我们现今所见班固《东巡赋》的

---

① 《盐铁论·本议》《通有》《复古》。

② 《盐铁论·力耕》。

③ 《盐铁论·复古》。

④ 《盐铁论·禁耕》。

⑤ 安作璋：《班固评传——一代良史》，广西教育出版社 1996 年版，第 56—57、135 页。陈其泰、赵永春著《班固评传》附录《班固生平大事年表》：“元和二年（公元 85 年），54 岁。作《东巡赋》献上。《班兰台集》有《东巡赋》，无系年。章帝于二月‘东巡狩’，四月还宫，故系于此。”南京大学出版社 2002 年版，第 427 页。

内容看，他没有走到海滨。

当然，班固随汉章帝东巡齐地，虽然我们没有发现他行至“海上”的迹象，也未能完全排除他行临海滨体验海上风光的可能。

据《后汉书》卷三《章帝纪》的记载，汉章帝“耕于定陶”，“幸太山，柴告岱宗”，“进幸奉高”，“宗祀五帝于汶上明堂”，宣告“复博、奉高、嬴，无出今年田租、刍稿”，又“进幸济南”，“进幸鲁”，“祠孔子于阙里”，“进幸东平”，“幸东阿”，随后“北登太行山”。班固在这样的行程中，即使没有亲历海滨，对于齐地在海洋环境中形成的文化特点以及齐人在海洋探索和海洋开发中的历史贡献，也应当有一定的体会。

我们读班固的赋作，有涉及“海”的名句。如《西都赋》：“东郊则有通沟大漕，溃渭洞河，泛舟山东，控引淮、湖，与海通波。”“前唐中而后太液，揽沧海之汤汤，扬波涛于碣石，激神岳之嶈嶈。滥瀛洲与方壶，蓬莱起乎中央。”“玄鹤白鹭，黄鹄䴔鹳，鸧鸹鸨鶂，凫鹥鸿雁，朝发河海，夕宿江汉，沉浮往来，云集雾散。”《东都赋》：“四海之内，学校如林，庠序盈门。”“太液、昆明，鸟兽之囿。曷若辟雍海流，道德之富。”只是在这里，“海”只是遥远的想象，只是宏大的象征。

费振刚等辑校《全汉赋》有班固《览海赋》。辑得内容只有 8 个字：“运之修短，不豫期也。”据“校记”，“本篇残句，录自《文选》潘岳《西征赋》李善注。此赋仅存二句，《艺文类聚》卷八所载乃班彪作。汉魏六朝百二家集《班兰台集》误收，百三家本有‘游居赋’，即‘冀州赋’，乃班彪所作，亦误收”。[①] 班彪的《冀州赋》有“遍五岳与四渎，观沧海以周流”句，说到巡行观海。《全汉赋》辑《冀州赋》存在疑问。“校记”写道：“本篇残篇，录自《艺文类聚》卷六、二八。又参校《初学记》卷八、《后汉书·郡国志》注、《水经注·荡水注》。‘冀州赋’，《类聚》卷二八引、《水经注·荡水注》引、《后汉书·郡国志》一注引均作‘游居赋’。《类聚》卷六引、《初学记》卷八引、《文选》李善本颜延之《秋胡诗》注引均作‘冀州赋’，今从。”[②] 今按：篇名一作《冀州赋》，一作《游居赋》，据残篇首句“夫何事于冀州，聊托公以游居”，可知是一篇，而《艺文类聚》卷六作《冀州赋》，卷二八作《游居赋》。卷

① 费振刚、胡双宝、宗明华辑校：《全汉赋》，第 355 页。

② 同上书，第 353 页。

六《冀州赋》六十字，除个别异字外，皆在卷二八《游居赋》一百六十八字之中。辑校者从《类聚》卷六引、《初学记》卷八引、《文选》李善本颜延之《秋胡诗》注引，定名《冀州赋》，虽言之有据，但是应当注意两个事实：一、现存残篇字数最多的《艺文类聚》卷二八作《游居赋》；二、现今所见年代最早的资料《水经注·荡水》所引作《游居赋》。其文曰："荡水又东与长沙沟水合，其水导源黑山北谷，东流径晋鄙故垒北，谓之晋鄙城，名之为魏将城，昔魏公子无忌矫夺晋鄙军于是处。故班叔皮《游居赋》曰'过荡阴而吊晋鄙，责公子之不臣'者也。"明代学者徐应秋《玉芝堂谈荟》卷三〇《〈世说〉注》及顾起元《说略》卷一三《典述中》都说"裴松之注《三国志》亦旁引诸书，史称与孝标之注《世说》可为后法，今观其所载……"云云，所列裴注所引诸书，即包括"班叔皮《游居赋》"。虽今本《三国志》裴注已不见班彪此赋，但明人此说，似仍可作为本篇题名原作《游居赋》的旁证。《艺文类聚》卷六作《冀州赋》，卷二八作《游居赋》，很可能与前者在《州部》题下，后者在《人部·游览》题下有关。《初学记》卷八作《冀州赋》，亦因在《州郡部·河东道》题下。而从残篇内容看，实多言往冀州途中观感，除"常山"、"北岳"外[①]，如"京洛"、"孟津"、"淇澳"、"洹泉"、"牖城"、"荡阴"等地，均不在"冀州"。班彪的这篇赋作，似乎以"游居"为主题的可能性更大。[②] 尽管这篇赋作的题名还需要考订，但是其中"观沧海以周流"一句对于理解当时人对于海洋的感觉和认识的意义，依然是值得重视的。

班彪另有《览海赋》，是汉魏涉及"海"的赋作中比较精彩的一篇。《艺文类聚》卷八引后汉班叔皮《览海赋》曰：

> 余有事于淮浦，览沧海之茫茫。悟仲尼之乘桴，聊从容而遂行。驰鸿濑以缥骛，翼飞风而回翔。顾百川之分流，焕烂漫以成章。风波薄其裹裹，邈浩浩以汤汤。指日月以为表，索方瀛与壶梁。曜金璆以

---

① 秦及西汉时"北岳"在"常山"。后来北移。参看王子今《关于秦始皇二十九年"过恒山"——兼说秦时"北岳"的地理定位》，《秦文化论丛》第11辑，三秦出版社2004年版；《〈封龙山颂〉及〈白石神君碑〉北岳考论》，《文物春秋》2004年第4期。班彪时代，可能尚在转换过程中。

② 王子今：《〈全汉赋〉班彪〈冀州赋〉题名献疑》，《文学遗产》2008年第6期。

为闑，次玉石而为堂。蓂芝列于阶路，涌醴渐于中唐。朱紫彩烂，明珠夜光。松乔坐于东序，王母处于西箱。命韩众与岐伯，讲神篇而校灵章。愿结旅而自托，因离世而高游。骋飞龙之骖驾，历八极而回周。遂竦节而响应，忽轻举以神浮。遵霓雾之掩荡，登云涂以凌厉。乘虚风而体景，超太清以增逝。麾天阍以启路，辟阊阖而望余。通王谒于紫宫，拜太一而受符。

虽然以"淮浦"开篇，其中所谓"悟仲尼之乘桴"，"索方瀛与壶梁"，以及"松乔"、"韩众"等，均言齐地海事。《史记》卷六《秦始皇本纪》记载，方士侯生、卢生以秦始皇"贪于权势至如此，未可为求仙药""亡去"，秦始皇大怒，曰："吾前收天下书不中用者尽去之。悉召文学方术士甚众，欲以兴太平，方士欲练以求奇药。今闻韩众去不报，徐市等费以巨万计，终不得药，徒奸利相告日闻。卢生等吾尊赐之甚厚，今乃诽谤我，以重吾不德也。诸生在咸阳者，吾使人廉问，或为讹言以乱黔首。"于是导致"坑儒"惨剧。"韩众"身份与"徐市"、"卢生等"相同。

看来，作为《汉书》作者之一的班彪似曾亲自"览海"。可能正是因此，这部史学名著得以对海洋文化有所关注。

徐幹《齐都赋》的蓝色意境

汉末政局动荡，经济残破，民生艰辛。而文化史少见的繁荣局面也在这一时期出现。建安时代，被看作中国文学的一个丰收季节。建安七子之中，徐幹有显赫文名。《文心雕龙·诠赋》称“伟长博通，时逢壮采”①，指出了徐幹的成就是在人才辈出的历史条件下实现的。事实上徐幹同时也以自己的非凡才华助成了时代文化的雄奇与纯美。

徐幹，字伟长，北海郡剧县（今山东昌乐西）人。自幼“乐诵九德之文”，正式启动“五经”之学后，据说“发愤忘食，下帷专思，以夜继日”②，以至“总识博洽，操翰成章”。③ 徐幹自己曾说：“艺者，所以事成德者也；德者，以道率身者也。艺者，德之枝叶也；德者，人之根幹也。斯二物者，不偏行，不独立。”“若欲为夫君子，必兼之乎。”④ 他强调“君子”应当养德修艺，力求双兼，然而“德”又是“根幹”，意义更为重要。徐幹的《齐都赋》或可称作他的“艺”的代表作，虽自以为

---

① 〔梁〕刘勰撰，姜书阁述：《文心雕龙绎旨》，齐鲁书社1984年版，第27页。

② 《〈中论〉原序》，文渊阁《四库全书》本。清姚振宗《三国艺文志》卷三《子部》：“唐马总《意林》曰：‘《中论》六卷，徐伟长作，任氏注。’严可均《全三国文编》曰：‘《中论》序，元刊本有之。案此序徐幹同时人作。旧无名氏《意林》：《中论》六卷，任氏注。任嘏与幹同时，多著述。疑此序及注皆任嘏作，无以定之。’按《中论》旧序末云：‘故追述其事，粗举其显露易知之数，沈冥幽微、深奥广远者，遗之精通君子，将自赞明之也。’此数语有似乎为之注者。”民国《适园丛书》本。姚振宗《隋书经籍志考证》卷二四《子部一》：“案《中论》旧序末云‘故追述其事，为举其显露易知之数，沈冥幽微、深奥广远者，遗之精通君子，将自赞明之也。’此数语则为注其书者之所作可知已。”民国《师石山房丛书》本。

③ 《北堂书钞》卷九八引《〈徐幹集〉序》。孔广陶校注：“今案：陈本改注《先贤行状》。”中国书店1989年据光绪十四年南海孔氏刊本影印版，第376页。《三国志》卷二一《魏书·徐幹传》裴松之注引《先贤行状》曰：“幹清玄体道，六行修备，聪识洽闻，操翰成章，轻官忽禄，不耽世荣。建安中，太祖特加旌命，以疾休息。后除上艾长，又以疾不行。”

④ 《中论》卷上《艺纪》，《四部丛刊》景明嘉靖本。

“枝叶”，却大有文化价值。其中透露的海洋意识，体现出齐文化的特色。有关海产“宝玩”的文句，有值得珍视的价值。其中可以看作海洋生态史料的内容，也值得我们重视。徐幹生于北海，又长期在海滨生活[①]，《齐都赋》描写的真实性，应当是可信的。

一 徐幹的“齐气”

有的建安文学研究者高度评价徐幹政论的意义，以为其中所表现的“他的思想具有鲜活的时代内容”，因而他“不失为建安时代重要的思想建设者”。对于其文学贡献，却未予说明。[②] 有学者则直接否定徐幹赋作的价值：“今天看来，他的辞赋成就并不高，值得我们重视的倒是他的政治论文和诗歌。他作品的特点，也主要体现在政论散文和诗歌创作上。”[③] 然而《文心雕龙·才略》说，“徐幹以赋论标美。”[④] 也许其“赋”、“论”，前者更集中地展示“艺”或谓“文学”，后者更突出地论说“德”或谓“思想”。徐幹的“论”，代表作是《中论》。关于他的“赋”，曹丕在《典论论文》中有这样的评价：“王粲长于辞赋，徐幹时有齐气，然粲之匹也。……幹之《玄猿》、《漏卮》、《圆扇》、《橘赋》，虽张、蔡不过也。然于他文，未能称是。”[⑤] 同样是文学巨匠的曹丕称赞徐幹有些赋作的水准与张衡、蔡邕相当。无论徐幹的同代人和后代人，对“张、蔡”都有相当高的赞誉。《三国志》卷四二《蜀书·杜周杜许孟来尹李谯郤

① 据《〈中论〉原序》，“灵帝之末年”，徐幹“病俗迷昏，遂闭户自守”，“董卓作乱，幼主西迁，奸雄满野，天下无主”，又“避地海表，自归旧都”。俞绍初《建安七子年谱》：“谢灵运《拟魏太子邺中集诗》八首《徐幹诗》代叙幹之生平云：‘伊昔家临菑，提携弄齐瑟。置酒饮胶东，淹留憩高密。’《文选》卷四〇杨修《答临菑侯笺》李善注亦谓：‘伟长淹留高密。’胶东、高密皆近海之地，《中论序》‘海表’即指此。盖徐幹旧居临菑，以战乱迭起，临菑牢落，故往避之。”大约建安十一年（206），“徐幹三十七岁，应命归曹操”。建安十九年（214），“徐幹四十四岁，为临菑侯文学。”俞绍初辑校：《建安七子集》，中华书局1989年版，第372、431页。李文献《徐幹思想研究》也以为“徐幹任临菑侯文学事，当为可信”。文津出版社1992年版，第31页。则徐幹的生活场景应当又回到“近海之地”。

② 徐俊祥：《建安文学史大纲》，广陵书社2009年版，第336页。

③ 张可礼：《建安文学论稿》，山东教育出版社1986年版，第144页。

④ 〔梁〕刘勰撰，姜书阁述：《文心雕龙绎旨》，第182页。

⑤ 〔梁〕萧统编：《文选》卷五二，中华书局1977年据嘉庆十四年胡克家刻本影印版，下册第720页。

传》评曰，“张、蔡之风”，“文辞灿烂”。刘勰在《文心雕龙·才略》中也说：“张衡通赡，蔡邕精雅。文史彬彬，隔世相望。是则竹柏异心而同贞，金玉殊质而皆宝也。”① 而曹丕“虽张、蔡不过也”的评断，肯定了徐幹赋作的文学水准。

曹丕所谓“徐幹时有齐气”，《文选》卷五二《典论论文》李善注：“言齐俗文体舒缓，而徐幹亦有斯累。《汉书·地理志》曰：故《齐诗》曰：‘子之还兮，遭我乎猺之间兮。’此亦其舒缓之体也。”李周翰注：“齐俗文体舒缓，言徐幹文章时有缓气，然亦是粲之俦也。”② 这样的理解，指“齐气”为一种批评。《史记》卷一二九《货殖列传》指出齐地“其俗宽缓阔达”。《汉书》卷二八下《地理志下》是这样说到齐俗“舒缓”的：“初太公治齐，修道术，尊贤智，赏有功，故至今其土多好经术，矜功名，舒缓阔达而足智，其失夸奢朋党，言与行缪，虚饰不情，急之则离散，缓之则放纵。”“舒缓”语在“其失”句前，似乎并不是直接的批评。《汉书》卷八三《朱博传》也说“齐郡舒缓养名”。关于朱博赴齐地任地方行政长官，有这样的故事。杜陵人朱博初任琅邪太守，因齐地“舒缓”风习而愤怒：“齐郡舒缓养名，博新视事，右曹掾史皆移病卧。博问其故，对曰：‘惶恐！故事二千石新到，辄遣吏存问致意，乃敢起就职。’博奋髯抵几曰：‘观齐儿欲以此为俗邪！’”所谓“欲以此为俗”，言区域民间文化的节奏特征影响行政③，这可能是朱博“奋髯抵几”的原因。

《汉书》卷二七中之下《五行志中之下》：“上不明，暗昧蔽惑，则不能知善恶，亲近习，长同类，亡功者受赏，有罪者不杀，百官废乱，失在舒缓，故其咎舒也。”又说：“成公元年‘二月，无冰’。董仲舒以为方有宣公之丧，君臣无悲哀之心，而炕阳，作丘甲。刘向以为时公幼弱，政舒缓也。”又有“善恶不明，诛罚不行，周失之舒”的说法。又可见：“僖

① 〔梁〕刘勰撰，姜书阁述：《文心雕龙绎旨》，第182页。

② 〔梁〕萧统编，〔唐〕李善、吕延济、刘良、张铣、吕向、李周翰注：《文选》卷五二，中华书局1987年据商务印书馆1919年《四部丛刊》除编刊涵芬楼藏宋刊本影印版，下册第967页。

③ 参看王子今《两汉人的生活节奏》，《秦汉史论丛》第5辑，法律出版社1992年版；《中国文化节奏论》，陕西人民教育出版社1998年版，第83—85页；《文化节奏的区域差别》，《学习时报》2000年3月13日。

公三十三年‘十二月，陨霜不杀草’。刘歆以为草妖也。刘向以为今十月，周十二月。于易，五为天位，君位，九月阴气至，五通于天位，其卦为剥，剥落万物，始大杀矣，明阴从阳命，臣受君令而后杀也。今十月陨霜而不能杀草，此君诛不行，舒缓之应也。”“京房《易传》曰：‘臣有缓兹谓不顺，厥异霜不杀也。’”又如：“僖公三十三年‘十二月，李梅实’。刘向以为周十二月，今十月也，李梅当剥落，今反华实，近草妖也。先华而后实，不书华，举重者也。阴成阳事，象臣颛君作威福。一曰，冬当杀，反生，象骄臣当诛，不行其罚也。故冬华者，象臣邪谋有端而不成，至于实，则成矣。是时僖公死，公子遂颛权，文公不寤，后有子赤之变。一曰，君舒缓甚，奥气不臧，则华实复生。董仲舒以为李梅实，臣下强也。”“惠帝二年，天雨血于宜阳，一顷所，刘向以为赤眚也。时又冬雷，桃李华，常奥之罚也。是时政舒缓，诸吕用事，谗口妄行，杀三皇子，建立非嗣，及不当立之王，退王陵、赵尧、周昌。”“周之末世舒缓微弱，政在臣下，奥暖而已……”《汉书》卷二七下之下《五行志下之下》：“刘向以为朓者疾也，君舒缓则臣骄慢，故日行迟而月行疾也。仄慝者不进之意，君肃急则臣恐惧，故日行疾而月行迟，不敢迫近君也。不舒不急，以正失之者，食朔日。刘歆以为舒者侯王展意颛事，臣下促急，故月行疾也。肃者王侯缩朒不任事，臣下弛纵，故月行迟也。”《史通》卷一九《外篇·汉书五行志错误》就此是以“以为其政弛慢，失在舒缓”予以概括的。[①] 看来，在许多情况下，“舒缓”对于行政，是可能导致失败的一种弊病。这正是朱博“奋髯抵几”的原因。

然而就文化评价而言，“舒缓”其实又有复杂的涵义。《容斋随笔》续笔卷七“迁固用疑字”条：“（司马迁、班固）其语舒缓含深意。”[②] 对于“舒缓”表现的审慎，似有所肯定。又《朱子语类》卷八〇《解诗》：“《诗本义》中辨毛、郑处，文辞舒缓，而其说直到底，不可移易。”[③] 此言“舒缓”似是中性评价。宋吕乔年编《丽泽论说集录》卷一《门人集录易说上》：“常人之情，处至险之中必惶惧逼迫，无所聊赖。五处至险

---

① 张振珮笺注：《史通笺注》，贵州人民出版社1985年版，下册第654页。

② 〔宋〕洪迈撰，孔凡礼点校：《容斋随笔》，中华书局2005年版，上册第302—303页。

③ 〔宋〕黎靖德编，王星贤点校：《朱子语类》，中华书局1986年版，第6册第2089页。

而从容舒缓，饮食宴乐，是知险难之中自有安闲之地也。”[①] 则“舒缓”与“从容”并说，与镇定、安详、稳重近义。又宋黄震撰《黄氏日抄》卷四四《读本朝诸儒书》所谓“舒缓不振”[②]，则是一种批评。对于“徐幹时有齐气”，李善注所谓“言齐俗文体舒缓，而徐幹亦有斯累”，也是负面的评价。而郝氏《续后汉书》卷六六下上《文艺列传·魏》有如下论议：“文章以‘气’为主。孔融气体高妙，徐幹时有齐气，文章有大体，无定体，气盛则格高，格高则语妙。以‘气’为主，则至论也。”[③] 对于徐幹的“齐气”，论者似乎是有所赞赏的。

《论衡·率性》的说法或许较直接表现了汉代人对“舒缓”的理解：“楚、越之人，处庄、岳之间，经历岁月，变为舒缓，风俗移也。故曰：‘齐舒缓，秦慢易，楚促急，燕戆投。’以庄、岳言之，更相出入，久居单处，性必变易。”所谓“庄、岳”，据黄晖《校释》，“《孟子》赵注：‘庄、岳，齐街里名也。’顾炎武曰：‘庄是街名，岳是里名。’”对于“舒缓”，黄晖《校释》：“《公羊》庄十年《传》疏引李巡曰：‘齐，其气清舒，受性平均。’又曰：‘济东至海，其气宽舒，秉性安徐。’”[④] 王充所言“舒缓”并无褒贬。李巡则明确说到了这种文化风格的环境背景，特别是与“海”的关系。如果我们理解徐幹的“齐气”在某种意义上体现了与海洋有关的文化倾向，也许也是有一定合理性的。

有学者说，“‘齐气’指由齐地舒缓风俗所致的舒缓的文章风格”。“舒缓的文章风格，非常适合于表达深邃细腻的思想情感。就好像一条静静的长河，在缓缓的流淌中诉说着自己的深长。”论者称颂“‘时有齐气’的舒缓文风的艺术魅力”，给予“齐气”以完全正面的评价。[⑤] 刘跃进对于“齐气”的分析，是迄今就这一主题进行研究的最成熟的论作。所论“齐俗以‘舒缓’为核心”，齐人的文化“优越感”，“富于幻想”的特点

① 文渊阁《四库全书》本。明茅元仪《三戌丛谭》卷一〇引“吕东莱祖谦《易说》”“论‘需’”：“常人之情，处至险之中，必皇惧逼迫，无所聊赖。五处至险而从容舒缓，饮食宴乐，是知险难之中自有安闲之地也。”明崇祯刻本。

② 〔宋〕黄震《黄氏日抄》卷四四《读本朝诸儒书》“元成语”条：“祖宗以仁慈治天下，至嘉祐末，似乎舒缓不振。故神庙必欲变法。”元后至元刻本。

③ 文渊阁《四库全书》本。

④ 黄晖：《论衡校释》，中华书局1990年版，第79页。

⑤ 韩格平：《建安七子综论》，东北师范大学出版社1998年版，第179、182页。

以及“齐地强调融通意识”等意见，都可以给我们启示。所论徐幹文字“沉潜的特色”，也值得研究者注意。也许对所谓“齐气”的全面准确的文化解说是比较复杂的任务，正如论者所说，“深入系统的探讨，还有待于来日”。①

二 “沧渊”无垠无鄂

对于徐幹《齐都赋》，有研究者评价，“体制较大”，“以颂美家乡为主，在现实基础上通过想像铺叙都邑不凡的历史、所处的地理位置及其山川景色、繁华气象、丰富物产、奇珍异宝等，其中不无夸饰……”然而“其夸饰有现实的基础”。②

《艺文类聚》卷六一引魏徐幹《齐都赋》曰：“齐国实坤德之膏腴，而神州之奥府。”③ 刘跃进这样评价徐幹的赋作，“他的辞赋创作自然无法与张衡、蔡邕相比”。然而，“就其保存比较完整的辞赋而言，依然可以鲜明地体味出另外一种情怀”。对此句的评价，以为“流露出对家乡的美好记忆”。④

关于所谓“神州之奥府”，《焦氏易林》所谓“天之奥府”、“国之奥府”可以对照理解。其说多强调自然条件之“水”的优势，往往言及“海”。如卷一《乾·观》、卷四《谦·豫》都写道：“江河淮海，天之奥府。众利所聚，可以饶有，乐我君子。”卷七《颐·坤》则作：“江河淮海，天之奥府。众利所聚，宾服饶有，乐我君子。”卷一三《震·随》：“江河淮海，天之奥府。众利所处，可以富有，好乐喜友。”卷七《无

① 刘跃进：《论“齐气”》，《文献》2008年第1期，收入《秦汉文学论丛》，凤凰出版社2008年版。

② 王鹏廷：《建安七子研究》，北京大学出版社2004年版，第155—156页。

③ 〔唐〕欧阳询撰，汪绍楹校：《艺文类聚》，上海古籍出版社1982年重印中华书局上海编辑所1965年校印本，上册第1103页。

④ 刘跃进：《论“齐气”》，《文献》2008年第1期，收入《秦汉文学论丛》。应当注意到，就对家乡的描写而言，即“颂美家乡”或表达“对家乡的美好记忆”，汉赋作家情感的深厚和记述的真实应当是特别可贵的。其史料价值因而值得珍视。例如张衡的《南都赋》。参看王子今《〈南都赋〉自然生态史料研究》，《中国历史地理论丛》2004年第3期。

安·大有》："海河都市，国之奥府。商人受福，少子玉食。"①

徐幹《齐都赋》说到"齐都"的水资源形势，特别言及"川渎"入海的壮观场面：

> 其川渎则洪河洋洋，发源崑仑，惊波沛厉，浮沫扬奔，南望无垠，北顾无鄂。……②

《水经注》卷一《河水》引徐幹《齐都赋》字句有所不同：

> 川渎则洪河洋洋，发源昆仑，九流分逝，北朝沧渊，惊波沛厉，浮沫扬奔。③

费振刚等辑注《全汉赋》作：

> 齐国实坤德之膏腴，而神州之奥府。其川渎则洪河洋洋，发源崑仑，九流分逝，北朝沧渊，惊波沛厉，浮沫扬奔，南望无垠，北顾无鄂。……④

这样的复原，大致是合理的。"北朝沧渊"之后，所谓"惊波沛厉，浮沫扬奔，南望无垠，北顾无鄂"，应是对渤海海面壮阔形势的真实写述。"惊波沛厉，浮沫扬奔"云云，生动地描绘了海上浪花飞扬、波涛激荡的场景。所谓"南望"、"北顾"均面对"无垠"、"无鄂"的水面，说海域辽阔广大。

"无垠"、"无鄂"同义。《说文·土部》："垠，地垠咢也。"段玉裁

① "玉食"或作"玉石"。〔汉〕焦延寿：《易林注》，河北人民出版社1989年版，第3、126、232、450、215页。有学者分析卷一《乾·观》，以为这里所谓"海"，即"辽阔的大海"。并写道："这是一首赞美国土富饶的诗歌，钟惺于'奥府'称赞'字奇'；又评全诗是'绝妙颂语'。"认为这是对司马迁《史记》卷一二九《货殖列传》中对于"汉朝疆土的富饶"之描述的"高度概括并加以诗化，具有宏大的气势，且情绪欢快，充满自豪感"。陈良运：《焦氏易林诗学阐释》，百花洲文艺出版社2000年版，第107页。

② 《艺文类聚》，上册第1103页。

③ 〔北魏〕郦道元著，陈桥驿校证：《水经注校证》，中华书局2007年版，第2页。

④ 费振刚、胡双宝、宗明华辑校：《全汉赋》，第623页。

注："咢字各本无。今补。《玄应书》卷八引：'圻，地圻咢也。'《文选·七发》注引：'圻、地圻堮也。''堮'者，后人增'土'。'咢'则许书本然。浅人以'咢'为怪，因或改或删耳。按古者边畍谓之'垠咢'。《周礼·典瑞》、《辀人》，《礼记·郊特牲》《少仪》《哀公问》五注皆云'圻鄂'。'圻'或作'沂'。张平子《西京赋》作'垠锷'。注引许氏《淮南子注》曰：'垠锷，端厓也。'《甘泉赋》李注曰：'鄂，垠鄂也。'按'垠'亦作'圻'。或作'沂'者叚借字。《淮南书》亦作'埜'。《玉篇》曰：'古文也。''咢'作'鄂'作'锷'者，皆叚借字。或作'�'作'堮'者、异体也。'咢'者、哗讼也。叚借之。《毛诗》'鄂不韡韡'。'鄂'盖本作'咢'。《毛传》曰：'咢犹咢咢然。'言外发也。笺云：'承华者曰咢，不当作柎。柎，咢足也。'毛意本谓花瓣外出者。《郑笺》则以诗上句为华，不谓蒂。故谓咢为下系于蒂，而上承华瓣者。毛云：'咢咢犹今人云齾齾。'毛、郑皆谓其四出之状。《长笛赋》注：《字林》始有从卪之'鄂'。'垠咢'字之别体也。俗'卪''阝'混殽。故作'鄂'不作'鄂'。物之边畍有齐平者，有高起者，有捷业如锯齿者，故统评之曰'垠咢'。有单言'垠'、单言'咢'者，如《甘泉赋》既云'亡鄂'，又曰'无垠'是也。故许以'地垠咢'释'垠'。《广韵》曰：'圻，圻堮。又岸也。'正本《说文》。"① 对"鄂"即"端厓"、"边畍"的解说，是准确的。

徐干《齐都赋》所谓"南望无垠，北顾无鄂"，即使用当时通行语言形容了"海"的最宏大的气象。

汉武帝茂陵附近出土瓦当文字有"泱茫无垠"。② 汉赋文字"泱茫"或作"泱莽"③，或作"泱漭"。④ 《史记》卷三一《吴太伯世家》说，"吴使季札聘于鲁，请观周乐。"对于各地音乐文化的风格，季札均有非

① 〔汉〕许慎撰，〔清〕段玉裁注：《说文解字注》，第690页。

② 王世昌：《陕西古代砖瓦图典》，三秦出版社2004年版，第387页。1979年兴平南位乡道常村出土，现藏茂陵博物馆。

③ 《史记》卷一一七《司马相如列传》载录《子虚赋》；《汉书》卷五七上《司马相如传上》载录《子虚赋》。

④ 《后汉书》卷二八下《冯衍传》载录《显志赋》。又《艺文类聚》卷二引曹植《愁霖赋》，卷七引刘伶《北芒客舍诗》，卷三四引王粲《思友赋》，卷五七引曹植《七启》，卷六三引李尤《平乐观赋》，卷九四引曹植《上牛表》也可见"泱漭"字样。

常到位的感觉。其中对“歌《齐》”的体味，可见季札的评价：“歌《齐》。曰：‘美哉，泱泱乎大风也哉。表东海者，其太公乎？国未可量也。’”季札的判断极富深意，值得齐史和齐文化研究者重视。

对于所谓“泱泱乎大风也哉”，裴骃《集解》引服虔曰：“泱泱，舒缓深远，有大和之意。其诗风刺，辞约而义微，体疏而不切，故曰‘大风’。”司马贞《索隐》：“泱，于良反。泱泱犹汪汪洋洋，美盛貌也。杜预曰‘弘大之声’也。”① “泱泱”字义与“大风”、“大和”、“弘大”、“美盛”的关系，都切合齐地所面对的“海”的广阔浩荡气象。“泱泱犹汪汪洋洋”，即形象化的解说。而服虔所谓“泱泱，舒缓深远”，也可以帮助我们深化对上文所讨论的“齐气”“舒缓”的理解。

季札随即说：“表东海者，其太公乎？国未可量也。”所谓“表东海”，裴骃《集解》：“王肃曰：‘言为东海之表式。’”对于所谓“国未可量也”，人们以为国势强盛，文化复兴的预言。裴骃《集解》：“服虔曰：‘国之兴衰，世数长短，未可量也。’杜预曰：‘言其或将复兴。’”

徐幹赋作的“齐气”，有学者以为其内涵“除‘舒缓’之外，还应有潜在的自负意识和明快的贯通意识”。因对于这种“自负之情”、“潜在的自负”、“自许甚高之感”，或说“特别的自豪感”② 的理解，有学者直接解释“齐气”为“骄气”。③ 这种文化气度体现出来的自信和自矜，以及富有幻想色彩的神仙学说和“怪迂”之谈④的产生，应当都与“泱泱”“美盛”的大海有关。

三 海产“宝玩”

前引研究者评价，说到徐幹《齐都赋》对家乡“丰富物产、奇珍异

---

① 《汉书》卷二八下《地理志下》：“吴札闻《齐》之歌，曰：‘泱泱乎，大风也哉！其太公乎？国未可量也。’”颜师古注：“泱泱，弘大之意也。”

② 刘跃进：《论“齐气”》，《文献》2008年第1期，收入《秦汉文学论丛》。

③ 赵仲邑将《文心雕龙·风骨》中“论徐幹，则云‘时有齐气’”译作“评论徐幹，就说他时有骄气”。赵仲邑译注：《文心雕龙译注》，漓江出版社1982年版，第261页。

④ 《史记》卷二八《封禅书》：“求蓬莱安期生莫能得，而海上燕齐怪迂之方士多更来言神事矣。”章太炎《自述学术次第》以为“杂以燕齐方士怪迂之谈”为“汉世齐学”杂收其中。《章炳麟传记汇编》，香港：大东图书公司1978年版，第255页。

宝”的记述。如《北堂书钞》卷一四八引徐幹《齐都赋》说到“齐都”名酒“三酒既醇，五齐惟醹”。[①]《太平御览》卷六八六引徐幹《齐都赋》说到“齐都”出产的丝织品：“纤缅细缨，轻配蝉翼。自尊及卑，须我元服。”[②] 我们更为注意的，是其中所涉及的来自海洋的“宝玩”。

例如，《艺文类聚》卷六一引徐幹《齐都赋》又说到“齐都”地方特别的物产“宝玩”：

> 灵芝生乎丹石，发翠华之煌煌。其宝玩则玄蛤抱玑，駮蚌含珰。

费振刚等辑校《全汉赋》作“驳蚌含珰”[③]，费振刚等校注《全汉赋校注》作“駮蚌含珰”，注释：“駮，此指蚌壳的颜色混杂不纯。‘駮’，‘驳’的异体字。‘蚌’，同‘蚌’。”[④] 文渊阁《四库全书》本作“驳蚌含珰”。

《全汉赋校注》解释说：“宝玩：供人玩赏收藏的珍宝。玄蛤駮蚌：皆产于江河湖海之中有甲壳的软体动物，壳内有珍珠层或能产出珠。”[⑤]

可能也属于“宝玩”类者，《全汉赋校注》又自《韵补》四“烂”字、“焕”字注中辑出徐幹《齐都赋》文字：

> 隋珠荆宝，磥起流烂。雕琢有章，灼烁明焕。生民以来，非所视见。

既言“隋珠荆宝”，应非本地出产，这里强调的大概是“齐都”珠宝加工业的成就，即所谓“雕琢有章”。

我们还看到，《全汉赋校注》又自《韵补》一“鲨”字注中辑出

---

① 〔唐〕虞世南编撰：《北堂书钞》，中国书店据光绪十四年南海孔氏刊本1989年7月影印版，第624页。

② 〔宋〕李昉等撰：《太平御览》，中华书局据上海涵芬楼影印宋本1960年2月复制重印版，第3册第3062页。“轻配蝉翼”，费振刚、胡双宝、宗明华辑校《全汉赋》引作“薄配蝉翼”，第623页。费振刚、仇仲谦、刘南平校注《全汉赋校注》作“轻配蝉翼”，注：“录自《御览》卷六八六。”下册第990、994页。

③ 费振刚、胡双宝、宗明华辑校：《全汉赋》，第623页。

④ 费振刚、仇仲谦、刘南平校注：《全汉赋校注》，下册第990、992页。

⑤ 同上书，下册第992页。

《齐都赋》佚文：

罛鱣鮷，网鲤鲨，拾蠙珠，籍蛟蠵。

说的都是渔产，或应部分反映海洋渔业的方式。其中“拾蠙珠”，《全汉赋校注》解释说：“蠙珠，蚌珠。”① 所说应与前引“其宝玩则玄蛤抱玑，駮蚌含珰”有关。

齐地海上水产“玄蛤抱玑，駮蚌含珰”的发现，以及“拾蠙珠”的生产方式，徐幹《齐都赋》的记述应当是最早的。稍晚的资料，我们看到《艺文类聚》卷六一引晋左思《吴都赋》所谓“蜯蛤珠胎”。应是说吴地东海产珠。人们熟知的“珠还合浦”的故事，即《后汉书》卷七六《循吏列传·孟尝》：“（孟尝）迁合浦太守。郡不产谷实，而海出珠宝，与交阯比境，常通商贩，贸籴粮食。先时宰守并多贪秽，诡人采求，不知纪极，珠遂渐徙于交阯郡界。于是行旅不至，人物无资，贫者饿死于道。尝到官，革易前敝，求民病利。曾未逾岁，去珠复还，百姓皆反其业，商货流通，称为神明。”这是说南海产珠。关于采珠生产的较早史料有扬雄《校猎赋》“方椎夜光之流离，剖明月之珠胎……”颜师古注：“珠在蛤中若怀妊然，故谓之胎也。”② 而与徐幹《齐都赋》年代相近者又有曹植《七启》：“弄珠蜯，戏鲛人。”③ 不过此“珠胎”、“珠蜯”均未知地点。徐幹《齐都赋》“玄蛤抱玑，駮蚌含珰”文句的意义，在于提示我们齐地海域亦“出珠宝”，与“合浦”类同。有生物学者指出，珠母贝〔*Pteria*（*Pinctada*）*martensii*〕产于我国南海。“广西合浦所产为最著名，汉代有合浦还珠的故事，故我国采珠事业至少已有1700年的历史。”④ 徐幹《齐都赋》显然提供了新的历史信息。

徐幹《齐都赋》“玄蛤抱玑”之所谓“玄蛤”，学名“蛤仔”（*Venerupis philippinarum*），瓣腮纲，帘蛤科。“另种‘杂色蛤仔’（*V. vaviegata*），也称‘花蛤’。”“壳面有排列细密的布纹，颜色和花纹变化很大，一般为淡

① 费振刚、仇仲谦、刘南平校注：《全汉赋校注》，下册第991、995页。又解释“籍蛟蠵”，校注：“籍：绳，系，缚。宋本《韵补》作‘藉’。蛟：鲨鱼。蠵，大龟。”

② 《汉书》卷八七上《扬雄传上》载录《校猎赋》。

③ 《艺文类聚》卷五七引。

④ 《辞海·生物分册》，上海辞书出版社1975年版，第422页。

褐色，并有密集的褐色、赤褐色斑点或花纹。”“蛤仔”和“杂色蛤仔”即“花蛤”，“两种均生活在浅海泥沙滩中。我国南北沿海均产”。[①] 也许“杂色蛤仔”或“花蛤”，就是徐幹《齐都赋》所谓“駮蚌”或“驳蚌”，即瓣腮纲帘蛤科海生动物中“蚌壳的颜色混杂不纯”者。

《史记》卷一二九《货殖列传》写道：“江南出柟、梓、姜、桂、金、锡、连、丹沙、犀、玳瑁、珠玑、齿革。”可知据司马迁记述，“珠玑”产地与“柟、梓、姜、桂、金、锡、连、丹沙、犀、玳瑁”及“齿革”等同样，原在“江南”。徐幹《齐都赋》所提供渤海海域出产“玑”“珰”等“宝玩”的相关信息增进了我们对中国古代早期采珠史的认识。《北堂书钞》卷一三六《初学记》卷二六引刘桢《鲁都赋》：“纤纤丝履，灿烂鲜新。灵草寻梦，华荣奏口。表以文组，缀以珠蠙。”[②] 所谓“珠履”战国时期已经成为上层社会服用时尚。[③] 刘桢《鲁都赋》所见作为“丝履”装饰的“珠蠙”应与徐幹《齐都赋》“拾蠙珠”有关。此“珠蠙”或许来自齐地，也不能排除“鲁、东海”地方出产的可能。[④]

---

① 《辞海·生物分册》，第423页。

② 《北堂书钞》，第557页。费振刚、胡双宝、宗明华辑校《全汉赋》及费振刚、仇仲谦、刘南平校注《全汉赋校注》出处均误，作“录自《书钞》卷一四六”（第715页），“录自《书钞》一四六”（下册第1127页）。《初学记》卷二六引刘桢《鲁都赋》：“纤纤丝履，灿烂鲜新。表以文綦，缀以朱蠙。”中华书局1962年版，第3册第629页。

③ 《史记》卷七八《春申君列传》：“赵使欲夸楚，为玳瑁簪，刀剑室以珠玉饰之，请命春申君客。春申君客三千余人，其上客皆蹑珠履以见赵使，赵使大惭。”

④ 对于《初学记》卷六引刘桢《鲁都赋》“巨海分焉”，费振刚、仇仲谦、刘南平校注《全汉赋校注》的解释是“意思是大海离鲁都很远”，下册第1127页。恐理解有误。对于《北堂书钞》卷一四六引刘公幹《鲁都赋》：“汤盐池东西长七十里，南北七里，盐生水内，暮去朝复生。”“其盐则高盆连冉，波酌海臻。素醝凝结，皓若雪氛。”“又有咸池漭沆，煎炙赐春。燋暴溃沫，疏盐自殷。挹之不损，取之不动。”校注者却说，“汤盐池，犹今言晒盐场。高盆：此指巨大的浸盐场。高：巨大。盆：盛物之器，这里指盐场聚海水的低洼处。连冉：此指浸盐场与大海紧紧相连。冉：渐进。波酌海臻：此指海水一次次冲到盐场上来。似被斟酌一般。”“溃沫：此指海上盐场的海浪在烈日下变成浪珠高涌。”“这两句说因海水取之不尽，所以盐滩也取之不减，岿然不动。与前面‘盐生水内，暮去朝复生’句义相近。”下册第1127页。可知刘桢写述“鲁都”形势，是包括海洋资源优势的。大概不会强调“大海离鲁都很远”。《北堂书钞》卷一四八引《古艳歌》云：“白盐海东来，美豉出鲁门。”第618页。也说到“鲁”与“海东”盐产的关系。汉代“鲁、东海”作为一个区域代号，又有《汉书》卷二八下《地理志下》“汉兴以来，鲁、东海多至卿相”及《汉书》卷五一《枚乘传》载枚乘说吴王语所谓“鲁、东海绝吴之饷道”等例证。

或说《管子·侈靡》“若江湖之大也，求珠贝者不令也”[①] 之“珠贝”是“产珠之贝”。[②] 如此说可信，则似可看作齐地采珠史早于徐幹《齐都赋》“玄蛤抱玑，駮蚌含珰”的史例。不过，“珠贝”、“产珠之贝”的解说似不确。《后汉书》卷三四《梁商传》：“死必耗费帑臧，衣衾饭唅玉匣珠贝之属，何益朽骨。”李贤注：“唅，口实也。《白虎通》曰‘大夫饭以玉，唅以贝；士饭以珠，唅以贝’也。” “珠贝”应即“珠”与“贝”。《隶释》卷四《桂阳太守周憬功勋铭》：“其成败也，非徒丧宝玩、陨珍奇、瞥珠贝、沵象犀也。”[③]“珠贝”大致是“泛指珍珠宝贝”。《太平御览》卷八〇七引《相贝经》：“素质红黑谓之‘珠贝。’”可能也与“产珠”无关。

徐幹《齐都赋》所谓“其宝玩则玄蛤抱玑，駮蚌含珰”，既是海洋开发史的重要资料，也是海洋生态史的重要资料。

四 “蒹葭苍苍”，水禽“群萃”

汉赋往往注重水泽植被及野生动物的描写，其中有些信息，可以看作宝贵的生态环境史料。[④] 有人对建安辞赋题材进行分类，以“自然”为一大类，包括岁时（10 篇）、天象（9 篇）、地理（5 篇）、植物（20 篇）、动物（24 篇）。植物又分花类（1 篇）、果类（3 篇）、草类（5 篇）、木类（11 篇）。动物又分鸟类（18 篇）、兽类（2 篇）、虫类（2 篇）、鱼类（2 篇）。即以植物、动物而论，这样的分类且不说多有不合理处，只按照篇题分类，确实是过于简单化了。徐幹《齐都赋》被论者划分到“社会”大类的都邑类中[⑤]，然而其中关于自然生态的内容，包括“植物”和“动物”，其实都是非常精彩，非常重要的。

---

① 洪颐煊云：“令”当作“舍”，谓舍而去之。黎翔凤以为洪说谬，“此为‘合’字”。黎翔凤撰：《管子校注》，中华书局 2004 年版，中册第 722、725 页。

② 汉语大词典编辑委员会、汉语大词典编纂处编纂《汉语大词典》“珠贝”条：“①产珠之贝，泛指珍珠宝贝。”书证即《管子·侈靡》：“若江湖之大也，求珠贝者不舍也。”汉语大词典出版社 1989 年版，第 4 卷第 547 页。

③ 〔宋〕洪适撰：《隶释　隶续》，中华书局据洪氏晦木斋刻本 1985 年影印版，第 55 页。

④ 参看王子今《〈南都赋〉自然生态史料研究》，《中国历史地理论丛》2004 年第 3 期。

⑤ 廖国栋：《建安辞赋之传承与拓新：以题材及主题为范围》，台北：文津出版社有限公司 2000 年版，第 188—192、196 页。

关于“齐都”海滨优越的生态条件,《艺文类聚》卷六一引徐幹《齐都赋》有这样的内容:

> 蒹葭苍苍,莞菰沃若。瑰禽异鸟,群萃乎其间。戴华蹈缥,披紫垂丹。应节往来,翕习翩翻。

关于“王”的后宫生活,有“盈乎灵圃之中”句。徐幹又写道:

> 于是羽族咸兴,毛群尽起,上蔽穹庭,下被皋薮。

形容这里的环境可以使得野生动物“毛群”“羽族”数量充盈,以致“被”野“蔽”天。所谓“蒹葭苍苍,莞菰沃若”,说明有大面积的草滩湿地分布。于是形成了自然蕃生、自由翩飞的水禽世界。所谓“应节往来,翕习翩翻”,应是指候鸟随季节往徙停落,形成了生态规律。“瑰禽异鸟”,“群萃”“翕习”,形成了“齐都”一道美丽的风景。

《建安七子集》卷四《徐幹集》之《赋·齐都赋》又据《韵补》三“鸨”字注辑得以下一句:

> 驾鹅鸧鸹,鸿雁鹭鸨,连轩翚霍,覆水掩渚。[①]

《全汉赋校注》以为应与前说“瑰禽异鸟”一段有关。校注写道:“鸧鸹”,“宋本《韵补》‘鸹’作‘鶬’,《四库》本、连筠簃本作‘鸽’。”[②]

《文心雕龙·诠赋》说,“赋者,铺也。铺采摛文,体物写志也。”汉赋采用怎样的“体物”形式呢?《文心雕龙·比兴》指出:“至于扬、班之伦,曹、刘以下,图状山川,影写云物,莫不织综比义,以敷其华,惊听回视,资此效绩。”[③] 汉赋注重对自然景观的描绘。有学者因此说,“汉赋有绘形绘声的山水描写,是山水文学的先声”。[④] 而“山水”之中,为

---

① 俞绍初辑校:《建安七子集》,第143页。

② 费振刚、仇仲谦、刘南平校注:《全汉赋校注》,下册第995页。

③ 〔梁〕刘勰撰,姜书阁述:《文心雕龙绎旨》,第26、139页。或将“图状山川,影写云物”解释为“图绘山川,描写风景”。赵仲邑:《文心雕龙译注》,第310页。

④ 康金声:《汉赋纵横》,山西人民出版社1992年版,第148页。

“绘形绘声”的文学手法所记录的，以富有生命力的草木禽兽最引人注目。[①] 司马相如《上林赋》又写到上林湖泽的水鸟：“鸿鹔鹄鸨，驾鹅鸀玛，鵁鶄鹮目，烦鹜鷛𪇖，𪆂𪇰鸡鸬，群浮乎其上。汎淫泛滥，随风澹淡，与波摇荡，掩薄草渚，唼喋菁藻，咀嚼菱藕。”[②] 有学者在批评汉赋“闳侈巨衍”，“重叠板滞”的重大缺点时，依然承认“《上林赋》写水禽一段”“是很值得称赞的”。[③] 应当看到，徐幹《齐都赋》也有类似笔意。《文心雕龙·诠赋》指出，汉赋注重“品物毕图”，在“京殿苑猎、述行叙志，并体国经野，义尚光大；既履端于唱序，亦归余于总乱”之外，“至于草区禽族，庶品杂类，则触兴致情，因变取会”。特别倾力于“拟诸形容”，“象其物宜”。[④] 有研究者指出，“东汉赋家”《两都》、《二京》等作品“以史事入赋，则非张诞夸饰之作可比”。而汉末赋作“写节候之情景”，“绘禽甲之殊态”[⑤]，作为生态史料尤有价值。有学者说，徐幹《齐都赋》“有大量的校猎描写”。[⑥] 所谓“戎车云佈，武骑星散；钲鼓雷动，旌旃虹乱”应当就是这样的“描写”[⑦]，然而所谓“大量”一语则不免夸张。不过，注意到其中确实有“校猎描写”的内容并涉及“草区禽族”，是合理的分析。

汉赋的笔触涉及自然生态，确实有往往“兴”有“情”，而且多由较为平易的写述风格，透露出与自然极为亲近的深忱厚意。《汉书》卷六四《王褒传》说，“上令褒与张子侨等并待诏，数从褒等放猎[⑧]，所幸宫馆，辄为歌颂，第其高下，以差赐帛。议者多以为淫靡不急”。汉宣帝针对这种批评，引用了《论语·阳货》中孔子的话：“不有博弈者乎，为之犹贤

① 姜书阁《汉赋通义》分析汉赋“所铺陈的事物内容”，首先指出的是“山川、湖泽、鸟兽、草木”。齐鲁书社 1989 年版，第 282 页。

② 《史记》卷一一七《司马相如列传》；《汉书》卷五七上《司马相如列传上》。禽鸟名称或字异，作“䴋鹔鹄鸨，驾鹅属玉，交精旋目，烦鹜庸渠，箴疵鸡卢”。

③ 姜书阁：《汉赋通义》，第 291—292 页。

④ 〔梁〕刘勰撰，姜书阁述：《文心雕龙绎旨》，第 26—27 页。

⑤ 何沛雄：《〈汉魏六朝赋论集〉序》，《汉魏六朝赋论集》，台北：联经出版事业公司 1990 年版，第 2 页。

⑥ 曹胜高：《汉赋与汉代制度——以都城、校猎、礼仪为例》，北京大学出版社 2006 年版，第 180 页。

⑦ 有研究者认为这些文句下文“盈乎灵囿之中”的“灵囿”即“游猎之地”。费振刚、仇仲谦、刘南平校注：《全汉赋校注》，下册第 993 页。

⑧ 颜师古注：“放，士众大猎也，一曰游放及田猎。”

乎已!”又有这样的表态:“辞赋大者与古诗同义,小者辩丽可喜。辟如女工有绮縠,音乐有郑卫,今世俗犹皆以此虞说耳目,辞赋比之,尚有仁义风谕,鸟兽草木多闻之观,贤于倡优博弈远矣。”有学者就此写道,“连皇帝都要强调这个问题,可见这个问题在当时人们心目中的地位”。[1]汉代“歌颂”“放猎”的赋作确实多有描述“鸟兽草木”的内容。[2]汉宣帝评价汉赋时“鸟兽草木多闻之观”的肯定之辞,或许真地反映了“当时人们心目中”对自然生态环境中“鸟兽草木”的某种关注。[3]

我们认为徐幹《齐都赋》对于理解和说明齐地与海洋相关的生态环境有值得重视的价值,诸如“蒹葭苍苍,莞菰沃若”以及“瑰禽异鸟,群萃乎其间”等内容,都可以看作直接的例证。

① 龚克昌:《汉赋研究》,山东文艺出版社1984年版,第220页。论者以为“汉宣帝肯定汉赋的重点之一就是它有讽谕作用”,我们关注的视点则有所不同。

② 蔡辉龙《两汉名家畋猎赋研究》一书中专门讨论了汉代以“畋猎”为主题的赋作有关“林木花草”和“飞鸟走兽”的内容,可以参考。台北:天工书局2001年版,第104—143页。

③ 王子今:《汉赋的绿色意境》,《西北大学学报》2006年第5期。

秦汉齐海港丛说

因航海事业的进步，秦汉时期海港建设取得显著成就。海上港口的兴起和发展，需要有一定的区域地理背景，其中包括港口与腹地间以及各港口之间陆路交通运输的联系。并海道的形成，为这些条件的实现奠定了基础。

秦汉时期，渤海、黄海、东海、南海海岸均已出现初具规模的海港，北部中国的海港又由并海道南北贯通，形成海陆交通线大体并行的交通结构。秦汉时期的重要海港及服务于海航的近海内河港有十数处，而以齐地海港的数量最多，分布最为密集，作用也最为突出。

一　徐乡

徐乡在今山东黄县西北。西汉时属东莱郡。[①] 王先谦《汉书补注》引于钦《齐乘》："县盖以徐福求仙为名。"[②]

据《汉书》卷二八上《地理志上》：西南临朐"有海水祠"。

《汉书》卷九九中《王莽传中》记载，始建国元年（9），"四月，徐乡侯刘快结党数千人起兵于其国。[③] 快兄殷，故汉胶东王，时改为扶崇公。快举兵攻即墨，殷闭城门，自系狱。吏民距快，快败走，至长广死。莽曰：'昔予之祖济南愍王困于燕寇，自齐临淄出保于莒。宗人田单广设奇谋，获杀燕将，复定齐国。今即墨士大夫复同心殄灭反虏，予甚嘉其忠

① 《汉书》卷二八上《地理志上》。

② 〔元〕于钦《齐乘》卷四《古迹·城郭》："徐乡城，汉县。盖以徐福求仙为名。成帝封胶东恭王子炔为侯。"文渊阁《四库全书》本。

③ 颜师古注："快，胶东恭王子也。而《王子侯表》作炔，字从火，与此不同，疑《表》误。"

者，怜其无辜。其赦殷等，非快之妻子它亲属当坐者皆勿治。吊问死伤，赐亡者葬钱，人五万。殷知大命，深疾恶快，以故辄伏厥辜。其满殷国户万，地方百里。'又封符命臣十余人"。所谓"结党数千人"，《汉纪》卷三〇《孝平皇帝纪》作"结党千数"。《资治通鉴》卷三七"王莽始建国元年"从《汉书》说。

明王寘《历代忠义录》卷一列录刘快事迹："刘快，汉已巳王莽国元年四月，《纲目书》曰：徐乡侯刘快起兵讨莽，不克，死之。"[①]

事后王莽所发表的评断及处置意见，将刘快起兵事与战国时齐人"困于燕寇"事比况，又强调"莒"与"即墨士大夫"的作用，注意到了沿海地方对于全局政治控制的重要意义。

刘快起兵于徐乡，"攻即墨"失败，"至长广死"。反对王莽政权的短暂的军事抗争因发生在海滨很可能与"徐福求仙"有关的重要海港地方，因而引人注目。

又有言"徐乡"即"士乡"者，清叶圭绶《续山东考古录》卷一一《登州府上》予以辨析："徐乡县，故城在西北十里。《寰宇记》：黄县徐乡故城失其遗址。又云士乡城，《后汉书》云：齐有士乡。即此。按《国语》：管仲制国为二十一乡，士乡十五。是通国之制。非独有一士乡城。况黄在姑尤之外，'士'即'徐'音略转耳。以此附会于'士乡'安所得徐乡遗址乎？"[②] 清许鸣磬《方舆考证》卷二一写道："徐乡故城。在黄县西南五十里。《寰宇记》：故徐乡城，汉县，成帝封胶东共王子炔为侯。后汉省其地，即今邑界也，失其故城遗址。《齐乘》：盖以徐福求仙为名。"[③]

《太平寰宇记》卷二四《密州》引《三齐记》又言及"徐山"，也以为因徐市东渡得名："始皇令术士徐福入海求不死药于蓬莱方丈山，而福将童男女二千人于此山集会而去，因曰'徐山'。"

徐乡东汉并于黄县。

---

① 明嘉靖刻本。

② 清咸丰元年刻本。

③ 清济宁潘氏华鉴阁本。

二　黄

《元和郡县图志·河南道七》“黄县”条：“大人故城，在县北二十里。司马宣王伐辽东，造此城，运粮船从此入，今新罗、百济往还常由于此。”“海渎祠，在县北二十四里大人城上。”所谓“大人城”，其实也得名于汉武帝海上求仙故事。《史记》卷二八《封禅书》：“上遂东巡海上，行礼祠八神，齐人之上疏言神怪奇方者以万数，然无验者。乃益发船，令言海中神山者数千人求蓬莱神人。公孙卿持节常先行候名山，至东莱，言夜见大人，长数丈，就之则不见，见其迹甚大，类禽兽云。群臣有言见一老父牵狗，言‘吾欲见巨公’，已忽不见。上即见大迹，未信，及群臣有言老父，则大以为仙人也。宿留海上，予方士传车及间使求仙人以千数”。“大人城”汉时已是海港，汉武帝“宿留海上”，当即由此登船。[①]

《史记》卷一一五《朝鲜列传》记载：“天子募罪人击朝鲜。其秋，遣楼船将军杨仆从齐浮渤海；兵五万人。”杨仆“楼船军”的兵员构成主要是齐人。所以有“楼船将齐卒，入海”，“楼船将军将齐兵七千人先至王险”的说法。“楼船将军杨仆从齐浮渤海”，其中“从齐”二字，也明确了当时齐地存在“楼船军”基地的事实。杨仆“楼船军”“从齐浮渤海”可能性较大的出发港，应当在烟台、威海、龙口地方。[②]

乾隆《山东通志》卷二〇《海疆志·海运附》中的《附海运考》说到唐以前山东重要海运记录：“汉元封二年，遣楼船将军杨仆从齐浮渤海，击朝鲜。魏景初二年，司马懿伐辽东，屯粮于黄县，造大人城，船从此出。”

---

① 据《汉书》卷二五上《郊祀志上》，“公孙卿言见神人东莱山，若云‘欲见天子’。天子于是幸缑氏城，拜卿为中大夫。遂至东莱，宿，留之数日，毋所见，见大人迹云。复遣方士求神人采药以千数。”是见大人迹后又一次令数以千计的大批方士入海求神人。他们很可能也是由徐乡港启程。

② 王子今：《论杨仆击朝鲜楼船军“从齐浮渤海”及相关问题》，《鲁东大学学报》（哲学社会科学版）2009 年第 1 期。

三　之罘

有学者认为，汉武帝时代东征朝鲜的远征军自“之罘”启航渡海。《中国海疆通史》写道，杨仆楼船军“自胶东之罘渡渤海”。[①] 之罘在今山东烟台，战国时期称作“转附”。《孟子·梁惠王下》：

> 昔者齐景公问于晏子曰：“吾欲观于转附、朝儛，遵海而南，放于琅邪，吾何修而可以比于先王观也？”

《汉书》卷六《武帝纪》：太始三年（前94）二月，“行幸东海，获赤雁，作《朱雁之歌》。幸琅邪，礼日成山。登之罘，浮大海”。

《汉书》卷二五下《郊祀志下》记述汉武帝以之罘为中心的海上活动：“登之罘，浮大海，用事八神延年。”即很可能由之罘登船浮海，亲自主持了礼祠“八神”的仪式。

民国徐世昌时《东海行》记述了“登之罘”面对大海的感觉：“东海在何许？乃在神州东。振策登之罘，万里青濛濛。日月星汉互吞吐，江淮河济来朝宗。鳀鳌蜃窟多诡怪，齐人道是蓬莱宫。但见天吴鼓浪黑，那有珊树殷天红……”[②]“之罘”以海上大港的地位，成为“东海”的标志性地方。

四　成山

成山即今山东半岛成山角。

《史记》卷二八《封禅书》：“成山斗入海，最居齐东北隅，以迎日出云。”《孟子·梁惠文下》中所谓“朝儛”，有的学者认为就是指成山。

秦始皇二十八年（前219）东巡，曾“穷成山”。[③] 汉武帝太始三年

---

① 张炜、方堃主编：《中国海疆通史》，第65页。

② 徐世昌：《晚晴簃诗汇》卷一六二，民国退耕堂刻本。

③ 《史记》卷六《秦始皇本纪》。

（前94）也曾经“礼日成山”。[①]

魏明帝太和六年（232），孙权与公孙渊结盟，吴将周贺渡海北上，魏殄夷将军田豫“度贼船垂还，岁晚风急，必畏漂浪，东随无岸，当赴成山，成山无藏船之处，辄便循海”，于是“徼截险要，列兵屯守”，果然大破吴水军，“尽虏其众”。事后魏军又“入海钩取浪船”，可知成山有港。

所谓“无藏船之处”[②]，可能是当时港内形势与设施尚不能为大规模船队提供安全停靠的足够的泊位。

五 琅邪

琅邪在今山东胶南与日照之间的琅琊山附近。公元前468年，越国由会稽迁都琅邪。[③] 据说迁都时有“死士八千人，戈船三百艘”随行[④]，或说其武装部队的主力为“东海死士八千人，戈船三百艘”[⑤]，或说“昔越之败吴，习流二千人，戈船三百艘”[⑥]，可见琅邪战国时已为名港。

秦始皇二十八年（前219）“南登琅邪，大乐之，留三月，乃徙黔首三万户琅邪台下，复十二岁。作琅邪台，立石刻，颂秦德，明得意”。石刻文辞中说道：“维秦王兼有天下，立名为皇帝，乃抚东土，至于琅邪。列侯武城侯王离、列侯通武侯王贲、伦侯建成侯赵亥、伦侯昌武侯成、伦侯武信侯冯毋择、丞相隗林、丞相王绾、卿李斯、卿王戊、五大夫赵婴、

① 《汉书》卷六《武帝纪》。

② 《三国志》卷二六《魏书·田豫传》。

③ 《越绝书·外传本事》：“越伐强吴，尊事周室，行霸琅邪。”《今本竹书纪年》：周贞定王“元年癸酉，于越徙都琅玡。”《吴越春秋·勾践伐吴外传》：“勾践二十五年，霸于关东，从琅玡起观台，周七里，以望东海。”《汉书》卷二八上《地理志上》：“琅邪，越王句践尝治此，起馆台。”

④ 《越绝书·外传记地传》。

⑤ 《越绝书》卷八《越绝外传记地传》，《吴越春秋·勾践伐吴外传》。

⑥ 〔明〕黄尊素：《浙江观潮赋》，《黄忠端公集》文略卷二，清康熙十五年许三礼刻本。清嵇曾筠撰雍正《浙江通志》卷二七〇《艺文十二·赋下》引文同，提名“明黄宗羲”，文渊阁《四库全书》本。

五大夫杨樛从，与议于海上。"[①] 琅邪很可能有可以停靠较大船舶的海港。[②]

《史记》卷一二《孝武本纪》司马贞《索隐》："案：《列仙传》云：'安期生，琅邪人，卖药东海边，时人皆言千岁也。'"张守节《正义》引《列仙传》云："安期生，琅邪阜乡亭人也。卖药海边。秦始皇请语三夜，赐金数千万，出，于阜乡亭，皆置去，留书，以赤玉舄一量为报，曰'后千岁求我于蓬莱山下。'"可以"通蓬莱中"的方士安期生传说出生于"琅邪"，也暗示"琅邪"在当时滨海地区方术文化中的地位，以及"琅邪"是此类航海行为重要始发港之一的事实。

又《史记》卷六《秦始皇本纪》张守节《正义》引《括地志》云："亶洲在东海中，秦始皇使徐福将童男女入海求仙人，止在此州，共数万家。至今洲上人有至会稽市易者。吴人《外国图》云亶洲去琅邪万里。"也说往"亶洲"的航路自"琅邪"启始。又《汉书》卷二八上《地理志上》："琅邪郡，秦置。莽曰填夷。"而关于琅邪郡属县临原，又有这样的文字："临原，侯国。莽曰填夷亭。"以所谓"填夷"即"镇夷"命名地方，亦体现其联系外洋的交通地理地位，即琅玡及临原，是远洋航线的始发港。《后汉书》卷八五《东夷列传》说到"东夷""君子、不死之国"。对于"君子"国，李贤注引《外国图》曰："去琅邪三万里。"也指出了"琅邪"往"东夷"航路开通，已经有相关里程记录。

对于"琅邪"与朝鲜半岛之间的航线，《后汉书》卷七六《循吏列传·王景》提供了"琅邪不其人"王仲"浮海"故事的有关线索："王景字仲通，乐浪䛁邯人也。八世祖仲，本琅邪不其人。好道术，明天文。诸吕作乱，齐哀王襄谋发兵，而数问于仲。及济北王兴居反，欲委兵师仲，仲惧祸及，乃浮海东奔乐浪山中，因而家焉。"我们推想，王仲"浮海东奔乐浪山中"，有可能是自"琅邪"出发直航"乐浪"的。

---

① 《史记》卷六《秦始皇本纪》。

② 顾颉刚《林下清言》写道："琅邪发展为齐之商业都市，奠基于勾践迁都时"，"《孟子·梁惠王下》：'昔者齐景公问于孟子曰：吾欲观于转附、朝儛，遵海而南，放于琅邪。吾何修而可以比于先王观也?'以齐手工业之盛，'冠带衣履天下'，又加以海道之通（《左》哀十年，'徐承帅舟师，将自海入齐'，吴既能自海入齐，齐亦必能自海入吴），故滨海之转附（之罘之转音）、朝儛、琅邪均为其商业都会，而为齐君所愿游观。《史记》，始皇二十六年'南登琅邪，大乐之，留三月，乃徙黥（今按：应为黔）首三万户琅邪台下'，正以有此大都市之基础，故乐于发展也。司马迁作《越世家》乃不言勾践迁都于此，太疏矣！"《顾颉刚读书笔记》，第10卷第8045—8046页。

附　论

汉代的“海中星占”书

《汉书》卷三〇《艺文志》“天文”题下著录《海中星占验》等6种著作共136卷。题名均首言“海中”。一些学者继张衡“海人之占”说，以为是航海技术经验总结。顾炎武《日知录》则判定“海中”即“中国”，应与航海行为无关。然而考察《汉书》语言习惯，“海中”均指海上。《艺文志》“天文”类“海中星占”书之所谓“海中”，应当不是顾炎武所谓“中国”。《淮南子》等文献所见以星象判定海上航行方向的情形，可以说明航海技术的进步。多种文化迹象表明，汉代“海上星占”书应包含海上天文观象的记录，在一定意义上具有航海经验总结的性质，应当可以看作早期海洋学的成就。有关天文学史以及航海技术史的若干认识，或许因此应予更新。

一 《艺文志》“天文”题下的“海中星占”书

《汉书》卷三〇《艺文志》有“天文二十一家，四百四十五卷”。其中可见题名冠以“海中”字样的文献：

《海中星占验》十二卷。
《海中五星经杂事》二十二卷。
《海中五星顺逆》二十八卷。
《海中二十八宿国分》二十八卷。
《海中二十八宿臣分》二十八卷。
《海中日月彗虹杂占》十八卷。

这些论著，有的篇幅相当可观，如《海中五星顺逆》、《海中二十八宿国分》、《海中二十八宿臣分》都多达28卷，而“《海中五星经杂事》二十二卷”，篇幅也超过“天文二十一家，四百四十五卷”各家平均数21.19卷。以上6种著作总计136卷，平均每种22.67卷，都是“天文”家中分量较重的著作。可惜这些对于文献学史和天文学史研究均有重要意义的论著现今皆已亡佚。

关于“《海中星占验》十二卷”，沈钦韩《汉书疏证》卷二六：“《隋志》：《海中星占》、《星图海中占》并一卷。”① 关于“《海中二十八宿国分》二十八卷”，沈钦韩说：“《晋书·天文志》‘州郡躔次’：陈卓、范蠡、鬼谷先生、张良、诸葛亮、谯周、京房并云：角、亢、氐，郑，兖州；房、心，宋，豫州；尾、箕，燕，幽州；斗、牵牛、须女，吴、越，扬州；营室、东壁，卫，并州；奎、娄、胃，鲁，徐州；昴、毕，赵，冀州；觜、参，魏，益州；东井、舆鬼，秦，雍州；柳、七星、张，周，三辅；翼、轸，楚，荆州。《隋志》：《二十八宿分野图》一卷。”② 关于“《海中二十八宿臣分》二十八卷”，沈钦韩又写道：“王氏考证未详。‘臣分’按张衡云：‘在野象物，在朝象官，在人象事。’《隋志》：《二十八宿二百八十三官图》一卷，《天文外官占星官次占》一卷③，即臣分也。”④

这些著作题目均首先强调“海中”，使人们很容易想到应与海上生活有关，很可能包括海上航行时判断方位和航向的经验的总结。

二 “海人之占”说

《艺文志》列入“天文”类的题名“海中”的文献，有人认为即张衡《灵宪》所谓“海人之占”。张衡《灵宪》言“海人之占”，见于《续汉书·天文志上》刘昭注补。刘昭写道：“臣昭以张衡天文之妙，

---

① 《隋书》卷三四《经籍志三》：“《海中星占》一卷。《星图海中占》一卷。”“《海中星占》一卷”，原注：“梁有《论星》一卷。”

② 《晋书》卷一一《天文志上》。《隋书》卷三四《经籍志三》。

③ 《隋书》卷三四《经籍志三》。

④ 〔清〕沈钦韩：《汉书疏证》（外二种），上海古籍出版社2006年据光绪二十八年浙江官书局刻本影印版，第1册第719—720页。顾实《汉书艺文志讲疏》引作“即臣分之义也”，衍“之义”二字。上海古籍出版社1987年版，第212页。

冠绝一代。所著《灵宪》、《浑仪》，略具辰燿之本，今写载以备其理焉。”引《灵宪》曰：“夫日譬犹火，月譬犹水，火则外光，水则含景。故月光生于日之所照，魄生于日之所蔽，当日则光盈，就日则光尽也。众星被燿，因水转光。当日之冲，光常不合者，蔽于地也。是谓暗虚。在星星微，月过则食。日之薄地，其明也。繇暗视明，明无所屈，是以望之若火。方于中天，天地同明。繇明瞻暗，暗还自夺，故望之若水。火当夜而扬光，在昼则不明也。月之于夜，与日同而差微。星则不然，强弱之差也。众星列布，其以神著，有五列焉，是为三十五名。一居中央，谓之北斗。动变挺占，寔司王命。四布于方，为二十八宿。日月运行，历示吉凶，五纬经次，用告祸福，则天心于是见矣。中外之官，常明者百有二十四，可名者三百二十，为星二千五百，而海人之占未存焉。微星之数，盖万一千五百二十。庶物蠢蠢，咸得系命。不然，何以总而理诸。”

《唐开元占经》卷一《天体浑宗》开篇即引“后汉河间相张衡《灵宪》曰”，文字略同，“海人之占”说依然醒目。[①]

《续汉书·天文志中》刘昭注补引用过《海中占》。如：“（汉章帝元和七年）二月癸酉，金、火俱在参。”刘昭注补：“《巫咸占》曰：‘荧惑守参，多火灾。’《海中占》曰：‘为旱。太白守参，国有反臣。’郗萌曰‘有攻战伐国’也。”“（元兴元年）闰月辛亥，水、金俱在氐。”刘昭注补：“巫咸曰：‘辰星守氐，多水灾。’《海中占》曰：‘天下大旱，所在不收。’《荆州星占》曰：‘太白守氐，国君大哭。’”“（汉顺帝永和二年）八月庚子，荧惑犯南斗。斗为吴。”刘昭注补：“《黄帝经》曰：‘不期年，国有乱，有忧。’《海中占》：‘为多火灾。一曰旱。’《古今注》曰：‘九月壬午，月入毕口中。’”所谓《海中占》，很可能就是《汉书》卷三〇《艺文志》所见“《海中星占验》”和“《海中日月彗虹杂占》”一类文献。

宋代学者王应麟《汉艺文志考证》卷九“《海中星占验》十二卷”条说到《海中占》等论著，以为“即张衡所谓‘海人之占’也”：

> 《后汉天文志》注引《海中占》。《隋志》有《星占》、《星图海中占》各一卷。即张衡所谓“海人之占”也。《唐天文志》：开元十

① 〔唐〕瞿昙悉达编：《开元占经》，李克和校点，上册第1—2页。

> 二年，诏太史交州测景，以八月自海中南望老人星殊高。老人星下，众星粲然。其明大者甚众，图所不载，莫辨其名。①

清人徐文靖《管城硕记》卷三〇《杂述》写道："张衡《灵宪》曰：微星之数万一千五百二十，海人之占所未详也。按：唐开元中，测影使者太相元太云：'交州望极才出地三十余度，以八月自海中望老人星殊高。老人星下，众星灿然，其明大者甚众；图所不载，莫辨其名。大率去南极二十度以上，其星皆见。乃自古浑天以为常设地中，伏而不见之所也。'今西洋《南极星图》有火马、金鱼、海石、十字架之类，即《灵宪》所云'海人之占'，《唐志》所云'莫辨其名'者也。《坤舆图说》曰：'天下有五大州，利未亚州其地南至大浪山，已见南极出地三十五度矣。"② 可知有关"海人之占"的认识，其学术脉络至后世依然清晰。

赵益《〈汉志〉数术略考释证补》注意到，王应麟所引《旧唐书》卷三五《天文志上》文字之后还写道："大率去南极二十度以上，其星皆见，乃古浑天家以为常没地中，伏而不见之所也。"赵益写道："张衡明言海人之占，《旧唐书·天文志》又有自海中南望之事，故至海极南而观天象以校中土所得，并非虚事。唐《开元占经》引'海中占'甚多，亦可证。要之，后世所谓'海中占'，当据临海测星而来，以言更广大地区所见之星及其星占。"③

张衡"海人之占"所谓"海人"，应当是以"海"为基本生计条件的人们。三民书局《大辞典》"海人"条："①古时指中国以外的海岛居民。《南史·夷貊传·倭国》：'又西南万里，有海人，身黑眼白，裸而丑，其肉没，行者或射而食之。'②在海上捕鱼的人。《述异记·下》：'东海有牛鱼，其形如牛，海人采捕。'"④ 考察汉代"海人"语义，很可能是指海洋渔业或海洋航运业的从业人员。《说苑·君道》说弦章对语称

① 〔宋〕王应麟：《汉艺文志考证》，张三夕、杨毅点校，中华书局 2011 年版，第 272—273 页。

② 〔清〕徐文靖：《管城硕记》，范祥雍点校，中华书局 1998 年版，第 550 页。

③ 赵益：《古典术数文献述论稿》，中华书局 2005 年版，第 7 页。

④ 三民书局大辞典编辑委员会编辑：《大辞典》，台北：三民书局 1985 年版，中册第 2648 页。

齐景公之心，“是时海人入鱼，公以五十乘赐弦章归，鱼乘塞涂”。[①] 这是比较早的出现“海人”称谓的记录。

所谓“海人”指代的秦汉时期的社会身份，也应包括最早进行海洋探索的知识人“燕齐海上方士”。赵益《古典术数文献述论稿》认为，“《隋志》有‘海中仙人占灾祥书’等，此‘海中仙人’与海中占无关”。[②]“海中占”与“海中仙人”“无关”的说法，或许失之于武断。

《汉书》卷三〇《艺文志》著录《海中星占验》等可能可以归入“海人之占”的文献，似乎有数术学的意义，自然有神秘主义色彩。但是能够总结成为篇幅可观的专门著作，应有海上航行的实践经验以为确定的基础，可以看作早期海洋学的成就。

三 《日知录》“海中”“中国”说

对于被看作“海人之占”的这些汉代论著，还有另外的理解。顾炎武《日知录》卷三〇“海中五星二十八宿”条写道：

> 《汉书·艺文志》：“《海中星占验》十二卷，《海中五星经杂事》二十二卷，《海中五星顺逆》二十八卷，《海中二十八宿国分》二十八卷，《海中二十八宿臣分》二十八卷，《海中日月彗虹杂占》十八卷。”“海中”者，中国也。故《天文志》曰：“甲、乙，海外日月不占。”盖天象所临者广，而二十八宿专主中国，故曰“海中二十八宿”。[③]

按照这样的判断，也就是说，这些“海中星占”之书，是与海上生活、海上航行完全无关的。

沈钦韩注意到顾炎武的这种意见。《汉书疏证》卷二六就“《海中星占验》十二卷”写道：

① 〔汉〕刘向撰，赵善诒疏证：《说苑疏证》，华东师范大学出版社1985年版，第32页。

② 赵益：《古典术数文献述论稿》，第7页。

③ 〔清〕顾炎武著，〔清〕黄汝成集释，秦克诚点校：《日知录集释》，第1056页。

> 顾炎武曰："'海中'者，中国也。故《天文志》曰：'甲、乙，海外日月不占。'"愚谓海中混芒，比平地难验，著"海中"者，言其术精。算法亦有《海岛算经》。王氏云："即张衡所谓'海人之占'也。"①《后志》注："《海中占》曰：荧惑守参'为旱'。'太白守参，国有反臣。'"唐《封氏见闻记》云：齐武成帝即位，大赦天下，其日设金鸡。宋孝王不识其义，问于光禄大夫司马膺之，答曰：按《海中星占》：天鸡星动，必当有赦。②

沈钦韩以为"海中混芒，比平地难验"，明确主张"海中"异于"平地"，又赞同"海人之占"说，持否定顾炎武"'海中'者，中国"意见的立场。

张舜徽则支持顾炎武的判断。他在《汉书艺文志通释》"《海中日月彗虹杂占》十八卷"条下引顾炎武说，又写道："按：顾说是也。昔人言海中，犹今日言海内耳。天象实临全宇，而中土诸书所言，惟在禹域。故上列五书，皆冠之以海中二字。不解此旨者，多以为从大海中仰观天象，至谓海中占验书不少，乃汉以前海通之征，谬矣。"③ 不过，张舜徽在"《海中星占验》十二卷"条下也引用了沈钦韩直接反驳顾炎武的说法："沈钦韩曰：'海中混芒，比平地难验，著海中者，言其术精。算法亦有《海岛算经》。'"但是并未有所讨论。④ 赵益认为，"顾、张说亦未全是，盖若以此故，则他书皆当冠以海中二字矣"。⑤

《艺文志》"天文"家论著所谓"海中"究竟应当怎样理解，看来有必要认真讨论。

---

① 原注："《后天文志》注：张衡《灵宪》曰：'中外之官可明者三百二十，为星二千五百，而海人之占未存焉。'"

② 〔清〕沈钦韩：《汉书疏证》（外二种），第1册第719—720页。司马膺之说，见〔唐〕封演《封氏闻见记》卷四"金鸡"条："武成帝即位，大赦天下，其日设金鸡。宋孝王不识其义，问于光禄大夫司马膺之曰：'赦建金鸡，其义何也？'答曰：'按《海中星占》：天鸡星动，必当有赦。'由是王以鸡为候。"文渊阁《四库全书》本。

③ 张舜徽：《汉书艺文志通释》，华中师范大学出版社2004年版，第395页。

④ 同上书，第394页。

⑤ 赵益：《古典术数文献述论稿》，第7页。

四 《汉书》“海中”语义

其实，所谓“昔人言海中，犹今日言海内耳”，其说不确。《汉书》中所谓“海中”，语义是比较明确的，都并非“言海内”。顾炎武“‘海中’者，中国也”之说，未能得到汉代文献资料的支持。

例如，《汉书》卷二五上《郊祀志上》：“自威、宣、燕昭使人入海求蓬莱、方丈、瀛洲。此三神山者，其传在勃海中。”“船交海中，皆以风为解，曰未能至，望见之焉。”“始皇南至湘山，遂登会稽，并海上，几遇海中三神山之奇药，不得。”“少君言上：‘祠灶皆可致物，致物而丹沙可化为黄金，黄金成以为饮食器则益寿，益寿而海中蓬莱仙者乃可见之。……’”“（栾）大言曰：‘臣常往来海中，见安期、羡门之属……’”“上遂东巡海上，行礼祠八神。齐人之上疏言神怪奇方者以万数，乃益发船，令言海中神山者数千人求蓬莱神人。”《汉书》卷二五下《郊祀志下》：“治大池，渐台高二十余丈，名曰泰液，池中有蓬莱、方丈、瀛州、壶梁，象海中神山龟鱼之属。”《汉书》卷二六《天文志》的说法可能有益于理解《艺文志》著录冠名“海中”的“天文”家的学术收获：“汉兵击拔朝鲜，以为乐浪、玄菟郡。朝鲜在海中，越之象也；居北方，胡之域也。”《汉书》卷二八下《地理志下》：“乐浪海中有倭人，分为百余国，以岁时来献见云。”则曰“乐浪海中”。所谓“朝鲜在海中”以及“倭人”在“乐浪海中”，都说明“海中”一语体现的空间距离已经并非近海。而前引诸例，似乎可以说明“海中”语汇的使用，较早或与李少君、栾大一类“燕齐海上方士”的航海实践有关。

其他例证，又有《汉书》卷三三《田儋传》：“高帝闻之，以横兄弟本定齐，齐人贤者多附焉，今在海中不收，后恐有乱，乃使使赦横罪而召之。”“高帝闻而大惊，以横之客皆贤者，‘吾闻其余尚五百人在海中’，使使召至，闻横死，亦皆自杀。”《汉书》卷六四下《贾捐之传》：“初，武帝征南越，元封元年立儋耳、珠崖郡，皆在南方海中洲居。”“海中”都是指海上，并无指“中国”之例。

又《汉书》卷九六下《西域传下》：“设酒池肉林以飨四夷之客，作《巴俞》都卢、海中《砀极》、漫衍鱼龙、角抵之戏以观视之。”其中

“海中”似乎也未可解为“中国”。[①]

王应麟引《旧唐书》卷三五《天文志上》“以八月自海中南望老人星殊高”，所谓“海中”，应当也不是顾炎武所谓“中国”。

五 《淮南子》：“乘舟而惑者”“见斗极则寤”

张舜徽以为“谬矣”的“谓海中占验书不少，乃汉以前海通之征”的说法，见于顾实《汉书艺文志讲疏》。他在“《海中日月彗虹杂占》十八卷”条下写道：

> 以上海上占验书不少，盖汉以前海通之征。故今之日本，稽其谱牒，有秦、汉族颇多欤！[②]

李零也以为这样的“海上占验书”应当与航海行为有直接的关系。他称《艺文志》著录的这6种书为“海中星占验书六种”，认为：

> 这六种和航海有关。航海要靠观星。海中观星，视觉效果胜于陆地。

所谓“海中观星，视觉效果胜于陆地”，与沈钦韩“海中混茫，比平地难验”说分析角度不同，但是都指明了“海中”与陆上不同的环境背景。李零对于“海中星占验书六种”又分别予以解说：

---

① 我们还可以通过成书早于《汉书》的《史记》所见“海中”考察汉代语言习惯。《史记》中可见多例“海中”，如卷六《秦始皇本纪》：“齐人徐市等上书，言海中有三神山，名曰蓬莱、方丈、瀛洲”；卷二八《封禅书》：“此三神山者，其傅在勃海中”，“船交海中，皆以风为解”，“始皇南至湘山，遂登会稽，并海上，冀遇海中三神山之奇药”，“黄金成以为饮食器则益寿，益寿而海中蓬莱仙者乃可见”，“臣常往来海中，见安期、羡门之属”；“乃益发船，令言海中神山者数千人求蓬莱神人”，“其北治大池，渐台高二十余丈，命曰太液池，中有蓬莱、方丈、瀛洲、壶梁，象海中神山龟鱼之属”；卷九四《田儋列传》：“高帝闻之，以为田横兄弟本定齐，齐人贤者多附焉，今在海中不收，后恐为乱，乃使使赦田横罪而召之”，“吾闻其余尚五百人在海中”；卷一一八《淮南衡山列传》：“臣见海中大神，言曰：‘汝西皇之使邪？’”

② 〔汉〕班固编撰，顾实讲疏：《汉书艺文志讲疏》，上海古籍出版社1987年版，第213页。

《海中星占验》，是乘船航海，在海上占星。

《海中五星经杂事》，属五星占。

《海中五星顺逆》，属五星占。"顺逆"，指躔度的盈缩。

《海中二十八宿国分》，属二十八宿占。"国分"，是以天下郡国上应天星，将星野划分。

《海中二十八宿臣分》，属二十八宿占。"臣分"，是以天下官曹上应天星，讲星官划分。

《海中日月彗虹杂占》，是以日月、彗星、虹霓占。①

所谓"乘船航海，在海上占星"，与《旧唐书》卷三五《天文志上》"自海中南望老人星"情形有类同之处，但是这样的情形是否可以看作"海通之征"呢？

以"海中占验书"出现的数量，以为"海通之征"，虽张舜徽以为"谬矣"，却是有一定道理的。不过，"航海要靠观星"，汉代"海中占验书""和航海有关"的认识，似乎尚未被天文史学者认可。有天文学史论著在讨论"航海天文观测"时写道："观测星象，可以确定航海中船只的位置和指导航行的方向，这样也就促进了天文学的发展。但在我国，至少从文献上看不出起过多大作用。宋代以前，关于航海方面的文献很少，到了宋代，由于商品经济的发展，使远洋航行比较发达。我们从《萍洲可谈》中的记载，可以知道当时的航海家们，已经能够利用天文观测和阴雨天利用指南针的辅助，来确定船舶的位置。"原注："《萍洲可谈》称：'舟师识地理，夜则观星，昼则观日，阴晦则观指南针，或以十丈绳钩取海底泥嗅之，便知所至。'"作者还写道："由于长时期航海经验的积累和中外文化交流的加强，到了宋代航海家们已能够利用天文观测来导航。"②

将"能够利用天文观测来导航"确定在"宋代"，恐失之于保守。汉

① 李零：《兰台万卷：读〈汉书·艺文志〉》（修订版），生活·读书·新知三联书店2013年版，第177页。

② 陈遵妫：《中国天文学史》，上海人民出版社2006年版，中册第596—597页。

代远洋航运已经得到初步开发[①]，如果未曾借助天文观测实现导航，大概是不可能的。确定的例证有《淮南子·齐俗》：

> 夫乘舟而惑者，不知东西，见斗极则寤矣。

另一说法，作“见斗极则晓然而寤矣”。[②]有学者指出，“自周汉至明清，汉文史籍中持续记载了古代船家依托天体星象进行的导航实践”。所举最早的明确资料就是《淮南子·齐俗》的这一记录。稍晚又有《抱朴子·外篇》：“并乎沧海者，必仰辰极以得反。”《法显传》：“大海弥漫无边，不识东西，唯望日月星宿而进。”[③]其年代都远远早于宋代。[④]

六　关于书题所冠“汉”与“海中”的意义

《艺文志》所见这6种“海中星占”书，或称“海中占验书”、“海中星占验书”，是否都体现了航海天文导航技术的应用，似乎还难以判定。李零分析“海中星占验书六种”时虽然说：“这六种和航海有关。航海要靠观星。海中观星，视觉效果胜于陆地。”但是具体分析时则只说：“《海中星占验》，是乘船航海，在海上占星。”对于其他5种，则未作涉及“航海”的评论。现在看来，言此6种书均“和航海有关”，是正确的。

还有一种情形值得我们注意，即在题名冠以“海中”的这6种书之前，还有6种书的题名冠以“汉”字：

> 《金度玉衡汉五星客流出入》八篇。

---

① 王子今：《秦汉时期的东洋与南洋航运》，《海交史研究》1992年第1期。

② 刘文典《淮南鸿烈集解》：“文典谨按：《文选》应修琏《与从弟君苗君胄书》注引，作‘见斗极则晓然而寤矣’。”中华书局1989年版，上册第352页。

③ 吴春明：《古代航海术中的天文导航——从中国史到南岛民族志的再思考》，吴春明主编：《海洋遗产与考古》，科学出版社2012年版，第427—429页。

④ 陈遵妫《中国天文学史》书中有些地方透露出历史年代知识方面的不足。如关于“秦汉天文学”的内容中，说到“秦始皇在位三十七年（公元前246—前210年），秦二世仅三年（公元前209—前207年），秦代共计只有40年”。上册第143页。

《汉五星彗客行事占验》八卷。

《汉日旁气行事占验》三卷。

《汉流星行事占验》八卷。

《汉日旁气行占验》十三卷。

《汉日食月晕杂变行事占验》十三卷。

李零指出，“《金度玉衡、汉五星客流出入》，是合《金度玉衡》、《汉五星客流出入》为一书，中间要点断”。这一意见是正确的。这样说来，《汉五星客流出入》与后面的5种书，合计6种，均是以“汉”为首要标志。李零称之为“汉代的占星候气书六种”，大概是以“汉代的”解释书题共同的首字“汉”，又明确说：“这六种，除《金度玉衡》，都带‘汉’字，可见是汉代古书。”①

不过，李零所说“都带‘汉’字，可见是汉代古书”的说法，似乎还可以商榷。《艺文志》著录书名冠以“‘汉’字”的，除此6种外，甚为少见。如“《春秋》二十三家，九百四十八篇”中的“《汉著记》百九十卷”，“《汉大年纪》五篇”，以及“歌诗二十八家，三百一十四篇”中的“《汉兴以来兵所诛灭歌诗》十四篇”，“‘汉’字”都是作为历史段限的符号，但均指示文献内容记述的时代，并非标示“是汉代古书”。② 又有“《礼》十三家，五百五十五篇”中的“《汉封禅群祀》三十六篇”，“‘汉’字”是制度史的时间标记，与相并列的“《封禅议封》十九篇”③明显不同。“谱历十八家，六百六卷”中的“《汉元殷周谱历》十七卷”，则比较特殊，沈钦韩言“按此以汉元上推殷周”④，张舜徽引姚振宗曰：“其曰汉元殷周，岂自汉代建元改历之时，以上溯殷周两代欤？”⑤ 李零也

---

① 李零：《兰台万卷：读〈汉书·艺文志〉》（修订版），第176—177页。

② 王应麟《汉艺文志考证》：“《汉著记》百九十卷。刘毅曰：‘汉之旧典，世有注记。’荀悦《申鉴》曰：‘先帝故事，有起居注，日注动静之节，必书焉。’《通典》曰：‘汉武帝有《禁中起居注》，马后撰《名帝起居注》，则汉起居似在宫中，为女史之任。’谷永言灾异，有‘八世著记，久不塞除’之语。”“《汉大年纪》五篇。高祖、文帝、武帝《纪》，臣瓒注引《汉帝年纪》，盖即此书。”第178页。李零：《兰台万卷：读〈汉书·艺文志〉》（修订版）：“《汉兴以来兵所诛灭歌诗》，疑即《汉鼓吹铙歌》……”第133页。

③ 原注：“武帝时也。”

④〔清〕沈钦韩：《汉书疏证》（外二种），第1册第722页。

⑤ 张舜徽：《汉书艺文志通释》，第397页。

以为“《汉元殷、周谍历》，是以汉代纪年上推殷周纪年的历表”。[①]

也许，《艺文志》“天文二十一家，四百四十五卷”中著录书名冠以“‘汉’字”的这6种书，称“汉代的占星候气书六种”，不若称“汉的占星候气书六种”或“汉地的占星候气书六种”，即将“‘汉’字”与下列6种书题所冠“海中”名号，均视作地理标识和空间符号。《艺文志》所列书名，这样前冠地域代号的情形是比较多的，如齐、鲁、韩、燕、秦、河间、卫等。

关于《海中二十八宿国分》、《海中二十八宿臣分》，前引顾炎武《日知录》言“盖天象所临者广，而二十八宿专主中国，故曰‘海中二十八宿’”，姚明煇《汉书艺文志姚氏注解》不同意“二十八宿专主中国”说：“窃谓国分非汉一隅之封，既属海中，疑为邹衍所说大九州之分。”赵益就此驳议：“案姚说无据。二十八宿既为分野说，则‘国分’云云必乃一种实际分野，然其详情不可考。”这样的反驳显得无力。其实姚明煇“国分非汉一隅之封”的见解，有益于理解此6种书何以书题冠以“‘汉’字”。姚明煇还指出：“《汉日食月晕》以上五家，皆以汉统之，疑若今所谓本国；《海中星占验》以下六家，皆以海中统之，疑若今所谓世界。”赵益以为“说亦可参”。[②] 如此理解以“汉”与“海中”作为天文占验著作的特别标识的意义，并且注意后者“和航海有关”，应当是符合汉代海洋探索获得诸多成就的历史实际的。

就“汉”与“海中”形成的对应关系而言，顾炎武《日知录》“‘海中’者，中国也”解说的合理性，当然就更为可疑了。

---

① 李零：《兰台万卷：读〈汉书·艺文志〉》（修订版），第180页。

② 赵益：《古典术数文献述论稿》，第8页。

汉代“海人”称谓

汉代文献所谓“海人之占”，说明“海人”称谓指代的人群有关海洋的知识总结已经达到相当成熟的程度。“海人”作为社会身份符号，反映以“海”作为基本生活环境，以海上劳作作为基本营生方式的职业已经出现。《说苑》所见情节明朗的齐“海人”故事，体现了汉代社会对齐人海洋开发成就的认识。仙人传说、神异故事中所见“海人”事迹，也可以理解为对海洋神秘世界的探索中“海人”之贡献的一种特殊形式的肯定。汉代齐地的“习船者”及其相关信息，应当可以看作解说“海人”身份与技能的标本之一。“海人”与“山客”往往并说，体现“海人”称谓作为专门职业代号具有鲜明的典型性。分析所谓“海人之仄陋”，有助于我们理解“海人”的社会形象以及“海濒”地方区域文化的特色。

一　“海人”与海洋学的进步

张衡“海人之占”所谓“海人”，应当是以“海”为基本生计条件的人们。他们与海洋有关的生活经验和生产技能，构成了早期海洋学的基本知识。

三民书局《大辞典》解释“海人”词义：“【海人】①古时指中国以外的海岛居民。《南史·夷貊传·倭国》：‘又西南万里，有海人，身黑眼白，裸而丑，其肉没，行者或射而食之。’②在海上捕鱼的人。《述异记·下》：‘东海有牛鱼，其形如牛，海人采捕。’”[①]

考察汉代“海人”语义，很可能这一社会称谓指代的对象，是海洋

---

① 三民书局大辞典编辑委员会编辑：《大辞典》，中册第2648页。

渔业或海洋航运业的从业人员。

他们探索海洋的努力，使得海洋航行经验的总结“海中星占”书出现。这样的论著，应当看作中国海洋学进步的成就。

二　《说苑》“海人”故事

刘向撰《说苑·君道》记述了一则齐国故事，其中出现了“海人”称谓。“海人”是怎样的社会角色呢？故事开篇，说到齐景公对于晏婴的怀念：

> 晏子没，十有七年，景公饮诸大夫酒。公射出质，堂上唱善，若出一口。公作色太息，播弓矢。弦章入，公曰：“章，自吾失晏子，于今十有七年，未尝闻吾过不善，今射出质而唱善者，若出一口。”弦章对曰：“此诸臣之不肖也，知不足以知君之善，勇不足以犯君之颜色。然而有一焉，臣闻之：君好之，则臣服之；君嗜之，则臣食之。夫尺蠖食黄，则其身黄，食苍则其身苍；君其犹有谄人言乎？”公曰：“善！今日之言，章为君，我为臣。”
>
> 是时海人入鱼，公以五十乘赐弦章归，鱼乘塞涂，抚其御之手，曰：“曩之唱善者，皆欲若鱼者也。昔者晏子辞赏以正君，故过失不掩，今诸臣谄谀以干利，故出质而唱善如出一口，今所辅于君未见于众，而受若鱼，是反晏子之义而顺谄谀之欲也。”固辞鱼不受。

宋人刘恕编《资治通鉴外纪》卷九引录《说苑》记载以为信史。《说苑·君道》在讲述这一故事之后又以“君子曰”形式发表的“弦章之廉，乃晏子之遗行也”的表扬，随后又有关于“人主”应当“自省”的政论。而我们更为注意的，是“海人”称谓的出现。

《说苑》讲述的虽然是先秦故事，作为汉代著述，其中许多文化信息体现了汉代社会风貌。其中关于“海人入鱼”的记载，可以作为海洋渔业史料理解。体现了齐人海洋开发的成就。

三　“海人”传递的神异知识

《太平御览》卷一四引《汉武内传》：“员峤之山名环丘，有冰蚕，以霜雪覆之，然后作茧。其色五采，织为衣裳，入水不濡，以投火，经宿不燎。唐尧之代，海人献，以为黼黻。”所谓“海人献”，体现有关海外这些具有神异色彩的物品的知识，是由“海人”传递，为中原人所逐步接受的。“入水不濡”，“投火”“不燎”的织品，可能就是所谓“火浣布”。《三国志》卷四《魏书·三少帝纪·齐王芳》：景初三年二月，“西域重译献火浣布，诏大将军、太尉临试以示百寮”。裴松之注引《异物志》曰：“斯调国有火州，在南海中。其上有野火，春夏自生，秋冬自死。有木生于其中而不消也，枝皮更活，秋冬火死则皆枯瘁。其俗常冬采其皮以为布，色小青黑；若尘垢污之，便投火中，则更鲜明也。”又引《傅子》曰：“汉桓帝时，大将军梁冀以火浣布为单衣，常大会宾客，冀阳争酒，失杯而污之，伪怒，解衣曰：‘烧之。’布得火，炜晔赫然，如烧凡布，垢尽火灭，粲然絜白，若用灰水焉。”又引《搜神记》曰：“昆仑之墟，有炎火之山，山上有鸟兽草木，皆生于炎火之中，故有火浣布，非此山草木之皮枲，则其鸟兽之毛也。”裴松之写道：“又东方朔《神异经》曰：‘南荒之外有火山，长三十里，广五十里，其中皆生不烬之木，昼夜火烧，得暴风不猛，猛雨不灭。火中有鼠，重百斤，毛长二尺余，细如丝，可以作布。常居火中，色洞赤，时时出外而色白，以水逐而沃之即死，续其毛，织以为布。’”火浣布产地，一说“西域”，一说“南荒”、“南海”。后者应经历南洋航路传至中土。

“海人”进献的，还有神奇的“龙膏”。《太平御览》卷八引王子年《拾遗》曰：“燕昭王二年，海人乘霞舟，然龙膏。”卷一七六引《拾遗记》曰：“海人献龙膏为灯，于燕昭王王坐通云之堂。”卷一七八引《述征记》曰：“燕昭王二年，海人乘霞舟以雕壶盛数斗膏献王。王坐通云堂，亦曰通霞之台，以龙膏为灯，光耀百里。”所谓“以龙膏为灯，光耀百里”之说，反映以鱼类或海洋哺乳动物脂肪作照明燃料的情形。有关鲸鱼死亡“膏流九顷”的记载[1]，说明鲸鱼脂肪受到的重视。人类利用鲸

[1] 《太平御览》卷九三八引《魏武四时食制》曰：“东海有大鱼如山，长五六丈，谓之鲸鲵。次有如屋者。时死岸上，膏流九顷，其须长一丈，广三尺，厚六寸，瞳子如三升碗大，骨可为方臼。”文渊阁《四库全书》本。中华书局1960年用上海涵芬楼影印宋本复制重印版“膏流九顷”作“亳流九顷”，“骨可为方臼”作“骨可为矛矜”。

鱼脂肪的历史相当久远。[①] 而关于鲸鱼集中死于海滩这种海洋生物生命现象的明确记载，最早见于中国古代文献《汉书》卷二七中之上《五行志中之上》："成帝永始元年春，北海出大鱼，长六丈，高一丈，四枚。哀帝建平三年，东莱平度出大鱼，长八丈，高丈一尺，七枚。皆死。"《太平御览》卷七二引《孙绰子》曰："海人曰：'横海有鱼，一吸万顷之陂。'"这种或许有关鲸鱼生态的知识，很可能来自"海人"的航海经验。其表述有所夸张，与中国早期海洋文化往往神秘色彩的风格也是一致的。

晋人嵇含《南方草木状》卷下引《南越行纪》说："罗浮山顶有胡杨梅，山桃绕其际，海人时登采拾，止得于上饱啖，不得持下。"[②]《艺文类聚》卷八七引裴氏《广州记》曰："庐山顶有湖杨梅，山桃绕其际，海人时登采拾，止得于上饱，不得持下。"故事情节相近，"庐山"应是"罗浮山"之误。这些可能并非汉代文献记录的"海人"奇异经历，可以作为我们认识"海人"称谓继续沿用体现的海洋探索持久努力的参考。

又如《太平御览》卷七〇九引王子年《拾遗录》写道："方丈山有草，名濡葕，叶色如绀，茎色如漆，细软可萦。海人织以为荐席，卷之不盈一手，舒之列丈。"这种特别的"草"的发现和利用，与前引《汉武内传》"火浣布"故事类似，可能是"海人"们切实的体验。

四　齐"习船者"与"海人"的技能

《史记》卷三〇《平准书》记述，南越战事发生，卜式上书请战，说到"齐习船者"："齐相卜式上书曰：'臣闻主忧臣辱。南越反，臣愿父子与齐习船者往死之。'"《汉书》卷五八《卜式传》写道："会吕嘉反，式上书曰：'臣闻主媿臣死。群臣宜尽死节，其驽下者宜出财以佐军，如是则强国不犯之道也。臣愿与子男及临菑习弩博昌习船者请行死之，以尽臣节。'"《史记》所谓"齐习船者"，《汉书》更具体地称之为"博昌习船

① 《辞海·生物分册》"鲸目"条："皮肤下有一层厚的脂肪，借此保温和减少身体比重，有利浮游。""鲸"条写道："脂肪是工业原料。"上海辞书出版社1975年版，第561页。《简明不列颠百科全书》"鲸油"条："主要从鲸鱼脂肪中提取的水白色至棕色的油。16—19世纪，鲸油一直是制造肥皂的重要原料和重要的点灯油。"中国大百科全书出版社1985年版，第4册第439页。今按：滨海居民以鲸鱼脂肪作"重要的点灯油"的年代，其实要早得多。

② 宋《百川学海》本。

者”。博昌，在今山东广饶西。有关“博昌习船者”、“齐习船者”的信息，告知我们当时齐地沿海地方有比较集中的技能熟练的专业航海人员。

秦汉社会语言习惯，“习”有时言熟悉①，有时言对某事有一定经验②，有时指称比较全面的知识。③ 然而“习”更多则肯定某方面能力的高强和技艺的精熟。汉武帝派遣贰师将军李广利远征大宛，又发天下七科適，及载糒给贰师，一充实前线军力物力。《史记》卷一二三《大宛列传》记载：“转车人徒相连属至敦煌。而拜习马者二人为执驱校尉，备破宛择取其善马云。”④ 其中“习马者”与我们讨论的“习船者”的构词形式十分相似，都可以作称谓理解。类似文例，又有《汉书》卷六《武帝纪》“发习战射士诣朔方”的“习战射士”。《汉书》卷八《宣帝纪》“大发兴调关东轻车锐卒，选郡国吏三百石伉健习骑射者，皆从军”，《汉书》卷九四上《匈奴传上》“大发关东轻锐士，选郡国吏三百石伉健习骑射者，皆从军”的“习骑射者”也是类似例证。

所谓“习船者”，应当是指善于驾驶、操纵船舶，海上航行经验丰富的人员。汉武帝“大为发兴”，“诛闽越”，淮南王刘安上书谏止，言越人优势之所谓“习于水斗，便于用舟”⑤，可以为我们理解“习船”一语提供参考。《史记》卷三二《齐太公世家》记述了齐国与蔡国发生战争的特殊缘由：“（桓公）二十九年，桓公与夫人蔡姬戏船中。蔡姬习水，荡公，

---

① 如《史记》卷八《高祖本纪》：“齐王韩信习楚风俗。”卷一一〇《匈奴列传》：“王乌，北地人，习胡俗。”卷一二二《酷吏列传》：“素习关中俗。”又如卷四九《外戚世家》褚少孙补述：“褚先生曰：臣为郎时，问习汉家故事者钟离生。”卷一二五《佞幸列传》：“（韩）嫣先习胡兵，以故益尊贵，官至上大夫，赏赐拟于邓通。”卷九三《韩信卢绾列传》：“公所以重于燕者，以习胡事也。”卷一〇八《韩长孺列传》：“大行王恢，燕人也，数为边吏，习知胡事。”卷九六《张丞相列传》：“张苍乃自秦时为柱下史，明习天下图书计籍。”“习”的意义也大致如此。

② 如《史记》卷一一三《南越列传》：“好畤陆贾，先帝时习使南越。”

③ 如言“习事”、“习于事”之类，《史记》卷七二《穰侯列传》：“穰侯智而习于事。”卷二〇《建元以来侯者年表》：“谨厚习事。”卷一〇四《田叔列传》褚少孙补述：“将军呼所举舍人以示赵禹。赵禹以次问之，十余人无一人习事有智略者。”卷一二六《滑稽列传》褚少孙补述：“问群臣习事通经术者，莫能知。”卷一二八《龟策列传》褚少孙补述：“问掌故文学长老习事者，写取龟策卜事。”卷一二九《货殖列传》：“其俗纤俭习事。”

④ 对于《汉书》卷六一《李广利传》同样记述，颜师古注：“习犹便也。一人为执马校尉，一人为驱马校尉。”《汉书》卷二八下《地理志下》：“至周有造父，善驭习马，得华骝、绿耳之乘，幸于穆王。”亦言“习马”。

⑤ 《汉书》卷六四上《严助传》。

公惧，止之，不止，出船，怒，归蔡姬，弗绝。蔡亦怒，嫁其女。桓公闻而怒，兴师往伐。”这一发生在齐国，事起于“蔡姬习水”的故事，情节与“船”有密切关系，对于我们理解“习船者”的语义也可以有所启示。

“习船”，应当是“海人”必然掌握的技艺。或者至少可以这样说，“习船者”是“海人”之中对于他们出航的成败乃至群体的生死具有决定性意义的具备特殊技能的专业人员。

五 “海人”与“山客”

嵇康《嵇中散集》卷九《答释难宅无吉凶摄生论》写道：“吾见沟浍，不疑江海之大；睹丘陵，则知有泰山之高也。若守药则弃宅，见交则非赊，是海人所以终身无山，山客曰无大鱼也。”[①] 嵇康讲述了一个关于认识论的道理，主张摒除狭隘经验对于世界认识的阻障。他认为，在“山客”的知识结构中，既包括对“丘陵”的了解，也包括对“泰山”的认识。而“海人”也是有关水的世界，有关“海”的知识的比较全面的掌握者。然而“海人”未知“山”，“山客”也不识“大鱼”。值得我们特别注意的是，“海人”与“山客”并说的情形。

类似的情形还有许多。如唐释道世《法苑珠林》卷三八引《孙绰子》写道：“海人与山客辩其方物。海人曰：‘横海有鱼，额若华山之顶，一吸万顷之波。’山客曰：‘邓林有木，围三万寻，直上千里，旁荫数国。’”[②]《太平御览》卷三七七、卷八三四、卷九五二引《孙绰子》内容大致相同，然而又有这样的情节：“有人曰：‘东极有大人，斩木为策，短不可支，钓鱼为鲜，不足充饥。’”明杨慎《丹铅续录》卷九“渔樵”条也写道：“有瀛海之涉人，晤昆仑之木客，各陈风土并其物色。海人曰：‘横海有鱼，厥大不知其几何，额若三山之顶，一吸万顷之波。’山客曰：‘邓林有木，围三万寻，直穿星汉而无杪，旁荫八賨而交阴。’齐谐氏曰：‘微尔渔暨樵，邈矣其貀，不见吾国之大人过山海于一饷，折木为策，短不可杖，钓鱼为泔，不足充餔饫。’海人俯瀍，山客胶颐。齐谐忽而去矣，夷坚闻而志之。”

① 《四部丛刊》景明嘉靖本。

② 《四部丛刊》景明万历本。

杨慎纪事载于"渔樵"题下，则"海人"是"渔"，"山客"即"樵"，也就是以"海"、"山"为营生条件的劳动者。

文献屡见"海人"与"山客"并说的现象，可以说明"海人"称谓作为专门职业的指代符号，具有鲜明的典型性意义。

六　关于"海人之仄陋"

南朝人江淹《江文通集》卷一有《石劫赋并序》，其中说到"海人"。序文写道："海人有食石劫，一名紫虀，蚌蛤类也。春而发华，有足异者。戏书为短赋。"其赋曰：

> 我海若之小臣，具品色于沧溟。既炉天而铜物，亦翕化而染灵。比文豹而无恤，方珠蛤而自宁。冀湖涛之蔽迹，愿洲渚以沦形。故其所巡，左委羽，右穷发。日照水而东升，山出波而隐没。光避伏而不耀，智埋冥而难发。何弱命之不禁，遂永至于夭阙？
>
> 已矣哉！请去海人之仄陋，充公子之嘉客。傥委身于玉盘，从风雨而可惜。

全文两次出现"海人"。关于"请去海人之仄陋"，有学者作注："张平子《思玄赋》曰：独幽守此仄陋兮，敢怠遑而舍勤。"[①] 以汉赋解说江淹赋作，是因为六朝赋家多继承汉赋作者风格。其实汉代文献出现"仄陋"一语者，还有《汉书》卷八六《循吏传》"宣帝繇仄陋而登至尊"等。另一例即谏大夫鲍宣上言汉哀帝："高门去省户数十步，求见出入，二年未省，欲使海濒仄陋自通，远矣！愿赐数刻之间，极竭罜罜之思，退入三泉，死亡所恨。"[②] 鲍宣"海濒仄陋"的说法，可以帮助我们理解江淹"请去海人之仄陋"的语义。鲍宣渤海高城人，地在今河北盐山东，正位于"海濒"。而"仄陋"一语的较早使用，见于《晏子春秋》卷八《外篇下》。同样可以看作出身"海濒"的齐国名臣晏子自称"婴者，仄陋之人也"。

---

① 〔明〕胡之骥注，李长路、赵威点校：《江文通集汇注》，中华书局1984年版，第23页。

② 《汉书》卷七二《鲍宣传》。

也许“海濒仄陋”、“海人”“仄陋”，体现了沿海地区在一定历史时期因距离国家政治重心比较偏远，文化亦未能领先。前引《孙绰子》所谓“微尔渔暨樵，邈矣其貊”，体现了对“海人”和“山客”共同的蔑视。曹植《与杨德祖书》：“人各有好，尚兰茝荪蕙之芳，众人所好；而海畔有逐臭之夫。”[1] 故事出自《吕氏春秋·遇合》：“人有大臭者，其亲戚兄弟妻妾，知识无能与居者，自苦而居海上。海上人有说其臭者，昼夜随之而弗能去。”《吕氏春秋》所谓“说其臭”的“海上人”，曹植所谓“海畔”“逐臭之夫”，南北朝刘昼《刘子》卷八《殊好》就直接称之为“海人”：“众鼻之所芳也，海人悦至臭之夫，不爱芳馨之气。海人者，其人在海畔住，乐闻死人极臭之气。有一人独来海边，其人受性，身作死人臭。海人闻之，竞逐死人臭，竟日闻气不足也。”[2]“海人”“逐臭”的故事，或许反映了内地人对“海人”性情的生疏，也体现了对“海人”的某种歧视。而事实上“海人”对海洋探索和海洋开发的贡献，是我们总结中国海洋史和中国海洋学史时不应当忽视的。

---

① 《文选》卷四二。

② 明正统《道藏》本。

主要参考书目

《剑桥中国秦汉史》，杨品泉等译，中国社会科学出版社 1992 年版。

〔清〕段玉裁注：《说文解字注》，上海古籍出版社 1981 年版。

〔清〕胡渭：《禹贡锥指》，邹逸麟整理，上海古籍出版社 1996 年版。

［日］安居香山、中村璋八辑：《纬书集成》，河北人民出版社 1994 年版。

［日］泷川资言考证，［日］水泽利忠校补：《史记会注考证附校补》，上海古籍出版社 1986 年版。

［日］藤田丰八：《中国南海古代交通丛考》，何建民译，商务印书馆 1936 年版。

［英］詹姆斯·乔治·弗雷泽：《金枝：巫术与宗教之研究》，许育新等译，大众文艺出版社 1998 年版。

陈佳荣、谢方、陆峻岭：《古代南洋地名汇释》，中华书局 1986 年版。

陈业新：《灾害与两汉社会研究》，上海人民出版社 2004 年版。

陈寅恪：《金明馆丛稿初编》（陈寅恪文集之二），上海古籍出版社 1980 年版。

陈垣：《二十史朔闰表》，中华书局 1962 年版。

陈直：《居延汉简研究》，天津古籍出版社 1986 年版。

陈直：《史记新证》，天津人民出版社 1979 年版。

方诗铭：《曹操·袁绍·黄巾》，上海社会科学院出版社 1996 年版。

费振刚、仇仲谦、刘南平校注：《全汉赋校注》，广东教育出版社 2005 年版。

费振刚、胡双宝、宗明华辑校：《全汉赋》，北京大学出版社 1993 年版。

冯承钧：《中国南洋交通史》，谢方导读，上海古籍出版社 2005 年版。

高莉芬：《蓬莱神话——神山、海洋与洲岛的神圣叙事》，陕西师范大学出版总社有限公司 2013 年版。

葛剑雄、曹树基、吴松弟:《简明中国移民史》,福建人民出版社 1993 年版。
顾颉刚:《顾颉刚读书笔记》,台北:联经出版事业公司 1990 年版。
顾颉刚:《秦汉的方士与儒生》,上海古籍出版社 1978 年版。
顾实:《穆天子传西行讲疏》,中国书店 1990 年版。
郭松义、张泽咸:《中国航运史》,文津出版社 1997 年版。
华林甫:《中国地名学源流》,湖南人民出版社 1999 年版。
黄今言:《秦汉军事史论》,江西人民出版社 1993 年版。
吉成名:《中国古代食盐产地分布和变迁研究》,中国书籍出版社 2013 年版。
金德建:《司马迁所见书考》,上海人民出版社 1963 年版。
金惠编著:《创造历史的汉武帝》,台湾商务印书馆 1984 年版。
金秋鹏:《中国古代的造船和航海》,中国青年出版社 1985 年版。
劳榦:《劳榦学术论文集甲编》,台北:艺文印书馆 1976 年版。
林富士:《汉代的巫者》,稻乡出版社 1999 年版。
林剑鸣:《雄才大略的汉武帝》,陕西人民出版社 1987 年版。
刘凤鸣:《山东半岛与东方海上丝绸之路》,人民出版社 2007 年版。
刘乐贤,《睡虎地秦简日书研究》,文津出版社 1994 年版。
刘昭瑞:《汉魏石刻文字系年》,台北:新文丰出版公司 2001 年版。
陆人骥编:《中国历代灾害性海潮史料》,海洋出版社 1984 年版。
马非百:《管子轻重篇新诠》,中华书局 1979 年版。
马非百:《秦集史》,中华书局 1982 年版。
逄振镐:《秦汉经济问题探讨》,华龄出版社 1990 年版。
齐涛:《汉唐盐政史》,山东大学出版社 1994 年版。
钱锺书:《管锥编》,中华书局 1979 年版。
曲英杰:《先秦都城复原研究》,黑龙江人民出版社 1991 年版。
史念海:《河山集》二集,生活·读书·新知三联书店 1981 年版
史念海:《河山集》四集,陕西师范大学出版社 1991 年版。
史为乐主编:《中国历史地名大辞典》,中国社会科学出版社 2005 年版。
宋正海、郭永芳、陈瑞平:《中国古代海洋学史》,海洋出版社 1989 年版。
宋正海等:《中国古代自然灾异动态分析》,安徽教育出版社 2002 年版。

宋正海等：《中国古代自然灾异群发期》，安徽教育出版社 2002 年版。
宋正海等：《中国古代自然灾异相关性年表总汇》，安徽教育出版社 2002 年版。
谭其骧：《长水集》，人民出版社 1987 年版。
谭其骧主编，张锡彤、王钟翰、贾敬颜、郭毅生、陈连开等著：《〈中国历史地图集〉释文汇编·东北卷》，中央民族学院出版社 1988 年版。
谭其骧主编：《中国历史地图集》，地图出版社 1982 年版。
王国维：《王国维遗书》，上海古籍书店 1983 年版。
王仁湘、张征雁著：《盐与文明》，辽宁人民出版社 2007 年版。
王赛时：《山东海疆文化研究》，齐鲁书社 2006 年版。
王迅：《东夷文化与淮夷文化研究》，北京大学出版社 1994 年版。
王仲殊：《王仲殊文集》，社会科学文献出版社 2014 年版。
王子今：《秦汉交通史稿》（增订版），中国人民大学出版社 2013 年版。
王子今：《秦汉区域文化研究》，四川人民出版社 1998 年版。
王子今：《史记的文化发掘》，湖北人民出版社 1997 年版。
吴春明等编著：《海洋考古学》，科学出版社 2007 年版。
吴春明主编：《海洋遗产与考古》，科学出版社 2012 年版。
吴荣曾：《先秦两汉史研究》，中华书局 1995 年版。
席龙飞：《中国造船史》，湖北教育出版社 2000 年版。
谢治秀主编：《中国文物地图集·山东分册》，中国地图出版社 2007 年版。
辛德勇：《秦汉政区与边界地理研究》，中华书局 2009 年版。
邢义田：《天下一家：皇帝、官僚与社会》，中华书局 2011 年版。
熊铁基：《秦汉军事制度史》，广西人民出版社 1990 年版。
徐锡祺：《西周（共和）至西汉历谱》，北京科学技术出版社 1997 年版。
严耕望：《中国地方行政制度史》上编“秦汉地方行政制度史”，台北：“中研院”历史语言研究所专刊之四十五，1961 年。
杨宽：《战国史》（增订本），上海人民出版社 1998 年版。
杨生民：《汉武帝传》，人民出版社 2001 年版。
袁维春：《秦汉碑述》，北京工艺美术出版社 1990 年版。
曾延伟：《两汉社会经济发展史初探》，中国社会科学出版社 1989 年版。
张光明：《齐文化的考古发现与研究》，齐鲁书社 2004 年版。

张铁牛、高晓星:《中国古代海军史》(修订版),解放军出版社 2006 年版。

张维华:《论汉武帝》,上海人民出版社 1957 年版。

张炜、方堃主编:《中国海疆通史》,中州古籍出版社 2003 年版。

章巽:《章巽集》,海洋出版社 1986 年版。

中国航海学会编:《中国航海史(古代航海史)》,人民交通出版社 1988 年版。

中国社会科学院考古研究所编著:《胶东半岛贝丘遗址环境考古》,社会科学文献出版社 2007 年版。

中国社会科学院考古研究所编著:《中国考古学·秦汉卷》,中国社会科学出版社 2010 年版。

朱亚非:《古代山东与海外交往史》,中国海洋大学出版社 2007 年版。

本课题相关研究成果目录

1. 《从玄鸟到凤凰：试谈东夷族文化的历史地位》，《中国文化研究集刊》第 5 辑，复旦大学出版社 1987 年版。

2. 《秦汉时代的并海道》，《中国历史地理论丛》1988 年第 2 期。

3. 《秦汉时期的近海航运》，《福建论坛》1991 年第 5 期。

4. 《秦汉时期的东洋与南洋航运》，《海交史研究》1992 年第 1 期。

5. 《秦汉渔业生产简论》，《中国农史》1992 年第 2 期。

6. 《秦汉时期的船舶制造业》，《上海社会科学院学术季刊》1993 年第 1 期。

7. 《两汉盐产与盐运》，《盐业史研究》1993 年第 3 期。

8. 《齐文化与先秦兵学》（与田旭东合署），《孙子学刊》1993 年第 4 期。

9. 《秦二世元年东巡史事考略》，《秦文化论丛》第 3 辑，西北大学出版社 1994 年版。

10. 《秦汉时期齐鲁文化的风格与儒学的西渐》，《齐鲁学刊》1998 年第 1 期。

11. 《秦汉时期的环渤海地区文化》，《社会科学辑刊》2000 年第 5 期。

12. 《“东海黄公”考论》（与王心一合署），《陕西历史博物馆馆刊》第 11 辑，三秦出版社 2004 年版。

13. 《中国古代的海啸灾害》，《光明日报》2005 年 1 月 18 日。

14. 《走马楼舟船属具简与中国帆船史的新认识》，《文物》2005 年第 1 期。

15. 《汉代“海溢”灾害》，《史学月刊》2005 年第 7 期。

16. 《西汉“齐三服官”辨正》，《中国史研究》2005 年第 3 期。

17.《汉代“蚩尤”崇拜》，《南都学坛》2006年第4期。

18.《秦汉神秘主义信仰体系中的“童男女”》，《周秦汉唐文化研究》第5辑，三秦出版社2007年版。

19.《秦汉帝国执政集团的海洋意识与沿海区域控制》，《白沙历史地理学报》第3期（2007年4月）。

20.《略论秦汉时期朝鲜“亡人”问题》，《社会科学战线》2008年第1期；《秦汉史论丛》第11辑，吉林文史出版社2009年版。

21.《论杨仆击朝鲜楼船军“从齐浮渤海”及相关问题》，《鲁东大学学报》（哲学社会科学版）2009年第1期；《登州与海上丝绸之路》，人民出版社2009年版。

22.《汉代燕地的文化坐标》，《汉代文明国际学术研讨会论文集》，燕山出版社2009年版。

23.《鲸鱼死岸：〈汉书〉的“北海出大鱼”记录》，《光明日报》2009年7月21日。

24.《范蠡“浮海出齐”事迹考》，《齐鲁文化研究》第8辑（2009年），泰山出版社2009年版。

25.《汉代的“海贼”》（与李禹阶合署），《中国史研究》2010年第1期。

26.《秦汉时期渤海航运与辽东浮海移民》，《史学集刊》2010年第2期。

27.《居延简文“临淮海贼”考》，《考古》2011年第1期。

28.《东海的“琅邪”和南海的“琅邪”》，《文史哲》2012年第1期。

29.《略论秦始皇的海洋意识》，《光明日报》2012年12月13日第11版。

30.《〈汉书〉的海洋纪事》（与乔松林合署），《史学史研究》2012年第4期。

31.《秦汉时期的海洋开发与早期海洋学》，《社会科学战线》2013年第7期。

32.《秦皇汉武的海上之行》，《中国海洋报》2013年8月28日。

33.《秦汉闽越航海史略》，《南都学坛》2013年第5期。

34.《汉武帝时代的海洋探索与海洋开发》，《中国高校社会科学》

2013 年第 4 期。

35.《〈史记〉的海洋视角》,《博览群书》2013 年第 12 期。

36.《上古地理意识中的“中原”与“四海”》,《中原文化研究》2014 年第 1 期。

37.《论秦汉辽西并海交通》,《渤海大学学报》2014 年第 2 期。

38.《秦汉宫苑的“海池”》,《大众考古》2014 年第 2 期。

39.《盐业与〈管子〉“海王之国”理想》,《盐业史研究》2014 年第 3 期。

40.《秦始皇陵“人鱼膏”之谜》,《秦始皇陵博物院》2014 年,陕西人民出版社 2014 年版。

41.《汉代的“海人”》,《紫禁城》2014 年 10 月号。

后　记

2008年，我申请的教育部人文社会科学重点研究基地山东师范大学齐鲁文化研究中心基地基金重点项目“秦汉时期齐人的海洋开发”获得批准。彼此临近，2006年度国家社科基金特别项目“新疆历史与现状综合研究项目”2007年子课题“匈奴经营西域研究”得以立项。这两个项目的研究主题，其实可以看作我曾经承担的国家社会科学基金资助课题“秦汉区域文化研究”完成之后的延伸性思考。该课题的最终成果《秦汉区域文化研究》由四川人民出版社于1998年10月出版，2002年10月获第二届郭沫若中国历史学奖三等奖。此后，陆续还有一些可以归入“秦汉区域文化”学术方向的论文相继发表，曾经准备集纳于“战国秦汉区域文化与区域行政”的主题之下，后来研究设想和出版计划有所调整，循中国古代交通史研究的思路，完成《战国秦汉交通格局与区域行政》书稿，作为中国人民大学科学研究基金（中央高校基本科研业务费专项资金资助）项目“中国古代交通史研究”（10XNL001）成果之一提交，中国社会科学出版社已经发排。

当时承担“秦汉时期齐人的海洋开发”和“匈奴经营西域研究”这两个项目的最初考虑，是试图在秦汉基本文化区域最西端和最东端两个重要的地区分别进行比较深入的社会文化史研究，以求有助于对秦汉社会的全面理解，亦期望对秦汉文化对外交往的路径和方式的认识有所深入。当然，“匈奴经营西域研究”还因近年对“秦汉边疆与民族问题”的关注，有更集中的思考。而“秦汉时期齐人的海洋开发”因国家社科基金重点项目“秦汉时期的海洋探索与早期海洋学研究”立项，得到新的鼓励。然而，因近年家中亲人重病以及后来的变故，这两个课题都不得不延期结项。《匈奴经营西域研究》书稿2013年完成，顺利结项后已在社会科学文献出版社进入编辑程序。今年三四月，正在进行山东师范大学齐鲁文化研究中心基地基金重点项目“秦汉时期齐人的海洋开发”的后期工作时又住院手术，致使这部《东方海王：秦汉时期齐人的海洋开发》作为这一课题的最终成果，今天才告杀青。在这里，对山东师范大学齐鲁文化研究中心的朋友们的理解和宽容表示衷心的感谢。

这部书稿的完成，得到山东省教育厅齐涛教授，中国文化遗产研究院刘绍刚教授，山东大学出版社马新教授，山东师范大学王志民教授，山东大学王学典教授、王育济教授、方辉教授，泰山出版社葛玉莹教授，三略研究院王金岭教授，中国人民大学历史学院孙家洲教授的诸多帮助。他们的友情和学养，给予学业基点本在西北的我提供了热情的引导和启示，使得我一次次走到山东，亲近山东，认识山东，也就秦汉时期这一地方的人们对于历史进步的贡献有了初步的理解。而这一历史阶段齐人在海洋探索、海洋开发和早期海洋学建设方面的突出成就，在我们的认识中也逐渐清晰。

我生在东北，长在西北，很晚才第一次见到海。作为个人，我们在海面前实在是太渺小了。但是回顾历史，我们民族曾经有面对海洋高大强劲，积极有为的时代。比如秦汉时期，辛劳的“海人”，多智的方士，勤政的帝王，他们在海上的活动，称得上是中国海洋探索史和海洋开发史上真正的“大人”和“钜公”。这本《东方海王：秦汉时期齐人的海洋开发》试图将这样的历史真实，将面对海洋的齐人的光荣，秦汉的光荣告知大家。当然，这只是我的心愿。书中的浅见谬识甚至硬伤，若得方家指正，将不胜感激。

中国社会科学院历史研究所曾磊，四川文物考古研究院赵宠亮，北京大学历史学系董涛、徐畅、熊龙，中国人民大学国学院杨延霞、孙兆华、汪华龙等青年学者对我近期的研究工作给予了很多帮助。谨此亦表示深心的感谢。

田昌五先生曾经在山东大学工作。他晚年的教学与研究对山东历史学的进步多有贡献。回想他的学术生涯，可以说是在山东奏响了新的乐章。1989 年秋冬，田昌五先生嘱我跟随他在山东大学攻读博士学位。由于特殊的原因，我没有得到前往山东读书的机会。时已 25 年，此书或可作为对尊敬的田昌五先生的关爱的一份微薄的谢礼，亦作为一次未能切实成就的师生学缘的深沈的纪念。

吕宗力教授百忙中赐序，深致谢忱。序文中的鼓励，应看作好友鞭策，而诸多表扬之辞，真心以为实不敢当。其中说到香港科技大学住处俯临大海语句，读来颇感亲切，一如再次迎沐那清新的海风。

王子今

2014 年 6 月 26 日

于北京大有北里